数据库系统理论与MySQL实践

微课视频版

蒋云良 张 永 郝秀兰 主 编

许石罗 马雪英 钱 璐 副主编

清华大学出版社

北京

内 容 简 介

本书系统介绍了数据库的基本原理，并基于 MySQL 讲解了相应的实战内容。本书是浙江省普通本科高校"十四五"首批新工科、新文科、新医科、新农科重点教材建设项目"数据库系统理论与 MySQL 实践"的成果，湖州师范学院校重点教材《数据库系统理论与 MySQL 实践》的成果，浙江省一流课程项目"数据库原理"的阶段性成果，同时得到了湖州师范学院国家级一流本科专业计算机科学与技术专业的支持。

全书分为 11 章。第 1 章讲解数据库系统概述；第 2 章讲解关系模型；第 3 章讲解结构化查询语言 SQL；第 4 章、第 5 章介绍数据库的安全性和数据库的完整性；第 6 章、第 7 章讲解关系数据理论和数据库设计；第 8～10 章介绍数据库优化、数据库恢复技术和并发控制；第 11 章讲解 MySQL 数据库编程。本书附有配套资源，包括教学视频、习题答案、教学课件等。

本书通俗易懂、案例丰富，既可作为大学本科、高职高专院校计算机及相关专业的数据库原理与应用课程的教材，也可作为数据库开发与应用人员、数据库爱好者的参考书。

图书在版编目(CIP)数据

数据库系统理论与 MySQL 实践：微课视频版 / 蒋云良，张永，郝秀兰主编.
北京：清华大学出版社，2025.3. -- ISBN 978-7-302-68470-1

Ⅰ. TP311.132.3

中国国家版本馆 CIP 数据核字第 2025VZ1308 号

责任编辑：薛　杨
封面设计：刘　键
责任校对：韩天竹
责任印制：杨　艳

出版发行：清华大学出版社
　　　　网　　　址：https://www.tup.com.cn，https://www.wqxuetang.com
　　　　地　　　址：北京清华大学学研大厦 A 座　　　　　　邮　　编：100084
　　　　社 总 机：010-83470000　　　　　　　　　　　　邮　　购：010-62786544
　　　　投稿与读者服务：010-62776969，c-service@tup.tsinghua.edu.cn
　　　　质量反馈：010-62772015，zhiliang@tup.tsinghua.edu.cn
　　　　课件下载：https://www.tup.com.cn，010-83470236
印 装 者：北京同文印刷有限责任公司
经　　销：全国新华书店
开　　本：185mm×260mm　　　印　　张：21.75　　　字　　数：546 千字
版　　次：2025 年 5 月第 1 版　　　印　　次：2025 年 5 月第 1 次印刷
定　　价：69.00 元

产品编号：093741-01

前言 FOREWORD

党的二十大报告提出"建设现代化产业体系""加快发展数字经济,促进数字经济和实体经济深度融合,打造具有国际竞争力的数字产业集群"。我们要大力推动数字经济和实体经济深度融合,加快建设制造强国和网络强国,而数据库技术是支撑数字经济的基石之一。

本书《数据库系统理论与 MySQL 实践》是集数据库理论与应用技术为一体的教材,可作为计算机科学与技术、软件工程、数据科学与大数据技术、人工智能等专业的核心专业基础课"数据库原理与应用"的教材。随着互联网+、大数据、云计算等信息技术的快速发展,数据库课程的教学面临着诸多挑战,也迎来了前所未有的机遇。

"数据库原理与应用"这一课程的教学目标如下。

1. 知识探究。掌握与职业技能相应的数据库系统基本概念和基础理论知识,包括关系代数、SQL、关系规范化理论等;掌握与专业技能相应的数据库设计方法和步骤等专业知识。

2. 能力培养。能用"关系代数"进行查询优化;能用 SQL 解决应用系统中的增删改查问题;能用"关系规范化理论"进行数据库规范化设计;能根据应用问题选择、使用 DBMS 产品和数据库应用开发工具解决实际工程问题。

3. 素养提升。能在团队项目中担任相应角色;能为实现科技强国的目标刻苦学习,砥砺前行;具有家国情怀、科学精神与工匠精神;增强为区域数字经济服务的意识和能力。

本书由长期担任数据库课程教学、具有丰富教学经验的一线教师编写。编者根据多年的实际教学经验,结合上述教学目标,在分析总结同类教材的基础上,编写了此书。本书针对性强,以提高学生的数据库应用能力为主要目的,基于 MySQL 8 采用案例教学的方式,在讲解数据库基础理论知识的同时,由浅入深、循序渐进地讲解了 MySQL 数据库管理与开发过程中的知识。通过人文素养拓展,培养学生的家国情怀、工匠精神、科学精神与个人修养。

本书体系完整、可操作性强,通过大量的例题对知识点应用进行示范,所有例题全部通过多次调试,内容涵盖了一个数据库应用系统要用到的主要知识。

本书共 11 章,各章的主要内容如下。

第 1 章 数据库系统概述,介绍了数据库的基本概念;数据库系统的基本结构;数据模型。

第 2 章 关系模型,介绍了关系模型及其定义;关系完整性,包括实体完整性、参照完整性、用户自定义的完整性;关系代数和关系演算。

第 3 章 结构化查询语言 SQL,介绍了 MySQL 基础知识;数据库的创建及管理、数据表的创建及管理、增删改表数据等;数据查询,包括简单查询、连接查询、子查询、组合查询等;索引及视图的基本概念、索引及视图的创建和管理、视图的应用等。

第 4 章 数据库的安全性,介绍了国际上的安全标准;数据的访问控制过程、MySQL 用户管理、权限管理和角色管理、审计等。

第 5 章 数据库的完整性,介绍了如何用 SQL 实现实体完整性、参照完整性、用户自定义的完整性,以及如何管理这些完整性约束;触发器的概念及创建方法。

第 6 章 关系数据理论,介绍了范式的概念,低阶范式带来的问题;Armstrong 公理系统,如何求最小函数依赖集;模式分解的概念与算法。

第 7 章 数据库设计,介绍了数据库设计的方法和步骤、概念结构设计和逻辑结构设计的方法,以及利用 PDManer 工具进行数据库建模的方法。

第 8 章 数据库优化,介绍了索引的概念、如何创建索引、如何进行索引的优化。

第 9 章 数据库恢复技术,介绍了事务的基本概念、事务的管理及应用,以及数据库的恢复技术。

第 10 章 数据库并发控制,介绍了并发控制的概念,数据库中的锁、可串行化调度等概念。

第 11 章 MySQL 数据库编程,介绍了内置函数、自定义函数、存储过程、变量的种类、流程控制、游标。

本书由蒋云良、张永、郝秀兰、许石罗、马雪英、钱璐编写,其中蒋云良编写第 2 章,张永编写第 6 章,郝秀兰编写第 1、3、5、10、11 章,许石罗编写第 7、8 章,马雪英、钱璐共同编写第 4、9 章。全书由蒋云良、张永进行审校。

蒋云良参与了第 2 章的视频拍摄,张永参与了第 6 章的视频拍摄,郝秀兰参与了第 1、2、5、10 章的视频拍摄,许石罗参与了第 3、4、7、8、9 章的视频拍摄。配套视频可通过扫描书中的二维码进行观看。另外,教学团队在智慧树网建有 MOOC。

研究生徐稳静、魏少华、刘权、张传进、汲振纲完成了部分资料的编辑、整理工作,在此表示感谢。

本书的编写得到了湖州师范学院、清华大学出版社以及各位同事的支持和帮助,在此一并表示衷心的感谢。

由于编者水平有限、时间仓促,书中难免有疏忽和不妥之处,恳请广大读者批评指正。

编　者

2025 年 2 月

源代码下载

第 **1** 章

数据库系统概述

数据库技术是计算机科学的重要分支,诞生于 20 世纪 60 年代末 70 年代初,其主要目的是研究如何对数据资源进行有效管理和存取,提供安全、可靠、可共享的信息。数据库从概念提出到现在,已经形成了坚实的理论基础、成熟的商业产品和广泛的应用领域。随着当今互联网技术的发展,数据库技术已经被广泛应用,例如网上购物、网络订票、个性化推荐和消费者画像等。数据库技术应用渗透到了农业生产、商业管理、科学研究、工程技术、国防军事等各个领域,例如生物基因数据库、商务物流数据库、交通信息数据库、气象数据库及航天数据库等。数据库系统的建设规模、数据库信息量的大小以及网络应用的程度已成为衡量一个部门信息化程度的重要标志。

本章主要介绍数据、数据库、数据管理技术的发展,数据库系统的基本概念和系统结构等,为后面各章的学习奠定基础。

1.1 什么是数据库

1.1.1 数据库的基本概念

1. 数据与信息

现代社会是信息社会,而信息正在以惊人的速度增长。因此,如何有效地组织和利用信息已成为亟需解决的问题。引入数据库技术的目的就是高效地管理及共享大量的信息与数据。

视频讲解

数据是描述事物的符号记录,也是数据库存储、用户操纵的基本对象。数据不仅可以是数值,而且可以是文字、图像、动画、声音、视频等。数据是信息的符号表示。例如,描述某公司的年度销售业绩信息,可以用一组数据"某信息技术有限公司,2024 年,5825 万元"来表示。这些符号被赋予了特定的语义,具体描述一条信息,具有了传递信息的功能。数据具有如下特性。

(1) 数据有"型"和"值"之分。数据的型(type)指数据的结构,而数据的值(value)指数据的具体取值。表 1-1 中的学生成绩表是由"学号""姓名""课程""授课教师""学期""成绩"数据项构成,其中第一行可以看作学生成绩数据的型;从第二行开始就是学生成绩的信息,即学生成绩型的值。

从表 1-1 可以看出,数据项"授课教师"还可以与教师信息表中的"教师姓名"建立联系。因此,数据的型不仅可以表示数据内部的构成,还可以表示数据之间的联系。

（2）数据有定性表示和定量表示之分。例如一个人的健康情况可以用"良好"和"一般"定性表示，而学生的成绩可以用数字定量表示。

（3）数据受数据类型和取值范围的约束。数据类型是针对不同的应用场合设计的数据约束。数据类型不同，则数据的表示形式、存储方式以及能进行的操作运算也各不相同。例如一个人的年龄一般用整数表示。在使用计算机处理信息时，就应该为数据选择合适的类型。常见数据类型有字符型、数值型、日期型等。

（4）数据具有载体和多种表现形式。数据的载体可以是纸张、硬盘等，也可以是报表、语音以及不同的语言符号。

表 1-1　学生成绩表

学　　号	姓　名	课　程	授课教师	学　　期	成　绩
2020082101	应胜男	计算机导论	李胜	2020-2021-1	79.0
2020082101	应胜男	程序设计基础	郭兰	2020-2021-1	84.0
2020082101	应胜男	离散数学	蒋胜男	2020-2021-2	89.0
2020082101	应胜男	数据结构	蒋胜男	2021-2022-1	85.0
2020082101	应胜男	汇编语言	郑三水	2021-2022-1	91.0
2020082101	应胜男	计算机组成原理	吕连良	2021-2022-2	84.0
2020082101	应胜男	操作系统	李胜	2021-2022-2	79.0
2020082122	郑正星	计算机导论	李胜	2020-2021-1	84.0
2020082131	吕建鸥	计算机导论	李胜	2020-2021-1	95.0
2020082131	吕建鸥	程序设计基础	郭兰	2020-2021-1	81.0
2020082131	吕建鸥	离散数学	蒋胜男	2020-2021-2	84.0
2020082131	吕建鸥	数据结构	蒋胜男	2021-2022-1	74.0

信息是有一定含义的、经过加工处理的、对决策有价值的数据。例如，农民在实际的生产过程中，从生产规划、种植前准备、种植期管理，到采收、销售等环节，可以从"天时、地利、人和"三方面理解数据收集：

（1）"天时"可以指实时的气象数据，如降水、温度、风力、湿度等；

（2）"地利"可以指动静态的土壤数据，如土壤水分、土壤温度、作物品种信息、作物病虫害信息等；

（3）"人和"则是从人力资源给出信息，如农资产品使用、农产品加工和流通渠道、农产品市场价格等。

通过整合机械化设备、种植和产量数据，以及气象、种植区划等多样数据，可以得到较为详尽的种植决策信息，精准化农业生产，帮助农民提高产量和利润。利用信息对农业生产全过程的精准化、智能化管理，可以极大地减少化肥、水资源、农药等投入，提高作业质量，使农业经营变得有序化，从而为转向规模化经营打下良好基础。因此，信息是对现实世界中存在的客观实体、现象、联系进行描述的有特定语义的数据，它是人类共享的一切知识及客观加工提炼出的各种消息的总和。

可以看出,信息和数据既有联系,又有区别。在数据库领域,通常处理的是像学生记录这样的数据,它是有结构的,称为结构化数据。正因为如此,通常不对数据和信息做严格区分。

信息与数据的关系可以归纳为:数据是信息的载体,信息是数据的内涵,即数据是信息的符号表示,而信息通过数据描述,又是数据语义的解释。

数据处理,又称为**信息处理**,是对各种形式的数据进行收集、存储、传播和加工,直至产生新信息输出的全过程。数据处理的目的一般有两个:一是借助计算机科学地保存和管理大量复杂的数据,以方便而充分地利用这些宝贵的信息资源;二是从大量已知的表示某些信息的原始数据出发,抽取、导出对人们有价值的、新的信息。例如,为了统计每个学生按学年的平均成绩,首先要获取如表 1-1 所示的所有学生的成绩表,通过数据处理,产生如表 1-2 所示的平均成绩。

表 1-2　学生按学年平均成绩表

学　号	姓　名	学　年	平均成绩
2020082101	应胜男	2020—2021	84.00
2020082101	应胜男	2021—2022	84.75
2020082122	郑正星	2020—2021	84.00
2020082131	吕建鸥	2020—2021	86.67
2020082131	吕建鸥	2021—2022	74.00

数据管理是数据处理的中心问题,指数据的收集、整理、组织、存储、查询、维护和传送等各种操作,也是数据处理的基本环节,是数据处理必有的共性部分。因此,对数据管理应当加以突出,通过通用且方便好用的软件,把数据有效地管理起来,以便最大限度地减轻数据消费者的负担。

数据处理和数据管理是相互联系的,数据管理中的各种操作都是数据处理业务必不可少的基本环节,数据管理技术的好坏,直接影响到数据处理的效率。

数据管理技术所研究的问题是如何科学地组织和存储数据,如何高效地处理数据以获取其内在信息。数据库技术正是针对这一目标逐渐完善起来的一门计算机软件技术。

2. 数据库

"数据库"这个名词起源于 20 世纪中叶,当时美国军方为作战指挥需要建立起了一个高级军事情报基地,把收集到的各种情报存储在计算机中,并称为"数据库"。起初人们只是简单地将数据库看作一个电子文件柜、一个存储数据的仓库或容器,如图 1-1 所示。后来随着数据库技术的产生,人们引申并沿用了该名词,并给其赋予了更深层的含义。

数据库起源于对规范化表(table)的处理。什么是表呢?按行列形式组织及展现的数据就是表。数据库就是起源于对这种表的分析。

E. F. Codd 是当前普遍应用的数据库管理系统的奠基者,于 1981 年获得 ACM 图灵奖。基于对"表"的理解,E. F. Codd 提出了"关系"及"关系模型",提出了关系数据库规范化理论,DB2、Sybase、MySQL、Oracle 这几种非常流行的数据库都是关系数据库。

为了区分表内的要素,需要清楚它的各部分组成。如图 1-2 所示,**表名** 是学生成绩表,

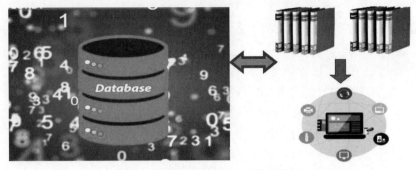

图 1-1　数据库与"电子化"的文件柜

下面紧跟着表的**标题** 或者是表的**格式**。表名和表标题一起构成了**关系模式**,称为 schema,它与型(type)对应。表标题下边的部分称为**表内容**,与值(value)对应。由表内容和关系模式一起构成了关系/表,即 relation/table。关系的列(column),又称为字段(field)、属性(attribute)或者数据项(data item),例如,表内第 4 列是授课教师列。表中的每一行(row)称为一个元组(tuple)或记录(record)。

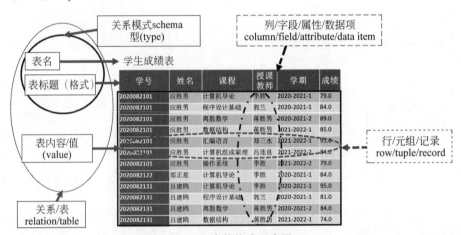

图 1-2　表的构成示意图

数据库(database,DB)可以简单归纳为按照一定结构组织并长期存储在计算机内的、可共享的大量数据的集合。概括来说,数据库具有永久存储、有组织和可共享 3 个基本特点。关于数据库的概念,需注意以下 5 点。

(1) 数据库中的数据是按照一定的结构——数据模型进行组织的,即数据间有一定的联系以及数据有语义解释。数据与对数据的解释是密不可分的。例如数据 2017,若描述一个学生的入学日期,表示 2017 年;若描述山的高度,则表示 2017 米。

(2) 数据库的存储介质通常是硬盘,也包括其他介质(如光盘、U 盘等),可大量、长期地存储及高效地使用。

(3) 数据库中的数据能为众多用户所共享,能方便地为不同的应用服务,例如资讯平台。

(4) 数据库是一个有机的数据集成体,它由多种应用的数据集成而来,因此具有较少的冗余和较高的数据独立性(即数据与程序间的互不依赖性)。

（5）数据库由用户数据库和系统数据库两大部分组成。系统数据库包含数据字典和对数据库结构的描述，数据字典是关于系统数据的数据库，通过它能有效地控制和管理用户数据库。

3. 数据库管理系统

数据库管理系统（database management system，DBMS）是位于用户和操作系统之间的一种数据管理软件，是数据库和用户之间的一个接口。数据库管理系统属于计算机的基础软件，其主要作用是在数据库建立、运行和维护时对数据库进行统一的管理控制和提供数据服务。

可从以下 4 方面理解 DBMS。

（1）操作系统角度。DBMS 是使用者，它建立在操作系统的基础之上，需要操作系统提供底层服务，如创建进程、读写磁盘文件、CPU 和内存管理等。

（2）数据库角度。DBMS 是管理者，是数据库系统的核心，是为数据库的建立、使用和维护而配置的系统软件，负责对数据库进行统一的管理和控制。

（3）用户角度。DBMS 是工具或桥梁，是位于操作系统与用户之间的一种数据管理软件，用户发出的或应用程序中的各种操作数据库的命令，都要通过它来执行。

（4）产业化角度。产业化的 DBMS 称为数据库产品，常用的数据库产品有 Oracle、MySQL、SQL Server、DB2、PostgreSQL、FoxPro 等，部分数据库产品如图 1-3 所示。

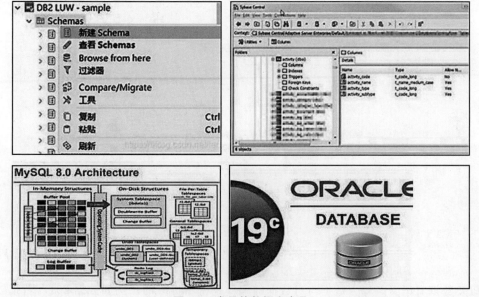

图 1-3　常见的数据库产品

DBMS 的主要功能包括以下几方面。

（1）数据定义功能。DBMS 提供数据定义语言（data definition language，DDL），用户通过它可以方便地对数据库中的数据对象进行定义，例如数据库表结构的定义。

（2）数据操纵功能。DBMS 还提供数据操纵语言（data manipulation language，DML），用户可以使用 DML 操纵数据以实现对数据库的基本操作，如查询、插入、删除和修改等。

（3）数据库的运行管理。数据库在建立、运用和维护时由 DBMS 统一管理和控制，以保证数据的安全性、完整性、多用户对数据的并发使用及发生故障后的系统恢复。

(4) 数据库的建立和维护功能。数据库的建立是指对数据库各种数据的组织、存储、输入、转换等,包括以何种文件结构和存储方式组织数据,如何实现数据之间的联系等。

数据库维护是指通过对数据的并发控制、完整性控制和安全性保护等策略,保证数据的安全性和完整性,并且在系统发生故障后能及时恢复到正确的状态。

4. 数据库系统

数据库系统(database system,DBS)是计算机引入数据库后的系统,它能够有组织地、动态地存储大量的数据,提供数据处理和数据共享机制。DBS 一般由硬件系统、软件系统、数据库和人员组成。因此,数据库的建立、使用和维护等工作只靠一个 DBMS 是不够的,还需要专门的专业人员协助完成。DBS 可简化表示为

DBS=信息系统(information system,IS)(硬件、软件平台、人)+DBMS+DB。

数据库系统包含了数据库、DBMS、软件平台与硬件支撑环境及各类人员;DBMS 在操作系统的支持下,对数据库进行管理与维护,并提供用户对数据库的操作接口。在不引起混淆的情况下,通常把数据库系统直接简称为数据库。DB、DBMS 与 DBS 之间的关系如图 1-4 所示。

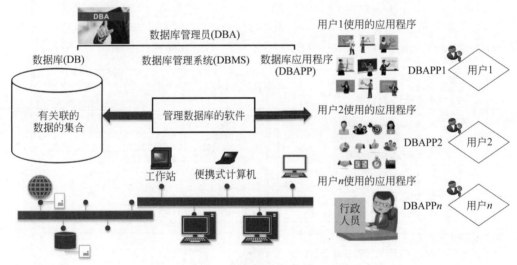

图 1-4 数据库系统(DBS)

5. 信息系统

信息系统 是由计算机硬件、网络和通信设备、计算机软件、信息资源、信息用户等组成的,以处理信息流为目的的人机一体化系统。它是以提供信息服务为主要目标的数据密集型、人机交互的计算机应用系统,具有对信息进行加工处理、储存和传递的功能,同时具有预测、控制和决策等功能。

信息系统的 5 个基本功能是输入、存储、处理、输出和控制。一个完整的信息系统应包括控制与自动化系统、辅助决策系统、数据库(含知识库)系统以及与外界交换信息的接口等。它是一个综合、动态的管理系统。

从信息系统的发展和系统特点来看,可大致将信息系统分为数据处理系统、管理信息系统、决策支持系统、虚拟现实系统、专家或智能系统等类型。这些系统都需要基础数据库及其数据管理的支持,因此数据库系统是信息系统的重要基石。

1.1.2 数据管理技术的发展

目前,在计算机的各类应用中,用于数据处理的约占 80%。**数据处理**指对数据进行收集、管理、加工、传播等一系列工作。其中,**数据管理**是研究如何对数据分类、组织、编码、存储、检索和维护的一门技术,其优劣直接影响数据处理的效率,因此它是数据处理的核心。数据管理技术经历了人工管理、文件系统管理、数据库系统管理三个阶段。

1.人工管理

人工管理是计算机数据管理的初级阶段。当时,计算机主要用于科学计算,数据量少,不能保存;数据面向应用,当多个应用涉及的数据相同时,由于用户各自定义自己的数据,无法共享数据,因此存在大量的数据冗余;没有专门对数据进行管理的软件,程序员在设计程序时不仅要规定数据的逻辑结构,而且还要设计其物理结构(即数据的存储地址、存取方法、输入输出方式等),这样使得程序与数据相互依赖、密切相关(即数据独立性差),一旦数据的存储地址、存储方式稍有改变,就必须修改相应的程序。

人工管理阶段程序与数据之间的对应关系如图 1-5 所示。

人工管理阶段的主要问题如下:

(1) 数据不能长期保存;

(2) 数据不能共享,冗余度极大;

(3) 数据独立性差。

2.文件系统管理

到了 20 世纪 50 年代末,计算机不仅广泛用于科学计算,而且大量应用于数据管理。同时,出现了磁盘、磁鼓等大容量直接存储设备,可以用来存放大量数据。操作系统中的文件系统就是专门用来管理所存储数据的软件模块。

这一阶段数据管理的特点有:数据可以长期保存;对文件进行统一管理,实现了按名存取,文件系统实现了一定程度的数据共享(如文件部分相同,则难以共享);文件的逻辑结构与物理结构分开,数据在存储器上的物理位置、存储方式等的改变不会影响用户程序(即物理独立性好),但一旦数据的逻辑结构改变,必须修改文件结构的定义,修改应用程序(即逻辑独立性差)。文件系统管理阶段程序与数据之间的对应关系如图 1-6 所示。此外,文件是为某一特定应用服务的,难以在已有数据上扩充新的应用,文件之间相对独立,有较多的数据冗余,应用设计与编程复杂。

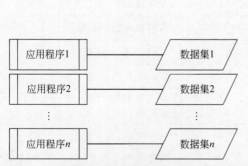

图 1-5 人工管理阶段程序与数据之间的对应关系

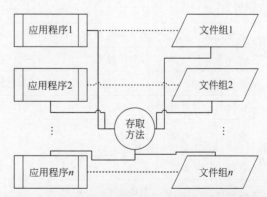

图 1-6 文件系统管理阶段程序与数据之间的对应关系

文件系统管理的主要问题如下:

(1) 逻辑独立性差;

(2) 数据冗余度较大;

(3) 文件应用编程复杂。

3. 数据库系统管理

随着数据管理的规模日趋增大,数据量急剧增加,数据操作与管理日益复杂,文件系统管理已不能适应需求。20 世纪 60 年代末 70 年代初发生了对数据库技术有着奠基作用的几件大事:1968 年,美国的 IBM 公司推出了世界上第一个层次数据库管理系统;1970 年,IBM 公司的高级研究员 E. F. Codd 连续发表论文,提出了关系数据库理论。这些事件标志着以数据库系统为手段的数据管理阶段的开始。

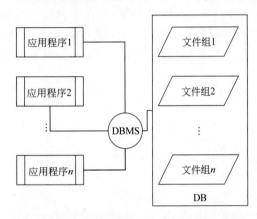

图 1-7 数据库系统管理阶段程序与数据之间的对应关系

数据库系统对数据的管理方式与文件系统不同,它把所有应用程序中使用的数据汇集起来,按照一定结构组织集成,在 DBMS 的统一监督和管理下使用,多个用户、多种应用可充分共享。数据库系统管理阶段程序与数据之间的对应关系如图 1-7 所示。数据库管理技术的出现为用户提供了更广泛的数据共享和更高的数据独立性,并为用户提供了方便的操作使用接口。

如今,数据库系统的管理技术高度发展,正在进入管理非结构化数据、海量数据和知识信息,面向以物联网、云计算等新的应用与服务为主要特征的高级数据库系统阶段。数据库系统管理正朝着综合、集成和智能一体化的数据库服务系统时代迈进。

数据管理经历的各个阶段有自己的背景及特点,数据管理技术也在不断发展和完善,其三个阶段的比较见表 1-3。

表 1-3 数据管理三个阶段的比较

<table>
<tr><td colspan="2"></td><th>人工管理阶段</th><th>文件系统管理阶段</th><th>数据库系统管理阶段</th></tr>
<tr><td rowspan="4">背景</td><td>应用背景</td><td>科学计算</td><td>科学计算、数据管理</td><td>大规模数据管理</td></tr>
<tr><td>硬件背景</td><td>无直接存取存储设备</td><td>磁盘、磁鼓</td><td>大容量磁盘、磁盘阵列</td></tr>
<tr><td>软件背景</td><td>没有操作系统</td><td>有文件系统</td><td>有数据库管理系统</td></tr>
<tr><td>处理方式</td><td>批处理</td><td>实时处理、批处理</td><td>实时处理、分布处理、批处理</td></tr>
<tr><td rowspan="4">特点</td><td>数据的管理者</td><td>用户(程序员)</td><td>文件系统</td><td>数据库管理系统</td></tr>
<tr><td>数据面向的对象</td><td>某一应用程序</td><td>某一应用</td><td>现实世界(一个部门、企业、跨国组织等)</td></tr>
<tr><td>数据的共享程度</td><td>无,冗余度极大</td><td>共享性差,冗余度大</td><td>共享度高,冗余度小</td></tr>
<tr><td>数据的独立性</td><td>不独立,完全依赖于程序</td><td>差</td><td>高度的物理独立性和一定的逻辑独立性</td></tr>
</table>

		人工管理阶段	文件系统管理阶段	数据库系统管理阶段
特点	数据的结构化	无结构	记录内有结构,整体无结构	整体结构化,用数据模型来描述
	数据控制能力	应用程序自己控制	应用程序自己控制	由 DBMS 提供数据库安全性、完整性、并发控制和恢复能力

1.1.3　数据库系统的特点

与人工管理和文件系统相比,数据库系统的特点主要有以下几方面。

1. 数据结构化

数据库在描述数据时不仅要描述数据本身,还要描述数据之间的联系。在文件系统中,尽管其记录内部已有了某些结构,但记录之间没有联系。数据库系统实现了整体数据的结构化,这是数据库的主要特征之一,也是数据库系统与文件系统的本质区别。在数据库系统中,数据不再针对某一应用,而是面向全组织,具有整体的结构化。

2. 数据的共享性高,冗余度低,易扩充

数据库系统从整体角度看待和描述数据,数据面向整个系统,因此数据可以被多个用户、多个应用共享使用。数据共享可以大大减少数据冗余,节约存储空间,并能够避免数据之间的不相容性与不一致性。

由于数据面向整个系统,容易增加新的应用,这就使得数据库系统弹性大,易于扩充,可以适应各种用户的要求。

3. 数据独立性高

数据独立性包括数据的物理独立性和数据的逻辑独立性。

物理独立性指用户的应用程序与存储在磁盘上的数据库中的数据是相互独立的。也就是说,数据在磁盘上的数据库中怎样存储是由 DBMS 管理的,应用程序不需要了解,应用程序要处理的只是数据的逻辑结构。这样,当数据的物理存储改变时,应用程序不用改变。

逻辑独立性指用户的应用程序与数据的逻辑结构是相互独立的。也就是说,数据的逻辑结构改变了,应用程序也可以不变。

数据独立性是由 DBMS 的二级映射功能来保证的。

数据与程序的独立,把数据的定义从程序中分离出去,加上数据的存取又由 DBMS 负责,从而简化了应用程序的编制,也大大减少了应用程序的维护和修改的工作量。

4. 数据由 DBMS 统一管理和控制

数据由 DBMS 统一管理和控制,用户和应用程序通过 DBMS 访问和使用数据库。数据库的共享是并发的共享,即多个用户可以同时存取数据库中的数据,甚至可以同时存取数据库中的同一个数据。为此,DBMS 还必须提供以下几方面的数据控制功能。

(1) 数据的安全性(security)保护。数据的安全性指保护数据以防止不合法的使用造成的数据泄露和破坏,每个用户只能按规定对某些数据以某些方式进行使用和处理。

(2) 数据的完整性(integrity)检查。数据的完整性指数据的正确性、有效性和相容性。完整性检查将数据控制在有效的范围内,或保证数据之间满足一定的关系。

（3）并发（concurrency）控制。当多个用户的并发进程同时存取、修改数据库时，可能会发生相互干扰而得到错误的结果或使得数据库的完整性遭到破坏，因此必须对多用户的并发操作加以控制和协调。

（4）数据库恢复（recovery）。信息系统的硬件故障、软件故障、操作员的失误以及故意的破坏也会影响数据库中数据的正确性，甚至造成数据库部分或全部数据的丢失。DBMS必须具有将数据库从错误状态恢复到某一已知的正确状态的功能，这就是数据库的恢复功能。

综上所述，数据库是长期存储在计算机内有组织的大量的共享的数据集合。它可以供各种用户共享，具有最小的冗余度和较高的数据独立性。DBMS 在数据库建立、运用和维护时对数据库进行统一控制，以保证数据的完整性、安全性，并在多用户同时使用数据库时进行并发控制，在发生故障后对系统进行恢复。

视频讲解

1.2 数据模型

数据库系统是一个基于计算机的、统一集中的数据管理系统，而现实世界是纷繁复杂的，现实世界中各种复杂的信息及其相互联系是如何通过数据库中的数据来反映的呢？数据库的特点是数据的结构化，建立数据库时必须考虑如何组织数据，如何表示数据之间的关系，并合理地在计算机中存储数据，以便对数据进行有效处理。数据模型就是描述数据及数据之间联系的结构形式，它的主要任务就是组织数据库中的数据。

数据库系统的核心是数据模型。要为一个数据库建立数据模型，需要经过以下过程：

（1）要深入现实世界中进行系统需求分析；

（2）用概念模型真实地、全面地描述现实世界中的管理对象及联系；

（3）通过一定的方法将概念模型转换为数据模型。

1.2.1 信息的三个世界及描述

现实世界中错综复杂联系的事物最后能以计算机所能理解和表现的形式反映到数据库中，这是一个逐步转化的过程，通常分为三个阶段，称为三个世界，即现实世界、信息世界和机器世界（也称数据世界）。数据库是模拟现实世界中某些事务活动的信息集合，数据库中所存储的数据来源于现实世界的信息流。信息流用来描述现实世界中一些事物的某些方面的特征及事物间的相互联系。在处理信息流前，必须先对其进行分析，并用一定的方法加以描述，然后将描述转换成计算机能接收的数据形式。

现实世界存在的客观事物及其联系，经过人们大脑的认识、分析和抽象后，用物理符号、图形等表述出来，即得到信息世界的信息，再将信息世界的信息进一步具体描述、规范并转换为计算机所能接收的形式，则成为机器世界的数据表示。

现实世界、信息世界和机器世界这三个领域是由客观到认识、由认识到使用管理的三个不同层次，后一领域是前一领域的抽象描述。将客观对象抽象为数据模型的完整过程如图 1-8 所示。

可以看出，现实世界的事物及联系，通过需求分析转换成为信息世界的概念模型，这个过程由数据库设计人员完成；然后再把概念模型转换为计算机上某个 DBMS 所支持的逻辑

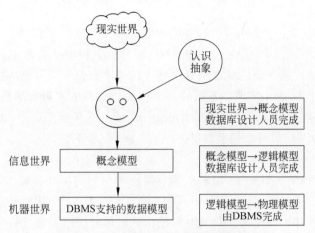

图 1-8　现实世界中客观对象的抽象过程

模型,这个转换过程由数据库设计人员来完成;最后逻辑模型再转换为最底层的物理模型进行最终实现,这个过程由 DBMS 自行完成。

1.2.2　数据模型的概念

在现实世界中,人们对模型并不陌生。例如一个建筑沙盘、一架飞机模型,一眼看上去,就会使人联想到真实生活中与之对应的事物。模型是对现实世界中某个对象特征的模拟和抽象。

数据模型(data model)也是一种模型,它是对现实世界中数据特征及数据之间联系的抽象。由于计算机不可能直接处理现实世界中的具体事物,所以现实世界中的事物必须先转换成计算机能够处理的数据,即数字化,把具体的人、物、活动、概念等用数据模型来抽象表示和处理。数据模型是实现数据抽象的主要工具。

数据模型应满足三方面的要求:一是能比较真实地模拟现实世界;二是容易为人所理解;三是便于在计算机上实现。

数据模型是现实世界数据特征的抽象,用于描述一组数据的概念和定义;同时,数据模型又是数据库中数据的存储方式,是数据库系统的基础。在数据库中,数据的物理结构又称数据的存储结构,是数据元素在计算机存储器中的表示;数据的逻辑结构则是指数据元素之间的逻辑关系,它是数据在用户或程序员面前的表现形式。

1. 数据处理的三层抽象描述

不同的数据模型为模型化数据和信息提供了不同的工具。一种数据模型要很好地满足上述提到的三个方面的要求在目前尚很困难。在数据库系统中针对不同的使用对象和应用目的,通常采用逐步抽象的方法,在不同层次采用不同的数据模型,一般可分为概念层、逻辑层和物理层。

1) 概念层

概念层是数据抽象级别的最高层,它是从用户的角度对现实世界建模。概念层的数据模型称为概念数据模型(conceptual data model,CDM),简称概念模型。概念模型独立于任何特定的 DBMS,但容易向 DBMS 所支持的逻辑模型转换。

常用的概念模型有实体-联系模型(entity-relationship model,E-R 模型)。

2) 逻辑层

逻辑层是数据抽象的中间层,用来描述数据库数据整体的逻辑结构。这一层的数据抽象称为逻辑数据模型(logic data model,LDM),简称数据模型。它是用户通过 DBMS 看到的现实世界,是基于信息系统的观点来对数据进行建模和表示。因此,它既要考虑用户容易理解,又要考虑便于 DBMS 实现。不同的 DBMS 提供不同的逻辑数据模型。

常见的数据模型有层次模型 (hierarchical model)、网状模型(network model)、关系模型(relation model)和面向对象模型(object-oriented model)。

3) 物理层

物理层是数据抽象的最底层,用来描述数据物理存储结构和存储方法。这一层的数据抽象称为物理数据模型(physical data model,PDM),它不但由 DBMS 的设计决定,而且与操作系统、计算机硬件密切相关。物理数据结构一般都向用户屏蔽,用户不必了解其细节。

2. 数据模型的要素

一般来讲,数据模型是严格定义的一组概念的集合。这些概念精确地描述了系统的静态特征、动态特征和完整性约束条件。因此,数据模型通常由数据结构、数据操作和数据的完整性约束条件三要素组成。

1) 数据结构

数据结构描述数据库的组成对象以及对象之间的联系,描述的内容有两类:一类与对象的类型、内容、性质有关,例如网状模型中的数据项、记录,关系模型中的域、属性、关系等;另一类与数据之间的联系有关,例如网状模型中的系型。

数据结构是所描述的对象类型的集合,是对系统静态特性的描述。

(1) 数据结构是描述数据模型最重要的方面,通常按数据结构的类型来命名数据模型。例如,层次结构即树结构的数据模型称为层次模型,网状结构即图结构的数据模型称为网状模型,关系结构即表结构的数据模型称为关系模型。

(2) 数据对象类型的集合包括与数据类型、性质及数据之间联系有关的对象,如关系型中的域、属性、关系、各种键等。

(3) 表示数据之间的联系有隐式联系和显式联系两类。隐式联系指通过数据本身关联相对位置顺序表明联系,显式联系指通过附加指针表明联系或直接表示。

2) 数据操作

数据操作是指对数据库中各种对象(型)的实例(值)允许执行的操作的集合,包括操作及有关的操作规则。数据库主要有检索和更新(包括插入、删除、修改)两大类操作。

数据模型必须定义这些操作的确切含义、操作符号、操作规则(如优先级)以及实现操作的语言。数据操作是对系统动态特性的描述。

3) 数据的完整性约束条件

数据的完整性约束条件是一组完整性规则。完整性规则主要描述数据结构中数据之间的语义联系、数据之间的制约和依存关系,以及数据的动态变化规则。数据约束主要用于保证数据的正确性、有效性和相容性。

数据模型应该反映和规定其必须遵守的基本的、通用的完整性约束条件。例如,在关系模型中,任何关系都必须满足实体完整性和参照完整性两个条件。此外,数据模型还应该提供定义完整性约束条件的机制,以反映具体应用所涉及的数据必须遵守的特定的语义约束条件。例如,某大学的数据库中规定学生的专业学位课低于70分不能授予学位。

3．数据模型与数据模式的区别

数据模式是以一定的数据模型对某一单位的数据类型、结构及其相互间的关系进行的描述。数据模式有型(type)与值(value)之分。例如,学生记录的型为(姓名,性别,出生日期,籍贯,所在部门,入学时间),而(应胜男,女,2002-11-8,江苏,信息学院,2020)是上述型的一个具体值。

数据模型和数据模式的主要区别在于,数据模型是描述现实世界数据的手段和工具,而数据模式则是利用这个手段和工具对相互间的关系进行的描述,是关于型的描述,它与DBMS、操作系统和硬件无关。

数据模式和数据模型都分了三个层次,其对应关系如下。

(1)概念模式:是用逻辑数据模型对一个单位的数据的描述。

(2)外模式:也称为子模式或用户模式,是与应用程序对应的数据库视图,是数据库的一个子集,是用逻辑模型对用户所用到的那部分数据的描述。

(3)内模式:是数据物理结构和存储方式的描述,是数据的数据库内部表示方式。内模式也称为存储模式。

概念模式、外模式和内模式都存于数据目录中,是数据目录的基本内容。DBMS通过数据目录管理和访问数据模式。通常情况下,数据库系统中用户只能访问外模式。

1.2.3　概念模型

视频讲解

概念模型用于信息世界的建模,是现实世界到信息世界的第一层抽象,是数据库设计人员进行数据库设计的有力工具,也是数据库设计人员和用户之间进行交流的语言,因此概念模型一方面应该具有较强的语义表达能力,能够方便、直接地表达应用中的各种语义知识,另一方面它还应该简单、清晰、易于用户理解。

1．基本概念

从现实抽象出来的信息世界具有以下7个主要概念。

(1)实体(entity)。客观存在并互相区别的事物称为实体。实体可以是具体的人、事物,也可以是抽象的概念或联系。例如,教师、系部等都是实体。

(2)属性(attribute)。实体所具有的某一特性称为属性。一个实体可以由若干属性来刻画。例如,学生实体可以用学号、姓名、性别、出生日期、所在院系、入学时间等属性描述。

(3)实体型(entity type)。即用实体名和所有属性来共同表示同一类实体,例如学生(学号,姓名,性别,出生日期,所在院系,入学时间)。

(4)实体集(entity set)。即同一类型实体的集合,如全体学生。

要注意区分实体、实体型、实体集这3个概念。实体是具体的个体,例如学生中的应胜男;实体集是实体的某个集合,例如应胜男所在班级的所有学生;实体型则是实体的某种类型,该种类型的所有实体具有相同的属性,例如学生这个概念,应胜男是学生,应胜男所在班级的所有同学都是学生,显然学生是一个更大且更抽象的概念,"应胜男"和"应胜男的同班同学"都比"学生"要更加具体。

(5)码(key)。可以唯一标识一个实体的属性集。既然是属性集,最简单的情况是单属性,也可以是两个或两个以上属性的集合。例如课程号和每门课程实体一一对应,则课程号可以作为码。

(6) 域(domain)。简单来说,域是指实体中属性的取值范围,相当于数学中函数的值域。例如学生成绩的域为整数,但是又取不到所有整数,一般取值范围为 0～100 分,而这个范围来自(属于)整数集合。

(7) 联系(relationship)。主要指实体内部的联系(各属性之间的联系)和实体之间的联系(数学抽象概念中强调实体型之间的联系,而现实生活中更加关注某几个具体的实体集之间的联系)。

2. 实体-联系模型

概念模型是面向用户、面向现实世界的数据模型,它是对现实世界的真实、全面的反映,与具体的 DBMS 无关。常用的概念模型有实体-联系(entity-relationship,E-R)模型、语义对象模型。这里只介绍实体-联系模型(也称为 E-R 图、E-R 模型)。E-R 图由实体、属性和联系三个要素构成,下面介绍一些与之相关的基本概念。

1) 实体

在 E-R 图中用矩形框表示具体的实体,把实体名写在框内。

数据库开发人员在设计 E-R 图时,一个 E-R 图中通常包含多个实体,每个实体由实体名唯一标记,如图 1-9 所示。

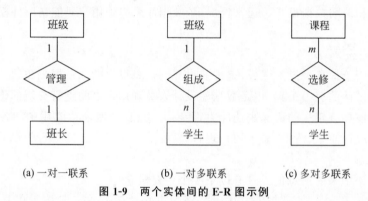

(a) 一对一联系   (b) 一对多联系   (c) 多对多联系

图 1-9　两个实体间的 E-R 图示例

2) 属性

E-R 图中的属性通常用于表示实体的某种特征,有时也用来刻画联系的特征。一个实体通常包含多个属性,每个属性由属性名唯一标记,写在椭圆内。用连线将属性框与它所描述的实体联系起来。

在 E-R 图中,属性是一个不可再分的最小单元,如果属性能够再分,则可以考虑将该属性进行细分,或者可以考虑将该属性"升格"为另一个实体。

3) 联系

在现实世界中,事物内部以及事物之间是有联系的,这些联系在信息世界中反映为实体内部的联系和实体之间的联系。其中,实体内部的联系通常指组成实体的各属性之间的联系,实体之间的联系通常指不同实体集之间的联系。

在 E-R 图中,联系用菱形表示,框内写上联系名,并用连线将联系框与它所关联的实体连接起来,如图 1-9 所示。

在 E-R 图中,基数表示一个实体到另一个实体之间关联的数目。基数是针对联系之间的某个方向提出的概念,基数可以是一个取值范围,也可以是某个具体数值。从基数的角度可以将联系分为一对一(1:1)、一对多(1:n)和多对多(m:n)联系。

(1) 一对一联系(1:1)。如果对于实体集 A 中的每个实体,在实体集 B 中至多有一个(也可以没有)实体与之联系,反之亦然,则称实体集 A 与实体集 B 是一对一联系,记为 1:1。

例如,学校里一个班级和班长(假设一个班级只有一个正班长,一个人只能担任一个班级的正班长),则班级和班长是一对一联系,如图 1-9(a)所示。

(2) 一对多联系(1:n)。如果对于实体集 A 中的每一个实体,实体集 B 中有 n 个实体($n \geqslant 0$)与之联系,反之,对于实体集 B 中的每一个实体,实体集 A 中至多只有一个实体与之联系,则称实体集 A 与实体集 B 是一对多联系,记为 1:n。

例如,一个班级有多名学生,而每个学生只能在一个班级学习,则班级和学生之间是一对多联系,如图 1-9(b)所示。

(3) 多对多联系(m:n)。如果对于实体集 A 中的每一个实体,实体集 B 中有 n 个实体($n \geqslant 0$)与之联系,反之,对于实体集 B 中的每一个实体,实体集 A 中有 m 个实体($m \geqslant 0$)与之联系,则称实体集 A 与实体集 B 是多对多联系,记为 m:n。

例如,一门课程同时有若干学生选修,而一个学生可以同时选修多门课程,则课程与学生之间具有多对多联系,如图 1-9(c)所示。

以上的一对多、多对多联系也可以发生在多个实体之间,如图 1-10 所示。

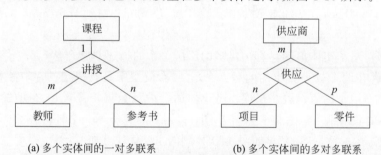

(a) 多个实体间的一对多联系　　　　(b) 多个实体间的多对多联系

图 1-10　多个实体间的联系示意图

课程、教师与参考书三个实体型之间具有一对多联系:一门课程可以由若干名教师讲授,使用若干本参考书;每名教师只讲授一门课程,每本参考书只供一门课程使用,如图 1-10(a)所示。

供应商、项目、零件三个实体型之间具有多对多联系:一个供应商可以供给多个项目多种零件;每个项目可以使用多个供应商供应的零件;每种零件可由不同供应商供给,如图 1-10(b)所示。

同样,一对多联系及多对多联系也可能发生在单个实体内部。

职工实体型内部具有领导与被领导的一对多联系:某一职工(干部)“领导”若干名职工;一个职工仅被另外一个职工直接领导,如图 1-11(a)所示。

朋友实体型内部具有拥有朋友的多对多联系:某一朋友可以有多个朋友;一个朋友可以是多个朋友的朋友,如图 1-11(b)所示。

(a) 单个实体内的一对多联系　　　　(b) 单个实体内的多对多联系

图 1-11　单个实体内部的联系示意图

1.2.4　逻辑模型

在数据库技术领域中,最常用的逻辑数据模型有层次模型、网状模型、关系模型和面向对象模型。这 4 种模型是按其数据结构而命名的,其根本区别在于数据之间联系的表示方式不同,即数据记录之间的联系方式不同。层次模型以"树结构"方式表示数据记录之间的联系;网状模型以"图结构"方式表示数据记录之间的联系;关系模型用"二维表"(或称为关系)方式表示数据记录之间的联系;而面向对象模型则以"引用类型"方式表示数据记录之间的联系。

1. 层次模型

层次模型是数据库系统中最早出现的数据模型,它用树结构表示各类实体以及实体间的联系。现实世界中许多实体之间的联系本来就呈现一种层次关系,如行政机构、家族关系等。层次模型数据库系统的典型代表是 IBM 公司的 IMS(Information Management System)。

层次模型对父子实体集间具有一对多的层次关系的描述非常自然、直观、容易理解。但是,层次模型存在两个较为突出的问题:首先,层次模型中具有一定的存取路径,需要按路径查询给定数据记录的值;其次,层次模型比较适合表示数据记录类型之间的一对多联系,而对于多对多的联系则难以直接表示,需要进行转换,将其分解成若干一对多联系。图 1-12 给出了一个教务层次数据库的型与值。层次模型的主要优缺点如下:

(1) 数据结构较简单,查询效率高;

(2) 提供良好的完整性支持;

(3) 不易表示多对多的联系;

(4) 数据操作限制多,独立性较差。

2. 网状模型

现实世界中广泛存在的事物及其联系大多具有非层次的特点,若用层次结构来描述,既不直观,也难以理解。于是人们提出了网状模型,其典型代表是 20 世纪 70 年代数据系统语言研究会下属的数据库任务组(database task group,DBTG)提出的 DBTG 系统方案。该方案标志着网状模型的诞生。典型的网状模型数据库产品有 Cullinet Software 公司的 IDMS、Honeywell 公司的 IDS/2、HP 公司的 IMAGE 数据库系统等。

网状模型是一个图结构,它是由字段(属性)、记录类型(实体型)等对象组成的网状结构的模型。从图论的观点看,它是一个不附加任何条件的有向图。在现实世界中,实体型间的联系多为非层次关系,用层次模型表示非树结构是很不直观的。网状模型消除了层次模型的限制,允许结点有多个双亲结点,允许多个结点没有双亲结点。图 1-13 所示是网状模型的一个简单实例。

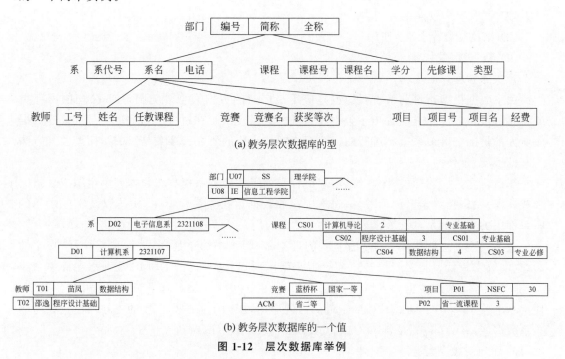

(a) 教务层次数据库的型

(b) 教务层次数据库的一个值

图 1-12　层次数据库举例

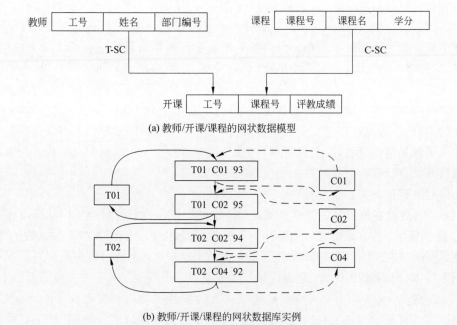

(a) 教师/开课/课程的网状数据模型

(b) 教师/开课/课程的网状数据库实例

图 1-13　网状数据库示例

网状模型用图结构来表示各类实体集以及实体集间的联系。网状模型与层次模型的根本区别是：一个子结点可以有多个父结点；两个结点之间可以有多种联系。同样，网状模型对于多对多的联系难以直接表示，需要进行转换，将其分解成若干一对多联系。

网状模型的主要优缺点如下：

(1) 较为直观地描述现实世界;

(2) 存取效率较高;

(3) 结构较复杂,不易使用;

(4) 数据独立性较差。

3. 关系模型

关系数据模型是目前最重要的也是应用最广泛的数据模型。美国 IBM 公司的研究员 E.F. Codd 于 1970 年首次提出了数据库系统的关系模型。在过去的 50 多年中,大量的数据库研究都是围绕着关系模型进行的。数据库领域当前的研究大多数是以关系模型及其方法为基础扩展、延伸的。

简而言之,关系就是一张二维表,它由行和列组成。关系模型将数据模型组织成表格的形式,这种表格在数学上称为关系,表格中存放数据。在关系模型中,实体以及实体之间的联系都用关系也就是二维表来表示。图 1-2 即为用关系表示的学生成绩表。

关系模型的主要优缺点为:有坚实的理论基础;结构简单易用;数据独立性好,安全性高;查询效率较低。自 20 世纪 80 年代以来,计算机厂商推出的 DBMS 几乎都支持关系模型,非关系系统的产品也大多加上了关系接口。由于关系模型具有坚实的逻辑和数学基础,使得基于关系模型的 DBMS 得到了最广泛的应用,占据了数据库市场的主导地位。典型的关系数据库系统有 Oracle、MySQL、SQL Server、DB2、Sybase 等。

4. 面向对象模型

尽管关系模型简单灵活,但还是不能表达现实世界中存在的许多复杂的数据结构,如图形数据、计算机辅助设计(computer aided design, CAD)数据、嵌套递归的数据等。人们迫切需要语义表达更强的数据模型。面向对象模型是近些年出现的一种新的数据模型,它用面向对象的观点来描述现实世界中事物(对象)的逻辑结构和对象间的联系,与人类的思维方式更接近。

对象是对现实世界中的事物的高度抽象,每个对象是状态和行为的封装。对象的状态是属性的集合,行为是在该对象上操作方法的集合。因此,面向对象模型不仅可以处理各种复杂多样的数据结构,而且具有数据和行为相结合的特点。目前,面向对象的方法已经逐渐成为系统开发、设计的全新思路。

面向对象模型具有以下优点。

(1) 适合处理各种各样的数据类型:与传统的数据库(如层次模型、网状模型或关系模型)不同,面向对象数据库适合存储不同类型的数据,如图片、声音、视频、文本、数字等。

(2) 面向对象程序设计与数据库技术相结合:面向对象模型结合了面向对象程序设计与数据库技术,因而提供了一个集成应用开发系统。

(3) 提高开发效率:面向对象模型提供强大的特性,如继承、多态和动态绑定,这样允许用户不用编写特定对象的代码就可以构成对象并提供解决方案,这些特性能有效地提高数据库应用程序开发人员的开发效率。

(4) 改善数据访问:面向对象模型明确地表示联系,支持导航式和关联式两种方式的信息访问,它比基于关系值的联系更能提高数据访问性能。

面向对象模型存在以下缺点。

(1) 没有准确的定义:不同产品和原型的对象是不一样的,所以不能对对象做出准确定义。

（2）维护困难：随着组织信息需求的改变，对象的定义也要求改变并且需移植现有数据库，以完成新对象的定义；当改变对象的定义和移植数据库时，它可能面临真正的挑战。

（3）不适合所有的应用：面向对象模型适用于需要管理数据对象之间存在复杂关系的应用，它们特别适合于特定的应用，如工程、电子商务、医疗等，但并不适合所有应用，当用于普通应用时，其性能会降低并要求很高的处理能力。

1.3　数据库系统的结构

视频讲解

要了解数据库系统，关键需要了解其结构。从数据库管理系统角度来看，数据库系统内部的体系结构通常采用三级模式结构，即数据库系统由模式、子模式和内模式组成。数据库系统的三级模式结构如图 1-14 所示。

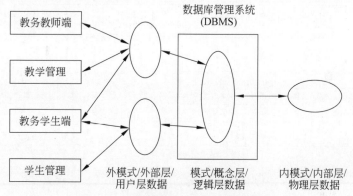

图 1-14　数据库系统的三级模式结构

1. 模式

模式（schema，也称概念模式或逻辑模式）是数据库中全体数据的逻辑结构和特征的描述，是所有用户的公用数据库结构。它描述了现实世界中的实体及其性质与联系，具体定义了记录型、数据项、访问控制、保密定义、完整性约束以及记录型之间的各种联系。

模式有如下特性。

（1）一个数据库只有一个模式。

（2）模式与具体应用程序无关，它只是装配数据的一个框架。

（3）模式用语言描述和定义，需要定义数据的逻辑结构、与数据有关的安全性等。

2. 子模式

子模式（external schema，也称外模式或用户模式）是数据库用户所见和使用的局部数据的逻辑结构和特征的描述，是用户所用的数据库结构。子模式是模式的子集，它主要描述用户视图的各记录的组成、相互联系、数据项的特征等。

子模式有如下特性。

（1）一个数据库可以有多个子模式；每个用户至少使用一个子模式。

（2）同一个用户可使用不同的子模式，而每个子模式可为多个不同的用户所用。

（3）模式是对全体用户数据及其关系的综合与抽象，子模式是根据所需对模式的抽取。

3. 内模式

内模式(internal schema,也称存储模式)是数据物理结构和存储方法的描述。它是整个数据库的最底层结构的表示。内模式中定义的是存储记录的类型,存储域的表示,存储记录的物理顺序、索引和存取路径等数据的存储组织,如存储方式按散列方法存储,索引按顺序方式组织,数据以压缩、加密方式存储等。

内模式有如下特性。

(1) 一个数据库只有一个内模式,内模式对用户透明。

(2) 一个数据库由多种文件组成,如用户数据文件、索引文件及系统文件等。

(3) 内模式设计直接影响数据库的性能。

关系数据库的逻辑结构就是表格框架。图 1-15 是关系数据库三级结构与两级映像的示例。

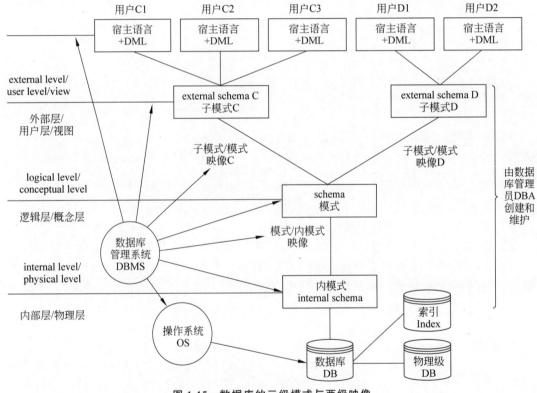

图 1-15　数据库的三级模式与两级映像

4. 数据独立性与两级映像功能

数据独立性指数据与程序间的互不依赖性,一般分为物理独立性与逻辑独立性。

物理独立性指数据库物理结构的改变不影响逻辑结构及应用程序,即数据的存储结构的改变,例如,存储设备的更换、存储数据的位移、存取方式的改变等都不影响数据库的逻辑结构,从而不会引起应用程序的变化。

逻辑独立性指数据库逻辑结构的改变不影响应用程序,即数据库总体逻辑结构的改变,如修改数据结构定义、增加新的数据类型、改变数据间联系等,不需要相应修改应用程序。

为实现数据独立性,数据库系统在三级模式之间提供了两级映像。

(1) 子模式/模式映像。子模式/模式映像是指由模式生成子模式的规则。它定义了各个子模式和模式之间的对应关系,实际是由定义视图来完成的。

(2) 模式/内模式映像。模式/内模式映像是说明模式在物理设备中的存储结构,它定义了模式和内模式之间的对应关系,通常是通过定义表等数据对象来完成的。

两级映像有如下特性。

(1) 模式/内模式映像是唯一的。当数据库的存储结构改变时,如采用了更先进的存储结构,由数据库管理员对模式/内模式映像作相应改变,可以使模式保持不变,从而保证了数据的物理独立性。

(2) 子模式/模式映像不唯一。当模式改变时,如增加新的数据项、数据项改名等,由数据库管理员对各个子模式/模式的映像作相应改变,可以使子模式保持不变,从而保证了数据的逻辑独立性。

注意,模式与数据库的概念是有区别的。模式是数据库结构的定义和描述,只是建立一个数据库的框架,它本身不涉及具体的数据;而数据库是按照模式的框架装入数据而建成的,它是模式的一个“实例”。数据库中的数据是经常变化的,而模式一般是不变或很少变化的。

5. 三级模式结构与两级映像的优点

数据库模式,也就是全局逻辑结构,是数据库的中心与关键,独立于数据库的其他层次,设计数据库模式结构时应首先确定数据库的逻辑模式。

数据库的内模式依赖于它的全局逻辑结构,独立于数据库的用户视图(即外模式),独立于具体的存储设备,将全局逻辑结构中所定义的数据结构及其联系按照一定的物理存储策略进行组织,以达到较好的时间与空间效率。

(1) 保证数据的独立性。子模式与模式分开,通过模式间的子模式/模式映像保证了数据库数据的逻辑独立性;模式与内模式分开,通过模式间的模式/内模式映像来保证数据库数据的物理独立性。数据与程序之间的独立性,使得数据的定义和描述可以从应用程序中分离出去。

(2) 特定的应用程序是在子模式描述的数据结构上编制的,依赖于特定的子模式,与数据库的模式和存储结构独立,不同的应用程序有时可以共用同一个子模式。当应用需求发生较大变化,相应子模式不能满足其视图要求时,该子模式就得做相应改动,设计子模式时应充分考虑到应用的扩充性。

(3) 保证数据的安全性。由于用户使用的是子模式,每个用户只能看见和访问所对应的子模式的数据,所以数据库的其余数据与用户是隔离的,这样既有利于数据的保密性,又可使用户通过程序只能操作其子模式范围内的数据,使程序错误传播的范围缩小,保证了其他数据的安全性。

(4) 有利于数据的共享性。由于同一模式可以派生出多个不同的子模式,因此减少了数据的冗余度,有利于为多种应用服务。

(5) 简化了应用程序的编制。数据的存取由 DBMS 管理,用户不必考虑存取路径等细节,简化了应用程序的编制,大大减少了应用程序的维护和修改。

视频讲解

1.4 数据库系统的组成

数据库系统一般由硬件平台及数据库、软件(数据库管理系统及其开发工具、应用系统)、人员(数据库管理员和用户)构成。

1. 硬件平台及数据库

由于数据库系统的数据量都很大,加之 DBMS 丰富的功能使得自身的规模也很大,因此整个数据库系统对硬件资源提出了较高的要求。这些要求如下。

(1) 有足够大的内存,用于存放操作系统、DBMS 核心模块、数据缓冲区和应用程序。

(2) 有足够大的磁盘等直接存取设备存放数据库,有足够的磁带供数据备份。

(3) 系统有较高的通道能力,以提高数据传送率。

2. 软件

数据库系统的软件主要包括以下部分。

(1) DBMS。DBMS 是为数据库的建立、使用和维护配置的软件。

(2) 支持 DBMS 运行的操作系统。

(3) 具有数据库接口的高级语言及其编译系统,便于开发应用程序。每种程序设计语言(如 Java、PHP、C++、C♯等)都需要使用这些数据库接口完成对数据库的访问操作。

(4) 以 DBMS 为核心的应用开发工具。应用开发工具包括系统为应用开发人员和最终用户提供的高效率、多功能的应用生成器,以及第四代语言等各种软件工具,它们为数据库系统的开发和应用提供了良好的环境。

(5) 为特定应用环境开发的数据库应用系统。

3. 人员

开发、管理和使用数据库系统的人员主要是数据库管理员、系统分析员、数据库设计人员、应用程序员和最终用户。不同的人员涉及不同的数据抽象级别,具有不同的数据视图,其各自的职责分别如下。

1) 数据库管理员

数据库管理员(database administrator,DBA)是全面负责管理和控制数据库系统的一个或一组人员。其负责以下具体职责。

(1) 决定数据库中的信息内容和结构。数据库中要存放哪些信息,DBA 要参与决策。因此,DBA 必须参加数据库设计的全过程,并与用户、应用程序员、系统分析员密切合作、共同协商,做好数据库设计。

(2) 决定数据库的存储结构和存取策略。DBA 要综合各用户的应用要求,和数据库设计人员共同决定数据的存储结构和存取策略,以求获得较高的存取效率和存储空间利用率。

(3) 定义数据的安全性要求和完整性约束条件。DBA 的重要职责是保证数据库的安全性和完整性。因此,DBA 负责确定各个用户对数据库的存取权限、数据的保密级别和完整性约束条件。

(4) 监控数据库的使用和运行。DBA 还有一个重要职责就是监视数据库系统的运行情况,及时处理运行过程中出现的问题。例如,系统发生各种故障时,数据库会因此遭到不同程度的破坏,DBA 必须在最短时间内将数据库恢复到正确状态,并尽可能不影响或少影响信息系统其他部分的正常运行。为此,DBA 要定义和实施适当的后备和恢复策略,如周期性地转储数据、维护日志文件等。

(5) 数据库的改进和重组重构。DBA 还负责在系统运行期间监视系统运行状况,依靠工作实践并根据实际应用环境,不断改进数据库设计。在数据运行过程中,大量数据不断插入、删除、修改,时间一长,会影响系统的性能。因此,DBA 要定期对数据库进行重组织,以提高系统的性能。当用户的需求增加和改变时,DBA 还要对数据库进行较大的改造,包括修改部分设计,即数据库的重构造。

2)系统分析员和数据库设计人员

系统分析员负责应用系统的需求分析和规范说明,要和用户及 DBA 相配合,确定系统的硬件和软件配置,并参与数据库系统的概要设计。很多情况下,数据库设计人员由 DBA 担任。

3)应用程序员

应用程序员负责设计和编写应用系统的程序模块,并进行调试和安装。

4)用户

这里的用户是指最终用户(end user)。最终用户通过应用系统的用户接口使用数据库。常用的接口方式有浏览器、菜单驱动、表格操作、图形显示、报表书写等,给用户提供简明直观的数据表示。

人文素养拓展

系统思想源远流长,但作为一门科学的系统论,人们公认是美籍奥地利理论生物学家路德维希·冯·贝塔朗菲(Ludwig von Bertalanffy)创立的。他在 1932 年提出"开放系统理论",奠定了系统论的思想。1937 年,贝塔朗菲提出了一般系统论原理,奠定了这门科学的理论基础。但是他的著作《关于一般系统论》到 1945 年才公开发表,他的理论到 1948 年在美国再次讲授"一般系统论"时,才得到学术界的重视。确立这门科学学术地位的是 1968 年贝塔朗菲发表的专著《一般系统理论:基础、发展和应用》(General System Theory: Foundations, Development, Applications),该书被公认为这门学科的代表作。贝塔朗菲临终前发表了《一般系统论的历史与现状》一文,探讨系统研究的未来发展。此外,他还与拉维奥莱特(A. Laviolette)合著了《人的系统观》一书。

系统论认为,整体性、相关性、动态平衡性等是所有系统的共同的基本特征,如图 1-16 所示。这些既是系统所具有的基本思想观点,也是系统方法的基本原则,表现了系统论是反映客观规律的科学理论,具有科学方法论的含义。贝塔朗菲对此曾作过说明,英语 System Approach 直译为系统方法,也可译成系统论,因为 Approach 一词既可代表概念、观点、模型,又可表示数学方法。贝塔朗菲说,我们故意使用 Approach 这样一个不太严格的词,正好表明了这门学科的性质特点。

随着世界复杂性的发现,在科学研究中兴起了建立复杂性科学的热潮。贝塔朗菲指出,现代技术和社会已变得十分复杂,传统的方法不再适用,"我们被迫在一切知识领域中运用整体或系统概念来处理复杂性问题"。普利高津断言,现代科学在一切方面、一切层次上都

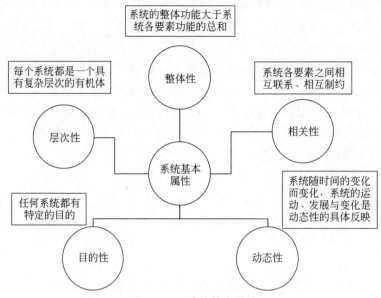

图 1-16　系统的基本属性

遇到复杂性,必须"结束现实世界简单性"这一传统信念,要把现实世界当作复杂系统来处理,建立复杂性科学。正是在这种背景下,出现了一系列以探索复杂性为己任的学科,我们可统称为系统科学。系统科学的发展可分为两个阶段:第一阶段以第二次世界大战前后控制论、信息论和一般系统论等的出现为标志,主要着眼于他组织系统的分析;第二阶段以耗散结构论、协同论、超循环论等为标志,主要着眼于自组织系统的研究。信息学家魏沃尔指出:19世纪及其之前的科学是简单性科学;20世纪前半叶则发展起无组织复杂性的科学,即建立在统计方法上的那些学科;而20世纪后半叶则发展起有组织的复杂性的科学,主要是自组织理论。[1]

1.5　本章小结

本章介绍了数据库相关的基本概念;介绍了数据管理技术的发展,比较了人工管理、文件系统和数据库系统三个阶段的背景和特点;对数据库系统的特点进行了介绍。

数据模型是数据库系统的核心和基础,本章介绍了组成数据模型的三要素;介绍了信息的三个世界以及彼此之间的联系;阐述了概念模型、实体、实体型、实体集、属性、码(也称键)、E-R图以及彼此之间的关系;介绍了数据模型及其作用、要素、优缺点。

本章讲解了概念模型和逻辑模型,概念模型也是信息模型,用于信息世界的建模,E-R模型是这类模型的典型代表,E-R方法简单、清晰,应用十分广泛。

数据库三级模式和两级映像的系统结构保证了数据具有较高的逻辑独立性和物理独立性。

数据库系统主要由硬件平台及数据库、软件(数据库管理系统及其开发工具、应用系统)和人员(数据库管理员和用户等)组成。

1.6　思考与练习

一、单选题

1. 数据的(　　)是数据库的主要特征之一,是数据库与文件系统的根本区别。

　　A. 结构化　　　　　B. 共享性　　　　　C. 独立性　　　　　D. 完整性

2. 数据库管理系统是(　　)。

　　A. 操作系统的一部分　　　　　　B. 在操作系统支持下的系统软件

　　C. 一种编译系统　　　　　　　　D. 一种操作系统

3. 数据独立性是数据库技术的重要特点之一。所谓数据独立性指(　　)。

　　A. 数据与程序独立存放

　　B. 不同的数据被存放在不同的文件中

　　C. 不同的数据只能被对应的应用程序所使用

　　D. 以上三种说法都不对

4. 数据库系统依靠(　　)支持数据独立性。

　　A. 定义完整性约束条件　　　　　B. 具有封装机制

　　C. 模式分级,各级模式之间的映像　D. DDL 与 DML 互相独立

5. 数据库系统的核心是(　　)。

　　A. 数据模型　　　　　　　　　　B. 数据库管理系统

　　C. 数据库　　　　　　　　　　　D. 数据库管理员

6. 数据库技术的根本目标是要解决数据的(　　)。

　　A. 存储问题　　　　B. 共享问题　　　　C. 安全问题　　　D. 保护问题

7. 数据库(DB)、数据库系统(DBS)和数据库管理系统(DBMS)之间的关系是(　　)。

　　A. DB 包含 DBS 和 DBMS　　　　B. DBMS 包含 DB 和 DBS

　　C. DBS 包含 DB 和 DBMS　　　　D. 没有任何关系

8. 下面不属于数据库管理员(DBA)的职责是(　　)。

　　A. 决定数据库中的信息内容和结构

　　B. 决定数据库的存储结构和存取策略

　　C. 定义数据的安全性要求和完整性约束条件

　　D. 负责数据库中数据的确定及数据库各级模式的设计

9. 数据库设计中反映用户对数据要求的模式是(　　)。

　　A. 内模式　　　　B. 概念模式　　　　C. 子模式　　　　D. 设计模式

10. 在数据库系统中,用户所见的数据模式为(　　)。

　　A. 概念模式　　　B. 子模式　　　　C. 内模式　　　　D. 物理模式

11. 在数据管理技术发展的三个阶段中,数据共享最好的是(　　)。

　　A. 人工管理阶段　　　　　　　　B. 文件系统阶段

　　C. 数据库系统阶段　　　　　　　D. 三个阶段相同

12. 采用三级模式结构/两级映像的数据库体系结构,如果对数据库的一张表创建索引,改变的是数据库的(　　)。

A. 用户模式　　　　　B. 子模式　　　　　C. 模式　　　　　D. 内模式

13. 数据的逻辑独立性和物理独立性分别是通过修改(　　)来完成的。

A. 子模式与内模式之间的映像、模式与内模式之间的映像

B. 子模式与内模式之间的映像、子模式与模式之间的映像

C. 子模式与模式之间的映像、模式与内模式之间的映像

D. 以上都不对

14. 数据库系统通常采用三级模式结构：子模式、模式和内模式。这三级模式分别对应数据库的(　　)。

A. 基本表、存储文件和视图　　　　　　B. 视图、基本表和存储文件

C. 基本表、视图和存储文件　　　　　　D. 视图、存储文件和基本表

15. 在数据库三级模式间引入两级映像的主要作用是(　　)。

A. 提高数据与程序的独立性　　　　　　B. 提高数据与程序的安全性

C. 保持数据与程序的一致性　　　　　　D. 提高数据与程序的可移植性

16. 数据模型的三要素是(　　)。

A. 外模式、概念模式和内模式

B. 关系模型、网状模型和层次模型

C. 实体、属性和联系

D. 数据结构、数据操作和数据的完整性约束条件

17. 储蓄所有多个储户,储户在多个储蓄所存取款,储蓄所与储户之间是(　　)。

A. 一对一的联系　　　　　　　　　　　B. 一对多的联系

C. 多对一的联系　　　　　　　　　　　D. 多对多的联系

18. 一个工作人员可以使用多台计算机,而一台计算机可被多个人使用,则实体工作人员与实体计算机之间的联系是(　　)。

A. 一对一　　　　　B. 一对多　　　　　C. 多对多　　　　　D. 多对一

19. 层次模型、网状模型和关系模型数据库的划分原则是(　　)。

A. 记录长度　　　　　　　　　　　　　B. 文件的大小

C. 联系的复杂程度　　　　　　　　　　D. 数据之间的联系方式

20. 在 E-R 图中,用来表示实体联系的图形是(　　)。

A. 椭圆形　　　　　B. 矩形　　　　　C. 菱形　　　　　D. 三角形

21. 在 E-R 图中,用来表示实体的图形是(　　)。

A. 矩形　　　　　B. 椭圆形　　　　　C. 菱形　　　　　D. 三角形

22. 用树结构表示实体之间联系的模型是(　　)。

A. 关系模型　　　　B. 网状模型　　　　C. 层次模型　　　　D. 以上三个都是

23. 采用二维表格结构表达实体类型及实体间联系的数据模型是(　　)。

A. 层次模型　　　　B. 网状模型　　　　C. 关系模型　　　　D. 面向对象模型

24. "商品"与"顾客"两个实体集之间的联系一般是(　　)。

A. 一对一　　　　　B. 一对多　　　　　C. 多对一　　　　　D. 多对多

25. 一间宿舍可住多个学生,则实体宿舍和学生之间的联系是(　　)。

A. 一对一　　　　　B. 一对多　　　　　C. 多对一　　　　　D. 多对多

26. 数据库系统由数据库、数据库管理系统、应用系统和（　　）组成。

　　A. 系统分析员　　　　B. 程序员　　　　　　C. 数据库管理员　　D. 操作员

27. （　　）是数据库管理系统的简称。

　　A. DB　　　　　　　B. DBA　　　　　　　C. DBMS　　　　　　D. DBS

二、多选题

1. 以下属于常见的关系型数据库产品的是（　　）。

　　A. MySQL　　　　　　B. Redis　　　　　　C. DB2　　　　　　　D. MongoDB

2. （　　）属于数据模型。

　　A. 层次模型　　　　　　　　　　　　　B. 网状模型

　　C. 关系模型　　　　　　　　　　　　　D. 以上答案都不正确

三、判断题

1. 概念模型（concept data model，CDM）是数据库设计阶段使用的模型。　　（　　）

2. 数据库系统中最早出现的数据模型是层次模型，其典型代表是 IBM 公司的 IMS（Information Management System）数据库管理系统。　　（　　）

3. 模式（schema）是数据库逻辑结构和特征的描述，是型（type）的描述；反映的是数据的结构及其联系，模式是相对稳定的。　　（　　）

4. 一个数据库只能有一个子模式，而概念模式和内模式则可有多个。　　（　　）

四、简答题

1. 列举你所知道的数据库管理系统，并指出哪些是关系数据库，哪些是非关系数据库。

2. 最常见的 3 种数据模型分别是什么？

3. 什么是数据库系统？它有什么特点？

4. 什么是实体、实体型、实体集、属性、码、E-R 图？

5. 什么是模式、外模式和内模式？三者是如何保证数据独立性的？

6. 在数据库领域曾获得过图灵奖的学者包括哪些人？

第 **2** 章

关 系 模 型

以关系模型为基础的关系数据库是目前应用较为广泛的数据库。由于它以数学方法为基础管理数据库,所以关系数据库与其他数据库相比具有突出的优点。

关系模型建立在数学理论的基础上。关系模型是目前商品化数据库产品的主流数据模型,市场上流行的数据库系统产品,如 DB2、Oracle、Sybase、MS SQL Server、MySQL 等,都是采用关系模型的数据库系统。关系模型的发展大大促进了数据库应用领域的扩大和深入。

本章介绍关系模型的基本概念、关系的数学定义、关系模型的三要素、关系代数、关系完整性、关系演算等内容。

2.1 关系模型及其定义

1970 年,IBM 公司研究员 E.F. Codd 博士发表了题为《大型共享数据库的关系模型》的论文,并在文中首次提出了数据库的关系模型。后来 Codd 博士又多次发表论文,进一步完善了关系模型,使关系模型成为关系数据库最重要的理论基础。在关系模型中,最基本的概念就是关系。

关系模型是数据库使用的一种典型数据模型。在关系模型中,其数据结构为具有一定特征的二维表。在关系数据库中,现实世界的实体以及实体间的各种联系均用关系来表示,关系是一个由行和列组成的二维表。

2.1.1 关系的定义

视频讲解

1. 关系数据结构

在关系模型中,无论是实体集,还是实体集之间的联系,均由单一的关系表示。关系模型只有关系这一种单一的数据结构,从用户的角度来说,关系模型的逻辑结构就是一张二维表,如表 2-1 所示。其中关于数据库结构的数据称为元数据,如表名、列名和列所属的表、表和列的属性等都是元数据。

表 2-1 关系模型中数据的逻辑结构

课 程 号	课 程 名	学 分	课程类型
CS01	计算机导论	2	专业基础
CS02	程序设计基础	3	专业基础

续表

课 程 号	课 程 名	学 分	课 程 类 型
CS03	离散数学	3	专业基础
CS04	数据结构	4	专业必修
CS06	计算机组成原理	3	专业必修
CS07	操作系统	4	专业必修

2. 关系的数学定义

【定义 2.1】 域(domain)是一组具有相同数据类型的值的集合,也就是列的取值范围。在关系模型中,使用域来表示实体属性的取值范围。通常用 D_i 表示某个域。

自然数、整数、实数、一个字符串、{男,女}、介于某个取值范围的整数,都可以是域。例如:

- 学分的取值范围是{2,3,4};
- 课程名的长度为 50 个字符;
- 课程类型的取值为{'专业基础','专业必修'}。

集合中元素的个数称为域的基数。例如表 2-1 中"学分"域 D_1 的基数是 3,"课程类型"域 D_2 的基数是 2。

【定义 2.2】 给定一组域 $D_1,D_2,\cdots,D_n$,其中某些域可以相同,那么这 n 个域的**笛卡儿积(Cartesian product)**为

$$D_1 \times D_2 \times \cdots \times D_n = \{(d_1,d_2,\cdots,d_n) \mid d_i \in D_i, i=1,2,\cdots,n\}$$

笛卡儿积中每一个元素 $(d_1,d_2,\cdots,d_n)$ 称作一个 **n 元组**(n-tuple),或简称**元组**;元组 $(d_1,d_2,\cdots,d_n)$ 中的每一个值 d_i 称作一个**分量**。

元组 $(d_1,d_2,\cdots,d_n)$ 是从每一个域任取一个值所形成的一种组合,笛卡儿积是由 n 个域形成的所有可能的 n 元组的集合,是所有域的所有取值的一个组合,不能重复。

若域 D_i 为有限集,其基数为 m_i,$D_1 \times D_2 \times \cdots \times D_n$ 的**笛卡儿积的基数 M** 为

$$M = \prod_{i=1}^{n} m_i$$

笛卡儿积可表示为一张二维表,表中的每行对应一个元组,表中的每列对应一个域。

给出三个域,课程 $D_1=\{$程序设计基础,数据结构$\}$,学分 $D_2=\{2,3,4\}$,课程类型 $D_3=\{$专业基础,专业必修$\}$,那么由 $D_1 \times D_2 \times D_3$ 构成的笛卡儿积的基数是 $2 \times 3 \times 2 = 12$,详见表 2-2。

表 2-2 D_1,D_2,D_3 的笛卡儿积 $D_1 \times D_2 \times D_3$

课 程 名	学 分	课 程 类 型
程序设计基础	2	专业基础
数据结构	2	专业基础
程序设计基础	2	专业必修
数据结构	2	专业必修

续表

课　程　名	学　分	课程类型
程序设计基础	3	专业基础
数据结构	3	专业基础
程序设计基础	3	专业必修
数据结构	3	专业必修
程序设计基础	4	专业基础
数据结构	4	专业基础
程序设计基础	4	专业必修
数据结构	4	专业必修

【思考】 表 2-2 中描述的数据是否有意义？换言之，符不符合现实世界的语义？任何一门课程的学分数只能有一个值，而它的课程类型也只能有一种。

选取其中一个有意义的子集{(程序设计基础,3,专业基础),(数据结构,4,专业必修)}，如表 2-3 所示，构成一个关系。

【定义 2.3】 $D_1 \times D_2 \times \cdots \times D_n$ 的子集称为在域 $D_1, D_2, \cdots, D_n$ 上的 **关系**(relation)，表示为 $R(D_1, D_2, \cdots, D_n)$。

这里 R 表示关系的名字，n 是关系属性的个数，称为**目数或度数**(degree)。

当 $n=1$ 时，称该关系为单目关系(unary relation)；当 $n=2$ 时，称该关系为二目关系(binary relation)。

关系是笛卡儿积的一个子集，也是一个二维表，表的每行对应一个元组，表的每列对应一个域，可以把它表示为关系名＋括号＋域名。

例如，可以在表 2-2 的笛卡儿积中取出一个子集来构造一个课程关系。由于一门课程只有一个学分和课程类型，所以笛卡儿积中的许多元组在实际中是无意义的，仅挑出有实际意义的元组构建一个关系，该关系名为 Course，字段名取域名为课程名、学分、课程类型，见表 2-3。

表 2-3　笛卡儿积的一个有意义的子集——关系 Course

课　程　名	学　分	课程类型
程序设计基础	3	专业基础
数据结构	4	专业必修

关系表中的每行对应一个**元组**(tuple)，元组也称记录。组成元组的元素称为分量。数据库中的一个实体或实体之间的一个联系均使用一个元组来表示，如表 2-4 所示的学生成绩关系中有 12 个元组，分别对应 12 个学生成绩，"2020082101,应胜男,计算机导论,李胜,2020-2021-1,79.0"是一个元组，由 6 个分量组成。

关系中的每列对应一个域。由于不同列的域可以相同，为了加以区分，必须给每列一个命名，这个命名就称为**属性**(attribute)。n 目关系必有 n 个属性。

属性具有型和值两层含义：型指字段名和属性值域；值指属性具体的取值。

关系中的字段名具有标识列的作用，所以在同一个关系中的字段名（列名）不能相同。一个关系中通常有多个属性，属性用于表示实体的特征。

表 2-4 中"姓名"与"授课教师"取自同一个域 CHAR(8)，由于不同的列"姓名""授课教师"来自相同的域，所以需要不同的名字加以区分。

表 2-4　学生成绩表

学　号	姓　名	课　程	授课教师	学　期	成　绩
2020082101	应胜男	计算机导论	李胜	2020-2021-1	79.0
2020082101	应胜男	程序设计基础	郭兰	2020-2021-1	84.0
2020082101	应胜男	离散数学	蒋胜男	2020-2021-2	79.0
2020082101	应胜男	数据结构	蒋胜男	2021-2022-1	84.0
2020082101	应胜男	汇编语言	郑三水	2021-2022-1	79.0
2020082101	应胜男	计算机组成原理	吕连良	2021-2022-2	84.0
2020082101	应胜男	操作系统	李胜	2021-2022-2	79.0
2020082122	郑正星	计算机导论	李胜	2020-2021-1	84.0
2020082131	吕建鸥	计算机导论	李胜	2020-2021-1	95.0
2020082131	吕建鸥	程序设计基础	郭兰	2020-2021-1	81.0
2020082131	吕建鸥	离散数学	蒋胜男	2020-2021-2	84.0
2020082131	吕建鸥	数据结构	蒋胜男	2021-2022-1	74.0

3. 关系的性质及类型

关系具有如下性质。

（1）关系中的元组存储了某个实体或实体某个部分的数据。

（2）关系中元组的位置具有顺序无关性，即元组的顺序可以任意交换。

（3）同一属性的数据具有同质性，即每一列中的分量是同一类型的数据，它们来自同一个域。

（4）同一关系的字段名具有不可重复性，即同一关系中不同属性的数据可出自同一个域，但不同的属性要给予不同的字段名。

（5）关系具有元组无冗余性，即关系中的任意两个元组不能完全相同。

（6）关系中列的位置具有顺序无关性，即列的次序可以任意交换、重新组织。

（7）关系中每个分量必须取原子值，即每个分量都必须是不可分的数据项。

关系模型要求关系必须是规范化的，即关系模式必须满足一定的规范条件，这些规范条件中最基本的一条就是关系的每个分量必须是一个不可分的数据项。

关系数据库中的关系可以有 3 种类型：基本关系（通常又称为基本表或基表）、查询表和视图表。**基本表** 是实际存在的表，它是实际存储数据的逻辑表示。**查询表** 是查询结果表或查询中生成的临时表。**视图表** 是由基本表或其他视图表导出的表，是虚表，不对应实际存储的数据。

2.1.2 码和主码

【定义 2.4】 若关系中的某一属性或属性组的值能唯一地标识一个元组,则称该属性或属性组为**候选码**(candidate key)。

若一个关系中有多个候选码,则选定其中一个为**主码**(primary key)(也可以称为主键或主关键字)。

例如,假设关系 tbStuInfo(学号,姓名,性别,系部,出生日期)中没有重名的学生,则学生的“姓名”是该 tbStuInfo 关系的候选码;此时,tbStuInfo 关系的候选码有“姓名”和“学号”两个,可选择“学号”属性作为主码。

包含两个或更多个属性的码(键)称为复合码(键)。例如,在关系 tbSC(学号,课程号,成绩)中,由“学号”“课程号”共同作为主码,因而是复合码。

主码不仅可以标识唯一的行,还可以建立与别的关系之间的联系。

主码具有以下作用:

(1) 唯一标识关系的每行;

(2) 作为关联表的外码,连接两个表;

(3) 使用主码值来组织关系的存储;

(4) 使用主码索引快速检索数据。

主码选择的注意事项如下。

(1) 建议取值简单的关键字为主码。例如学生表中的“学号”和“身份证号”,建议选择“学号”作为主码。

(2) 在设计数据库表时,复合码会给表的维护带来不便,因此不建议使用复合码。

(3) 数据库开发人员如果不能从已有的字段(或者字段组合)中选择一个主码,那么可以向数据库添加一个没有实际意义的字段作为该表的主码,以避免“复合主码”情况的发生,同时确保数据库表满足第二范式的要求(范式的概念在第 6 章介绍)。

(4) 数据库开发人员如果向数据库表中添加一个没有实际意义的字段作为该表的主码,即代理码,建议该主码的值由数据库管理系统(如 MySQL)或者应用程序自动生成,以避免人工录入时人为操作产生的错误。

在最简单的情况下,候选码只包含一个属性;在最极端的情况下,关系模式的所有属性是这个关系模式的候选码,称为**全码**(all-key)。全码是候选码的特例。例如,设有以下关系:学生选课(学号,课程)。其中的“学号”和“课程”相互独立,属性间不存在依赖关系,它的码就是全码。

在关系中,候选码中的属性称为**主属性**(prime attribute),不包含在任何候选码中的属性称为**非主属性**(non-prime attribute)。

2.1.3 关系模式和关系数据库

在数据库中要区分型和值。在关系数据库中,关系模式是型,关系是值。关系模式是对关系的描述。那么,应该描述哪几方面呢?

首先,关系是一张二维表,表的每一行对应一个元组,每一列对应一个属性。一个元组就是该关系所涉及的属性集的笛卡儿积中的一个元素。关系是元组的集合,因此关系模式必须指出这个元组集合的结构,即它由**哪些属性**构成,这些属性来自**哪些域**,以及**属性与域之间的映像关系**。

其次,一个关系通常是由赋予它的元组语义来确定的。元组语义实质上是一个 n 目谓词(n 是属性集中属性的个数),凡使该 n 目谓词为真的笛卡儿积中的元素的全体就构成了该关系模式的关系。

现实世界随着时间在不断地变化,因而在不同的时刻,关系模式的关系也会有所变化。但是,现实世界的许多已有事实限定了关系模式所有可能的关系必须满足一定的完整性约束条件,这些约束或者通过对属性取值范围的限定,例如,学生的性别只能取值为"男"或"女";或者**通过属性值间的相互关联**(主要体现于值的相等与否)反映出来。关系模式应当刻画出这些完整性约束条件,因此一个关系模式应当是一个五元组。

关系的描述称为**关系模式**(relation schema),它可以形式化地表示为 $R(U,D,\text{Dom},F)$。其中,R 为关系名;U 为组成该关系的属性的集合;D 为属性组 U 中的属性所来自的域;Dom 为属性向域的映像集合;F 为属性间数据依赖关系的集合。关系模式通常可以简记为 $R(U)$ 或 $R(A_1,A_2,\cdots,A_n)$,这里,$A_1,A_2,\cdots,A_n$ 为字段名。而域名及属性向域的映像表现为属性的类型及长度。

关系模式是关系的框架或结构。关系是按关系模式组合的表格,既包括结构也包括其数据。因此,关系是关系模式在某一时刻的状态或内容。关系模式是静态的、稳定的,而关系的数据是动态的、随时间不断变化的,因为关系操作在不断地更新着数据库中的数据。但在实际应用中,人们通常把关系模式和关系都称为关系。

关系数据库中关于表的术语的对应关系如表 2-5 所示。

在关系数据库中,实体集以及实体间的联系都是用关系来表示的。在某一应用领域中,所有实体集及实体之间的联系所形成的关系的集合就构成了一个关系数据库。关系数据库也有型和值的区别。关系数据库的型称为关系数据库的模式,它是对关系数据库的描述,包括若干域的定义以及在这些域上定义的若干关系模式。关系数据库的值是这些关系模式在某一时刻对应关系的集合,即关系数据库的数据。

表 2-5 关系与表格术语对照表

关系术语	一般表格的术语	关系术语	一般表格的术语
关系名	表名	属性	列
关系模式	表头(表格的描述)	属性名	列名
关系	(一张)二维表	属性值	列值
非规范关系	表中有表(大表中嵌有小表)	元组	记录或行
分量	一条记录中的一个列值		

设有一个学校教务数据库,某一时刻的关系实例见表 2-6~表 2-12,其关系模式如下。

(1) 部门编码表(部门编号,部门简称,部门全称)
tbDepartment(dNo, dAbbrName, dFullName)
(2) 职称编码表(职称编号,职称名称)
tbJobTitle(jNo, jTitleName)

(3) 学生信息表(学号，姓名，性别，班级，系部编码，出生日期，出生地，密码)
tbStuInfo(sNo, sName, sSex, sClass, sDept, sBirthDate, sBirthPlace, sPwd)
(4) 教师信息表(工号，姓名，性别，系部编码，邮箱，职称编号，工资，出生日期，出生地，密码)
tbTeacherInfo (tNo, tName, tSex, tDept, tEmail, jNo, tSalary, tBirthDate, tBirthPlace, tPwd)
(5) 课程信息表(课程号，课程名，学分，先修课，课程类型)
tbCourse(cNo, cName, cCredit, cPno, cType)
(6) 开课信息表(开课学期，课程号，教师号，开班号，上课时间，上课地点，学生班号)
tbTC(semester, cNo, tNo, classNum, courseTime, coursePlace, sClass)
(7) 选课信息表(学号，课程号，成绩)
tbSC(sNo, cNo, grade)

表 2-6　tbDepartment(部门编码表)

dNo 部 门 编 号	dAbbrName 部 门 简 称	dFullName 部 门 全 称
01	MC	马克思主义学院
02	CC	商学院
03	LL	文学院
07	SS	理学院
08	IE	信息学院
09	CE	工学院
25	ME	现代教育技术中心
35	ST	科技处
36	HS	人文社科处

表 2-7　tbJobTitle(职称编码表)

jNo 职 称 编 号	jTitleName 职 称 名 称	jNo 职 称 编 号	jTitleName 职 称 名 称
101	教授	201	教授级高级实验师
102	副教授	202	高级实验师
103	讲师	203	实验师
104	助教	204	助理实验师

表 2-8　tbStuInfo（学生信息表）

sNo 学号	sName 姓名	sSex 性别	sClass 班级	sDept 系部编码	sBirthDate 出生日期	sBirthPlace 出生地	sPwd 密码
2020072101	贺世娜	f	20200721	07	2002/9/12	浙江东阳	
2020072113	郭兰	f	20200721	07	2003/4/5	浙江丽水	
2020082101	应胜男	f	20200821	08	2002/11/8	河南开封	
2020082122	郑正星	m	20200821	08	2002/12/11	浙江杭州	

续表

sNo 学号	sName 姓名	sSex 性别	sClass 班级	sDept 系部编码	sBirthDate 出生日期	sBirthPlace 出生地	sPwd 密码
2020082131	吕建鸥	m	20200821	08	2003/1/6	浙江绍兴	
2020082135	王凯晨	m	20200821	08	2002/10/18	浙江温州	
2020082236	任汉涛	m	20200822	08	2003/6/6	山西吕梁	
2020082237	刘盛彬	m	20200822	08	2002/10/10		
2020082313	郭兰英	f	20200823	08	2001/5/4		
2020082335	王皓	m	20200823	08	2001/10/28		
2020092213	张赛娇	f	20200922	09	2003/3/6		
2020092235	金文静	m	20200922	09	2002/9/5		

表 2-9　tbTeacherInfo（教师信息表）

tNo 工号	tName 姓名	tSex 性别	tDept 系部 编码	tEmail 邮箱	jNo 职称 编号	tSalary 工资	tBirthDate 出生日期	tBirthPlace 出生地	tPwd 密码
00686	蒋胜男	f	08		101	4500	1967-9-12		00686
01884	郭兰	f	08		102	3500	1970-4-5		01884
00939	李胜	f	08		103	3000	2002-11-8		00939
02002	郑三水	m	08		201	4200	1972-12-11		02002
00101	吕连良	m	07		101	4300	1973-1-6		00101

表 2-10　tbCourse（课程信息表）

cNo 课程号	cName 课程名	cCredit 学分	cPno 先修课	cType 课程类型
CS01	计算机导论	2		专业基础
CS02	程序设计基础	3	CS01	专业基础
CS03	离散数学	3	CS02	专业基础
CS04	数据结构	4	CS03	专业必修
CS05	汇编语言	3	CS03	专业选修
CS06	计算机组成原理	3	CS05	专业必修
CS07	操作系统	4	CS06	专业必修
CS08	计算机组成原理_设计	2	CS06	专业选修

表 2-11   tbTC（开课信息表）

semester 开课学期	cNo 课程号	tNo 教师号	classNum 开班号	courseTime 上课时间	coursePlace 上课地点	sClass 学生班号
2020-2021-1	CS01	00939	1	星期一 3,4 节	30-222	20200821
2020-2021-1	CS01	00939	2	星期五 3,4 节	30-222	20200822
2020-2021-1	CS02	01884	1	星期二 3,4,5 节	31-509	20200821
2020-2021-1	CS02	01884	2	星期四 3,4,5 节	31-509	20200822
2020-2021-2	CS03	00686	1	星期三 3,4,5 节	32-205	20200821
2020-2021-2	CS03	00686	2	星期一 3,4,5 节	32-205	20200822
2021-2022-1	CS01	00939	1	星期一 3,4 节	30-222	20210821
2021-2022-1	CS01	00939	2	星期五 3,4 节	30-222	20210822
2021-2022-1	CS02	01884	1	星期二 3,4,5 节	31-509	20210821
2021-2022-1	CS04	00686	1	星期二 3,4 节	30-413	20200821
2021-2022-1	CS04	00686	1	星期四 3,4 节	30-213	20200821
2021-2022-1	CS05	02002	1	星期五 3,4,5 节	30-313	20200821
2021-2022-2	CS06	00101	1	星期三 3,4,5 节	30-303	20200821
2021-2022-2	CS07	00939	1	星期一 3,4 节	30-213	20200821
2021-2022-2	CS07	00939	1	星期四 3,4 节	30-503	20200821
2022-2023-1	CS08	00101	1	星期二 6,7 节	31-303	20200821

表 2-12   tbSC（选课信息表）

sNo 学号	cNo 课程号	grade 成绩	sNo 学号	cNo 课程号	grade 成绩
2020082101	CS01	79	2020082131	CS01	95
2020082101	CS02	84	2020082131	CS02	81
2020082101	CS03	79	2020082131	CS03	84
2020082101	CS04	84	2020082131	CS04	74
2020082101	CS05	79	2020082135	CS01	85
2020082101	CS06	84	2020082236	CS01	83
2020082101	CS07	79	2020082236	CS02	87
2020082101	CS08	91	2020082236	CS03	76
2020082122	CS01	84	2020082237	CS01	90

表 2-6～表 2-12 是后续章节的教务数据库所使用的实例。

2.2 | 关系的完整性

关系模型的完整性规则是对关系的某种约束条件。

关系模型允许定义实体完整性（entity integrity）、参照完整性（referential integrity）和用户自定义的完整性（user-defined integrity）。其中，实体完整性和参照完整性是关系模型必须满足的完整性约束条件，称为两个不变性，应该由关系系统自动支持；用户自定义的完整性是应用领域需要遵循的约束条件，体现了具体领域中的语义约束。

2.2.1 实体完整性

视频讲解

实体完整性规则。若属性 A 是基本关系 R 的主属性，则属性 A 不能取空值。

例如，关系"tbStuInfo（学号，姓名，性别，专业号，年龄）"中，"学号"为主码，则"学号"不能取空值。

实体完整性规则规定基本关系的主码不能取空值，若主码由多个属性组成，则所有这些属性都不可以取空值。

例如，关系"tbSC（学号，课程号，成绩）"中，"学号，课程号"为主码，则"学号"和"课程号"两个属性都不能取空值。

对于实体完整性规则说明如下。

（1）实体完整性规则是针对基本关系而言的。一个基本表通常对应信息世界的一个实体集，例如学生关系对应于学生的集合。

（2）信息世界中的实体是可区分的，即它们具有某种唯一性标识。

（3）关系模型中以主码作为唯一性标识。

（4）主码中的属性即主属性不能取空值。所谓空值就是"不知道"或"不确定"的值。如果主属性取空值，就说明存在某个不可标识的实体，即存在不可区分的实体，这与（2）相矛盾，因此这个规则称为实体完整性规则。

人文素养拓展

世界上没有完全相同的两片树叶。

——[德] 莱布尼茨

戈特弗里德·威廉·莱布尼茨（Gottfried Wilhelm Leibniz，1646—1716 年），德国哲学家、数学家[2]。

在数学上，他和艾萨克·牛顿先后独立发现了微积分，而且他所使用的微积分的数学符号被更广泛地使用。莱布尼茨还发现并完善了二进制。

莱布尼茨在哲学领域的工作不仅预见了现代逻辑学和分析哲学诞生，还更多地依赖于第一性原理或先验定义，而非依赖实验证据来推导以得到结论。

世界上没有完全相同的两片树叶（图 2-1），也就是说，世界上的任意实体都是可区分的。

实体完整性规则正是世界上的任意实体都是可区分的一个规则。

图 2-1　没有两片叶子是相同的

视频讲解

2.2.2　参照完整性

在实际中,实体之间往往存在着某种联系,在关系模型中实体及实体间的联系都是用关系来描述的,这样就自然存在着关系与关系间的引用。先来看下面 3 个例子。

【例 2-1】　学生关系和专业关系表示如下,其中主码用下画线标识:

学生 (<u>学号</u>,姓名,性别,专业号,年龄)
专业 (<u>专业号</u>,专业名)

这两个关系之间存在着属性的引用,即学生关系引用了专业关系的主码"专业号"。显然,学生关系中的"专业号"值必须是确实存在的专业的专业号,即专业关系中有该专业的记录。也就是说,学生关系中的某个属性的取值需要参照专业关系的属性来取值。

【例 2-2】　学生、课程、学生与课程之间的多对多联系"选修"可以用如下 3 个关系表示,主码用下画线标识:

学生 (<u>学号</u>,姓名,性别,专业号,年龄)
课程 (<u>课程号</u>,课程名,学分)
选修 (<u>学号</u>,<u>课程号</u>,成绩)

这 3 个关系之间也存在着属性的引用,即选修关系引用了学生关系的主码"学号"和课程关系的主码"课程号"。同样,选修关系中的"学号"值必须是确实存在的学生的学号,即学生关系中有该学生的记录;选修关系中的"课程号"值也必须是确实存在的课程的课程号,即课程关系中有该课程的记录。也就是说,选修关系中某些属性需要参照其他关系的属性来取值。不仅两个或两个以上的关系间可以存在引用关系,同一关系内部属性间也可能存在引用关系。

【例 2-3】　在关系"学生(<u>学号</u>,姓名,性别,专业号,年龄,班长)"中,"学号"属性是主码,"班长"属性表示该学生所在班级的班长的学号,它引用了本关系"学号"属性,即"班长"必须是确实存在的某学生的学号。

设 F 是基本关系 R 的一个或一组属性,但不是关系 R 的主码。如果 F 与基本关系 S 的主码 K_s 相对应,则称 F 是基本关系 R 的 **外码**（foreign key）,并称基本关系 R 为 **参照关系**（referencing relation）,基本关系 S 为 **被参照关系**（referenced relation）或 **目标关系**（target relation）。关系 R 和关系 S 有可能是同一关系。

主码(主键)与外码(外键)的列名不一定相同,唯一的要求是其值的域必须相同。显然,

被参照关系 S 的主码 K_S 和参照关系 R 的外码 F 必须定义在同一个(或一组)域上。

在例 2-1 中,学生关系的"专业号"属性与专业关系的主码"专业号"相对应,因此"专业号"属性是学生关系的外码。这里,专业关系是被参照关系,学生关系为参照关系。

在例 2-2 中,选修关系的"学号"属性与学生关系的主码"学号"相对应,"课程号"属性与课程关系的主码"课程号"相对应,因此"学号"和"课程号"属性是选修关系的外码。这里,学生关系和课程关系均为被参照关系,选修关系为参照关系。

在例 2-3 中,"班长"属性与本身的主码"学号"属性相对应,因此"班长"是外码。学生关系既是参照关系,也是被参照关系。需要指出的是,外码并不一定要与相应的主码同名。但在实际应用中,为了便于识别,当外码与相应的主码属于不同关系时,则给它们取相同的名字。参照完整性规则就是定义外码与主码之间的引用规则。

参照完整性规则。若属性(或属性组)F 是基本关系 R 的外码,它与基本关系 S 的主码 K_S 相对应(基本关系 R 和 S 有可能是同一关系),则对于 R 中每个元组在 F 上的值必须为以下值之一:

(1) 取空值(F 的每个属性值均为空值);

(2) 等于 S 中某个元组的主码值。

在例 2-1 的学生关系中每个元组的"专业号"属性只能取下面两类值:

(1) 空值,表示尚未给该学生分配专业;

(2) 非空值,这时该值必须是专业关系中某个元组的"专业号"值,表示该学生不可能分配到一个不存在的专业中,即被参照关系"专业"中一定存在一个元组,它的主码值等于该参照关系"学生"中的外码值。

在例 2-2 中,按照参照完整性规则,"学号"和"课程号"属性也可以取两类值:空值,或被参照关系中已经存在的主码值。但由于"学号"和"课程号"是选修关系中的主属性,按照实体完整性规则,它们均不能取空值,所以选修关系中的"学号"和"课程号"属性实际上只能取相应被参照关系中已经存在的主码值。

在参照完整性规则中,关系 R 与关系 S 可以是同一个关系。在例 2-3 中,按照参照完整性规则,"班长"属性可以取两类值:

(1) 空值,表示该学生所在班级尚未选出班长;

(2) 非空值,该值必须是本关系中某个元组的学号值。

人文素养拓展

在宇宙中一切事物都是互相关联的,宇宙本身不过是一条原因和结果的无穷的锁链。

——[法]霍尔巴赫

亨利希·梯特里希(别名保尔·昂利·霍尔巴赫,Paul Heinrich Dietrich,1723—1789 年)(见图 2-2),18 世纪法国启蒙思想家、哲学家。

霍尔巴赫与狄德罗等参加了《百科全书》的编纂工作,是"百科全书派"主要成员之一。

图 2-2 霍尔巴赫

霍尔巴赫的最主要哲学著作《自然的体系》,于 1770 年匿名在荷兰阿姆斯特丹出版。这部被誉为 18 世纪"唯物主义的圣经"的两卷本巨著,是法国机械唯物论最重要、最有系统的著作,也是欧洲唯物主义发展史上最重要的文献之一。

在发表《自然的体系》之后,霍尔巴赫又陆续匿名出版了《健全的思想》《社会体系》等重要著作。在上述著作,特别是《自然的体系》中,霍尔巴赫继承和发展了笛卡儿的物理学和英国经验论者约翰·洛克等人的唯物主义思想,概括和总结了当时的自然科学成就,系统而全面地阐述了唯物主义自然观、认识论等一系列重要观点。[3]

参照完整性体现了事物相互联系的特性。

2.2.3 用户定义的完整性

任何关系数据库系统都应该支持实体完整性和参照完整性。除此之外,不同的关系数据库系统根据其应用环境的不同,还需要支持一些特定的约束条件。用户定义的完整性就是针对某一具体关系数据库的约束条件,它反映某一具体应用所涉及的数据必须满足的语义要求。例如,某个属性必须取唯一值、属性值之间应满足一定的关系、某属性的取值范围在特定区间内等。关系模型应提供定义和检验这类完整性的机制,以便用统一的系统方法处理它们,而不要由应用程序承担这一功能。关系数据库管理系统可以为用户实现如下自定义完整性约束:

(1) 定义域的数据类型和取值范围;

(2) 定义属性的数据类型和取值范围;

(3) 定义属性的默认值;

(4) 定义属性是否允许空值;

(5) 定义属性取值唯一性;

(6) 定义属性间的数据依赖性。

2.3 关系代数及其运算

关系模型与其他数据模型相比,最具特色的是关系操作语言。关系操作语言灵活、方便,表达能力和功能都非常强大。

2.3.1 关系操作简介

1. 关系操作的基本内容

关系操作包括数据查询、数据维护和数据控制三大功能。

(1) 数据查询指数据检索、统计、排序、分组等用户对信息的需求功能。

(2) 数据维护指数据添加、删除、修改等数据自身更新的功能。

(3) 数据控制是为了保证数据的安全性和完整性而采用的数据存取控制及并发控制等功能。

关系操作的数据查询和数据维护功能使用关系代数中的 8 种操作来表示,即并

(union)、差(except/minus)、交(intersection)、广义笛卡儿积(extended Cartesian product)、选择(select)、投影(project)、连接(join)和除(divide)。其中,选择、投影、并、差、笛卡儿积是5 种基本操作,其他操作可以由基本操作导出。

2. 关系操作语言的种类

在关系模型中,关系操作通常是用代数方法或逻辑方法实现,分别称为关系代数和关系演算。

关系操作语言可以分为以下 3 类。

(1) 关系代数语言,是用对关系的运算来表达查询要求的语言。ISBL(information system base language)是关系代数语言的代表,是由 IBM United Kingdom 研究中心研制的。

(2) 关系演算语言,是用查询得到的元组应满足的谓词条件来表达查询要求的语言,可以分为元组关系演算语言和域关系演算语言两种。

(3) 具有关系代数和关系演算双重特点的语言。结构化查询语言(structure query language,SQL)是介于关系代数和关系演算之间的语言,它包括数据定义、数据操作和数据控制三种功能,具有语言简洁、易学易用的特点,是关系数据库的标准语言。

SQL 语言具有完备的表达能力,是非过程化的集合操作语言,功能强,能够嵌入高级语言中使用。

关系代数是一种抽象的查询语言,是关系数据操作语言的一种传统表达方式,它是用对关系的运算来表达查询。

2.3.2　关系代数概述

任何一种运算都是将一定的运算符作用于一定的运算对象上,得到预期的运算结果,所以运算对象、运算符、运算结果是运算的三大要素。

关系代数的运算对象是关系,运算结果亦为关系。

关系代数中使用的运算符包括集合运算符、专门的关系运算符、比较运算符和逻辑运算符四类,见表 2-13。

表 2-13　关系代数运算符

运　算　符		含　义	运　算　符	含　义
集合运算符	∪	并	比较运算符	>	大于
	∩	交		≥	大于或等于
	−	差		<	小于
	×	笛卡儿积		≤	小于或等于
				=	等于
专门的关系运算符	σ	选择		<>	不等于
	π	投影		¬	非
	⋈	连接	逻辑运算符	∧	与
	÷	除		∨	或

关系代数的运算按运算符的不同可分为传统的集合运算和专门的关系运算两类。

传统的集合运算将关系看成元组的集合,其运算是从关系的"水平"方向,即行的角度进行的。

专门的关系运算不仅涉及行而且涉及列。比较运算符和逻辑运算符是用来辅助专门的关系运算进行操作的。

2.3.3 传统的集合运算

传统的集合运算是二目运算,包括并、交、差、广义笛卡儿积 4 种运算。

【定义 2.5】 关系 R 与关系 S 存在 **并相容性**,当且仅当:

- 关系 R 和关系 S 的属性数目必须相同;
- 对应属性取自同一个域。

某些关系代数操作,如并、差、交等,需满足"并相容性",也就是说参与运算的两个关系及其相关属性之间有一定的对应性、可比性或意义关联性。

假设有两个关系 $R(A_1, A_2, \cdots, A_n)$ 和 $S(B_1, B_2, \cdots, B_m)$,则 R 和 S 满足并相容性:当 $m = n$ 且 $\text{Domain}(A_i) = \text{Domain}(B_i)$ 成立时。

如果关系 R 和关系 S 满足并相容性,则可以定义 R 和 S 的并、差、交如下。

1. 并

关系 R 与关系 S 的并记作 $R \cup S = \{t \mid t \in R \lor t \in S\}$,$t$ 是元组变量。

其结果关系仍为 n 目关系,由属于 R 或属于 S 的元组组成。

【例 2-4】 如表 2-14(a)所示,R 为信息学院学生(sDept='08');如表 2-14(b)所示,S 为理学院学生(sDept='07'),则 $R \cup S$ 为信息学院和理学院的所有学生,如表 2-14(c)所示。

表 2-14(a) 关系 R:信息学院学生

sNo 学号	sName 姓名	sSex 性别	sClass 班级	sDept 系部编号	sBirthDate 出生日期	sBirthPlace 出生地	sPwd 密码
2020082101	应胜男	f	20200821	08	2002/11/8	河南开封	
2020082122	郑正星	m	20200821	08	2002/12/11	浙江杭州	
2020082131	吕建鸥	m	20200821	08	2003/1/6	浙江绍兴	
2020082135	王凯晨	m	20200821	08	2002/10/18	浙江温州	
2020082236	任汉涛	m	20200822	08	2003/6/6	山西吕梁	
2020082237	刘盛彬	m	20200822	08	2002/10/10		
2020082313	郭兰英	f	20200823	08	2001/5/4		
2020082335	王皓	m	20200823	08	2001/10/28		

表 2-14(b) 关系 S:理学院学生

sNo 学号	sName 姓名	sSex 性别	sClass 班级	sDept 系部编号	sBirthDate 出生日期	sBirthPlace 出生地	sPwd 密码
2020072101	贺世娜	f	20200721	07	2002/9/12	浙江东阳	
2020072113	郭兰	f	20200721	07	2003/4/5	浙江丽水	

表 2-14（c）　R ∪ S

sNo 学号	sName 姓名	sSex 性别	sClass 班级	sDept 系部编码	sBirthDate 出生日期	sBirthPlace 出生地	sPwd 密码
2020072101	贺世娜	f	20200721	07	2002/9/12	浙江东阳	
2020072113	郭兰	f	20200721	07	2003/4/5	浙江丽水	
2020082101	应胜男	f	20200821	08	2002/11/8	河南开封	
2020082122	郑正星	m	20200821	08	2002/12/11	浙江杭州	
2020082131	吕建鸥	m	20200821	08	2003/1/6	浙江绍兴	
2020082135	王凯晨	m	20200821	08	2002/10/18	浙江温州	
2020082236	任汉涛	m	20200822	08	2003/6/6	山西吕梁	
2020082237	刘盛彬	m	20200822	08	2002/10/10		
2020082313	郭兰英	f	20200823	08	2001/5/4		
2020082335	王皓	m	20200823	08	2001/10/28		

2. 差

关系 R 与关系 S 的差记作 $R-S=\{t \mid t \in R \wedge t \notin S\}$，$t$ 是元组变量。

其结果关系仍为 n 目关系，由属于 R 但不属于 S 的所有元组组成。

【例 2-5】　R 为信息学院学生（sDept = '08'），如表 2-14（a）所示；S 为所有男学生，如表 2-15（a）所示。则集合的差如下。

$R-S$：表示在信息学院但不是男生的所有学生，即信息学院女生，如表 2-15（b）所示；

$S-R$：表示是男生但不在信息学院的所有学生，即非信息学院的男生，如表 2-15（c）所示。

从 $R-S$、$S-R$ 的结果可以看出，集合的差不满足交换律。

表 2-15（a）　关系 S：所有男学生

sNo 学号	sName 姓名	sSex 性别	sClass 班级	sDept 系部编码	sBirthDate 出生日期	sBirthPlace 出生地	sPwd 密码
2020082122	郑正星	m	20200821	08	2002/12/11	浙江杭州	
2020082131	吕建鸥	m	20200821	08	2003/1/6	浙江绍兴	
2020082135	王凯晨	m	20200821	08	2002/10/18	浙江温州	
2020082236	任汉涛	m	20200822	08	2003/6/6	山西吕梁	
2020082237	刘盛彬	m	20200822	08	2002/10/10		
2020082335	王皓	m	20200823	08	2001/10/28		
2020092235	金文静	m	20200922	09	2002/9/5		

表 2-15（b）　关系 $R-S$：信息学院女生

sNo 学号	sName 姓名	sSex 性别	sClass 班级	sDept 系部编码	sBirthDate 出生日期	sBirthPlace 出生地	sPwd 密码
2020082101	应胜男	f	20200821	08	2002/11/8	河南开封	
2020082313	郭兰英	f	20200823	08	2001/5/4		

表 2-15（c）　关系 $S-R$：非信息学院的男生

sNo 学号	sName 姓名	sSex 性别	sClass 班级	sDept 系部编码	sBirthDate 出生日期	sBirthPlace 出生地	sPwd 密码
2020092235	金文静	m	20200922	09	2002/9/5		

3. 交

关系 R 与关系 S 的交记作 $R \cap S = \{t | t \in R \wedge t \in S\}$，$t$ 是元组变量。

其结果关系仍为 n 目关系，由既属于 R 又属于 S 的元组组成。关系的交可以用差来表示，即 $R \cap S = R - (R-S) = S - (S-R)$。

【例 2-6】 R 为信息学院学生（表 2-14（a）），S 为所有男学生（表 2-15（a）），则 $R \cap S$ 表示信息学院的男生，结果见表 2-16。

表 2-16　关系 $R \cap S$：信息学院的男生

sNo 学号	sName 姓名	sSex 性别	sClass 班级	sDept 系部编码	sBirthDate 出生日期	sBirthPlace 出生地	sPwd 密码
2020082122	郑正星	m	20200821	08	2002/12/11	浙江杭州	
2020082131	吕建鸥	m	20200821	08	2003/1/6	浙江绍兴	
2020082135	王凯晨	m	20200821	08	2002/10/18	浙江温州	
2020082236	任汉涛	m	20200822	08	2003/6/6	山西吕梁	
2020082237	刘盛彬	m	20200822	08	2002/10/10		
2020082335	王皓	m	20200823	08	2001/10/28		

4. 广义笛卡儿积

两个分别为 n 目和 m 目的关系 R 和 S 的广义笛卡儿积是一个 $n+m$ 列的元组的集合，元组的前 n 列是关系 R 的一个元组，后 m 列是关系 S 的一个元组。若 R 有 k_1 个元组，S 有 k_2 个元组，则关系 R 和关系 S 的广义笛卡儿积有 $k_1 \times k_2$ 个元组，记作 $R \times S = \{\overline{t_r t_s} | t_r \in R \wedge t_s \in S\}$。

2.3.4　专门的关系运算

专门的关系运算包括选择、投影、连接、除等。为了叙述方便，先引入以下几个记号。

（1）设关系模式为 $R(A_1, A_2, \cdots, A_n)$，它的一个关系设为 R，$t \in R$ 表示 t 是 R 的一个元组，$t[A_i]$ 表示元组 t 中相应于属性 A_i 上的一个分量。

视频讲解

（2）若 $A=\{A_{i1},A_{i2},\cdots,A_{ik}\}$，其中 $A_{i1},A_{i2},\cdots,A_{ik}$ 是 $A_1,A_2,\cdots,A_n$ 中的一部分，则 A 称为字段名或域列。$t[A]=\{t[A_{i1}],t[A_{i2}],\cdots,t[A_{ik}]\}$ 表示元组 t 在字段 A 上诸分量的集合。$\hat{A}$ 表示 $\{A_1,A_2,\cdots,A_n\}$ 中去掉 $\{A_{i1},A_{i2},\cdots,A_{ik}\}$ 后剩余的属性组。

（3）R 为 n 目关系，S 为 m 目关系。$t_r\in R,t_s\in S,\widehat{t_rt_s}$ 称为元组的连接，它是一个 $n+m$ 列的元组，前 n 个分量为 R 中的一个 n 元组，后 m 个分量为 S 中的一个 m 元组。

（4）给定一个关系 $R(X,Z)$，X 和 Z 为属性组。定义当 $t[X]=x$ 时，x 在 R 中的象集为

$$Z_x=\{t[Z]\mid t\in R,t[X]=x\}$$

它表示 R 中属性组 X 上值为 x 的诸元组在 Z 上分量的集合。下面给出这些关系运算的定义。

1. 选择

【定义 2.6】　**选择**又称为**限制**（restriction），它是在关系 R 中选择满足给定条件的诸元组，记作

$$\sigma_F(R)=\{t\mid t\in R\wedge F(t)=\text{'真'}\}$$

其中，F 表示选择条件，它是一个逻辑表达式，取逻辑值"真"或"假"。逻辑表达式 F 的基本形式为

$$X_1\theta Y_1[\Phi X_2\theta Y_2\cdots]$$

其中，θ 表示比较运算符，它可以是 $>$、$\geqslant$、$<$、$\leqslant$、$=$ 或 $<>$；X_1、Y_1 是字段名、常量或简单函数，字段名也可以用它的序号（如 $1,2,\cdots$）来代替；Φ 表示逻辑运算符，可以是 ¬（非）、∧（与）或 ∨（或）；[ ]表示可选项，即[ ]中的部分可要可不要；…表示上述格式可以重复下去。选择运算实际上是从关系 R 中选取使逻辑表达式 F 为真的元组，这是从行的角度进行的运算，如图 2-3 所示。

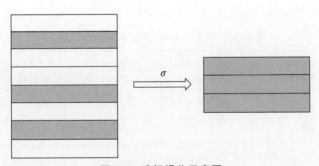

图 2-3　选择操作示意图

【例 2-7】　查询选修了 CS02 课程的信息。

$$\sigma_{cNo='CS02'}(\text{tbSC})$$

结果见表 2-17。

2. 投影

【定义 2.7】　关系 R 上的 **投影**（projection）是从 R 中选择出若干字段名组成新的关系，记作

表 2-17　查询选修了 CS02 的学生

sNo 学号	cNo 课程号	grade 成绩
2020082101	CS02	84
2020082131	CS02	81
2020082236	CS02	87

$$\pi_A(R) = \{t[A] \mid t \in R\}$$

其中，A 为 R 中的字段名。

投影操作是从列的角度进行的运算。投影之后不仅取消了原关系中的某些列,而且还可能取消某些元组。因为取消了某些字段名后,就可能出现重复行,应取消这些相同的行。投影操作如图 2-4 所示。

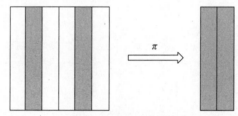

图 2-4　投影操作示意图

【例 2-8】　查询学生的姓名、所在系及出生日期,即对关系 tbStuInfo 中的姓名、系部编码、出生日期进行投影。

$$\pi_{sName, sDept, sBirthDate}(tbStuInfo)$$

结果见表 2-18。

表 2-18　学生的姓名、所在系及出生日期

sName 姓名	sDept 系部编码	sBirthDate 出生日期	sName 姓名	sDept 系部编码	sBirthDate 出生日期
贺世娜	07	2002/9/12	任汉涛	08	2003/6/6
郭兰	07	2003/4/5	刘盛彬	08	2002/10/10
应胜男	08	2002/11/8	郭兰英	08	2001/5/4
郑正星	08	2002/12/11	王皓	08	2001/10/28
吕建鸥	08	2003/1/6	张赛娇	09	2003/3/6
王凯晨	08	2002/10/18	金文静	09	2002/9/5

【例 2-9】　查询学生都在哪些系。

$$\pi_{sDept}(tbStuInfo)$$

结果如表 2-19 所示。投影后，因为要去掉重复元组，所以结果中只包含了 3 个元组。

3. 连接

【定义 2.8】　连接（join）也称为 θ 连接，它是从两个关系的笛卡儿积中选取属性间满足一定条件的元组，记作

$$R \underset{A\theta B}{\bowtie} S = \{\overline{t_r t_s} \mid t_r \in R \wedge t_s \in S \wedge t_r[A]\theta t_s[B]\}$$

其中，A 和 B 分别为 R 和 S 上度数相等且可比的属性组，θ 是比较运算符。连接运算从 R 和 S 的笛卡儿积 $R \times S$ 中选取 R 关系在 A 属性组上的值与 S 关系在 B 属性组上值满足 θ 运算的元组。

连接运算中有两类最为重要也是最为常用的连接，一种是等值连接（equi join），另一种是自然连接（natural join）。θ 为"＝"的连接运算，称为等值连接。它是从关系 R 与 S 的广义笛卡儿积中选取 A、B 属性值相等的那些元组，即等值连接为

$$R \underset{A=B}{\bowtie} S = \{\overline{t_r t_s} \mid t_r \in R \wedge t_s \in S \wedge t_r[A]=t_s[B]\}$$

自然连接是一种特殊的等值连接。它要求两个关系中进行比较的分量必须是相同的属性组，并且在结果中把重复的字段名去掉。若 R 和 S 具有相同的属性组 B，U 为 R 和 S 的全体属性集合，则自然连接可记作

$$R \bowtie S = \{\overline{t_r t_s}[U-B] \mid t_r \in R \wedge t_s \in S \wedge t_r[B]=t_s[B]\}$$

一般的连接操作是从行的角度进行运算，但是自然连接还需要取消重复列，所以是同时从行和列的角度进行运算。

如果把舍弃的元组也保存在结果关系中，而在其他属性上填空值（NULL），那么这种连接就称为外连接（outer join）。如果只把左边关系 R 中要舍弃的元组保留，就称为左外连接（left outer join 或 left join）；如果只把右边关系 S 中要舍弃的元组保留，就称为右外连接（right outer join 或 right join）。

4. 除

除（division）运算经常用于求解"查询至少…的/所有的…"问题，例如"查询至少选修 CS01 课程和 CS03 课程的学生号码"。

给定关系 $R(A_1, A_2, \cdots, A_n)$ 为 n 元关系，关系 $S(B_1, B_2, \cdots, B_m)$ 为 m 元关系。如果可以进行关系 R 与关系 S 的除运算，当且仅当属性集 $\{B_1, B_2, \cdots, B_m\}$ 是属性集 $\{A_1, A_2, \cdots, A_n\}$ 的真子集。图 2-5 中的 R 和 S 就是满足这个条件。

【定义 2.9】　关系 R 和关系 S 的 **除运算** 也是一个关系，记作 $R \div S$。该关系是一个 k 元关系：属性由 $\{A_1, A_2, \cdots, A_n\} - \{B_1, B_2, \cdots, B_m\}$ 构成；值是元组 $<c_1, c_2, \cdots, c_k>$ 的集合，其中的元组满足条件：

它与 S 中每一个元组 $<b_1, b_2, \cdots, b_m>$ 组合形成的一个新元组都是 R 中某一个存在的元组 $<a_1, a_2, \cdots, a_n>$。

其数学描述为

表 2-19　学生所在系
sDept 系部编码
07
08
09

视频讲解

拓展案例

视频讲解

R	A	B	C
	a	b	c
	a	b	e
	d	b	c
	d	a	b
	f	b	e
	f	c	c

S	B	C
	b	c
	b	e

R÷S	A
	a

图 2-5　满足除运算的关系及结果示意图

$$R \div S = \{t \mid t \in \pi_{A-B}(R) \land (\forall u \in S, \widehat{ut} \in R)\}$$

这种描述说明了 $R \div S$ 中的元组应该满足的条件,称为除运算解法一。图 2-5 是一个简单的除运算示意图。

关系除也可以描述为

$$R \div S = \pi_{A-B}(R) - \pi_{A-B}((\pi_{A-B}(R) \times S) - R)$$

这个数学描述把除运算转换为可快速操作的基本关系运算,称为除运算解法二。

$R \div S$ 的结果一定是关系 R 在 $A-B$ 属性上的投影的一个子集,$\pi_{A-B}(R) \times S$ 得到的是一个与关系 R 的型相同的元组集合,从中减去 R,就得到了不在 R 中出现的元组,而这些元组在 $A-B$ 属性上的投影 Sup 一定不在除法的结果关系中,所以用 R 在 $A-B$ 属性上的投影减去 Sup 就得到正确的结果。

【例 2-10】 已知 R 和 S 如图 2-6 所示,求 $R \div S$。

R		
X	Y	Z
a	b	c
d	b	c
a	e	c
a	e	f
d	b	f
a	e	g
a	e	h
a	b	i
a	d	g

S
Z
c

图 2-6　R 和 S 示意(例 2-10)

解法一计算过程如图 2-7 所示。

(1) $R \div S$ 结果包含 X 和 Y 属性列。

(2) 元组一定在 $\pi_{X,Y}(R)$ 中。

(3) 对投影结果的任意一行 u,与关系 S 的每一行 t 进行组合,如果形成的元组 ut 都在 R 中存在,则元组 u 包含在 $R \div S$ 中。

对于 (a,b),与 (c) 形成的元组 (a,b,c) 包含在关系 R 中,所以 (a,b) 包含在 $R \div S$ 的结

果中;但对于(a,d),与(c)形成的元组(a,d,c)不包含在关系 R 中,所以(a,d)不在 $R \div S$ 的结果中。同理,可得到除法结果中的其他元组。

$\pi_{A-B}(R)$		
X	Y	
a	b	√
d	b	√
a	e	√
a	d	×

$R \div S$	
X	Y
a	b
d	b
a	e

图 2-7　用解法一计算除法过程示意(例 2-10)

解法二计算过程如图 2-8 所示。

首先求$\pi_{A-B}(R) \times S$,如图 2-8(a)所示;然后求$\pi_{A-B}(R) \times S - R$,如图 2-8(b)所示;再求其在 $A-B$ 上的投影;最后得到$\pi_{A-B}(R) - \pi_{A-B}(\pi_{A-B}(R) \times S - R)$,如图 2-8(c)所示。

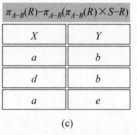

$\pi_{A-B}(R) \times S$		
X	Y	Z
a	b	c
d	b	c
a	e	c
a	d	c

(a)

$\pi_{A-B}(R) \times S - R$		
X	Y	Z
a	d	c

(b)

$\pi_{A-B}(R) - \pi_{A-B}(\pi_{A-B}(R) \times S - R)$	
X	Y
a	b
d	b
a	e

(c)

图 2-8　用解法二计算除法过程示意(例 2-10)

两种方法所求得的结果一致。

【例 2-11】　已知 R 和 S 如图 2-9 所示,求 $R \div S$。

解法一计算过程如图 2-10 所示。

(1) $R \div S$ 结果包含 X 和 Y 属性列。

(2) 元组一定在$\pi_{X,Y}(R)$中:

(a,b,c)在关系 R 中,(a,b,f)不在关系 R 中,所以(a,b)不在 $R \div S$ 的结果中;

(d,b,c)在关系 R 中,(d,b,f)在关系 R 中,所以(d,b)包含在 $R \div S$ 的结果中;

(a,e,c)在关系 R 中,(a,e,f)在关系 R 中,所以(a,e)包含在 $R \div S$ 的结果中;

(a,d,c)不在关系 R 中,(a,d,f)不在关系 R 中,所以(a,d)不在 $R \div S$ 的结果中。

解法二计算过程如图 2-11 所示。

首先求$\pi_{A-B}(R) \times S$,如图 2-11(a)所示;然后求$\pi_{A-B}(R) \times S - R$,如图 2-11(b)所示;再求其在 $A-B$ 上的投影,如椭圆所示;最后得到$\pi_{A-B}(R) - \pi_{A-B}(\pi_{A-B}(R) \times S - R)$,如图 2-11(c)所示。

两种方法所求得的结果一致。

【例 2-12】　已知 R 和 S 如图 2-12 所示,求 $R \div S$。

S 的属性列包含 2 列,即 $B = \{Y,Z\}$,则 $A-B = \{X\}$,R 在 X 属性列上的投影为$\{a$,

R		
X	Y	Z
a	b	c
d	b	c
a	e	c
a	e	f
d	b	f
a	e	g
a	e	h
a	b	i
a	d	g

S
Z
c
f

图 2-9　R 和 S 示意图(例 2-11)

$\pi_{A-B}(R)$	
X	Y
a	b
d	b
a	e
a	e

$R \div S$	
X	Y
d	b
a	e

图 2-10　用解法一计算除法过程示意图(例 2-11)

$\pi_{A-B}(R) \times S$		
X	Y	Z
a	b	c
d	b	f
d	b	c
d	b	f
a	e	c
a	e	f
a	b	c
a	d	f

(a)

$\pi_{A-B}(R) \times S - R$		
X	Y	Z
a	b	f
a	d	c
a	d	f

(b)

$\pi_{A-B}(R) - \pi_{A-B}(\pi_{A-B}(R) \times S - R)$	
X	Y
d	b
a	e

(c)

图 2-11　用解法二计算除法过程示意图(例 2-11)

d},将这两个值分别与 S 的每一行连接,所得的元组均在 R 中,所以 $R \div S$ 即为{a, d}。

　　【思考】　使用解法二计算例 2-12 的过程是怎样的?

R		
X	Y	Z
a	b	c
d	b	c
a	e	c
a	e	f
d	b	f
a	b	g
a	e	h
a	b	i
a	d	g

S	
Y	Z
b	c

R÷S
X
a
d

图 2-12 用解法一计算除法过程示意图(例 2-12)

知识拓展

关系的除运算可以进一步进行推广。

定义 对于关系模式 $R(X,Z)$，X 和 Z 表示互为补集的两个属性集，对于遵循模式 R 的某个关系 A，当 $t[X]=x$ 时，x 在 A 中的**象集**(images set)为

$$Z_x=\{t\{Z\}|t\in A,t[X]=x\}$$

它表示 A 中 X 分量等于 x 的元组集合在属性集 Z 上的投影。象集的本质是一次选择运算和一次投影运算。

给定关系 $R(X,Y)$ 和 $S(Y,Z)$，其中 X、Y、Z 为属性组。R 中的 Y 与 S 中的 Y 可以有不同的字段名，但必须出自相同的域集，将与除关系相同的属性组 Y 称为**象集属性**。R 与 S 的除运算得到一个新的关系 $P(X)$，P 是 R 中满足下列条件的元组在 X 字段名上的投影：元组在 X 上分量值 x 的象集 Y_x 包含 S 在 Y 上投影的集合，所以将 X 称为**结果属性**，记作

$$R\div S=\{t_r[X]|t_r\in R \land \pi_Y(S)\subseteq Y_x\}$$

其中 Y_x 为 x 在 R 中的象集，$x=t_r[X]$。

除操作是同时从行和列角度进行运算。

关系除运算按照以下步骤进行。

(1) 将被除关系的属性分为象集属性和结果属性。

(2) 求除目标数据集：在除关系中，对与被除关系相同的属性(象集属性)进行投影。

(3) 将被除关系分组：结果属性值一样的元组分为一组。

(4) 逐一考察每个组，如果它的象集属性值中包括除目标数据集，则对应的结果属性值应属于该除运算结果集。

如表 2-20 所示，在关系 R 中，属性集 $X=\{A\}$，属性集 $Z=\{B,C\}$，则 a_3 在 R 中的象集为 $\{(b_4,c_7),(b_3,c_3)\}$。

表 2-20　象集示例表

A	B	C	A	B	C
a_2	b_2	c_2	a_1	b_6	c_6
a_3	b_4	c_7	a_3	b_3	c_3
a_4	b_5	c_6	a_2	b_3	c_1
a_2	b_3	c_3			

【例 2-13】　关系 R 和 S 分别如表 2-21(a)和表 2-21(b)所示,求 $R \div S$。

表 2-21　除运算示例表

R

A	B	C
a_2	b_2	c_2
a_3	b_4	c_7
a_4	b_5	c_6
a_2	b_3	c_3
a_1	b_6	c_6
a_3	b_3	c_3
a_2	b_3	c_1

(a)

S

B	C	D
b_4	c_7	d_1
b_3	c_3	d_3

(b)

$R \div S$

A
a_3

(c)

关系除的运算过程如下。

(1) 找出关系 R 和关系 S 中的相同属性,即 B 属性和 C 属性。在关系 S 中对 B 属性和 C 属性做投影,所得的结果为 $\{(b_4,c_7),(b_3,c_3)\}$。

(2) 被除关系 R 中与 S 中不相同的属性列是 A,所以 A 为结果属性。关系 R 在属性 A 的投影为 $\{a_1,a_2,a_3,a_4\}$。

(3) 求关系 R 中 A 属性对应的象集属性:B 和 C,根据关系 R,可以得到 A 属性各分量值的象集。

其中,a_1 的象集为 $\{(b_6,c_6)\}$;a_2 的象集为 $\{(b_2,c_2),(b_3,c_3),(b_3,c_1)\}$;$a_3$ 的象集为 $\{(b_4,c_7),(b_3,c_3)\}$;a_4 的象集为 $\{(b_5,c_6)\}$。

(4) 判断包含关系,对比可以发现:a_1、a_2 和 a_4 的象集都不能包含关系 S 中的 B 属性和 C 属性的所有值,所以排除 a_1、a_2 和 a_4;而 a_3 的象集包括了关系 S 中 B 属性和 C 属性的所有值,所以 $R \div S$ 的最终结果就是 $\{a_3\}$,如表 2-21(c)所示。

在关系代数中,关系代数运算经过有限次复合后形成的式子称为关系代数表达式。对关系数据库中数据的查询操作可以写成一个关系代数表达式,或者说,写成一个关系代数表达式就表示已经完成了查询操作。

2.4 抽象的关系演算

关系演算语言是用查询得到的元组应满足的谓词条件来表达查询要求的语言,可以分为元组关系演算语言和域关系演算语言两种。

元组关系演算以元组变量作为谓词变元的基本对象,元组关系演算语言 ALPHA 由 E. F. Codd 提出。

域关系演算以域变量作为谓词变元的基本对象,其典型代表是 QBE(query by example),1975 年由 M.M. Zloof 提出。

2.4.1　元组关系演算

视频讲解

关系是元组的集合,这种集合还可以用满足它的特殊性来表示,而谓词 φ 则可以用来刻画关系中元组的特性。因此关系可用谓词表示。

设关系 R,任一元组 $t=(r_1,r_2,\cdots,r_m)$,则 R 对应一个谓词 $\varphi(t)$。当 t 在 R 内时,$\varphi(t)$ 为真;当 t 不在 R 内时,$\varphi(t)$ 为假。

集合形式的表达式 $\{t\,|\,\varphi(t)\}$ 称为元组关系表达式,建立了关系与谓词间的联系。

t 为元组变量,如果元组变量前有“全称”($\forall$)量词或“存在”($\exists$)量词,则称其为约束变量,否则称为自由变量。

φ 是元组关系演算公式,简称公式。公式由原子公式和运算符组成。

原子公式有以下三类。

(1) $R(t)$,表示 t 是关系 R 中的一个元组,$t\in R$,关系 R 可表示为 $\{t\,|\,R(t)\}$。

(2) $t[i]\theta u[j]$,元组 t 的第 i 个分量与元组 u 的第 j 个分量,它们之间满足比较关系 θ。

(3) $t[i]\theta c$ 或 $c\theta t[i]$,元组 t 的第 i 个分量与常量 c 之间满足比较关系 θ。

公式可递归定义如下。

(1) 每个原子公式是公式。

(2) 如果 φ 是公式,那么 $\neg\varphi$ 也是公式。

(3) 如果 φ_1,φ_2 是公式,则 $\varphi_1\wedge\varphi_2,\varphi_1\vee\varphi_2$ 也是公式。

(4) 如果 φ 是公式,R 是关系,$t\in R$,则 $\exists t(\varphi)$ 和 $\forall t(\varphi)$ 也是公式。

(5) 运算符的优先次序(由高到低):

* 算术比较符;

* $\exists,\forall,\neg,\wedge,\vee$;

* 括号最优先;

(6) 有限次地使用上述规则得到的公式是元组关系演算公式。

关系代数运算与元组关系演算可以相互表达,元组关系演算与关系代数是等价的。

(1) 并

$$R\cup S=\{t\,|\,R(t)\vee S(t)\}$$

(2) 差

$$R-S=\{t\,|\,R(t)\wedge\neg S(t)\}$$

(3) 笛卡儿积

$$R \times S = \{t^{(n+m)} \mid (\exists u^{(n)})(\exists v^{(m)})(R(u) \wedge S(v) \wedge t[1] = u[1] \wedge \cdots \wedge t[n]$$
$$= u[n] \wedge t[n+1] = v[1] \wedge \cdots \wedge t[n+m] = v[m])\}$$

(4) 投影

$$\pi_{i1,i2,\cdots,ik}(R) = \{t^{(k)} \mid (\exists u)(R(u) \wedge t[1] = u[i1] \wedge \cdots \wedge t[k] = u[ik])\}$$

(5) 选择

$$\sigma_F(R) = \{t \mid R(t) \wedge F'\}$$

F' 是公式 F 用 $t[i]$ 代替运算对象 i 得到的等价公式。

下面用关系演算对教务数据库进行查询。

【例 2-14】 查询信息学院(sDept = '08')全体学生。
$$S_{CS} = \{t \mid \text{tbStuInfo}(t) \wedge t[5] = '08'\}$$

【例 2-15】 查询 2003 年后出生的学生。
$$S_{2003} = \{t \mid \text{tbStuInfo}(t) \wedge t[6] >= '2003-1-1'\}$$

【例 2-16】 查询学生的姓名和所在系。
$$S_1 = \{t^{(2)} \mid (\exists u)(\text{tbStuInfo}(u) \wedge t[1] = u[2] \wedge t[2] = u[5])\}$$

元组关系演算有可能会产生无限关系和无穷验证,这样的运算是不安全的。

例如,$\{t \mid \neg R(t)\}$ 表示求所有不在 R 中的元组,是无限集。

又如,断言 $\exists u(\varphi(u))$ 为假(存在量词约束的谓词为假)或断言 $(\forall u)(\varphi(u))$ 为真(全称量词约束的谓词为真),且 u 取值无穷时是无穷验证。

在数据库技术中,把不产生无限关系和无穷验证的运算称为 **安全运算**,相应的表达式称为 **安全表达式**,所采取的措施称为 **安全约束**。

2.4.2 域关系演算

视频讲解

域关系演算是以域变量作为谓词变元的基本对象。

域演算表达式的一般形式为
$$\{(t_1, t_2, \cdots, t_k) \mid \varphi(t_1, t_2, \cdots, t_k)\},$$

其中,t_i 代表域变量,φ 为由原子公式构成的域演算公式。

域演算表达式就是用 k 个独立变量替换元组演算表达式中具有 k 个分量的元组变量,即有多少列就用多少个独立的变量。

原子公式有以下 3 个。

(1) $R(t_1, t_2, \cdots, t_k)$,表示由 $t_1, t_2, \cdots, t_k$ 组成的元组 $\in R$,t_i 是域变量或域常量。

(2) $x\theta y$,域变量 x 与 y 之间满足比较关系 θ。

(3) $x\theta c$ 或 $c\theta x$,域变量 x 与常量 c 之间满足比较关系 θ。

【例 2-17】 查询信息学院(sDept = '08')全体学生。
$$S_{CS} = \{(x, y, z, u, v, w) \mid \text{tbStuInfo}(x, y, z, u, v, w) \wedge v = '08'\}$$

【例 2-18】 查询 2003 年后出生的学生。
$$S_{2003} = \{(x, y, z, u, v, w) \mid \text{tbStuInfo}(x, y, z, u, v, w) \wedge w >= '2003-1-1'\}$$

【例 2-19】 查询学生的姓名和所在系。
$$S1 = \{(y, v) \mid (\exists x, z, u, w)(\text{tbStuInfo}(x, y, z, u, v, w))\}$$

注:域变量 x、y、z、u、v、w 分别表示学号、姓名、性别、班级、系部编号和出生日期。

关系代数运算与域关系演算可以相互表达,域关系演算与关系代数是等价的。

(1) 并

$$R \bigcup S = \{(t_1, \cdots, t_k) \mid R(t_1, \cdots, t_k) \bigvee S(t_1, \cdots, t_k)\}$$

(2) 差

$$R - S = \{(t_1, \cdots, t_k) \mid R(t_1, \cdots, t_k) \bigwedge \neg S(t_1, \cdots, t_k)\}$$

(3) 笛卡儿积

$$R \times S = \{(t_1, \cdots, t_n, t_{n+1}, \cdots, t_{n+m}) \mid (\exists u_1), \cdots, (\exists u_n)(\exists v_1), \cdots,$$
$$(\exists v_m)(R(u_1, \cdots, u_n) \bigwedge S(v_1, \cdots, v_m) \bigwedge t_1$$
$$= u_1 \bigwedge \cdots \bigwedge t_n = u_n \bigwedge t_{n+1} = v_1 \bigwedge \cdots \bigwedge t_{n+m} = v_m)\}$$

(4) 投影

$$\pi_{i1, i2, \cdots, ik}(R) = \{(t_1, \cdots, t_k) \mid (\exists u_1), \cdots, (\exists u_n)(R(u_1, \cdots, u_n) \bigwedge t_1 = u_{i1} \bigwedge \cdots \bigwedge t_k = u_{ik}\}$$

(5) 选择

$$\sigma_F(R) = \{(t_1, \cdots, t_k) \mid R(t_1, \cdots, t_k) \bigwedge F'\}$$

F' 是公式 F 用 t_i 代替运算对象 i 得到的等价公式。

同元组演算表达式一样,域演算表达式也可能是不安全的,必须采取一定的安全限制措施使之安全。

人文素养拓展

发散思维(Divergent Thinking),又称辐射思维、放射思维、扩散思维或求异思维,是指大脑在思考时呈现的一种扩散状态的思维模式,见图 2-13。它表现为思维视野广阔,思维呈现出多维发散状,如"一题多解""一事多写""一物多用"等方式。不少心理学家认为,发散思维是创造性思维最主要的特点,是测定创造力的主要标志之一。[4]

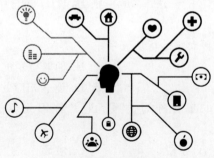

图 2-13 发散思维

关系代数运算与元组关系演算、域关系演算可以相互表达,也就是说,同一查询可以用不同的运算表达式来表示,是"一题多解"的典型范例。

2.5 本章小结

本章介绍了关系数据库的重要概念,包括关系模型的数据结构、关系的三类完整性约束以及关系的操作;介绍了关系代数中传统的集合运算以及专门的关系运算;最后介绍了抽象的元组关系演算与域关系演算。

2.6 思考与练习

一、单选题

1. 对关系 S 和关系 R 进行集合运算,结果中既包含 S 中元组也包含 R 中元组,这种集合运算称为( )。

    A. 并运算   B. 交运算   C. 差运算   D. 积运算

2. 专门的关系运算不包括下列中的( )。

    A. 连接运算   B. 选择运算   C. 投影运算   D. 交运算

3. 下列描述中正确的是( )。

    A. 一个数据库只能包含一个数据表   B. 一个数据库可以包含多个数据表

    C. 一个数据库只能包含两个数据表   D. 一个数据表可以包含多个数据库

4. 在关系模型中,实现"关系中不允许出现相同的元组"的约束是通过( )。

    A. 候选键   B. 主码   C. 外码   D. 超键

5. 有两个基本关系(表):学生(学号,姓名,系号),系(系号,系名,系主任)。学生表的主码为学号,系表的主码为系号,因而系号是学生表的( )。

    A. 主码(主键)   B. 外码(外关键字)   C. 域   D. 映像

6. 下列对关系数据库的描述中,错误的是( )。

    A. 每一列的分量是同一种类型的数据,来自同一个域

    B. 不同列的数据可以出自同一个域

    C. 行的顺序可以任意交换,但列的顺序不能任意交换

    D. 关系中的任意两个元组不能完全相同

7. 若 $D_1 = \{a_1, a_2, a_3\}$,$D_2 = \{b_1, b_2, b_3\}$,则 $D_1 \times D_2$ 集合中共有( )个元组。

    A. 6   B. 8   C. 9   D. 12

8. 在关系数据库中,投影操作是指从关系中( )。

    A. 抽取特定的记录   B. 抽取特定的字段

    C. 建立相应的索引   D. 建立相应的图形

9. 关系数据库中元组的集合称为关系。通常标识元组的属性或最小属性组的是( )。

    A. 标记   B. 字段   C. 主码   D. 索引

10. 在关系数据库中,用来表示实体间联系的是( )。

    A. 网状结构   B. 树结构   C. 属性   D. 二维表

11. 公司中有多个部门和多名职员,每名职员只能属于一个部门,一个部门可以有多名职员,则实体部门和职员间的联系是( )。

    A. $1:m$ 联系   B. $m:n$ 联系   C. $1:1$ 联系   D. $m:1$ 联系

12. 在满足实体完整性约束的条件下,( )。

    A. 一个关系中可以没有候选码

    B. 一个关系中只能有一个候选码

    C. 一个关系中必须有多个候选码

D. 一个关系中应该有一个或者多个候选码

13. 设有表示学生选课的三张表,学生 S(学号,姓名,性别,年龄,身份证号),课程 C(课号,课名),选课 SC(学号,课号,成绩),则表 SC 的键或码为(   )。

    A. 课号,成绩   B. 学号,成绩   C. 学号,课号   D. 学号,课号,成绩

14. 在下列关系运算中,不改变关系表中的属性个数但能减少元组个数的是(   )。

    A. 并   B. 交   C. 投影   D. 笛卡儿积

15. 下列叙述中,正确的是(   )。

    A. 为了建立一个关系,首先要构造数据的逻辑关系

    B. 表示关系的二维表中各元组的每个分量还可以分成若干数据项

    C. 一个关系的属性名表称为关系模式

    D. 一个关系可以包括多个二维表

16. 关系代数运算是以(   )为基础的运算,其基本操作是并、差、笛卡儿积、投影和选择。

    A. 关系运算   B. 谓词演算   C. 集合运算   D. 代数运算

二、判断题

1. 在关系 R 中选取满足给定条件 F 的元组,构成一个新关系。数学描述:$\sigma_F(R)=\{t\mid t\in R \land F(t)='真'\}$。   (   )

2. 在 θ 连接中,当 θ 取值为"="时,即为等值连接。它是从关系 R 与 S 的广义笛卡儿积中选取 A(关系 R)、B(关系 S)属性值相等的那些元组。   (   )

3. $R\div S=\pi_{A-B}(R)-\pi_{A-B}((\pi_{A-B}(R)\times S)-R)$,把除法操作转换为可快速操作的基本关系运算,它可以看作笛卡儿积的逆运算。   (   )

4. 元组关系演算公式是由原子公式递归定义得到的。   (   )

5. 域关系演算语言的代表 QBE 是 1975 年由 M.M. Zloof 提出的。   (   )

6. 两个分别为 n 目和 m 目的关系 R 和 S 的笛卡儿积是一个($n+m$)列的元组的集合。若 R 有 k_1 个元组,S 有 k_2 个元组,则 R 和 S 的笛卡儿积有 k_1+k_2 个元组。   (   )

7. 候选码与主码的关系:主码一定是候选码,候选码不一定是主码。   (   )

8. 假设有以下关系:选修(学号,课程号,成绩),根据实体完整性规则,学号和课程号不能取值为空。   (   )

9. 参照关系 R 中的外码与被参照关系 S 中的主码可以不同名,但应取自同一值域。

    (   )

三、简答题

1. 写出候选码、主码、组合码、外码的定义。

2. 关系模型的完整性规则有哪几类?举例说明什么是实体完整性和参照完整性。

3. 举例说明等值连接和自然连接的区别和联系。

4. 假设关系 R 和 S 分别有 n 和 m 个元组,请给出表达式 $R\bowtie S$ 结果中元组数目的最大值和最小值,并做简单分析。

5. 一个关系是否元组越多,所描述的信息就越丰富?

四、综合实践

设电影数据库的局部关系模式为:

Movies(Title CHAR(10)，Year INT，Length INT，Genre CHAR(1)，studioName CHAR(10)，pCertID INT)；

MovieStars(starName CHAR(30)，sGender CHAR(1)，sNationality TINYINT，sBirthDate DATETIME)；

StarsIn(movieTitle CHAR(100)，movieYear INT，starName CHAR(30))。

其中,部分数据如表 2-22~表 2-24 所示。

表 2-22　Movies 表中的数据

Title 片名	Year 出品年	Length 长度	Genre 风格	studioName 影片公司	pCertID 制片人证书号
M1	2022	100	1	FOX	0001
M2	2018	128	2	FOX	0002
M3	2023	106	2	DISNEY	0003
M4	2022	100	3	DISNEY	0004
M5	2021	113	3	DISNEY	0004
M6	2019	100	3	DISNEY	0004
M7	2018	95	2	DISNEY	0003

表 2-23　MovieStars 表中的数据

starName 影星名	sGender 性别	sNationality 国别编码	sBirthDate 出生日期
S1	f	08	1967-9-12
S2	m	08	1970-4-5
S3	f	08	2002-11-8
S4	m	08	2002-12-11
S5	f	07	2003-1-6

表 2-24　StarsIn 表中的数据

movieTitle 片名	movieYear 出品年	starName 影星名
M1	2022	S1
M2	2018	S1
M2	2018	S2
M3	2023	S1
M3	2023	S2
M3	2023	S3
M3	2023	S4

续表

movieTitle 片名	movieYear 出品年	starName 影星名
M3	2023	S5
M4	2022	S3
M4	2022	S4
M7	2018	S1
M7	2018	S2

试用关系代数表达式表示下列查询。

（1）查询影星的出生日期和姓名。

（2）查询女影星的出生日期和姓名。

（3）查询 S1 没有出演的影片名。

（4）查询至少出演了 S4 参加演出的影片的影星名及电影名。

（5）查询所有影星参加演出的电影的名称。

第 **3** 章

结构化查询语言 SQL

结构化查询语言(structured query language,SQL)是关系数据库的标准语言,它包含了数据库模式创建、数据查询、数据插入与修改、数据库完整性定义与控制、安全性定义与控制等功能。

本章详细介绍 SQL 的基本功能,首先讲述 MySQL 支持的数据类型和运算符等一些基础知识;接着讲述数据定义语言 DDL,包含数据库的创建、表的创建;然后讲述数据操作语言 DML,涉及数据查询、插入、删除、修改;最后讲述 MySQL 的视图。

3.1 SQL 概述

自 SQL 成为国际标准关系数据库语言后,各数据库厂商分别推出各自的 SQL 软件或与 SQL 软件的接口。由于大多数数据库均采用 SQL 作为共同的数据访问语言和标准接口,因而不同数据库系统之间可以实现互操作。

3.1.1 SQL 的产生与发展

视频讲解

1974 年,IBM 公司圣何塞研究实验室的 D. D. Chamberlin 和 R. F. Boyce 在开发关系数据库管理系统 System R 时,创建了一套规范语言——SEQUEL(structured English QUEry language),1980 年改名为 SQL。1979 年,Oracle 公司首先提供商用的 SQL,IBM 公司在 DB2 数据库系统中也实现了 SQL。1986 年 10 月,美国国家标准局(American National Standard Institute,ANSI)采用 SQL 作为关系数据库管理系统的标准语言(ANSI X3. 135−1986)。1987 年,国际标准化组织(ISO)也将 SQL 作为国际标准。

SQL 标准发布以来,随数据库技术的发展而不断丰富,其发展过程见表 3-1。由该表可见,标准篇幅越来越多。目前,所有主要的关系数据库管理系统支持某些形式的 SQL,但是没有一个系统能够实现标准中的所有特性与概念。大部分数据库遵守 SQL/92 标准中的大部分功能,同时,也对后续标准中的概念进行了扩充与完善,因而可以支持标准以外的一些功能特性。

表 3-1 SQL 标准的发展过程

标　　准	大致页数	发布年份	标　　准	大致页数	发布年份
SQL/86	未知	1986	SQL/92	622	1992
SQL/89(FIPS127−1)	120	1989	SQL/99(SQL 3)	1700	1999

标　　准	大致页数	发布年份	标　　准	大致页数	发布年份
SQL 2003	3600	2003	SQL 2011	3817	2011
SQL 2008	3777	2006	SQL 2016	4035	2016

3.1.2　SQL 的特点

SQL 将数据定义、数据查询、数据操作、数据控制集成在一起,是一种综合的、功能强大同时又简单易学的语言。SQL 语言具有以下特点。

(1) 一体化。SQL 语言风格统一,可以完成数据库活动中的全部工作,包括创建数据库、定义模式、更改和查询数据以及安全控制和维护数据库等。

① 数据定义功能用于定义、删除和修改数据库中的对象,包括数据库、关系(表)、视图、索引等。

② 数据查询功能用于实现查询数据的功能,是使用最多的操作。

③ 数据操作功能用于数据库中数据的添加、删除和修改。

④ 数据控制功能用于控制用户对数据的操作权限。

(2) 高度非过程化。在使用 SQL 语句访问数据库时,用户没有必要告诉计算机如何一步步完成任务,只需要用 SQL 描述要做什么就可以了,数据库管理系统会自动完成全部工作。

(3) 面向集合的操作方式。SQL 采用集合操作方式,不仅查询结果是记录的集合,而且实现插入、删除和更新操作的对象也是记录的集合。

(4) 提供多种方式使用。SQL 既是独立的语言,又是嵌入式语言。SQL 作为独立的语言可以独立地联机交互,用户可以直接以命令的方式交互使用。所有的数据产品都提供了可独立使用 SQL 的工具。例如,MySQL 提供了 Workbench 客户端及命令行客户端供用户直接使用;而 MS SQL Server 提供了 SQL Server Management Studio (SSMS)。嵌入式语言指 SQL 可以嵌入 Java、C、C♯、Python 等高级程序设计语言中使用。

(5) 语言简洁。SQL 语法简单,易学易用。核心功能可用 9 个谓词完成,见表 3-2。

表 3-2　SQL 的核心谓词

SQL 功能	谓　　词
数据定义(DDL)	CREATE、DROP、ALTER
数据查询(DQL)	SELECT
数据操纵(DML)	INSERT、UPDATE、DELETE
数据控制(DCL)	GRANT、REVOKE

3.2　数据类型

合适的数据类型可以有效地节省数据库的存储空间,包括内存和外存,同时也可以提升数据的计算性能,节省数据的检索时间。

3.2.1 数值类型

MySQL 支持所有的 ANSI/ISO SQL 92 数值类型。数值分为整数和小数,其中整数用整数类型表示,小数用浮点数类型和定点数类型表示。例如,学生的年龄设置为整数,学生的成绩设置为浮点数等。

1. 整数类型

整数类型是数据库中最基本的数据类型。标准 SQL 中支持 INTEGER 和 SMALLINT 两类整数类型。MySQL 除了支持这两种类型外,还扩展了 TINYINT、MEDIUMINT 和 BIGINT。每种类型都可以用 UNSIGNED(无符号)和 SIGNED(有符号)来修饰,默认为 SIGNED,详情见表 3-3。其中,INT 与 INTEGER 两个整数类型是同名词,可以互换。

表 3-3 MySQL 支持的整型需要的存储空间及范围

类 型	存储空间/字节	有符号最小值	有符号最大值	无符号最小值	无符号最大值
TINYINT	1	−128	127	0	255
SMALLINT	2	−32 768	32 767	0	65 535
MEDIUMINT	3	−8 388 608	8 388 607	0	16 777 215
INT	4	−2 147 483 648	2 147 483 647	0	4 294 967 295
BIGINT	8	-2^{63}	$2^{63}-1$	0	$2^{64}-1$

2. 浮点数类型

浮点数类型包括 FLOAT(单精度浮点数)类型和 DOUBLE(双精度浮点数)类型,浮点类型是近似数类型,其表示范围见表 3-4。

表 3-4 MySQL 支持的浮点型需要的存储空间及范围

类 型	存储空间/字节	有符号最小值	有符号最大值
FLOAT	4	−3.402823466E+38	3.402823466E+38
DOUBLE	8	−1.7976931348623157E+308	1.7976931348623157E+308

在 MySQL 中,FLOAT 与 FLOAT 4 等价,而 DOUBLE 与 FLOAT 8 等价。另外,由于浮点型在计算机内不能被精确表示,在对浮点数进行不等比较时,要特别小心。

知识拓展

下面来看一个双精度型数进行"相等/不相等"比较的例子。创建一个表 demoDouble,包含 3 列,第 1 列 i 是整数编号,第 2 列 d1、第 3 列 d2 是两个双精度浮点数。在该表中插入 16 个数据,数据的整数编号为 1~6,代码如下。

```
CREATE TABLE demoDouble (i INT, d1 DOUBLE, d2 DOUBLE);
INSERT INTO demoDouble VALUES (1, 101.40, 21.40), (1, -80.00, 0.00),
    (2, 0.00, 0.00), (2, -13.20, 0.00), (2, 59.60, 46.40),
    (2, 30.40, 30.40), (3, 37.00, 7.40), (3, -29.60, 0.00),
    (4, 60.00, 15.40), (4, -10.60, 0.00), (4, -34.00, 0.00),
```

(5, 33.00, 0.00), (5, -25.80, 0.00), (5, 0.00, 7.20),
(6, 0.00, 0.00), (6, -51.40, 0.00);

以整数编号进行分组,分组之后,分别对两个双精度列求和,第 1 列记为 a,第 2 列记为 b。如果以手工方式进行计算,前 5 组 a 与 b 的值是相等的。但是,我们采用"不等于"(<>)进行比较,发现前 5 行是不等的。所提供的数据通过机器内码表示进行相应的加法操作之后,有效位数增多,如图 3-1 所示。

```
SELECT i, SUM(d1) AS a, SUM(d2) AS b
FROM demoDouble GROUP BY i HAVING a <>b;
```

通过两数之差的绝对值大于某个数来进行 DOUBLE 型数据的不等比较,发现结果正确,如图 3-2 所示。

```
SELECT i, SUM(d1) AS a, SUM(d2) AS b FROM demoDouble
 GROUP BY i HAVING ABS(a -b) >0.0001;
```

i	a	b
1	21.400000000000006	21.4
2	76.80000000000001	76.8
3	7.399999999999999	7.4
4	15.399999999999999	15.4
5	7.199999999999999	7.2
6	-51.4	0

图 3-1　通过"<>"进行两个 DOUBLE 型数据的比较

i	a	b
6	-51.4	0

图 3-2　通过两数之差的绝对值大于某个数进行 DOUBLE 型数据的比较

通过两数之差的绝对值小于某个数来进行 DOUBLE 型数据的相等比较,发现结果正确,如图 3-3 所示。

```
SELECT i, SUM(d1) AS a, SUM(d2) AS b FROM demoDouble
 GROUP BY i HAVING ABS(a -b) <=0.0001;
```

i	a	b
1	21.400000000000006	21.4
2	76.80000000000001	76.8
3	7.399999999999999	7.4
4	15.399999999999999	15.4
5	7.199999999999999	7.2

图 3-3　通过两数之差的绝对值小于某个数进行 DOUBLE 型数据的比较

小结：在近似数进行"相等"比较时,可以通过其绝对值之差小于某个数来进行;进行"不相等"比较时,可以通过其绝对值之差大于某个数来进行。

3. 定点数类型

DECIMAL 和 NUMERIC 类型存储精确的数字数据值。DEC 和 DECIMAL、NUMERIC 是同义词。

假设有如下声明：

```
prize DECIMAL(6,2)
```

因为标准 SQL 要求 DECIMAL(6,2)能够存储任何具有两位小数的六位数字的值,所以可以存储在 prize 列中的值的范围为 -9999.99~9999.99。

在标准 SQL 中,语法 DECIMAL(M)等效于 DECIMAL(M,0)。类似地,语法 DECIMAL 等效于 DECIMAL(M,0),M 的默认值为 10,最大值为 65。

DECIMAL 列的值使用二进制格式存储,该格式将 9 位十进制数字压缩为 4 字节。每个值的整数部分和小数部分的存储要求分别确定。每一个 9 位数都需要 4 字节,余下的数字位数需要的字节数,如表 3-5 所示。

表 3-5 精确数字所需要的存储字节数

余下的数字位数	字 节 数	余下的数字位数	字 节 数
0	0	5~6	3
1~2	1	7~9	4
3~4	2		

例如,DECIMAL(18,9)列的小数点两侧各有 9 位数字,因此整数部分和小数部分各需要 4 字节。DECIMAL(30,6)列有 24 位整数和 6 位小数,其中整数位数中的 18 位需要 2×4=8 字节,其余 6 位需要 3 字节,6 位小数位数需要 3 字节;共需要 8+3+3=14(字节)。

浮点数和定点数都可以在类型后面加上(M,D)来表示。其中,M 表示该数的总位数;D 表示小数点后的位数。当在类型后面指定(M,D)时,小数点后面的数值需要按照 D 来进行四舍五入。当不指定(M,D)时,浮点数将按照实际值来存储,而 DECIMAL 默认的整数位数为 10,小数位数为 0。

DECIMAL(M,D)有两种特殊情况:当 D=0 时,它表示一个定点整数;当 M=D 时,它表示一个定点小数。

知识拓展

在创建表时,数值类型的选择应遵循如下原则。

(1) 选择最小的可用类型,如果该字段的值不超过 127,则使用 TINYINT 比 INT 效果好。

(2) 无小数点时,可以选择整数类型,例如年龄。

(3) 浮点类型用于表示可能具有的小数部分的数,例如教师奖励。

(4) 在需要表示金额等货币类型时,优先选择 DECIMAL 数据类型。

3.2.2 日期和时间类型

日期和时间数据被广泛使用,如新闻发布时间、商场活动的持续时间和出生日期等。

MySQL 主要支持 5 种日期类型:DATE、TIME、YEAR、DATATIME 和 TIMESTAMP。

(1) DATE:表示日期,默认格式为'YYYY-MM-DD'。

(2) TIME:表示时间,默认格式为'hh:mm:ss'。

(3) YEAR:表示年份。

(4) DATATIME 与 TIMESTAMP:是日期和时间的混合类型,默认格式为'YYYY-MM-DD hh:mm:ss'。

可以用作日期类型的常量有如下几类。

(1) 形如"YYYY-MM-DD"或"YY-MM-DD"格式的字符串。允许使用"宽松"语法,即任何标点符号都可以用作日期各部分之间的分隔符。例如,"2022-12-31""2022/12/31""2022 年 12 月 31 日""2022@12@31"是等效的。

```
mysql>SELECT DATE'2012@12@31';
+------------------+
| DATE'2012@12@31' |
+------------------+
| 2022-12-31       |
+------------------+
1 row in set (0.00 sec)
```

(2) 没有格式分隔符,形如"YYYYMMDD"或"YYMMDD"的字符串。前提是该字符串作为日期有意义,例如,"20230523"和"230523"可被解释为"2023-05-23",但"231332"是非法的(月份和日期部分无意义),变成了"0000-00-00"。

(3) YYYYMMDD 或 YYMMDD 格式的数字。前提是该数字作为日期有意义,例如,数字 20230905 和 230905 被解释为"2023-09-05"。

可用作 DATATIME 与 TIMESTAMP 的常量有如下几类。

(1) 作为"YYYY-MM-DD hh:mm:ss"或"YY-MM-DD hh:mm:ss"格式的字符串。允许使用"宽松"语法,即任何标点符号都可以用作日期部分之间的分隔符。例如,"2022-12-31 11:30:45""2022^12^31 11+30+45""2022/12/31 11 * 30 * 45""2022@12@31 11^30^45"是等效的。

(2) 没有格式分隔符,形如"YYYYMMDDhhmmss"或"YYMMDDhhmmss"的字符串。前提是该字符串作为日期有意义,例如,"20230523091528"和"230523091528"被解释为"2023-05-23 09:15:28",但"231122129015"是非法的,分钟部分无意义,变成了"0000-00-00 00:00:00"。

(3) YYYYMMDD 或 YYMMDD 格式的数字。前提是该数字作为日期有意义,例如,数字 20230905132800 和 230905132800 被解释为"2023-09-05 13:28:00"。

(4) 包含两位数年份值的日期不明确,因为世纪未知。MySQL 使用以下规则解释两位数的年份值:

① 70~99 的年份值变为 1970—1999;

② 00~69 的年份值变为 2000—2069。

形式上,MySQL 日期类型的表示方法与字符串的表示方法相同(即使用单引号括起来);本质上,MySQL 日期类型的数据是一个数值类型,可以参与简单的加、减运算。

MySQL 日期和时间类型占用的存储空间及取值见表 3-6。

表 3-6　日期和时间类型占用的存储空间及取值

数据类型	占用字节	最　小　值	最　大　值	零 值 表 示
DATE	3	"1000-01-01"	"9999-12-31"	"0000-00-00"
DATETIME	8	"1000-01-01 00:00:00"	"9999-12-31 23:59:59"	"0000-00-00 00:00:00"

续表

数据类型	占用字节	最　小　值	最　大　值	零　值　表　示
TIMESTAMP	4	"1970-01-01 00:00:01" UTC	"2038-01-19 03:14:07" UTC	"0000-00-00 00:00:00"
TIME	3	"−838:59:59"	"838:59:59"	"00:00:00"
YEAR	1	1901	2155	0000

3.2.3　字符串类型

字符串类型又可以分为普通的文本字符串类型(CHAR 和 VARCHAR)、二进制字符串类型(BINARY 和 VARBINARY)、可变类型(TEXT 和 BLOB)和特殊类型(SET 和 ENUM)。

1. CHAR 和 VARCHAR 类型

CHAR 类型的长度被固定为声明的长度,取值为 0～255。VARCHAR 类型的值是变长的字符串,需要额外的 1 字节来存储字符串的长度信息。因此,VARCHAR 会占用实际字符串长度的字节数加上 1 或 2 字节来存储长度信息(对于长度小于或等于 255 的字符串,占用 1 字节;对于长度大于 255 的字符串,占用 2 字节)。

在 MySQL 数据库中,CHAR/VARCHAR 在定义长度时,声明的是字符长度,不是字节长度。例如,GBK 字符集下的 VARCHAR(30)列中,能够保存 30 个汉字,占用 60 字节空间;UTF-8 字符集下的 VARCHAR(30)能保存 30 个汉字,占用 90 字节空间。也就是说,字符长度是按照字符数计算的,与其他常见数据库中默认定义长度为字节长度有所不同。变长字符串类型的共同特点是最多容纳的字符数与字符集的设置有直接联系。

CHAR(M)类型的数据在存储时会删除尾部空格,而 VARCHAR(M)在存储数据时则会保留尾部空格。

2. BINARY 和 VARBINARY 类型

BINARY 和 VARBINARY 类似于 CHAR 和 VARCHAR,不同之处有两个:前者以二进制形式存储字符,后者以字符形式存储字符;前者的字符串长度以字节计,后者的字符串长度以字符计。

3. TEXT 和 BLOB 类型

大小可以改变,其中 TEXT 类型适合存储长文本,而 BLOB 类型适合存储二进制数据,支持任何数据,如文本、声音和图像等。

常见的字符串类型及其存储要求见表 3-7。

表 3-7　字符串类型及其存储要求

类　型　名　称	说　　　明	存　储　要　求
CHAR(M)	固定长度非二进制字符串	存储 M 个字符所需字节,1<=M<=255
VARCHAR(M)	变长非二进制字符串	L+1 字节或 L+2 字节,L<= M 和 1<=M <=65535(L 表示实际存储字符串所需要的字节数)

类型名称	说　　明	存储要求
BINARY(M)	固定长度二进制字符串	M 字节,$1<=M<=255$
VARBINARY(M)	变长二进制字符串	L+1 字节,$L<=$ M 和 $1<=M<=65535$
TINYTEXT	非常小的非二进制字符串	L+1 字节,$L<2^8$
TEXT	小的非二进制字符串	L+2 字节,$L<2^{16}$
MEDIUMTEXT	中等大小的非二进制字符串	L+3 字节,$L<2^{24}$
LONGTEXT	大的非二进制字符串	L+4 字节,$L<2^{32}$
TINYBLOB	非常小的二进制字符串	L+1 字节,$L<2^8$
BLOB	小的二进制字符串	L+2 字节,$L<2^{16}$
MEDIUMBLOB	中等大小的二进制字符串	L+3 字节,$L<2^{24}$
LONGBLOB	大的二进制字符串	L+4 字节,$L<2^{32}$
ENUM	枚举类型,只能有一个枚举字符串值	1 或 2 字节,取决于枚举值的数目(最大值为 65 535)
SET	一个设置,字符串对象可以有零个或多个 SET 成员	1、2、3、4 或 8 字节,取决于集合成员的数量(最多 64 个成员)

VARCHAR、VARBINARY 以及 BLOB 和 TEXT 类型都是可变长度类型。其存储要求取决于以下因素:

(1) 列值的实际长度;

(2) 列的最大可能长度;

(3) 用于列的字符集,因为某些字符集包含多字节字符。

例如,VARCHAR(255)列可以容纳最大长度为 255 个字符的字符串。假设列使用 latin1 字符集(每个字符占用 1 字节),则需要的存储空间是实际存储字符串的长度(L),加上额外用来记录字符串长度信息的 1 字节。对于字符串"abcd",L 为 4,存储要求为 5 字节。如果将同一列声明为使用 ucs2 双字节字符集,则存储要求为 9 字节:存储"abcd"的长度 (L)为 8 字节,该列还需要额外 1 字节来存储长度信息。

VARCHAR 或 VARBINARY 列中可存储的有效最大字节数受最大行大小 65 535 字节的限制(所有列共享)。对于存储多字节字符的 VARCHAR 列,有效的最大字符数较少。例如,utf8mb4 字符集每个字符最多需要 4 字节,因此使用 utf8mb4 字符集的 VARCHAR 列可以声明为最多 16 383 个字符。

BLOB 值被视为二进制字符串(字节字符串)。它们具有二进制字符集和排序规则,比较和排序基于列值中字节的数值。TEXT 值被视为非二进制字符串(字符字符串),它们有一个非二进制的字符集,并且根据字符集的排序规则对值进行排序和比较。

很多时候,可以将 BLOB 列视为 VARBINARY 列,该列可以任意大。类似地,可以将 TEXT 列视为 VARCHAR 列。BLOB、TEXT 与 VARBINARY、VARCHAR 的不同之处在于前者不能有默认值。

4. ENUM 和 SET 类型

ENUM 类型的字段只允许从一个集合中取得某一个值,类似单选按钮的功能。例如,一个人的性别从集合{'男','女'}中取值,且只能取其中一个值。

SET 类型的字段允许从一个集合中取得多个值,类似复选框的功能。例如,个人的兴趣爱好可以从集合{'看电影','购物','听音乐','旅游','游泳'}中取值,且可以取多个值。

一个 ENUM 类型的数据最多可以包含 65535 个元素,一个 SET 类型的数据最多可以包含 64 个元素。

知识拓展

在创建表时,使用字符串类型应遵循以下原则:

(1) 从速度方面考虑,要选择固定的列,可以使用 CHAR 类型。

(2) 要节省空间,使用动态的列,可以使用 VARCHAR 类型。

(3) 要将列中的内容限制在一种选择,可以使用 ENUM 类型。

(4) 允许在一个列中有多于一个的条目,可以使用 SET 类型。

(5) 如果要搜索的内容不区分大小写,可以使用 TEXT 类型。

(6) 如果要搜索的内容区分大小写,可以使用 BLOB 类型。

3.2.4 二进制类型

如前所述,MySQL 主要支持 6 种二进制字符串:BINARY、VARBINARY、TINYBLOB、BLOB、MEDIUMBLOB、LONGBLOB。另外,MySQL 还支持 BIT 类型,通常将其视为一种整型。二进制类型的字段主要用于存储由 0 和 1 组成的字符串,是一种特殊格式的字符串。二进制类型与字符串类型的区别:字符串类型的数据以字符为单位进行存储,因此存在多种字符集、多种字符序;除了 BIT 数据类型以位为单位进行存储外,其他二进制类型的数据以字节为单位进行存储,仅存在二进制字符集{0,1}。

TEXT 与 BLOB 都可以用来存储长字符串,TEXT 主要用来存储文本字符串,如新闻内容、博客日志等数据;BLOB 主要用来存储二进制数据,如图片、音频、视频等二进制数据。真正的项目中通常将图片、音频、视频等二进制数据以文件的形式存储在操作系统的文件系统中,而不会存储在数据库表中。

3.2.5 选择合适的数据类型

MySQL 支持各种数据类型。为字段或者变量选择合适的数据类型,不仅可以有效地节省存储空间,还可以有效地提升数据的计算性能。通常来说,数据类型的选择遵循以下原则。

(1) 在符合应用要求(取值范围、精度)的前提下,尽量使用短数据类型。短数据类型的数据需要更少的存储空间,查询连接的效率更高,计算速度更快。例如,对于存储字符串数据的字段,建议优先选用 CHAR(M)和 VARCHAR(M),长度不够时再选用 TEXT 数据类型。

(2) 数据类型越简单越好。与字符串相比,整数处理开销更小,因此当表示数字时,尽量使用整数代替字符串。

(3) 尽量采用精确小数类型(如 DECIMAL),而不采用浮点数类型。使用精确小数类型不仅能够保证数据计算更为精确,还可以节省存储空间。

（4）在 MySQL 中，应该使用内置的日期和时间数据类型，而不是用字符串来存储日期和时间。

（5）尽量避免 NULL 字段，建议将字段指定为 NOT NULL 约束。含有空值的列很难进行查询优化，NULL 值会使索引的统计信息以及比较运算变得更加复杂。推荐使用 0、特殊值或者一个空字符串代替 NULL 值。

3.3 运算符

运算符是用来连接表达式中各个操作数据的符号，其作用是指明对操作数所进行的运算。MySQL 数据库支持运算符的使用，通过运算符可以更加灵活地操作数据表中的数据。MySQL 主要支持算术运算符、比较运算符、逻辑运算符和位运算符 4 种类型。

3.3.1 算术运算符

MySQL 数据库支持的算术运算符包括加、减、乘、除和取余运算。它们是最常用且最简单的一类运算符。表 3-8 给出了这些运算符及其作用。

表 3-8　算术运算符

运　算　符	作　用	运　算　符	作　用
＋	加法	/或 DIV	除法
－	减法	%或 MOD	取余
*	乘法		

3.3.2 比较运算符

比较运算符有很多，具体见表 3-9。MySQL 数据库允许用户对表达式的左边操作数和右边操作数进行比较，比较结果为真返回 1，为假返回 0，不确定返回 NULL。

运算符可以用于比较数字、字符串和表达式。其中，字符串以不区分大小写的方式比较。

表 3-9　比较运算符

符　号	描　述	符　号	描　述	符　号	描　述
=	等于	BETWEEN AND	在两值之间	LIKE	模糊匹配
<>，！=	不等于	NOT BETWEEN AND	不在两值之间	REGEXP/RLIKE	正则式匹配
>	大于	IN	在集合中	IS NULL	为空
<	小于	NOT IN	不在集合中	IS NOT NULL	不为空
<=	小于或等于	<=>	严格比较两个 NULL 值是否相等		
>=	大于或等于				

表 3-9 第 1 列之外的其他符号在查询操作中会具体讲解。

3.3.3 逻辑运算符

逻辑运算符也称为布尔运算符,用于判断表达式的真假。MySQL 数据库支持的逻辑运算符如表 3-10 所示。

表 3-10 逻辑运算符

运 算 符	作 用
NOT 或 !	逻辑非
AND	逻辑与
OR	逻辑或
XOR	逻辑异或

3.3.4 位运算符

位运算符是在二进制数上进行计算的运算符。位运算会先将操作数转换成二进制数,进行位运算,然后再将计算结果从二进制数转换回十进制数。MySQL 数据库支持 6 种位运算符,如表 3-11 所示。

表 3-11 位运算符

运 算 符	作 用	运 算 符	作 用
&	按位与	~	按位取反
|	按位或	<<	左移
^	按位异或	>>	右移

在 MySQL 中按位操作是将操作数当作 BIGINT(64 位二进制数)进行的,所以 3 的二进制为 0......0 0000 0011,7 的二进制为 0......0 0000 0111,下面将对这两个数分别进行表 3-11
   （56个0）   （56个0）
中的 6 种位运算。

【例 3-1】 求 3 和 7 的按位与、按位或及按位异或的结果。

```
mysql>SELECT 3&7, 3|7, 3^7;
+-----+-----+-----+
| 3&7 | 3|7 | 3^7 |
+-----+-----+-----+
|  3  |  7  |  4  |
+-----+-----+-----+
1 row in set (0.00 sec)
```

【例 3-2】 求 7 的求补、左移 1 位及右移 1 位的结果。

```
mysql>SELECT ~7, 7<<1, 7>>1;
+----------------------+------+------+
```

```
| ～7                         | 7<<1  | 7>>1  |
+----------------------------+------+------+
| 18446744073709551608       |  14   |   3   |
+----------------------------+------+------+
1 row in set (0.00 sec)
```

查看 7 按位取反所得的数的十六进制表示,可以看到最末位是 8,其余是 F,F 的二进制是"1111",8 的二进制是"1000",确实是 7 的二进制的按位取反。

```
mysql>SELECT hex(18446744073709551608);
+--------------------------+
| hex(18446744073709551608) |
+--------------------------+
| FFFFFFFFFFFFFFF8          |
+--------------------------+
1 row in set (0.01 sec)
```

3.4　数据定义语句

MySQL 8.0 支持原子数据定义语言(DDL)语句,此功能被称为原子 DDL。原子 DDL 语句将与 DDL 操作相关联的数据字典更新、存储引擎操作和二进制日志写入合并为单个原子操作。操作要么被提交,将可用的更改持久化到数据字典、存储引擎和二进制日志中;要么被回滚,使服务器在操作期间停止。

DDL 语句会隐式地结束当前会话中活动的任何事务,就好像在执行该语句之前执行了 COMMIT 一样。这意味着 DDL 语句不能在另一个事务中执行,也不能在事务控制语句(如 START TRANSACTION…COMMIT)中执行,或与同一事务中的其他语句组合执行。

3.4.1　数据库/架构定义语句

1. 创建数据库
语法格式:

```
CREATE {DATABASE | SCHEMA} [IF NOT EXISTS] db_name
[create_option] ...
create_option: [DEFAULT] {
CHARACTER SET [=] charset_name
| COLLATE [=] collation_name
| ENCRYPTION [=] {'Y' | 'N'}
}
```

在 SQL 语句中,{}表示必选项,[]表示可选项,"|"表示几选一。CHARACTER SET 选项指定默认的数据库字符集;COLLATE 选项指定默认的数据库排序规则;ENCRYPTION 选项定义默认的数据库加密,该加密由数据库中创建的表继承,允许的值为 Y(启用加密)和 N(禁用加密)。如果未指定 ENCRYPTION 选项,则 DEFAULT_TABLE_ENCRYPTION 系统变量的值将定义默认的数据库加密。IF NOT EXISTS 选项可以避免系统报错。

知识拓展

DATABASE 与 SCHEMA 在不同的数据库产品中所包含的内容是不同的。例如,在 MS SQL Server 与 Kingbase 中,一个 DATABASE 包含若干 SCHEMA;而在 MySQL 中, DATABASE 与 SCHEMA 是同义词。

【例 3-3】 以默认方式创建数据库 Textbook_Stu。

```
mysql>CREATE DATABASE IF NOT EXISTS Textbook_Stu;
Query OK, 1 row affected (0.03 sec)
```

第一次执行该语句,成功。

```
mysql>CREATE DATABASE IF NOT EXISTS Textbook_Stu;
Query OK, 1 row affected, 1 warning (0.01 sec)

mysql>SHOW warnings;
+-------+------+--------------------------------------------------+
| Level | Code | Message                                          |
+-------+------+--------------------------------------------------+
| Note  | 1007 | Can't create database 'textbook_stu'; database exists |
+-------+------+--------------------------------------------------+
1 row in set (0.00 sec)
```

第二次执行该语句,显示查询已完成(Query OK),但是有一个警告信息。通过 SHOW warnings 查看警告信息,提示为"不能创建数据库 Textbook_Stu;数据库已存在"(Can't create database 'textbook_stu'; database exists)。只出现警告而没有报错,是因为定义语句中加了 IF NOT EXISTS。如果不加这个可选的短语,而系统中已有这个数据库,会直接报错,如例 3-4 所示。

【例 3-4】 再次创建数据库 Textbook_Stu。

```
mysql>CREATE SCHEMA Textbook_Stu;
ERROR 1007 (HY000): Can't create database 'textbook_stu'; database exists
```

2. 修改数据库

如果需要更改存储在数据字典中数据库的总体特征,可以使用 ALTER DATABASE 命令。此语句要求对数据库具有 ALTER 权限。

如果省略了数据库名称,则该语句将应用于默认数据库。在这种情况下,如果没有默认数据库,就会发生错误。

对于语句中省略的任何 alter_option,数据库将保留其当前选项值,但更改字符集可能会更改排序规则,反之亦然。

语法格式:

```
ALTER {DATABASE | SCHEMA} [db_name]
alter_option ...
alter_option: {
[DEFAULT] CHARACTER SET [=] charset_name
| [DEFAULT] COLLATE [=] collation_name
```

```
|[DEFAULT] ENCRYPTION [=] {'Y' | 'N'}
| READ ONLY [=] {DEFAULT | 0 | 1}
}
```

【例 3-5】 修改数据库 Textbook_Stu 的默认字符集。

首先,查看 Textbook_Stu 的现有字符集及排序规则。

```
mysql> SELECT schema_name, default_character_set_name, default_collation_name
FROM information_schema.schemata WHERE schema_name='Textbook_Stu';
+---------------+-------------------------+-------------------------+
| SCHEMA_NAME   | DEFAULT_CHARACTER_SET_NAME | DEFAULT_COLLATION_NAME |
+---------------+-------------------------+-------------------------+
| textbook_stu  | utf8mb4                 | utf8mb4_0900_ai_ci      |
+---------------+-------------------------+-------------------------+
1 row in set (0.00 sec)
```

其次,修改 Textbook_Stu 的字符集为"utf8",然后查看,发现字符集改为"utf8",而排序规则已自动改为"utf8_general_ci"。

```
mysql> ALTER DATABASE Textbook_Stu CHARACTER SET utf8;
Query OK, 1 row affected, 1 warning (0.02 sec)

mysql> SELECT schema_name, default_character_set_name, default_collation_name
FROM information_schema.schemata WHERE schema_name='Textbook_Stu';
+---------------+-------------------------+-------------------------+
| SCHEMA_NAME   | DEFAULT_CHARACTER_SET_NAME | DEFAULT_COLLATION_NAME |
+---------------+-------------------------+-------------------------+
| textbook_stu  | utf8                    | utf8_general_ci         |
+---------------+-------------------------+-------------------------+
1 row in set (0.00 sec)
```

知识拓展

MySQL 8.0 默认的是 utf8mb4_0900_ai_ci,具体含义如下。

(1) uft8mb4 表示使用 utf8mb4 字符集,每个字符最多占 4 字节。

MySQL 之前的字符集(character set)是 utf8(即 utf8mb3,一个字符最多使用 3 字节来存储),只能存储编码值 0x0000～0xFFFF 之间的字符。

然而,emoji 表情字符的码值超过了 0xFFFF,按照 UTF-8 规范,存储时需要用 4 字节。所以,MySQL 才提供了 utf8mb4 的字符集。把数据库表的字符集设定为 utf8mb4,就可以正常存储包含 emoji 表情字符的文本。

(2) 0900 指的是 Unicode 9.0 规范,一种字符支持范围更广的 Unicode 校对算法版本。

Unicode 编码之所以诞生,是为了解决之前各国的计算机文字编码自成一体的问题。不同国家采用不同的编码,如果在自己国家使用还算正常,但是跨文化交流必然会出问题,更无法解决"在同一篇文档里同时显示中文、韩文、日文"之类的问题。有了 Unicode,地球上所有的文字都有独一无二的编码,前述问题就解决了。

(3) ai 表示不区分音调,也就是说,排序时 e、è、é、ê 和 ë 之间没有区别。

(4) ci 表示不区分大小写,也就是说,排序时 a 和 A 之间没有区别。

utf8mb4 已成为默认字符集,在 MySQL 8.0.1 及更高版本中将 utf8mb4_0900_ai_ci 作为默认排序规则。

3. 删除数据库

语法格式:

```
DROP {DATABASE | SCHEMA} [IF EXISTS] db_name
```

DROP DATABASE 将删除数据库中的所有表并删除该数据库。要谨慎使用这个语句。使用 DROP DATABASE 需要对数据库具有 DROP 权限。

【例 3-6】 删除数据库 Textbook_Stu。

```
mysql>DROP DATABASE IF EXISTS Textbook_Stu;
Query OK, 0 rows affected (0.07 sec)
mysql>SHOW DATABASES;
+--------------------+
| Database           |
+--------------------+
| information_schema |
| mydb               |
| mysql              |
| performance_schema |
| stu                |
| stu_select_course  |
| sys                |
| textbook           |
| world              |
+--------------------+
9 rows in set (0.01 sec)
```

可以看到,Textbook_Stu 数据库确实被删除。

3.4.2 表定义语句

表是数据库中存储数据的基本单位,是最为重要的数据库对象。创建表之前,需要确定表名、字段名及数据类型、约束等信息。另外,还要为每张表选择一个合适的存储引擎。MySQL 数据库中,表的管理包括表的类型、构成、创建、删除和修改等。

1. 创建表

使用 SQL 语句"CREATE TABLE 表名"即可创建一个数据库表。注意,在同一个数据库中,表名不能重名。

语法格式有以下三种。

格式一:
```
CREATE [TEMPORARY] TABLE [IF NOT EXISTS] table_name
[([ column_ definition ],... |[index definition])]
[table option];
```

格式二:
```
CREATE [TEMPORARY] TABLE [IF NOT EXISTS] table_name
```

{LIKE old_tbl_name | (LIKE old_tbl_name)};

格式三：

CREATE [TEMPORARY] TABLE [IF NOT EXISTS] table_name
[([column_definition],... |[index definition])]
[IGNORE | REPLACE]
[AS] query_expression;

说明如下。

（1）TEMPORARY 表示创建临时表。

（2）table_name 为要创建的表名。

（3）column_definition 详细如下。

col_name type [NOT NULL | NULL][DEFAULT default_value][AUTO INCREMENT] [UNIQUE [KEY]] |[PRIMARY] KEY][COMMENT 'String'][reference definition]

该项为字段的定义，包括指定字段名、数据类型、是否允许空值，指定默认值、主码约束、唯一性约束、注释字段名、是否为外码等。

其中：

- col_name 表示字段名；
- type 声明字段的数据类型；
- NOT NULL 或者 NULL 表示字段是否可以为空值；
- DEFAULT 指定字段的默认值；
- AUTO_ INCREMENT 设置自增属性，只有整型才能设置此属性；
- PRIMARY KEY 对字段指定主码约束；
- UNIQUE KEY 对字段指定唯一性约束；
- COMMENT 为字段添加注释，方便表结构的说明；
- reference definition 指定字段外码约束；
- index definition 为表的相关字段指定索引，具体操作将在后面介绍。

（4）格式一可以用来创建一张全新的表。

（5）格式二用于基于已有的表创建新表结构，包含字段和索引，但不复制数据。

（6）格式三可以从一个已有的表创建字段结构（不包含索引），同时将相应的数据复制到新创建的表。这种创建方式更为灵活，可以由新声明的列加上已有表的部分列组成。IGNORE 和 REPLACE 选项指示在使用 SELECT 语句复制表时如何处理重复唯一键值的行。

（7）格式二和格式三在复制表时均不会复制对表设置的权限。

（8）常见的 table option 有以下三种。

- ENGINE 选项：ENGINE ＝存储引擎类型。
- [DEFAULT] CHARACTER SET 选项：DEFAULT CHARSET＝字符集类型。
- [DEFAULT] COLLATE 选项：DEFAULT COLLATE [＝] 排序规则。

首先用 USE 命令指定数据库 Textbook_Stu，在该数据库下建立所需的表。

注意，对于 InnoDB 存储引擎的表而言，MySQL 服务实例会在数据库目录 Textbook_Stu 中自动创建一个名为表名、扩展名为 ibd 的表文件。

【例 3-7】 创建第 2 章中的表 2-6～表 2-12。

```
#@表 tbDepartment 用来保存系部编码
#@如果表已经存在,先将其删除
DROP TABLE IF EXISTS tbDepartment;
#@创建系部编码表
CREATE TABLE tbDepartment(
dNo char(2) comment '部门编号' PRIMARY KEY,
dAbbrName char(3) comment '部门简称',
dFullName varchar(20) comment '部门全称'
);

#@为系部编码表填充数据
INSERT INTO tbDepartment VALUES
('01',   'MC',   '马克思主义学院'),
('02',   'CC',   '商学院'),
('03',   'LL',   '文学院'),
('07',   'SS',   '理学院'),
('08',   'IE',   '信息学院'),
('09',   'CE',   '工学院'),
('25',   'ME',   '现代教育技术中心'),
('35',   'ST',   '科技处'),
('36',   'HS',   '人文社科处');

#@表 tbJobTitle 用来保存职称编码
#@如果表已经存在,先将其删除
DROP TABLE IF EXISTS tbJobTitle;
#@创建职称编码表
CREATE TABLE tbJobTitle(
jNo smallint unsigned comment '职称编号' PRIMARY KEY,
jTitleName char(10)   comment '职称名称'
);

#@为职称编码表填充数据
INSERT INTO tbJobTitle VALUES
(101,"教授"),
(102,'副教授'),
(103,'讲师'),
(104,'助教'),
(202,'高级实验师'),
(203,'实验师'),
(204,'助理实验师');
#@为实验师系列增加正高级
INSERT INTO tbJobTitle VALUES
(201,'教授级高级实验师');

#@表 tbStuInfo 用来保存学生信息
#@如果表已经存在,先将其删除
```

```
DROP TABLE IF EXISTS tbStuInfo;
#@创建学生信息表
CREATE TABLE tbStuInfo(
sNo int unsigned comment '学号' PRIMARY KEY,                    #主键
sName varchar(20) comment '学生姓名',
sSex char(1) comment '学生性别',
sClass int unsigned comment '学生班级',
sDept char(2) comment '学生系别' REFERENCES tbdepartment(dNo),    #外键
sBirthDate date comment '学生出生日期',
sBirthPlace varchar(20) comment '出生地',
sPwd varchar(50) comment '学生密码'
);

#@为学生表填充数据
INSERT INTO tbStuInfo(sNo,sName,sSex,sClass,sDept,sBirthDate,sBirthPlace ) VALUES
(2020072101,  '贺世娜',   'f',  20200721,  '07',  '2002-9-12',   '浙江东阳'),
(2020072113,  '郭兰',     'f',  20200721,  '07',  '2003-4-5',    '浙江丽水'),
(2020082101,  '应胜男',   'f',  20200821,  '08',  '2002-11-8',   '河南开封'),
(2020082122,  '郑正星',   'm',  20200821,  '08',  '2002-12-11',  '浙江杭州'),
(2020082131,  '吕建鸥',   'm',  20200821,  '08',  '2003-1-6',    '浙江绍兴'),
(2020082135,  '王凯晨',   'm',  20200821,  '08',  '2002-10-18',  '浙江温州 '),
(2020092213,  '张赛娇',   'f',  20200922,  '09',  '2003-3-6',    NULL ),
(2020092235,  '金文静',   'm',  20200922,  '09',  '2002-9-5',    NULL),
(2020082236,  '任汉涛',   'm',  20200822,  '08',  '2003-6-6',    '山西吕梁'),
(2020082237,  '刘盛彬',   'm',  20200822,  '08',  '2002-10-10',  NULL),
(2020082313,  '郭兰英',   'f',  20200823,  '08',  '2001-5-4',    NULL),
(2020082335,  '王皓',     'm',  20200823,  '08',  '2001-10-28',  NULL);

#@表 tbTeacherInfo 用来保存教师信息
#@如果表已经存在,先将其删除
DROP TABLE IF EXISTS tbTeacherInfo;
#@创建表
CREATE TABLE tbTeacherInfo(
tNo char(5) comment '教师编号' PRIMARY KEY,
tName varchar(20) comment '教师姓名',
tSex char(1) comment '教师性别',
tDept char(2) comment '教师系部编号' REFERENCES tbDepartment(dNo),
tEmail varchar(50) comment '教师邮箱',
jNo smallint unsigned comment '教师职称编号' REFERENCES tbJobTitle(jNo),
tSalary decimal(8,2) comment '教师工资',
tBirthDate date comment '教师出生日期',
tBirthPlace varchar(20) comment '教师出生地',
tPwd varchar(40) comment '教师密码'
);

#@为教师表填充数据
INSERT INTO tbTeacherInfo ( tNo, tName, tSex, jNo, tDept, tBirthDate, tSalary,
tPwd) VALUES
```

```
('00686',    '蒋胜男',    'f',    101,    '08',    '1967-09-12',    4500,    '00686'),
('01884',    '郭兰',      'f',    102,    '08',    '1970-04-05',    3500,    '01884'),
('00939',    '李胜',      'f',    103,    '08',    '2002-11-08',    3000,    '00939'),
('02002',    '郑三水',    'm',    201,    '08',    '1972-12-11',    4200,    '02002'),
('00101',    '吕连良',    'm',    101,    '07',    '1973-01-06',    4300,    '00101');

#@表 tbCourse 用来保存课程信息
#@如果表已经存在,先将其删除
DROP TABLE IF EXISTS tbCourse;
#@创建表
CREATE TABLE tbCourse(
cNo char(4) comment '课程号' PRIMARY KEY,
cName varchar(50) comment '课程名' UNIQUE,
cCredit decimal(2,1) comment '学分',
cPno char(4) comment '先修课' REFERENCES tbCourse(cNo),
cType char(8) comment '课程类型'
);

#@为表 tbCourse 添加数据
INSERT INTO tbCourse(cNo,cName,cCredit,cPno,cType) VALUES
('CS01',    '计算机导论',    2,    '',      '专业基础'),
('CS02',    '程序设计基础',  3,    'CS01',  '专业基础'),
('CS03',    '离散数学',      3,    'CS02',  '专业基础'),
('CS04',    '数据结构',      4,    'CS03',  '专业必修'),
('CS05',    '汇编语言',      3,    'CS03',  '专业选修'),
('CS06',    '计算机组成原理', 3,    'CS05',  '专业必修'),
('CS07',    '操作系统',      4,    'CS06',  '专业必修');
#@下画线匹配案例
INSERT INTO tbCourse(cNo,cName,cCredit,cPno,cType) VALUES
('CS08',    '计算机组成_设计',  2,    'CS06',  '专业选修');

#@表 tbTC 用来保存教师开课信息
#@如果表已经存在,先将其删除
DROP TABLE IF EXISTS tbTC;
#@创建表
CREATE TABLE tbTC(
semester char(11) comment '开课学期',
cNo char(4) comment '课程号' REFERENCES tbCourse(cNo),
tNo char(5) comment '教师号' REFERENCES tbTeacherInfo(tNo),
classNum char(1) comment '开班号',
courseTime char(7) comment '上课时间',
coursePlace varchar(20) comment '上课地点',
sClass int unsigned comment '学生班级',
PRIMARY KEY (semester,courseTime,coursePlace)
);

#@为表 tbTC 添加数据
INSERT  INTO  tbTC ( semester, cNo, tNo, classNum, courseTime, coursePlace,
```

```
sClass) VALUES
("2020-2021-1",'CS01','00939','1','星期一 3,4 节','30-222',20200821),
("2020-2021-1",'CS01','00939','2','星期五 3,4 节','30-222',20200822),
("2020-2021-1",'CS02','01884','1','星期二 3,4,5 节','31-509',20200821),
("2020-2021-1",'CS02','01884','2','星期四 3,4,5 节','31-509',20200822),
("2020-2021-2",'CS03','00686','1','星期三 3,4,5 节','32-205',20200821),
("2020-2021-2",'CS03','00686','2','星期一 3,4,5 节','32-205',20200822),
("2021-2022-1",'CS01','00939','1','星期一 3,4 节','30-222',20210821),
("2021-2022-1",'CS01','00939','2','星期五 3,4 节','30-222',20210822),
("2021-2022-1",'CS02','01884','1','星期二 3,4,5 节','31-509',20210821),
("2021-2022-1",'CS04','00686','1','星期二 3,4 节','30-413',20200821),
("2021-2022-1",'CS04','00686','1','星期四 3,4 节','30-213',20200821),
("2021-2022-1",'CS05','02002','1','星期五 3,4,5 节','30-313',20200821),
("2021-2022-2",'CS06','00101','1','星期三 3,4,5 节','30-303',20200821),
("2021-2022-2",'CS07','00939','1','星期一 3,4 节','30-213',20200821),
("2021-2022-2",'CS07','00939','1','星期四 3,4 节','30-503',20200821);


--为选修 CS08 课程作准备
INSERT INTO tbTC ( semester, cNo, tNo, classNum, courseTime, coursePlace,
sClass) VALUES
("2022-2023-1",'CS08','00101','1','星期二 67 节','31-303',20200821);


#@表 tbSC 用来保存学生选课信息
#@如果表已经存在,先将其删除
DROP TABLE IF EXISTS tbSC;
#@创建表
CREATE TABLE tbSC(
sNo  int unsigned  comment '学号',
cNo  char(4)  comment '课程号',
grade  decimal(4,1)  comment '成绩',
PRIMARY KEY (sNo,cNo),
FOREIGN KEY (sNo) REFERENCES tbStuInfo(sNo),
FOREIGN KEY (cNo) REFERENCES tbCourse(cNo)
);


#@为表 tbSC 添加数据
INSERT INTO tbSC(sNo,cNo,grade) VALUES
(2020082101,'CS01',79),
(2020082101,'CS02',84),
(2020082101,'CS03',79),
(2020082101,'CS04',84),
(2020082101,'CS05',79),
(2020082101,'CS06',84),
(2020082101,'CS07',79),
(2020082131,'CS01',95),
(2020082131,'CS02',81),
(2020082131,'CS03',84),
(2020082131,'CS04',74),
```

```
(2020082135,'CS01',85),
(2020082236,'CS01',83),
(2020082236,'CS02',87),
(2020082236,'CS03',76),
(2020082237,'CS01',90);
#@为查询选修了全部课程的学生增加一条记录
INSERT INTO tbSC(sNo,cNo,grade) VALUES
(2020082101,'CS08',91);
```

以上 7 张表的建立及数据插入的执行结果见图 3-4。

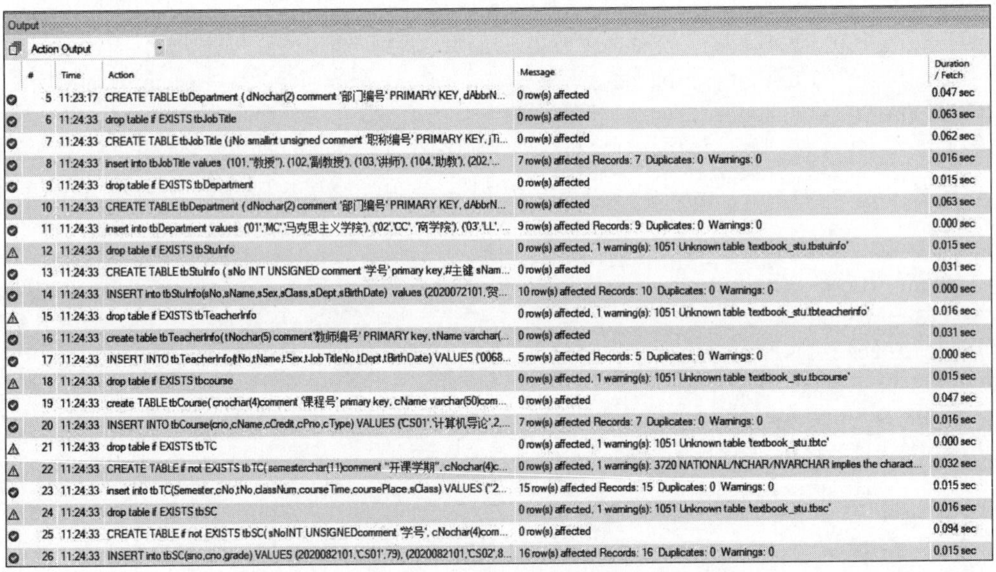

#	Time	Action	Message	Duration / Fetch
✓	5 11:23:17	CREATE TABLE tbDepartment (dNochar(2) comment '部门编号' PRIMARY KEY, dAbbrN...	0 row(s) affected	0.047 sec
✓	6 11:24:33	drop table if EXISTS tbJobTitle	0 row(s) affected	0.063 sec
✓	7 11:24:33	CREATE TABLE tbJobTitle (jNo smallint unsigned comment '职称编号' PRIMARY KEY, jTi...	0 row(s) affected	0.062 sec
✓	8 11:24:33	insert into tbJobTitle values (101,'教授'), (102,'副教授'), (103,'讲师'), (104,'助教'), (202,...	7 row(s) affected Records: 7 Duplicates: 0 Warnings: 0	0.016 sec
✓	9 11:24:33	drop table if EXISTS tbDepartment	0 row(s) affected	0.015 sec
✓	10 11:24:33	CREATE TABLE tbDepartment (dNochar(2) comment '部门编号' PRIMARY KEY, dAbbrN...	0 row(s) affected	0.063 sec
✓	11 11:24:33	insert into tbDepartment values ('01','MC','马克思主义学院'), ('02','CC','商学院'), ('03','LL',...	9 row(s) affected Records: 9 Duplicates: 0 Warnings: 0	0.000 sec
⚠	12 11:24:33	drop table if EXISTS tbStuInfo	0 row(s) affected, 1 warning: 1051 Unknown table 'textbook_stu.tbstuinfo'	0.015 sec
✓	13 11:24:33	CREATE TABLE tbStuInfo (sNo INT UNSIGNED comment '学号' primary key #主键 sNam...	0 row(s) affected	0.031 sec
✓	14 11:24:33	INSERT into tbStuInfo(sNo,sName,sSex,sClass,sDept,sBirthDate) values (2020072101,'贺...	10 row(s) affected Records: 10 Duplicates: 0 Warnings: 0	0.000 sec
⚠	15 11:24:33	drop table if EXISTS tbTeacherInfo	0 row(s) affected, 1 warning: 1051 Unknown table 'textbook_stu.tbteacherinfo'	0.016 sec
✓	16 11:24:33	create table tbTeacherInfo(tNochar(5) comment '教师编号' PRIMARY key, tName varchar(...	0 row(s) affected	0.031 sec
✓	17 11:24:33	INSERT INTO tbTeacherInfo(tNo,tName,tSex,tJobTitleNo,tDept,tBirthDate) VALUES ('0068...	5 row(s) affected Records: 5 Duplicates: 0 Warnings: 0	0.000 sec
⚠	18 11:24:33	drop table if EXISTS tbCourse	0 row(s) affected, 1 warning: 1051 Unknown table 'textbook_stu.tbcourse'	0.015 sec
✓	19 11:24:33	create TABLE tbCourse (cnochar(4)comment '课程号' primary key, cName varchar(50)com...	0 row(s) affected	0.047 sec
✓	20 11:24:33	INSERT INTO tbCourse(cno,cName,cCredit,cPno,cType) VALUES ('CS01','计算机导论',2...	7 row(s) affected Records: 7 Duplicates: 0 Warnings: 0	0.016 sec
⚠	21 11:24:33	drop table if EXISTS tbTC	0 row(s) affected, 1 warning: 1051 Unknown table 'textbook_stu.tbtc'	0.000 sec
⚠	22 11:24:33	CREATE TABLE if not EXISTS tbTC(semesterchar(11)comment '开课学期', cNochar(4)c...	0 row(s) affected, 1 warning: 3720 NATIONAL/NCHAR/NVARCHAR implies the charact...	0.032 sec
✓	23 11:24:33	insert into tbTC(Semester,cNo,tNo,classNum,courseTime,coursePlace,sClass) VALUES ('2...	15 row(s) affected Records: 15 Duplicates: 0 Warnings: 0	0.015 sec
⚠	24 11:24:33	drop table if EXISTS tbSC	0 row(s) affected, 1 warning: 1051 Unknown table 'textbook_stu.tbsc'	0.016 sec
✓	25 11:24:33	CREATE TABLE if not EXISTS tbSC(sNoINT UNSIGNEDcomment '学号', cNochar(4)com...	0 row(s) affected	0.094 sec
✓	26 11:24:33	INSERT into tbSC(sno,cno,grade) VALUES (2020082101,'CS01',79), (2020082101,'CS02',8...	16 row(s) affected Records: 16 Duplicates: 0 Warnings: 0	0.015 sec

图 3-4　MySQL Workbench 中执行例 3-7 的结果

在建表过程中,通过 PRIMARY KEY 指定表的关键字。如果是单属性作主码,可以在列级声明,即紧跟在类型说明之后声明;也可以在表级声明,即在所有列声明之后进行主码的声明。对于主码由多属性构成的情况,只能在表级进行声明,例如 tbSC、tbTC 主码的声明。

【例 3-8】　创建一个新表 tbTCBCK,其结构与 tbTC 的结构相同。

```
mysql>DROP TABLE IF EXISTS tbTCBCK;
Query OK, 0 row(s) affected, 1 warning(s): 1051 Unknown table
'Textbook_stu.tbTCBCK' (0.00 sec)

mysql>CREATE TABLE tbTCBCK LIKE tbTC;
Query OK, 0 rows affected (0.07 sec)

mysql>DESC tbTCBCK;
+--------------+--------------+------+-----+---------+-------+
| Field        | Type         | Null | Key | Default | Extra |
+--------------+--------------+------+-----+---------+-------+
| semester     | char(11)     | NO   | PRI | NULL    |       |
| cNo          | char(4)      | YES  |     | NULL    |       |
```

```
| tNo          | char(5)          | YES   |       | NULL     |       |       |
| classNum     | char(1)          | YES   |       | NULL     |       |       |
| courseTime   | char(7)          | NO    | PRI   | NULL     |       |       |
| coursePlace  | varchar(20)      | NO    | PRI   | NULL     |       |       |
| sClass       | int unsigned     | YES   |       | NULL     |       |       |
+--------------+------------------+-------+-------+----------+-------+
7 rows in set (0.00 sec)

mysql>SELECT * FROM tbTCBCK;
Empty set (0.00 sec)
```

【例 3-9】 创建一个与 tbTC 相同的新表 tbTCBCK0。

```
mysql>DROP TABLE IF EXISTS tbTCBCK0;
Query OK, 0 row(s) affected, 1 warning(s): 1051 Unknown table
'Textbook_stu. tbTCBCK0' (0.00 sec)
mysql>CREATE TABLE tbTCBCK0 SELECT * FROM tbTC;
Query OK, 16 rows affected (0.05 sec)
Records: 16 Duplicates: 0 Warnings: 0

mysql>SELECT * FROM tbTCBCK0;
+-----------+------+-------+----------+------------+------------+----------+
| semester  | cNo  | tNo   | classNum | courseTime | coursePlace| sClass   |
+-----------+------+-------+----------+------------+------------+----------+
| 2020-2021-1 | CS01 | 00939 | 1      | 星期一 3,4 节  | 30-222     | 20200821 |
| 2020-2021-1 | CS02 | 01884 | 1      | 星期二 3,4,5节 | 31-509     | 20200821 |
| 2020-2021-1 | CS01 | 00939 | 2      | 星期五 3,4 节  | 30-222     | 20200822 |
| 2020-2021-1 | CS02 | 01884 | 2      | 星期四 3,4,5节 | 31-509     | 20200822 |
| 2020-2021-2 | CS03 | 00686 | 2      | 星期一 3,4,5节 | 32-205     | 20200822 |
| 2020-2021-2 | CS03 | 00686 | 1      | 星期三 3,4,5节 | 32-205     | 20200821 |
| 2021-2022-1 | CS01 | 00939 | 1      | 星期一 3,4 节  | 30-222     | 20210821 |
| 2021-2022-1 | CS02 | 01884 | 1      | 星期二 3,4,5节 | 31-509     | 20210821 |
| 2021-2022-1 | CS04 | 00686 | 1      | 星期二 3,4 节  | 30-413     | 20200821 |
| 2021-2022-1 | CS05 | 02002 | 1      | 星期五 3,4,5节 | 30-313     | 20200821 |
| 2021-2022-1 | CS01 | 00939 | 2      | 星期五 3,4 节  | 30-222     | 20210822 |
| 2021-2022-1 | CS04 | 00686 | 1      | 星期四 3,4 节  | 30-213     | 20200821 |
| 2021-2022-2 | CS07 | 00939 | 1      | 星期一 3,4 节  | 30-213     | 20200821 |
| 2021-2022-2 | CS06 | 00101 | 1      | 星期三 3,4,5节 | 30-303     | 20200821 |
| 2021-2022-2 | CS07 | 00939 | 1      | 星期四 3,4 节  | 30-503     | 20200821 |
| 2022-2023-1 | CS08 | 00101 | 1      | 星期二 6,7 节  | 31-303     | 20200821 |
+-----------+------+-------+----------+------------+------------+----------+
16 rows in set (0.00 sec)
```

例 3-8、例 3-9 的不同之处在于,例 3-8 只创建结构,而例 3-9 在创建结构的同时,还将数据一起复制到新创建的表中。

【例 3-10】 创建一个新表 tbEval,其中包含 tbTC 中"2021-2022-2"学期的 semester,cNo,tNo,classNum 四列,另外还有一个新列 score(评教成绩),默认值为 90。

```
mysql>DROP TABLE IF EXISTS tbEval;
```

```
Query OK, 0 row(s) affected, 1 warning(s): 1051 Unknown table
'Textbook_stu.tbeval' (0.00 sec)

mysql>CREATE TABLE tbEval(score decimal(4,2) default 90) REPLACE
SELECT DISTINCT semester, cNo, tNo, classNum FROM tbTC WHERE
semester='2021-2022-2';
Query OK, 2 rows affected (0.05 sec)
Records: 2 Duplicates: 0 Warnings: 0
mysql> SELECT * FROM tbEval;
+--------+-------------+------+-------+----------+
| score  | semester    | cNo  | tNo   | classNum |
+--------+-------------+------+-------+----------+
| 90.00  | 2021-2022-2 | CS07 | 00939 | 1        |
| 90.00  | 2021-2022-2 | CS06 | 00101 | 1        |
+--------+-------------+------+-------+----------+
2 rows in set (0.00 sec)
```

新表由声明的 score 列以及查询得到的 4 列组成。

2. 查看表

(1) 显示数据库中表的名称。

语法格式:

```
SHOW TABLES;
```

【例 3-11】 显示数据库 Textbook_Stu 中所有的表。

```
mysql>USE Textbook_Stu;
Database changed;

mysql>SHOW TABLES;
+--------------------+
| Tables_in_textbook_stu |
+--------------------+
| tbcourse           |
| tbdepartment       |
| tbeval             |
| tbjobtitle         |
| tbsc               |
| tbstuinfo          |
| tbtc               |
| tbtcbck            |
| tbtcbck0           |
| tbteacherinfo      |
+--------------------+
10 rows in set (0.01 sec)
```

(2) 显示表的结构。

查看表结构的方法有简单查询和详细查询两种。

简单查询:DESCRIBE 表名|DESC 表名。

详细查询：SHOW CREATE TABLE 表名。

【例 3-12】　用以上三种命令显示数据库 Textbook_Stu 中表 tbTeacherInfo 的结构。

```
mysql>DESCRIBE tbTeacherInfo;
+-------------+-------------------+------+-----+---------+-------+
| Field       | Type              | Null | Key | Default | Extra |
+-------------+-------------------+------+-----+---------+-------+
| tNo         | char(5)           | NO   | PRI | NULL    |       |
| tName       | varchar(20)       | YES  |     | NULL    |       |
| tSex        | char(1)           | YES  |     | NULL    |       |
| tDept       | char(2)           | YES  |     | NULL    |       |
| tEmail      | varchar(50)       | YES  |     | NULL    |       |
| tJobTitleNo | smallint unsigned | YES  |     | NULL    |       |
| tSalary     | decimal(8,2)      | YES  |     | NULL    |       |
| tBirthDate  | date              | YES  |     | NULL    |       |
| tBirthPlace | varchar(20)       | YES  |     | NULL    |       |
| tPwd        | varchar(40)       | YES  |     | NULL    |       |
+-------------+-------------------+------+-----+---------+-------+
10 rows in set (0.01 sec)


mysql>DESC tbTeacherInfo;
```

显示结果同上。

```
mysql>SHOW CREATE TABLE tbTeacherInfo\G
*************************** 1. row ***************************
       Table: tbTeacherInfo
Create Table: CREATE TABLE 'tbteacherinfo' (
  'tNo' char(5) NOT NULL COMMENT '教师编号',
  'tName' varchar(20) DEFAULT NULL COMMENT '教师姓名',
  'tSex' char(1) DEFAULT NULL COMMENT '教师性别',
  'tDept' char(2) DEFAULT NULL COMMENT '教师系部编号',
  'tEmail' varchar(50) DEFAULT NULL COMMENT '教师邮箱',

  'tJobTitleNo' smallint unsigned DEFAULT NULL COMMENT '教师职称编号',
  'tSalary' decimal(8,2) DEFAULT NULL COMMENT '教师工资',
  'tBirthDate' date DEFAULT NULL COMMENT '教师出生日期',
  'tBirthPlace' varchar(20) DEFAULT NULL COMMENT '教师出生地',
  'tPwd' varchar(40) DEFAULT NULL COMMENT '教师密码',
  PRIMARY KEY ('tNo')
) ENGINE=InnoDB DEFAULT CHARSET=utf8mb4 COLLATE=utf8mb4_0900_ai_ci
1 row in set (0.00 sec)
```

3. 修改表

ALTER TABLE 命令用于更改原有的结构。例如，可以增加或删除、重命名列或表，还可以修改字符集。

语法格式：

视频讲解

```
ALTER TABLE tbl_name
[alter_option [, alter_option] ...]

alter_option: {
ADD [COLUMN] col_name column_definition [FIRST|AFTER col_name]
                                           //在首列或某列后添加字段
|ADD [COLUMN] (col_name column_definition,...)    //在所有列之后添加字段
|ALTER [COLUMN] col_name {SET DEFAULT {literal|(expr)}|DROP DEFAULT}//
修改字段默认值
|CHANGE [COLUMN] old_col_name new_col_name column_definition
[FIRST|AFTER col_name]                              // 重命名字段
|MODIFY [COLUMN] col_name column_definition [FIRST|AFTER col_name]
                                           //修改字段类型
|DROP [COLUMN] col_name                     //删除列
|RENAME [TO | AS] new_tbl_name              //对表重命名
|CONVERT TO CHARACTER SET charset_name [COLLATE collation_name]
                          //把表的默认字符集和所有字符列改为新的字符集
|[DEFAULT] CHARACTER SET [=] charset_name [COLLATE [=]
collation_name]                            //修改表的默认字符集
```

【例 3-13】 在表 tbStuInfo 中新增学生入学日期列 S_entrance,类型为日期型。

```
mysql>ALTER TABLE tbStuInfo ADD S_entrance date;
Query OK, 0 rows affected (0.09 sec)
Records: 0 Duplicates: 0 Warnings: 0

mysql>DESC tbStuInfo;
+-------------+---------------+------+-----+---------+-------+
| Field       | Type          | Null | Key | Default | Extra |
+-------------+---------------+------+-----+---------+-------+
| sNo         | int unsigned  | NO   | PRI | NULL    |       |
| sName       | varchar(20)   | YES  |     | NULL    |       |
| sSex        | char(1)       | YES  |     | NULL    |       |
| sClass      | int unsigned  | YES  |     | NULL    |       |
| sDept       | char(2)       | YES  |     | NULL    |       |
| sBirthDate  | date          | YES  |     | NULL    |       |
| sBirthPlace | varchar(20)   | YES  |     | NULL    |       |
| sPwd        | varchar(50)   | YES  |     | NULL    |       |
| S_entrance  | date          | YES  |     | NULL    |       |
+-------------+---------------+------+-----+---------+-------+
9 rows in set (0.01 sec)
```

【例 3-14】 从表 tbStuInfo 删除学生入学日期 S_entrance 列。

```
mysql>ALTER TABLE tbStuInfo DROP COLUMN S_entrance;
Query OK, 0 rows affected (0.15 sec)
Records: 0 Duplicates: 0 Warnings: 0

mysql>DESC tbStuInfo;
+-------------+---------------+------+-----+---------+-------+
| Field       | Type          | Null | Key | Default | Extra |
+-------------+---------------+------+-----+---------+-------+
```

```
| sNo           | int unsigned | NO   | PRI | NULL    |       |
| sName         | varchar(20)  | YES  |     | NULL    |       |
| sSex          | char(1)      | YES  |     | NULL    |       |
| sClass        | int unsigned | YES  |     | NULL    |       |
| sDept         | char(2)      | YES  |     | NULL    |       |
| sBirthDate    | date         | YES  |     | NULL    |       |
| sBirthPlace   | varchar(20)  | YES  |     | NULL    |       |
| sPwd          | varchar(50)  | YES  |     | NULL    |       |
+---------------+--------------+------+-----+---------+-------+
8 rows in set (0.01 sec)
```

【例 3-15】　更改列属性的名称，将 sBirthDate 改为 sBirth，放在 sBirthPlace 之后；再改回，以恢复原来的状态。

```
mysql>ALTER TABLE tbStuInfo CHANGE COLUMN sBirthDate sBirth date
AFTER sBirthPlace;
Query OK, 0 rows affected (0.09 sec)
Records: 0 Duplicates: 0 Warnings: 0


mysql>DESC tbStuInfo;
+---------------+--------------+------+-----+---------+-------+
| Field         | Type         | Null | Key | Default | Extra |
+---------------+--------------+------+-----+---------+-------+
| sNo           | int unsigned | NO   | PRI | NULL    |       |
| sName         | varchar(20)  | YES  |     | NULL    |       |
| sSex          | char(1)      | YES  |     | NULL    |       |
| sClass        | decimal(8,0) | YES  |     | NULL    |       |
| sDept         | char(2)      | YES  |     | NULL    |       |
| sBirthPlace   | varchar(20)  | YES  |     | NULL    |       |
| sBirth        | date         | YES  |     | NULL    |       |
| sPwd          | varchar(50)  | YES  |     | NULL    |       |
+---------------+--------------+------+-----+---------+-------+
8 rows in set (0.01 sec)
```

恢复原来的状态：

```
mysql>ALTER TABLE tbStuInfo CHANGE COLUMN sBirth sBirthDate date
AFTER sDept;
Query OK, 0 rows affected (0.09 sec)
Records: 0 Duplicates: 0 Warnings: 0


mysql>DESC tbStuInfo;
+---------------+--------------+------+-----+---------+-------+
| Field         | Type         | Null | Key | Default | Extra |
+---------------+--------------+------+-----+---------+-------+
| sNo           | int unsigned | NO   | PRI | NULL    |       |
| sName         | varchar(20)  | YES  |     | NULL    |       |
| sSex          | char(1)      | YES  |     | NULL    |       |
| sClass        | decimal(8,0) | YES  |     | NULL    |       |
| sDept         | char(2)      | YES  |     | NULL    |       |
| sBirthDate    | date         | YES  |     | NULL    |       |
```

```
| sBirthPlace    | varchar(20)    | YES  |     | NULL      |       |       |
| sPwd           | varchar(50)    | YES  |     | NULL      |       |       |
+----------------+----------------+------+-----+-----------+-------+-------+
8 rows in set (0.01 sec)
```

4. 删除表

删除表可以用 DROP TABLE 命令。

语法格式：

```
DROP [TEMPORARY] TABLE [IF EXISTS] tbl_name [, tbl_name] ...
[RESTRICT | CASCADE]
```

TEMPORARY 关键字具有以下作用。

(1) 该语句只删除临时表。

(2) 该语句不会导致隐式提交。

(3) 未检查访问权限。临时表只有在创建它的会话中才可见，因此不需要进行检查。
在语句中包含 TEMPORARY 关键字是防止意外删除非临时表的好方法。

【例 3-16】 删除表 tbTCBCK 和表 tbTCBCK0。

```
mysql> DROP TABLE IF EXISTS tbTCBCK, tbTCBCK0;
Query OK, 0 rows affected (0.06 sec)

mysql> SHOW TABLES;
+------------------------+
| Tables_in_textbook_stu |
+------------------------+
| tbcourse               |
| tbdepartment           |
| tbeval                 |
| tbjobtitle             |
| tbsc                   |
| tbstuinfo              |
| tbtc                   |
| tbteacherinfo          |
+------------------------+
8 rows in set (0.00 sec)
```

知识拓展

RESTRICT 表示删除表是受限的。也就是说，被删除的表不能被其他的表/视图或触发器引用。如果存在依赖被删除表的其他对象，那么这个表是不能被直接删除的。CASCADE 表示级联删除，删除表的同时，依赖这个表的其他对象也会被一起删除。不同数据库对 RESTRICT｜CASCADE 选项的处理不同。SQL 2011 标准及 Kingbase ES 均有这两个选项，Oracle 12c 只有 CASCADE 选项，MS SQL Server 没有这两个选项。**MySQL 保留了这两个选项，只是为了方便从其他数据库系统移植，本质上没有什么用处**。

在 Textbook_Stu 数据库中，tbStuInfo 和 tbCourse 这两张表被 tbSC 选课表所引用。在 RESTRICT 这个选项下，不能直接删除 tbStuInfo，而是要先删除依赖它的 tbSC 表，然后再删除 tbStuInfo。在 CASCADE 这个选项下,可以直接删除 tbStuInfo,它会将依赖它的 tbSC 表连带一并删除。

5. 表管理中的注意事项

(1) 关于列的标志 IDENTITY 属性。任何表都可以创建一个包含系统所生成序号值的标志列。该序号值唯一标志表中的一列,且可以作为键值。每个表中只能有一个列设置为标志属性,并且该列只能是 DECIMAL、INT、NUMERIC、SMALLINT、BIGINT 或 TINYINT 数据类型。

(2) 关于列类型的隐含改变。在 MySQL 中,存在以下情形时,系统会隐含地改变在 CREATE TABLE 语句或 ALTER TABLE 语句中所指定的列类型。

① 长度小于 4 的 VARCHAR 类型会被改变为 CHAR 类型。

② InnoDB 将长度大于或等于 768 字节的固定长度字段编码为变长字段,这些字段可以存储在页外(off-page)。例如,如果一个字符集的最大字节长度大于 3,如 utf8mb4,那么一个 CHAR(255)列可能会超过 768 字节,此时它会被自动转换为 VARCHAR 类型。

3.5 单表查询

视频讲解

SELECT 语句是在所有数据库操作中使用频率最高的 SQL 语句。

SELECT 语句的执行过程为:数据库用户编写的 SELECT 语句,通过 MySQL 客户端将 SELECT 语句发送给 MySQL 服务实例,MySQL 服务器根据 SELECT 语句的要求进行解析、编译,然后选择合适的执行计划从表中查找满足特定条件的若干条记录,最后按照规定的格式整理成结果集返回给 MySQL 客户端。

语法格式:

```
SELECT [ALL|DISTINCT] <目标列 1>[,<目标列 2>] …
FROM <表名或视图名>[,<表名或视图名>]…|(SELECT 语句)[AS]<别名>
[WHERE <条件表达式>]
[GROUP BY <列名 1>]
[HAVING <条件表达式>]
[ORDER BY<列名 2>[ASC|DESC]]
[LIMIT 子句]
```

其中,[]内的内容是可选的。

(1) SELECT 子句指定要查询的列名称,列与列之间用逗号隔开;还可以为列指定新的别名,显示在输出的结果中。ALL 关键字表示保留所有的行,包括重复行,是系统默认的;DISTINCT 表示要消除重复的行。

(2) FROM 子句指定要查询的表,可以指定两个以上的表,表与表之间用逗号隔开。

(3) WHERE 子句指定要查询的条件。如果有 WHERE 子句,则按照"条件表达式"指定的条件进行查询;如果没有 WHERE 子句,则查询所有记录。

(4) GROUP BY 子句用于对查询结构进行分组。按照列名 1 指定的字段进行分组,如果 GROUP BY 子句后带着 HAVING 关键字,那么只有满足"条件表达式 2"中指定的条件才能够输出。GROUP BY 子句通常和 COUNT( )、SUM( )等聚合函数一起使用。

（5）HAVING 子句指定分组的条件,通常放在 GROUP BY 子句之后。

（6）ORDER BY 子句用于对查询结果进行排序。ASC 参数表示按升序进行排序,
DESC 参数表示按降序进行排序,默认是 ASC。

（7）LIMIT 子句限制查询输出结果的行数。

3.5.1 简单查询

简单查询是不带任何条件的查询,包括不涉及任何表的查询、包含所有字段的查询、指
定字段的查询、避免重复数据的查询、为表和字段取别名。

1. 查询不涉及任何表

可直接查询常量、字符串、表达式或使用内置函数。

不涉及表的直接查询结果见图 3-5。

```
SELECT 1;
SELECT 1+1999;
SELECT 'Hello, world!';
SELECT NOW();
```

2. 查询所有字段

查询所有字段指查询表中所有字段的数据,有两种方式：一
种是列出表中的所有字段；另一种是使用通配符 * 来查询。

【例 3-17】 查询学生的所有信息。

方式一：用 SELECT 语句指定所有字段,返回的结果字段的
顺序和 SELECT 语句中指定的顺序一致,如下所示。

图 3-5 简单查询的结果

```
mysql> SELECT sNo,sName,sSex,sClass,sDept,sBirthDate,sBirthPlace,sPwd
FROM tbStuInfo;
+----------+--------+------+----------+-------+------------+-------------+------+
| sNo      | sName  | sSex | sClass   | sDept | sBirthDate | sBirthPlace | sPwd |
+----------+--------+------+----------+-------+------------+-------------+------+
| 2020072101| 贺世娜 | f   | 20200721 | 07    | 2002-09-12 | 浙江东阳    | NULL |
| 2020072113| 郭兰   | f   | 20200721 | 07    | 2003-04-05 | 浙江丽水    | NULL |
| 2020082101| 应胜男 | f   | 20200821 | 08    | 2002-11-08 | 河南开封    | NULL |
| 2020082122| 郑正星 | m   | 20200821 | 08    | 2002-12-11 | 浙江杭州    | NULL |
| 2020082131| 吕建鸥 | m   | 20200821 | 08    | 2003-01-06 | 浙江绍兴    | NULL |
| 2020082135| 王凯晨 | m   | 20200821 | 08    | 2002-10-18 | 浙江温州    | NULL |
| 2020082236| 任汉涛 | m   | 20200822 | 08    | 2003-06-06 | 山西吕梁    | NULL |
| 2020082237| 刘盛彬 | m   | 20200822 | 08    | 2002-10-10 | NULL        | NULL |
| 2020082313| 郭兰英 | f   | 20200823 | 08    | 2001-05-04 | NULL        | NULL |
| 2020082335| 王皓   | m   | 20200823 | 08    | 2001-10-28 | NULL        | NULL |
| 2020092213| 张赛娇 | f   | 20200922 | 09    | 2003-03-06 | NULL        | NULL |
| 2020092235| 金文静 | m   | 20200922 | 09    | 2002-09-05 | NULL        | NULL |
+----------+--------+------+----------+-------+------------+-------------+------+
12 rows in set (0.00 sec)
```

方式二：使用通配符 * 来查询,返回的结果字段的顺序是固定的,和建立表时指定的顺序一致,如下所示。

```
mysql>SELECT * FROM tbStuInfo;
```

查询结果同上。

从上述结果可知,通过使用通配符 * 可以查询表中所有字段的数据。这种方式比较简单,尤其是数据库表中的字段很多时更加明显。但是从显示结果顺序的角度来讲,使用通配符 * 不够灵活。如果要改变显示字段的顺序,可以选择使用第一种方式。

3. 指定字段查询

虽然通过 SELECT 语句可以查询所有字段,但有些时候只需要查询所需要的字段,这就需要在 SELECT 中指定需要的字段。当表中所有的字段都需要时,那么命令就和例 3-17 中的第一种方式一样。

【例 3-18】　查询学生的学号和姓名。

只需要在 SELECT 中指定学号和姓名两个字段即可。

代码及结果如下：

```
mysql>SELECT sNo,sName FROM tbStuInfo;
+------------+--------+
| sNo        | sName  |
+------------+--------+
| 2020072101 | 贺世娜 |
| 2020072113 | 郭兰   |
| 2020082101 | 应胜男 |
| 2020082122 | 郑正星 |
| 2020082131 | 吕建鸥 |
| 2020082135 | 王凯晨 |
| 2020082236 | 任汉涛 |
| 2020082237 | 刘盛彬 |
| 2020082313 | 郭兰英 |
| 2020082335 | 王皓   |
| 2020092213 | 张赛娇 |
| 2020092235 | 金文静 |
+------------+--------+
12 rows in set (0.00 sec)
```

4. 避免重复数据查询

DISTINCT 关键字可以去除重复的查询记录。与 DISTINCT 相对的是 ALL 关键字,它表示显示所有记录(包括重复记录)。ALL 关键字是系统默认的,可以省略不写。

【例 3-19】　查询 tbStuInfo 表中的班级。

代码及结果如下：

```
mysql>SELECT sClass FROM tbStuInfo;
+----------+
| sClass   |
```

```
+----------+
| 20200721 |
| 20200721 |
| 20200821 |
| 20200821 |
| 20200821 |
| 20200821 |
| 20200822 |
| 20200822 |
| 20200823 |
| 20200823 |
| 20200922 |
| 20200922 |
+----------+
12 rows in set (0.00 sec)
```

如果使用 DISTINCT 关键字查询,则代码及结果如下。

```
mysql>SELECT DISTINCT sClass FROM tbStuInfo;
+----------+
| sClass   |
+----------+
| 20200721 |
| 20200821 |
| 20200822 |
| 20200823 |
| 20200922 |
+----------+
5 rows in set (0.00 sec)
```

从上面的结果可以看出,用 DISTINCT 关键字后,结果中重复的记录只保留一条。

5. 为表和字段取别名

当查询数据时,MySQL 会显示每个输出列的名称。默认情况下,显示的列名是创建表时定义的列名。另外,目标列表达式也有可能是算术表达式、常量或函数等。有时为了显示结果更加直观,需要一个更加直观的名字来表示这一列,这时可以在 SELECT 子句的目标列表达式后紧跟一个别名。

语法格式:

<目标列表达式>[AS][别名]

FROM 子句后的表名、视图名或衍生表(SQL 查询生成的临时表)也可以起一个别名。

语法格式:

<表名|视图名|SQL 查询>[AS][别名]

【例 3-20】 查询 tbStuInfo 表中学生的年龄。

代码及结果如下:

```
mysql>SELECT sNo, sName, TIMESTAMPDIFF(YEAR, sBirthDate, NOW()) AS '年龄'
FROM tbStuInfo;
+------------+--------+------+
| sNo        | sName  | 年龄 |
+------------+--------+------+
| 2020072101 | 贺世娜 | 21   |
| 2020072113 | 郭兰   | 20   |
| 2020082101 | 应胜男 | 21   |
| 2020082122 | 郑正星 | 21   |
| 2020082131 | 吕建鸥 | 21   |
| 2020082135 | 王凯晨 | 21   |
| 2020082236 | 任汉涛 | 20   |
| 2020082237 | 刘盛彬 | 21   |
| 2020082313 | 郭兰英 | 22   |
| 2020082335 | 王皓   | 22   |
| 2020092213 | 张赛娇 | 20   |
| 2020092235 | 金文静 | 21   |
+------------+--------+------+
12 rows in set (0.00 sec)
```

为查询学生的年龄,本例使用了 TIMESTAMPDIFF( )函数,该函数计算两个日期或时间的差值,并以指定的单位返回结果。由于查询年龄,故以年为单位。别名(年龄)使最终输出列标签更有意义。值得注意的是,由于在 TIMESTAMPDIFF()函数中使用了 NOW()函数,因此在不同的时间查询,可能会得到不同的结果。

【例 3-21】　查询 tbSC 表中学生的分数,并将分数提高 5％显示,提高后的分数列显示为“修改后分数”,原分数显示为“原分数”。

代码及结果如下:

```
mysql>SELECT sNo, grade AS '原分数', grade * 1.05 AS '修改后分数' FROM tbSC;
+------------+--------+------------+
| sNo        | 原分数 | 修改后分数 |
+------------+--------+------------+
| 2020082101 | 79.0   | 82.950     |
| 2020082101 | 84.0   | 88.200     |
| 2020082101 | 79.0   | 82.950     |
| 2020082101 | 84.0   | 88.200     |
| 2020082101 | 79.0   | 82.950     |
| 2020082101 | 84.0   | 88.200     |
| 2020082101 | 79.0   | 82.950     |
| 2020082101 | 91.0   | 95.550     |
| 2020082131 | 95.0   | 99.750     |
| 2020082131 | 81.0   | 85.050     |
| 2020082131 | 84.0   | 88.200     |
| 2020082131 | 74.0   | 77.700     |
| 2020082135 | 85.0   | 89.250     |
| 2020082236 | 83.0   | 87.150     |
| 2020082236 | 87.0   | 91.350     |
```

```
| 2020082236      | 76.0     | 79.800      |
| 2020082237      | 90.0     | 94.500      |
+-----------+--------+------------+
```
17 rows in set (0.00 sec)

3.5.2 条件查询

条件查询主要通过 WHERE 关键字指定查询的条件。WHERE 子句常用的查询条件有很多种。可通过逻辑符号 AND 和 OR 连接多个查询条件。条件表达式中设置的条件越多,查询出来的记录通常会越少。为了准确查询所需记录,可以在 WHERE 子句中将查询条件设置得更加具体。

1. 比较运算符和范围取值

MySQL 中,可以通过关系运算符和逻辑运算符来编写条件表达式。这些运算符的具体含义在 3.3 节有详细的讲解,这里不再赘述。

【例 3-22】 查询年龄大于 21 岁的学生信息。

代码及结果如下:

```
mysql>SELECT sNo, sName, TIMESTAMPDIFF(YEAR, sBirthDate, NOW()) sage
    ->FROM tbStuInfo
    ->WHERE TIMESTAMPDIFF(YEAR, sBirthDate, NOW())>21;
+-----------+--------+------+
| sNo        | sName  | sage |
+-----------+--------+------+
| 2020082313 | 郭兰英  | 22   |
| 2020082335 | 王皓    | 22   |
+-----------+--------+------+
```
2 rows in set (0.00 sec)

【例 3-23】 查询年龄为 20 岁的学生信息。

代码及结果如下:

```
mysql>SELECT sNo, sName, TIMESTAMPDIFF(YEAR, sBirthDate, NOW()) sage
    ->FROM tbStuInfo
    ->WHERE TIMESTAMPDIFF(YEAR, sBirthDate, NOW())=20;
+-----------+--------+------+
| sNo        | sName  | sage |
+-----------+--------+------+
| 2020072113 | 郭兰    | 20   |
| 2020082236 | 任汉涛  | 20   |
| 2020092213 | 张赛娇  | 20   |
+-----------+--------+------+
```
3 rows in set (0.00 sec)

【例 3-24】 查询分数在 80~89 的学生。

代码及结果如下:

```
mysql>SELECT sNo, grade
    ->FROM tbSC
```

```
    ->WHERE grade>=80 AND grade<=89;
+------------+-------+
| sNo        | grade |
+------------+-------+
| 2020082101 | 84.0  |
| 2020082101 | 84.0  |
| 2020082101 | 84.0  |
| 2020082131 | 81.0  |
| 2020082131 | 84.0  |
| 2020082135 | 85.0  |
| 2020082236 | 83.0  |
| 2020082236 | 87.0  |
+------------+-------+
8 rows in set (0.00 sec)
```

用"BETWEEN…AND"可以将上述 SQL 代码改写为:

```
mysql>SELECT sNo, grade
    ->FROM tbSC
    ->WHERE grade BETWEEN 80 AND 89;
```

知识拓展

BETWEEN…AND 和 NOT BETWEEN…AND 在查询指定范围的记录时很有用,例如查询学生成绩表的分数段、查询教师的年龄段时也可以使用这两个关键字。

2. 带 IN 关键字的查询

IN 关键字可以判断某个字段的值是否在指定的集合中,如果字段的值在集合中,则满足查询条件的记录将被查询出来;如果不在集合中,则不满足查询条件。

语法格式:

[NOT] IN (元素 1,元素 2,元素 3,…)

其中,NOT 是可选参数,加上 NOT 表示不在集合内,满足查询条件。当集合中元素为字符型时,需要加上单引号。

【例 3-25】 查询理学院(sDept='07')和工学院(sDept='09')的学生信息。

代码及结果如下:

```
mysql>SELECT sNo, sName, sBirthDate, sDept FROM tbStuInfo
    ->WHERE sDept IN ('07','09');
+------------+--------+------------+-------+
| sNo        | sName  | sBirthDate | sDept |
+------------+--------+------------+-------+
| 2020072101 | 贺世娜 | 2002-09-12 | 07    |
| 2020072113 | 郭兰   | 2003-04-05 | 07    |
| 2020092213 | 张赛娇 | 2003-03-06 | 09    |
| 2020092235 | 金文静 | 2002-09-05 | 09    |
+------------+--------+------------+-------+
4 rows in set (0.00 sec)
```

【例 3-26】 查询不在理学院(sDept＝'07')和工学院(sDept＝'09')的学生信息。

代码及结果如下:

```
mysql>SELECT sNo, sName, sBirthDate, sDept FROM tbStuInfo
    ->WHERE sDept NOT IN ('07','09');
+------------+--------+------------+-------+
| sNo        | sName  | sBirthDate | sDept |
+------------+--------+------------+-------+
| 2020082101 | 应胜男 | 2002-11-08 | 08    |
| 2020082122 | 郑正星 | 2002-12-11 | 08    |
| 2020082131 | 吕建鸥 | 2003-01-06 | 08    |
| 2020082135 | 王凯晨 | 2002-10-18 | 08    |
| 2020082236 | 任汉涛 | 2003-06-06 | 08    |
| 2020082237 | 刘盛彬 | 2002-10-10 | 08    |
| 2020082313 | 郭兰英 | 2001-05-04 | 08    |
| 2020082335 | 王皓   | 2001-10-28 | 08    |
+------------+--------+------------+-------+
8 rows in set (0.00 sec)
```

3. 带 IS NULL 关键字的空值查询

IS NULL 关键字可以用来判断字段的值是否为空值(NULL)。如果字段值为空值,则满足查询条件,否则不满足。

语法格式:

```
IS [ NOT ] NULL
```

【例 3-27】 查询出生地不详的学生的学号、姓名及出生地。

查询条件:出生地不详说明出生地为空,即 sBirthPlace IS NULL;

代码及结果如下:

```
mysql>SELECT sNo,sName,sBirthPlace
    ->FROM tbStuInfo WHERE sBirthPlace IS NULL;
+------------+--------+-------------+
| sNo        | sName  | sBirthPlace |
+------------+--------+-------------+
| 2020082237 | 刘盛彬 | NULL        |
| 2020082313 | 郭兰英 | NULL        |
| 2020082335 | 王皓   | NULL        |
| 2020092213 | 张赛娇 | NULL        |
| 2020092235 | 金文静 | NULL        |
+------------+--------+-------------+
5 rows in set (0.00 sec)
```

IS NULL 是一个整体,不能将 IS 换成"＝"。如果将 IS 换成"＝",则查询不会返回任何记录。

```
mysql>SELECT sNo,sName,sBirthPlace
    ->FROM tbStuInfo WHERE sBirthPlace =NULL;
Empty set (0.00 sec)
```

NULL 与任何值（包括 NULL）进行比较时，总是会返回逻辑假（FALSE）。当然，IS NOT NULL 中的 IS NOT 也不可以换成"！＝"或者"＜＞"。

4. 带 LIKE 关键字的查询

LIKE 关键字与匹配模式联合使用，用于确定所有与给定匹配模式相匹配的记录。如果字段的值与指定的匹配模式相匹配，则满足条件，否则不满足。

语法格式：

[NOT] LIKE '字符串';

其中，NOT 是可选参数，当使用 NOT 时表示查询与指定字符串不匹配的记录；'字符串'指定用来匹配的字符串，该字符串必须加单引号或者双引号。'字符串'参数的值可以是一个完整的字符串，也可以包含通配符%或_，但两者的含义有所不同。

"%"可以代表任意长度的字符串，长度可以为 0。例如，'b%d'表示以字母 b 开头，以字母 d 结尾的任意长度的字符串。该字符串可以代表 bd、bud、bead、bread、blackboard 等字符串。

"_"只能表示单个字符。例如，'b_d'表示以字母 b 开头，以字母 d 结尾的 3 个字符。中间的"_"可以代表任意一个字符。该字符串可以代表 bud、bed 和 bad 等字符串。

【例 3-28】　查询姓王的学生信息。

代码及结果如下：

```
mysql>SELECT * FROM tbStuInfo WHERE sName LIKE '王%';
+----------+-----+-----+--------+------+-----------+----------+------+
| sNo      |sName|sSex | sClass |sDept | sBirthDate|sBirthPlace|sPwd |
+----------+-----+-----+--------+------+-----------+----------+------+
| 2020082135|王凯晨| m   | 20200821| 08  | 2002-10-18|浙江温州  | NULL |
| 2020082335|王皓 | m   | 20200823| 08  | 2001-10-28|NULL     | NULL |
+----------+-----+-----+--------+------+-----------+----------+------+
2 rows in set (0.00 sec)
```

【例 3-29】　查询姓王并且姓名只有两个字的学生信息。

代码及结果如下：

```
mysql>SELECT * FROM tbStuInfo WHERE sName LIKE '王_';
+----------+-----+-----+--------+------+-----------+----------+------+
| sNo      |sName|sSex | sClass |sDept | sBirthDate|sBirthPlace|sPwd |
+----------+-----+-----+--------+------+-----------+----------+------+
| 2020082335|王皓 | m   | 20200823| 08  | 2001-10-28|NULL     | NULL |
+----------+-----+-----+--------+------+-----------+----------+------+
1 row in set (0.00 sec)
```

一个"_"符号只能代表一个字符。因此，匹配的字符串应该为'王_'。

【例 3-30】　查询不姓郭的学生的记录。

代码及结果如下：

```
mysql>SELECT * FROM tbStuInfo WHERE sName NOT LIKE '郭%';
+----------+-----+-----+--------+------+-----------+----------+------+
```

```
| sNo        |sName| sSex | sClass   | sDept  | sBirthDate | sBirthPlace | sPwd |
+----------+-----+-----+--------+------+----------+----------+------+
| 2020072101|贺世娜| f    | 20200721 | 07   | 2002-09-12 | 浙江东阳   | NULL |
| 2020082101|应胜男| f    | 20200821 | 08   | 2002-11-08 | 河南开封   | NULL |
| 2020082122|郑正星| m    | 20200821 | 08   | 2002-12-11 | 浙江杭州   | NULL |
| 2020082131|吕建鸥| m    | 20200821 | 08   | 2003-01-06 | 浙江绍兴   | NULL |
| 2020082135|王凯晨| m    | 20200821 | 08   | 2002-10-18 | 浙江温州   | NULL |
| 2020082236|任汉涛| m    | 20200822 | 08   | 2003-06-06 | 山西吕梁   | NULL |
| 2020082237|刘盛彬| m    | 20200822 | 08   | 2002-10-10 | NULL       | NULL |
| 2020082335|王皓  | m    | 20200823 | 08   | 2001-10-28 | NULL       | NULL |
| 2020092213|张赛娇| f    | 20200922 | 09   | 2003-03-06 | NULL       | NULL |
| 2020092235|金文静| m    | 20200922 | 09   | 2002-09-05 | NULL       | NULL |
+----------+-----+-----+--------+------+----------+----------+------+
10 rows in set (0.00 sec)
```

如果 LIKE '字符串'中要匹配的字符串本身包含普通的百分号"%"或者下画线"_",那么可以使用转义字符'\'进行转义。这样,紧跟在'\'后面的字符"%"或"_"不再具有通配符的含义,而是被视为普通的字符。

【例 3-31】 查询课程名以"计算机"开头,倒数第三个字为"_",并且倒数第二个字为"设"的课程信息。

代码及结果如下:

```
mysql> SELECT * FROM tbCourse WHERE cName LIKE '计算机%\_设_';
+------+----------------+---------+------+----------+
| cno  | cName          | cCredit | cPno | cType    |
+------+----------------+---------+------+----------+
| CS08 | 计算机组成_设计 | 2.0     | CS06 | 专业选修 |
+------+----------------+---------+------+----------+
1 row in set (0.00 sec)
```

在这个查询中,字符"_"出现了两次,第一次出现是普通字符,第二次出现是通配符。

5. 复杂条件查询

有的时候查询条件不止一个,此时需要逻辑运算符 AND、OR 或 NOT 来连接各个条件。这三个符号的优先级为 NOT>AND>OR。但是,小括号的优先级最高,可以用它来改变优先次序。

【例 3-32】 查询信息学院(sDept='08')姓郭的学生。

代码及结果如下:

```
mysql> SELECT * FROM tbStuInfo WHERE sDept='08' AND sName LIKE '郭%';
+----------+-----+-----+--------+------+----------+----------+------+
| sNo      |sName| sSex | sClass | sDept| sBirthDate | sBirthPlace| sPwd |
+----------+-----+-----+--------+------+----------+----------+------+
| 2020082313|郭兰英| f    | 20200823 | 08 | 2001-05-04 | NULL       | NULL |
+----------+-----+-----+--------+------+----------+----------+------+
1 row in set (0.00 sec)
```

【例 3-33】 查询信息学院(sDept='08')或姓郭的学生。

代码及结果如下：

```
mysql>SELECT * FROM tbStuInfo WHERE sDept='08' OR sName LIKE '郭%';
+----------+------+------+----------+-------+------------+-----------+------+
| sNo      |sName |sSex  | sClass   | sDept | sBirthDate | sBirthPlace| sPwd |
+----------+------+------+----------+-------+------------+-----------+------+
| 2020072113|郭兰  | f    | 20200721 | 07    | 2003-04-05 | 浙江丽水   | NULL |
| 2020082101|应胜男| f    | 20200821 | 08    | 2002-11-08 | 河南开封   | NULL |
| 2020082122|郑正星| m    | 20200821 | 08    | 2002-12-11 | 浙江杭州   | NULL |
| 2020082131|吕建鸥| m    | 20200821 | 08    | 2003-01-06 | 浙江绍兴   | NULL |
| 2020082135|王凯晨| m    | 20200821 | 08    | 2002-10-18 | 浙江温州   | NULL |
| 2020082236|任汉涛| m    | 20200822 | 08    | 2003-06-06 | 山西吕梁   | NULL |
| 2020082237|刘盛彬| m    | 20200822 | 08    | 2002-10-10 | NULL      | NULL |
| 2020082313|郭兰英| f    | 20200823 | 08    | 2001-05-04 | NULL      | NULL |
| 2020082335|王皓  | m    | 20200823 | 08    | 2001-10-28 | NULL      | NULL |
+----------+------+------+----------+-------+------------+-----------+------+
9 rows in set (0.00 sec)
```

【例 3-34】　查询系部为理学院（sDept＝'07'）并且年龄小于 21 岁的学生信息，或者姓王的学生信息。

代码及结果如下：

```
mysql>SELECT * FROM tbStuInfo
    ->WHERE sDept='07' AND TIMESTAMPDIFF(YEAR, sBirthDate, NOW())<21
    ->OR sName LIKE '王%';
+----------+------+------+----------+-------+------------+-----------+------+
| sNo      |sName |sSex  | sClass   | sDept | sBirthDate | sBirthPlace| sPwd |
+----------+------+------+----------+-------+------------+-----------+------+
| 2020072113|郭兰  | f    | 20200721 | 07    | 2003-04-05 | 浙江丽水   | NULL |
| 2020082135|王凯晨| m    | 20200821 | 08    | 2002-10-18 | 浙江温州   | NULL |
| 2020082335|王皓  | m    | 20200823 | 08    | 2001-10-28 | NULL      | NULL |
+----------+------+------+----------+-------+------------+-----------+------+
3 rows in set (0.00 sec)
```

人文素养拓展

联系具有普遍性、客观性、多样性，而且联系的每一个特点都有原理和方法论。

一是联系的普遍性，从事物内部、事物外部和整个世界方面说明了联系是普遍的。方法论是用联系的观点看问题，反对用孤立的观点看问题。

二是联系的客观性，联系是客观的，不以人的意志为转移，无论是自在事物还是人为事物的联系都是客观的，但值得注意的是联系的客观性并不意味着人在联系面前是无能为力的。方法论是从事物固有联系中把握事物，切忌主观随意性。

三是联系的多样性，世界上的事物千差万别，事物的联系也是多种多样的。方法论是把握事物存在和发展的各种条件，一切以时间、地点和条件为转移。

3.5.3 高级查询

1. 对查询结果排序

从表中查询出来的数据可能是无序的,或者其排列顺序不是用户所期望的顺序。为了使查询结果的顺序满足用户的要求,可以使用 ORDER BY 关键字对记录进行排序。

语法格式:

```
ORDER BY 字段名[ASC | DESC]
```

其中,"字段名"参数表示按照该字段进行排序;ASC 参数表示按升序进行排序;DESC 参数表示按降序进行排序。默认情况下,按照 ASC 方式进行排序。

【**例 3-35**】 查询 tbStuInfo 表中的所有记录,按照学号进行降序排序。

代码及结果如下:

```
mysql>SELECT * FROM tbStuInfo ORDER BY sNo DESC;
+----------+------+------+----------+-------+------------+-----------+------+
| sNo      |sName | sSex | sClass   | sDept | sBirthDate | sBirthPlace| sPwd |
+----------+------+------+----------+-------+------------+-----------+------+
| 2020092235| 金文静| m    | 20200922 | 09    | 2002-09-05 | NULL      | NULL |
| 2020092213| 张赛娇| f    | 20200922 | 09    | 2003-03-06 | NULL      | NULL |
| 2020082335| 王皓  | m    | 20200823 | 08    | 2001-10-28 | NULL      | NULL |
| 2020082313| 郭兰英| f    | 20200823 | 08    | 2001-05-04 | NULL      | NULL |
| 2020082237| 刘盛彬| m    | 20200822 | 08    | 2002-10-10 | NULL      | NULL |
| 2020082236| 任汉涛| m    | 20200822 | 08    | 2003-06-06 | 山西吕梁   | NULL |
| 2020082135| 王凯晨| m    | 20200821 | 08    | 2002-10-18 | 浙江温州   | NULL |
| 2020082131| 吕建鸥| m    | 20200821 | 08    | 2003-01-06 | 浙江绍兴   | NULL |
| 2020082122| 郑正星| m    | 20200821 | 08    | 2002-12-11 | 浙江杭州   | NULL |
| 2020082101| 应胜男| f    | 20200821 | 08    | 2002-11-08 | 河南开封   | NULL |
| 2020072113| 郭兰  | f    | 20200721 | 07    | 2003-04-05 | 浙江丽水   | NULL |
| 2020072101| 贺世娜| f    | 20200721 | 07    | 2002-09-12 | 浙江东阳   | NULL |
+----------+------+------+----------+-------+------------+-----------+------+
12 rows in set (0.00 sec)
```

MySQL 中,可以指定按多个字段进行排序。

【**例 3-36**】 查询选课信息,按学号降序排列,学号相同则按课程号升序排列。

代码及结果如下:

```
mysql>SELECT * FROM tbSC ORDER BY sNo DESC, cNo ASC;
+------------+------+-------+
| sNo        | cNo  | grade |
+------------+------+-------+
| 2020082237 | CS01 | 90.0  |
| 2020082236 | CS01 | 83.0  |
| 2020082236 | CS02 | 87.0  |
| 2020082236 | CS03 | 76.0  |
| 2020082135 | CS01 | 85.0  |
| 2020082131 | CS01 | 95.0  |
```

```
| 2020082131        | CS02  | 81.0    |
| 2020082131        | CS03  | 84.0    |
| 2020082131        | CS04  | 74.0    |
| 2020082101        | CS01  | 79.0    |
| 2020082101        | CS02  | 84.0    |
| 2020082101        | CS03  | 79.0    |
| 2020082101        | CS04  | 84.0    |
| 2020082101        | CS05  | 79.0    |
| 2020082101        | CS06  | 84.0    |
| 2020082101        | CS07  | 79.0    |
| 2020082101        | CS08  | 91.0    |
+------------+------+-------+
17 rows in set (0.00 sec)
```

2.分组查询

GROUP BY 关键字可以将查询结果按某个字段或多个字段进行分组,字段中值相等的为一组。分组之后,可用"HAVING 条件表达式"来限制分组后的显示,满足条件表达式的结果将被显示。

GROUP BY 关键字通常需要与聚集函数一起使用。常用的聚集函数包括 COUNT()、SUM()、AVG()、MAX()和 MIN()。其中,COUNT()用来统计记录的条数;SUM()用来计算字段值的总和;AVG()用来计算字段的平均值;MAX()用来查询字段的最大值;MIN()用来查询字段的最小值。

几个聚集函数的常用格式如下。

(1) 统计元组个数:COUNT($*$)。

(2) 统计一列中值的个数:COUNT([DISTINCT|ALL] <列名>)。

(3) 计算一列值的总和(此列必须为数值型):SUM([DISTINCT|ALL] <列名>)。

(4) 计算一列值的平均值(此列必须为数值型):AVG([DISTINCT|ALL] <列名>)。

(5) 计算一列中的最大值和最小值:MAX([DISTINCT|ALL] <列名>),MIN([DISTINCT|ALL] <列名>)。

【例 3-37】　查询选课的总人次。

代码及结果如下:

```
mysql>SELECT COUNT(*) FROM tbSC;
+----------+
| COUNT(*) |
+----------+
| 17       |
+----------+
1 row in set (0.00 sec)
```

【例 3-38】　查询选课的人数。

代码及结果如下:

```
mysql>SELECT COUNT(DISTINCT(sNo)) FROM tbSC;
+----------------------+
```

```
| COUNT(DISTINCT(sNo))    |
+------------------------+
|              5         |
+------------------------+
1 row in set (0.00 sec)
```

【例 3-39】 查询学号为 2020082101 的学生的平均成绩。

代码及结果如下:

```
mysql>SELECT AVG(grade) FROM tbSC WHERE sNo=2020082101;
+------------+
| AVG(grade) |
+------------+
| 82.37500   |
+------------+
1 row in set (0.00 sec)
```

【例 3-40】 查询学号为 2020082101 的学生的最高分。

代码及结果如下:

```
mysql>SELECT MAX(grade) FROM tbSC WHERE sNo=2020082101;
+------------+
| MAX(grade) |
+------------+
|      91.0  |
+------------+
1 row in set (0.00 sec)
```

【例 3-41】 查询学号为 2020082101 的学生的总分。

代码及结果如下:

```
mysql>SELECT SUM(grade) FROM tbSC WHERE sNo=2020082101;
+------------+
| SUM(grade) |
+------------+
|     659.0  |
+------------+
1 row in set (0.00 sec)
```

如果没有对查询结果进行分组,那么聚集函数会把整个查询结果当作一组。如果对查询结果分组,那么聚集函数就会作用在每个分组上。可以按照一个列或者多列进行分组,值相同的为一组。

【例 3-42】 查询每个学生的总分。

代码及结果如下:

```
mysql>SELECT sNo, SUM(grade) AS 总分 FROM tbSC GROUP BY sNo;
+------------+-------+
| Sno        | 总分  |
+------------+-------+
```

```
| 2020082101    | 659.0  |
| 2020082131    | 334.0  |
| 2020082135    | 85.0   |
| 2020082236    | 246.0  |
| 2020082237    | 90.0   |
+------------+-------+
5 rows in set (0.00 sec)
```

该语句按照 sNo 进行分组,并对每个分组求和。

【例 3-43】　查询各个课程号及相应的选课人数。

代码及结果如下:

```
mysql>SELECT cNo, COUNT(sNo) AS 选课人数 FROM tbSC GROUP BY cNo;
+------+----------+
| cNo  | 选课人数  |
+------+----------+
| CS01 |        5 |
| CS02 |        3 |
| CS03 |        3 |
| CS04 |        2 |
| CS05 |        1 |
| CS06 |        1 |
| CS07 |        1 |
| CS08 |        1 |
+------+----------+
8 rows in set (0.00 sec)
```

GROUP BY 关键字加上"HAVING 条件表达式",可以限制输出的结果。只有满足条件表达式的结果才会显示。

【例 3-44】　查询选课人数在 2 人以上的课程号及选课人数。

代码及结果如下:

```
mysql>SELECT cNo, COUNT(sNo) AS 选课人数 FROM tbSC GROUP BY cNo
HAVING COUNT(sNo)>2;
+------+----------+
| cNo  | 选课人数  |
+------+----------+
| CS01 |        5 |
| CS02 |        3 |
| CS03 |        3 |
+------+----------+
3 rows in set (0.00 sec)
```

"HAVING 条件表达式"与"WHERE 条件表达式"都是用来限制显示的。但是,两者起作用的地方不一样。"WHERE 条件表达式"作用于表或者视图,是表和视图的查询条件;"HAVING 条件表达式"作用于分组后的记录,找到满足条件的组。

【例 3-45】　WHERE 条件表达式的错用。

```
mysql>SELECT cNo, COUNT(sNo) AS 选课人数 FROM tbSC
```

```
    ->WHERE COUNT(sNo)>2
    ->GROUP BY cNo;
ERROR 1111 (HY000): Invalid use of group function

mysql>SELECT cNo, COUNT(sNo) AS 选课人数 FROM tbSC
    ->GROUP BY cNo
    ->WHERE COUNT(sNo)>2;
ERROR 1064 (42000): You have an error in your SQL syntax; check the
manual that corresponds to your MySQL server version for the right
syntax to use near 'where Count(Sno)>2' at line 3
```

WHERE 子句应该在 GROUP BY 之前,且其条件表达式中不能包含聚集函数,所以本例中的写法是错误的。

【例 3-46】 查询各个课程号及相应的选课人数,并按照选课人数升序,课程号降序排列。代码及结果如下:

```
mysql>SELECT cNo, COUNT(sNo) AS 选课人数 FROM tbSC GROUP BY cNo
ORDER BY 选课人数 ASC, cNo DESC;
+------+----------+
| cNo  | 选课人数  |
+------+----------+
| CS08 |    1     |
| CS07 |    1     |
| CS06 |    1     |
| CS05 |    1     |
| CS04 |    2     |
| CS03 |    3     |
| CS02 |    3     |
| CS01 |    5     |
+------+----------+
8 rows in set (0.00 sec)
```

如果 SELECT 语句使用了聚集函数,那么 SELECT 后接的属性列名只能是聚集函数或 GROUP BY 中的属性列,而不能是聚集函数和 GROUP BY 之外的属性列。

3. 限制查询结果数量

当使用 SELECT 语句返回的结果集中行数很多时,为了便于用户对结果数据的浏览和操作,可以使用 LIMIT 子句来限制 SELECT 语句返回的行数。

语法格式:

```
LIMIT {[offset,] row_count| row_count OFFSET offset}
```

其中,第一个选项中 offset 为可选项,默认为数字 0,用于指定返回数据的第 1 行在 SELECT 语句结果集中的偏移量,必须是非负的整数常量。注意,SELECT 语句结果集中第 1 行(初始行)的偏移量为 0 而不是 1。row_count 用于指定返回数据的行数,也必须是非负的整数常量。若这个指定行数大于实际能返回的行数,则 MySQL 只返回它能返回的数据行。

第二个选项 row_count OFFSET offset 是 MySQL 5.0 开始支持的另外一种语法,即从第 offset＋1 行开始,取 row_count 行。

【例 3-47】　在 tbStuInfo 表中查找从第 2 名同学开始的 3 位学生的信息。

```
mysql>SELECT * FROM tbStuInfo ORDER BY sNo;
+-----------+--------+-------+----------+--------+-------------+--------------+--------+
| sNo       | sName  | sSex  | sClass   | sDept  | sBirthDate  | sBirthPlace  | sPwd   |
+-----------+--------+-------+----------+--------+-------------+--------------+--------+
| 2020072101| 贺世娜 | f     | 20200721 | 07     | 2002-09-12  | 浙江东阳     | NULL   |
| 2020072113| 郭兰   | f     | 20200721 | 07     | 2003-04-05  | 浙江丽水     | NULL   |
| 2020082101| 应胜男 | f     | 20200821 | 08     | 2002-11-08  | 河南开封     | NULL   |
| 2020082122| 郑正星 | m     | 20200821 | 08     | 2002-12-11  | 浙江杭州     | NULL   |
| 2020082131| 吕建鸥 | m     | 20200821 | 08     | 2003-01-06  | 浙江绍兴     | NULL   |
| 2020082135| 王凯晨 | m     | 20200821 | 08     | 2002-10-18  | 浙江温州     | NULL   |
| 2020082236| 任汉涛 | m     | 20200822 | 08     | 2003-06-06  | 山西吕梁     | NULL   |
| 2020082237| 刘盛彬 | m     | 20200822 | 08     | 2002-10-10  | NULL         | NULL   |
| 2020082313| 郭兰英 | f     | 20200823 | 08     | 2001-05-04  | NULL         | NULL   |
| 2020082335| 王皓   | m     | 20200823 | 08     | 2001-10-28  | NULL         | NULL   |
| 2020092213| 张赛娇 | f     | 20200922 | 09     | 2003-03-06  | NULL         | NULL   |
| 2020092235| 金文静 | m     | 20200922 | 09     | 2002-09-05  | NULL         | NULL   |
+-----------+--------+-------+----------+--------+-------------+--------------+--------+
12 rows in set (0.00 sec)
```

有如下两种方式。

方式一:

```
mysql>SELECT * FROM tbStuInfo ORDER BY sNo LIMIT 1,3;
+-----------+--------+-------+----------+--------+-------------+--------------+--------+
| sNo       | sName  | sSex  | sClass   | sDept  | sBirthDate  | sBirthPlace  | sPwd   |
+-----------+--------+-------+----------+--------+-------------+--------------+--------+
| 2020072113| 郭兰   | f     | 20200721 | 07     | 2003-04-05  | 浙江丽水     | NULL   |
| 2020082101| 应胜男 | f     | 20200821 | 08     | 2002-11-08  | 河南开封     | NULL   |
| 2020082122| 郑正星 | m     | 20200821 | 08     | 2002-12-11  | 浙江杭州     | NULL   |
+-----------+--------+-------+----------+--------+-------------+--------------+--------+
3 rows in set (0.00 sec)
```

方式二:

```
mysql>SELECT * FROM tbStuInfo ORDER BY sNo LIMIT 3 OFFSET 1;
```

查询结果同上。

3.6　多表查询

视频讲解

前面讲述了单表查询,即在 FROM 子句中只涉及一张表。在具体应用中,经常需要在一个查询中显示多张表的数据,这就是多表连接查询,简称连接查询。

3.6.1　多表查询

连接查询分为内连接和外连接,二者的主要区别在于,内连接仅选出连接的表中互相匹配的记录,而外连接会保留不匹配的记录,最常用的是内连接。

1. 内连接

内连接查询是最常用的一种查询,它是在关系的笛卡儿积中,保留关系中所有相匹配的数据,而舍弃不匹配的数据。

格式一:

```
SELECT …
FROM   表 1,表 2,…
WHERE     <条件>
```

格式二:

```
SELECT …
FROM 表 1 [LEFT/RIGHT] JOIN 表 2 ON <条件 1>
[LEFT/RIGHT][ JOIN… ON <条件 n>]
```

内连接按照匹配条件可以分为 θ 连接、等值连接和自然连接。

1) θ 连接

在 WHERE 子句中用来连接两个表的条件称为连接条件,可写为条件表达式 1 θ 条件表达式 2。其中, θ 表示比较运算符。如果连接条件中的 θ 是"="则称为等值连接;如果是其他的运算符,则称为非等值连接。

【例 3-48】 求职称编码表与教师表的连接,连接条件是教师表的职称编号大于职称编码表中同系列的职称编号(假设最高位是系列编号)。

代码及结果如下:

```
mysql>SELECT * FROM tbJobTitle A, tbTeacherInfo B WHERE A.jNo <B.jNo AND B.jNo -A.jNo<10;
+-----+------------+-------+--------+------+-------+-------+----------+------------+------------+-------+
| jNo | jTitleName | tNo   | tName  | tSex | tDept | tEmail| jNo   | tSalary  | tBirthDate | tBirthPlace| tPwd  |
+-----+------------+-------+--------+------+-------+-------+-------+----------+------------+------------+-------+
| 101 | 教授       | 00939 | 李胜   | f    | 08    | NULL  | 103   | 3000.00  | 2002-11-08 | NULL       | 00939 |
| 102 | 副教授     | 00939 | 李胜   | f    | 08    | NULL  | 103   | 3000.00  | 2002-11-08 | NULL       | 00939 |
| 101 | 教授       | 01884 | 郭兰   | f    | 08    | NULL  | 102   | 3500.00  | 1970-04-05 | NULL       | NULL  |
+-----+------------+-------+--------+------+-------+-------+-------+----------+------------+------------+-------+
3 rows in set (0.01 sec)
```

本操作的意义是对教师未来职称的可能晋升进行预测。

从结果中可以看出,前 2 个字段来自 tbJobTitle 职称编码表,后面的 10 个字段来自 tbTeacherInfo 教师表,并且职称编码表的职称编号字段 jNo 小于教师表的职称编号字段 jNo。

2) 等值连接

如果连接条件中的连接运算符是"=",则称为等值连接。

【例 3-49】 求职称编码表与教师表的等值连接。

代码及结果如下:

```
mysql>SELECT * FROM tbJobTitle A, tbTeacherInfo B WHERE A.jNo=B.jNo;
```

```
+---+----------+-----+-----+----+-----+-----+-----+--------+--------+----------+-----+
| jNo| jTitleName | tNo | tName | tSex| tDept | tEmail | jNo | tSalary | tBirthDate | tBirthPlace | tPwd |
+---+----------+-----+-----+----+-----+-----+-----+--------+--------+----------+-----+
| 101| 教授       | 00101| 吕连良| m  | 07  | NULL | 101 | 4300.00 | 1973-01-06| NULL      | 00101|
| 101| 教授       | 00686| 蒋胜男| f  | 08  | NULL | 101 | 4500.00 | 1967-09-12| NULL      | 00686|
| 103| 讲师       | 00939| 李胜 | f  | 08  | NULL | 103 | 3000.00 | 2002-11-08| NULL      | 00939|
| 102| 副教授     | 01884| 郭兰 | f  | 08  | NULL | 102 | 3500.00 | 1970-04-05| NULL      | NULL |
| 201| 教授级高级
       实验师     | 02002| 郑三水| m  | 08  | NULL | 201 | 4200.00 | 1972-12-11| NULL      | 02002|
+---+----------+-----+-----+----+-----+-----+-----+--------+--------+----------+-----+
5 rows in set (0.00 sec)
```

从结果中可以看出,前 2 个字段来自 tbJobTitle 职称编码表,后面的 10 个字段来自 tbTeacherInfo 教师表,并且职称编码表的职称编号字段 jNo 和教师表的职称编号字段 jNo 的值是相等的。

3）自然连接

自然连接是根据关系中相同名称的字段进行等值连接,然后去掉重复的字段。可以理解为在等值连接中把目标列中重复的属性列去掉。

【例 3-50】 求职称编码表与教师表的自然连接。

代码及结果如下:

```
mysql>SELECT * FROM tbJobTitle A NATURAL JOIN tbTeacherInfo B;
+---+------------+-----+-----+----+-----+-----+-------+----------+---------+-------+
| jNo| jTitleName   | tNo | tName | tSex| tDept | tEmail | tSalary | tBirthDate | tBirthPlace | tPwd  |
+---+------------+-----+-----+----+-----+-----+-------+----------+---------+-------+
| 101| 教授         | 00101| 吕连良| m  | 07  | NULL | 4300.00 | 1973-01-06 | NULL      | 00101 |
| 101| 教授         | 00686| 蒋胜男| f  | 08  | NULL | 4500.00 | 1967-09-12 | NULL      | 00686 |
| 103| 讲师         | 00939| 李胜 | f  | 08  | NULL | 3000.00 | 2002-11-08 | NULL      | 00939 |
| 102| 副教授       | 01884| 郭兰 | f  | 08  | NULL | 3500.00 | 1970-04-05 | NULL      | NULL  |
| 201| 教授级高级实验师| 02002| 郑三水| m  | 08  | NULL | 4200.00 | 1972-12-11 | NULL      | 02002 |
+---+------------+-----+-----+----+-----+-----+-------+----------+---------+-------+
5 rows in set (0.00 sec)5 rows in set (0.00 sec)
```

从结果中可以看出,jNo 职称编码列只出现一次。

在自然连接时,系统会自动判别相同名称的字段,然后进行数据的匹配。在自然连接形成的新关系中,可以指定包含哪些字段,但是不能指定执行过程中的匹配条件。在新关系中,会去掉重复字段,所有匹配的字段名只保留一个。

2. 自连接

连接操作不仅可以在两个表之间进行,也可以是一个表与其自己进行,后者称为表的自连接。

【例 3-51】 查询每一门课的先修课信息。

代码及结果如下:

```
mysql>SELECT A.*, '|', B.* FROM tbCourse A, tbCourse B WHERE A.cPno=B.cNo;
+-----+------------+------+-----+-------+---+-----+------------+-------+-------+-------+
```

```
| cNo   | cName        | cCredit| cPno | cType    |   | | cNo  | cName      | cCredit | cPno  | cType    |
+-----+------------+------+-----+-------+---+-----+-----------+------+-------+-------+
| CS02  | 程序设计基础  | 3.0    | CS01 | 专业基础 | | | CS01 | 计算机导论 | 2.0     |       | 专业基础 |
| CS03  | 离散数学     | 3.0    | CS02 | 专业基础 | | | CS02 | 程序设计基础 | 3.0   | CS01  | 专业基础 |
| CS05  | 汇编语言     | 3.0    | CS03 | 专业选修 | | | CS03 | 离散数学   | 3.0     | CS02  | 专业基础 |
| CS04  | 数据结构     | 4.0    | CS03 | 专业必修 | | | CS03 | 离散数学   | 3.0     | CS02  | 专业基础 |
| CS06  | 计算机组成原理 | 3.0  | CS05 | 专业必修 | | | CS05 | 汇编语言   | 3.0     | CS03  | 专业选修 |
| CS08  | 计算机组成_设计 | 2.0 | CS06 | 专业选修 | | | CS06 | 计算机组成原理 | 3.0 | CS05  | 专业必修 |
| CS07  | 操作系统     | 4.0    | CS06 | 专业必修 | | | CS06 | 计算机组成原理 | 3.0 | CS05  | 专业必修 |
+-----+------------+------+-----+-------+---+-----+-----------+------+-------+-------+
7 rows in set (0.01 sec)
```

结果显示,第一张表的先修课 cPno 与第二张表的 cNo 相等。

在自连接中,由于涉及的表是同一张表,要求表必须取别名,以区分条件及结果中的属性。

3. 外连接

外连接查询可以查询两个或两个以上的表。外连接查询和内连接查询非常相似,也需要通过指定字段进行连接。外连接操作以指定表为连接主体,将主体表中不满足连接条件的元组一并输出。外连接可分为左外连接和右外连接。

基本语法如下:

```
SELECT……
FROM 表 1 LEFT | RIGHT [ OUTER ] JOIN 表 2 ON 表 1.字段=表 2.字段
```

1) 左外连接

左外连接的结果集中包含左表(JOIN 关键字左边的表)中所有的记录,然后左表按照连接条件与右表进行连接。如果右表中没有满足连接条件的记录,则结果集中右表中的相应行数据填充为 NULL。

【例 3-52】 查询每一门课的先修课信息,并保留不存在先修课的课程信息。

代码及结果如下:

```
mysql>SELECT A.*, '|', B.*
    ->FROM tbCourse A LEFT JOIN tbCourse B ON A.cPno=B.cNo;
+-----+------------+------+-----+-------+----+-----+-----------+------+-------+-------+
| cNo   | cName        | cCredit| cPno | cType    | | | cNo  | cName      | cCredit | cPno  | cType    |
+-----+------------+------+-----+-------+----+-----+-----------+------+-------+-------+
| CS01  | 计算机导论   | 2.0    |      | 专业基础 | | | NULL | NULL       | NULL    | NULL  | NULL     |
| CS02  | 程序设计基础  | 3.0    | CS01 | 专业基础 | | | CS01 | 计算机导论 | 2.0     |       | 专业基础 |
| CS03  | 离散数学     | 3.0    | CS02 | 专业基础 | | | CS02 | 程序设计基础 | 3.0   | CS01  | 专业基础 |
| CS04  | 数据结构     | 4.0    | CS03 | 专业必修 | | | CS03 | 离散数学   | 3.0     | CS02  | 专业基础 |
| CS05  | 汇编语言     | 3.0    | CS03 | 专业选修 | | | CS03 | 离散数学   | 3.0     | CS02  | 专业基础 |
| CS06  | 计算机组成原理 | 3.0  | CS05 | 专业必修 | | | CS05 | 汇编语言   | 3.0     | CS03  | 专业选修 |
| CS07  | 操作系统     | 4.0    | CS06 | 专业必修 | | | CS06 | 计算机组成原理 | 3.0 | CS05  | 专业必修 |
| CS08  | 计算机组成_设计 | 2.0 | CS06 | 专业选修 | | | CS06 | 计算机组成原理 | 3.0 | CS05  | 专业必修 |
+-----+------------+------+-----+-------+----+-----+-----------+------+-------+-------+
8 rows in set (0.00 sec)
```

从结果中可以看出,与前面的内连接相比,外连接的结果中多了一条记录。系统查询时会扫描 A 表的每一条记录:每扫描一条记录 T,就开始扫描 B 表中的每一条记录 S,查找到 S 中的 cNo 与 T 中的 cPno 相等的记录,就把 S 和 T 合并成一条记录输出;如果对于记录 T,没找到记录 S 与之对应,则输出 T,并把 S 的所有字段用 NULL 表示,如结果中的第 1 条记录。

2)右外连接

右外连接的结果集中包含满足连接条件的所有数据和右表(JOIN 关键字右边的表)中不满足条件的数据,左表中的相应行数据为 NULL。

【例 3-53】 查询每一门课的先修课信息,并保留不是先修课的课程信息。

代码及结果如下:

```
mysql>SELECT A.*, '|', B.*
    ->FROM tbCourse A RIGHT JOIN tbCourse B ON A.cPno=B.cNo;
+------+-------------+---------+------+---------+---+------+-------------+---------+------+---------+
| cNo  | cName       | cCredit | cPno | cType   | | | cNo  | cName       | cCredit | cPno | cType   |
+------+-------------+---------+------+---------+---+------+-------------+---------+------+---------+
| CS02 | 程序设计基础 | 3.0     | CS01 | 专业基础 | | | CS01 | 计算机导论   | 2.0     |      | 专业基础 |
| CS03 | 离散数学    | 3.0     | CS02 | 专业基础 | | | CS02 | 程序设计基础 | 3.0     | CS01 | 专业基础 |
| CS05 | 汇编语言    | 3.0     | CS03 | 专业选修 | | | CS03 | 离散数学    | 3.0     | CS02 | 专业基础 |
| CS04 | 数据结构    | 4.0     | CS03 | 专业必修 | | | CS03 | 离散数学    | 3.0     | CS02 | 专业基础 |
| NULL | NULL        | NULL    | NULL | NULL    | | | CS04 | 数据结构    | 4.0     | CS03 | 专业必修 |
| CS06 | 计算机组成原理 | 3.0   | CS05 | 专业必修 | | | CS05 | 汇编语言    | 3.0     | CS03 | 专业选修 |
| CS08 | 计算机组成_设计 | 2.0   | CS06 | 专业选修 | | | CS06 | 计算机组成原理 | 3.0   | CS05 | 专业必修 |
| CS07 | 操作系统    | 4.0     | CS06 | 专业必修 | | | CS06 | 计算机组成原理 | 3.0   | CS05 | 专业必修 |
| NULL | NULL        | NULL    | NULL | NULL    | | | CS07 | 操作系统    | 4.0     | CS06 | 专业必修 |
| NULL | NULL        | NULL    | NULL | NULL    | | | CS08 | 计算机组成_设计 | 2.0   | CS06 | 专业选修 |
+------+-------------+---------+------+---------+---+------+-------------+---------+------+---------+
10 rows in set (0.00 sec)
```

从结果可以看出,有两门课程不是任何课程的先修课。

【例 3-54】 查询学生选课的详细信息(包含课程的详细信息),并保留未被学生选择的课程信息。

代码及结果如下:

```
mysql>SELECT tbSC.*, '|', tbCourse.*
    ->FROM tbSC RIGHT JOIN tbCourse ON tbCourse.cNo=tbSC.cNo
    ->ORDER BY sNo, tbSC.cNo LIMIT 9;
+------------+------+-------+---+------+-------------+---------+------+---------+
| sNo        | cNo  | grade | | | cNo  | cName       | cCredit | cPno | cType   |
+------------+------+-------+---+------+-------------+---------+------+---------+
| 2020082101 | CS01 | 79.0  | | | CS01 | 计算机导论   | 2.0     |      | 专业基础 |
| 2020082101 | CS02 | 84.0  | | | CS02 | 程序设计基础 | 3.0     | CS01 | 专业基础 |
| 2020082101 | CS03 | 79.0  | | | CS03 | 离散数学    | 3.0     | CS02 | 专业基础 |
| 2020082101 | CS04 | 84.0  | | | CS04 | 数据结构    | 4.0     | CS03 | 专业必修 |
| 2020082101 | CS05 | 79.0  | | | CS05 | 汇编语言    | 3.0     | CS03 | 专业选修 |
| 2020082101 | CS06 | 84.0  | | | CS06 | 计算机组成原理 | 3.0   | CS05 | 专业必修 |
| 2020082101 | CS07 | 79.0  | | | CS07 | 操作系统    | 4.0     | CS06 | 专业必修 |
```

```
| 2020082101 | CS08 | 91.0   | |   | CS08 | 计算机组成_设计 | 2.0 |   | CS06 | 专业选修 |
| 2020082131 | CS01 | 95.0   | |   | CS01 | 计算机导论     | 2.0 |   |      | 专业基础 |
+----------+------+-------+---+------+-------------+-------+----+--------+
9 rows in set (0.00 sec)
```

从结果可以看出,8 门课程均有学生选修。

4. 多表连接

有时需要对多个表进行连接,才能得到所需要的查询结果。

【例 3-55】 查询每个学生的学号、姓名、选修的课程名及成绩。

代码及结果如下:

```
mysql>SELECT tbStuInfo.sNo, sName, cName, grade
    ->FROM tbStuInfo, tbCourse, tbSC
    ->WHERE tbStuInfo.sNo=tbSc.sNo AND tbCourse.cNo=tbSC.cNo;
+------------+--------+----------------+-------+
| sNo        | sName  | cName          | grade |
+------------+--------+----------------+-------+
| 2020082101 | 应胜男 | 计算机导论      | 79.0  |
| 2020082101 | 应胜男 | 程序设计基础    | 84.0  |
| 2020082101 | 应胜男 | 离散数学        | 79.0  |
| 2020082101 | 应胜男 | 数据结构        | 84.0  |
| 2020082101 | 应胜男 | 汇编语言        | 79.0  |
| 2020082101 | 应胜男 | 计算机组成原理  | 84.0  |
| 2020082101 | 应胜男 | 操作系统        | 79.0  |
| 2020082101 | 应胜男 | 计算机组成原理_设计 | 91.0 |
| 2020082131 | 吕建鸥 | 计算机导论      | 95.0  |
| 2020082131 | 吕建鸥 | 程序设计基础    | 81.0  |
| 2020082131 | 吕建鸥 | 离散数学        | 84.0  |
| 2020082131 | 吕建鸥 | 数据结构        | 74.0  |
| 2020082135 | 王凯晨 | 计算机导论      | 85.0  |
| 2020082236 | 任汉涛 | 计算机导论      | 83.0  |
| 2020082236 | 任汉涛 | 程序设计基础    | 87.0  |
| 2020082236 | 任汉涛 | 离散数学        | 76.0  |
| 2020082237 | 刘盛彬 | 计算机导论      | 90.0  |
+------------+--------+----------------+-------+
17 rows in set (0.00 sec)
```

在多表连接时,一定要提供表连接的条件,n 张表连接需要提供 $n-1$ 个连接条件。例如,上面的 3 表连接中,提供了 2 个连接条件。如果不提供连接条件,返回的结果集是参与连接操作的关系的笛卡儿积,没有任何意义。

除了连接条件外,也可以有其他选择条件。

【例 3-56】 查询成绩在 90 分及以上的学生的学号、姓名、选修的课程名及成绩。

代码及结果如下:

```
mysql>SELECT tbStuInfo.sNo, sName, cName, grade
    ->FROM tbStuInfo, tbCourse, tbSC
    ->WHERE tbStuInfo.sNo=tbSc.sNo AND tbCourse.cNo=tbSC.cNo
    ->AND grade>=90;
+------------+--------+----------------+-------+
```

sNo	sName	cName	grade
2020082101	应胜男	计算机组成_设计	95.0
2020082131	吕建鸥	计算机导论	95.0
2020082237	刘盛彬	计算机导论	90.0

3 rows in set (0.00 sec)

由于连接操作的过程中涉及笛卡儿积操作,效率比较低,于是 SQL 又提供了连接查询的替代操作——子查询。

3.6.2　嵌套查询

在 SQL 语言中,一个 SELECT-FROM-WHERE 语句称为一个查询块,图 3-6 标示了一个查询块可能出现的位置。当查询块出现在 FROM 子句时,称为**派生表**(derived table)**查询**。将一个查询块嵌套在另一个查询块的 WHERE 子句或 HAVING 短语的条件中的查询称为**嵌套查询**(nested query)。上层的查询块称为**外层查询**或**父查询**,下层查询块称为**内层查询**或**子查询**。

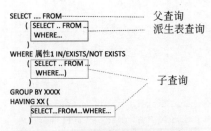

图 3-6　查询块的可能出现位置示意

通过子查询,可以实现多表之间的查询。子查询中可能包括 IN、NOT IN、ANY、EXISTS 和 NOT EXISTS 等关键字,还可能包含比较运算符。

子查询分为两类:不相关子查询和相关子查询。

(1)**不相关子查询**:子查询的查询条件不依赖父查询。该查询通常由里向外逐层处理。即每个子查询在其父查询处理之前求解,子查询的结果用于建立其父查询的查找条件。

(2)**相关子查询**:子查询的查询条件依赖于父查询。

① 首先取外层查询中表的第一个元组,根据它与内层查询相关的属性值处理内层查询,若 WHERE 子句返回值为真,则取此元组放入结果表。

② 再取外层查询的下一个元组。

③ 转①,重复这一过程,直至外层元组全部检查完为止。

1. 带 IN 关键字的子查询

一个查询语句的条件可能落在另一个 SELECT 语句的查询结果中。这可以通过 IN 关键字来判断:如果字段的值在集合中,则满足查询条件,该记录将被查询出来;如果不在集合中,则不满足查询条件。

【**例 3-57**】　查询与贺世娜在同一个学院的学生。

分析　查询可分解为两步:

（1）查询贺世娜在哪个学院；

（2）以贺世娜的学院作为查询条件，来查询其他同学的信息。

相应地，SQL 语句也可以分为里层和外层。

里层：查询出贺世娜所在的学院。

```
SELECT sDept FROM tbStuInfo WHERE sName='贺世娜';
```

外层：测试其他同学的学院和贺世娜所在的学院是否匹配。

```
SELECT sNo, sName, sDept FROM tbStuInfo WHERE sDept IN …;
```

代码及结果如下：

```
mysql>SELECT * FROM tbStuInfo
    ->WHERE sDept IN
    ->(SELECT sDept FROM tbStuInfo WHERE sName='贺世娜');
+----------+------+------+----------+-------+------------+------------+-------+
| sNo      |sName | sSex | sClass   | sDept | sBirthDate | sBirthPlace| sPwd  |
+----------+------+------+----------+-------+------------+------------+-------+
| 2020072101|贺世娜| f    | 20200721 | 07    | 2002-09-12 | 浙江东阳    | NULL  |
| 2020072113|郭兰  | f    | 20200721 | 07    | 2003-04-05 | 浙江丽水    | NULL  |
+----------+------+------+----------+-------+------------+------------+-------+
2 rows in set (0.00 sec)
```

也可以使用连接查询替换：

```
mysql>SELECT A.* FROM tbStuInfo A, tbStuInfo B
    ->WHERE A.sDept=B.sDept AND B.sName='贺世娜';
```

【例 3-58】 查询选修了课程名为"程序设计基础"的学生学号和姓名。

分析 这个查询涉及课程名(tbCourse)、选修(tbSC)、学生学号和姓名(tbStuInfo)。可分解为三步：

（1）找出"程序设计基础"的课程号(tbCourse)，结果为"CS02"；

（2）找出选修了"CS02"号课程的学生学号(tbSC)；

（3）根据学生学号找出学生姓名(tbStuInfo)。

代码及结果如下：

```
mysql>SELECT sNo, sName FROM tbStuInfo
    ->WHERE sNo IN
    ->( SELECT sNo FROM tbSC
    ->  WHERE cNo IN
    ->  ( SELECT cNo FROM tbCourse
    ->    WHERE cName='程序设计基础')
    ->);
+-------------+---------+
| sNo         | sName   |
+-------------+---------+
| 2020082101  |应胜男    |
| 2020082131  |吕建鸥    |
| 2020082236  |任汉涛    |
```

```
+------------+--------+
```
3 rows in set (0.00 sec)

也可以使用连接查询替换：

```
mysql>SELECT tbStuInfo.sNo, tbStuInfo.sName
    ->FROM tbStuInfo, tbSC, tbCourse
    ->WHERE tbStuInfo.sNo=tbSC.sNo AND tbSC.cNo=tbCourse.cNo
    ->        AND tbCourse.cName='程序设计基础';
```

【例 3-59】　求选过 CS02 课程并且选过 CS03 课程的所有学生。

分析　这个查询涉及选修(tbSC)关系。可分解为三步：

(1) 找出选修了"CS02"课程的学生学号(tbSC)；

(2) 找出选修了"CS03"号课程的学生的学号(tbSC)；

(3) 选修"CS03"课程的学生学号是否包含在选修"CS02"课程的学生学号里？

代码及结果如下：

```
mysql>SELECT * FROM tbSC
    ->WHERE cNo='CS03' AND
    ->sNo IN (SELECT sNo FROM tbSC WHERE cNo='CS02');
+------------+------+-------+
| sNo        | cNo  | grade |
+------------+------+-------+
| 2020082101 | CS03 | 79.0  |
| 2020082131 | CS03 | 84.0  |
| 2020082236 | CS03 | 76.0  |
+------------+------+-------+
```
3 rows in set (0.00 sec)

也可以使用连接查询替换：

```
mysql>SELECT * FROM tbSC AS A, tbSC AS B
    ->WHERE A.sNo=B.sNo AND A.cNo='CS02' AND B.cNo='CS03';
+------------+------+-------+------------+------+-------+
| sNo        | cNo  | grade | sNo        | cNo  | grade |
+------------+------+-------+------------+------+-------+
| 2020082101 | CS02 | 84.0  | 2020082101 | CS03 | 79.0  |
| 2020082131 | CS02 | 81.0  | 2020082131 | CS03 | 84.0  |
| 2020082236 | CS02 | 87.0  | 2020082236 | CS03 | 76.0  |
+------------+------+-------+------------+------+-------+
```
3 rows in set (0.00 sec)

当能确切知道内层查询返回单值时,可用"="替换 IN,用"！="替换 NOT IN。

【例 3-60】　用"="替换 IN,完成例 3-57 的查询：查询与贺世娜在同一个学院的学生。

代码及结果如下：

```
mysql>SELECT * FROM tbStuInfo
    ->WHERE sDept =
    ->(SELECT sDept FROM tbStuInfo WHERE sName='贺世娜');
+---------+-----+-----+-------+------+----------+----------+------+
| sNo     |sName|sSex | sClass| sDept| sBirthDate | sBirthPlace| sPwd |
```

```
+----------+-----+-----+----------+------+------------+------------+----------+
| 2020072101 |贺世娜| f   | 20200721 | 07   | 2002-09-12 | 浙江东阳   | NULL     |
| 2020072113 |郭兰 | f   | 20200721 | 07   | 2001-01-01 | 浙江丽水   | 20010101 |
+----------+-----+-----+----------+------+------------+------------+----------+
2 rows in set (0.01 sec)
```

【**例 3-61**】 查询没有选修"计算机导论"课程的学生的信息。

分析 （1）找出"计算机导论"的课程号；

（2）根据"计算机导论"的课程号找到选修该课程的学生学号；

（3）查找哪些学生的学号不在第(2)步的结果中。

代码及结果如下：

```
mysql>SELECT sNo, sName FROM tbStuInfo
    ->WHERE sNo NOT IN
    ->( SELECT sNo FROM tbSC
    ->  WHERE cNo IN
    ->  ( SELECT cNo FROM tbCourse
    ->    WHERE cName='计算机导论' )
    ->);
+------------+--------+
| sNo        | sName  |
+------------+--------+
| 2020072101 | 贺世娜 |
| 2020072113 | 郭兰   |
| 2020082122 | 郑正星 |
| 2020082313 | 郭兰英 |
| 2020082335 | 王皓   |
| 2020092213 | 张赛娇 |
| 2020092235 | 金文静 |
+------------+--------+
7 rows in set (0.00 sec)
```

这种否定形式的 NOT IN 查询没有等价的连接查询可替换。

2. 带 EXISTS 关键字的子查询

EXISTS 关键字表示存在，使用 EXISTS 关键字时，内查询语句不返回查询的记录，而是返回一个真假值。如果内层查询语句查询到满足条件的记录，EXISTS 会返回 TRUE，否则返回 FALSE。当返回 TRUE 时，外查询会继续执行，否则外查询将不返回任何结果。NOT EXISTS 与 EXISTS 的逻辑刚好相反。二者的语法如图 3-7 所示。

视频讲解

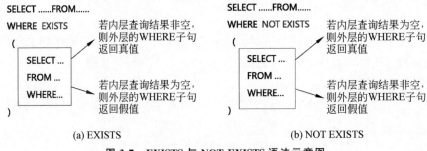

图 3-7　EXISTS 与 NOT EXISTS 语法示意图

由 EXISTS/NOT EXISTS 引出的子查询,其目标列表达式通常都用 *,因为带 EXISTS/NOT EXISTS 的子查询只返回真值或假值,给出列名无实际意义。

【例 3-62】　用 EXISTS 谓词完成例 3-57 的查询:查询与贺世娜在同一个学院的学生。

代码及结果如下:

```
mysql>SELECT sNo,sName,sDept
    ->FROM tbStuInfo A
    ->WHERE EXISTS
    ->(
    ->SELECT * FROM tbStuInfo B
    ->WHERE A.sDept =B.sDept AND B.sName ='贺世娜'
    ->  );
+------------+--------+-------+
| sNo        | sNname | sDept |
+------------+--------+-------+
| 2020072101 | 贺世娜  | 07    |
| 2020072113 | 郭兰    | 07    |
+------------+--------+-------+
2 rows in set (0.00 sec)
```

【例 3-63】　用 NOT EXISTS 谓词完成例 3-61:查询没有选修"计算机导论"课程的学生的信息。

代码及结果如下:

```
mysql>SELECT sNo,sName FROM tbStuInfo A
    ->WHERE NOT EXISTS
    ->( SELECT * FROM tbSC B
    ->  WHERE A.sNo=B.sNo AND cNo =
    ->  ( SELECT cNo FROM tbCourse
    ->    WHERE cName='计算机导论')
    ->);
+------------+--------+
| sNo        | sName  |
+------------+--------+
| 2020072101 | 贺世娜  |
| 2020072113 | 郭兰    |
| 2020082122 | 郑正星  |
| 2020082313 | 郭兰英  |
| 2020082335 | 王皓    |
| 2020092213 | 张赛娇  |
| 2020092235 | 金文静  |
+------------+--------+
7 rows in set (0.00 sec)
```

知识拓展

量词否定等价式:

(a) $\neg(\forall x)A \Leftrightarrow (\exists x)\neg A$

由于"并非对一切 x,A 为真"等价于"存在一些 x,$\neg A$ 为真",故(a)成立。

（b）$\neg(\exists x)A \Leftrightarrow (\forall x)\neg A$

由于"不存在一些 x，A 为真"等价于"对一切 x，$\neg A$ 为真"，所以（b）成立。

否定联结词可通过量词深入辖域中。对于多重量词前置"$\neg$"，可反复应用上面结果，逐次右移$\neg$。例如，

$$\neg(\forall x)(\forall y)(\forall z)P(x,y,z) \Leftrightarrow (\exists x)(\exists y)(\exists z)\neg P(x,y,z)$$

将 $(\forall x)$ 与 $(\exists x)$ 两者互换，可从一个式子得到另一个式子，这表明 $(\forall x)$ 与 $(\exists x)$ 具有对偶性。两个量词是不独立的，可以互相表示，所以只有一个量词就够了。在 SQL 中，只有 EXISTS 谓词，在表达"全部"时，可以通过"全部"与"存在"这两个量词的对偶性，用 EXISTS 谓词来表达它。

【例 3-64】 查询选修了全部课程的学生姓名。

假设谓词 P 表示学生 y 选修了课程 x，那么本查询可以表示为：

$$(\forall x)P \equiv \neg(\exists x(\neg P))$$

也就是说要找到这样的学生 y，该学生选修了全部课程 $(\forall x)$。而这样的查询与右面的表达式等价：查询这样的学生 y，不存在一门课程 x，学生 y 没选。

只要找到有一门课没有选，那么该学生就没有选修全部课程；如果找不到该学生没选的课程，那么该学生就选修了全部课程，查询结果如图 3-8 所示。

代码如下：

```
mysql>SELECT sName FROM tbStuInfo
    ->WHERE NOT EXISTS
    ->  ( SELECT * FROM tbCourse
    ->    WHERE NOT EXISTS
    ->     ( SELECT * FROM tbSC
    ->       WHERE tbSC.sNo =tbStuInfo.sNo
    ->         AND tbSC.cNo =tbCourse.cNo));
+---------+
| sName   |
+---------+
| 应胜男  |
+---------+
1 row in set (0.00 sec)
```

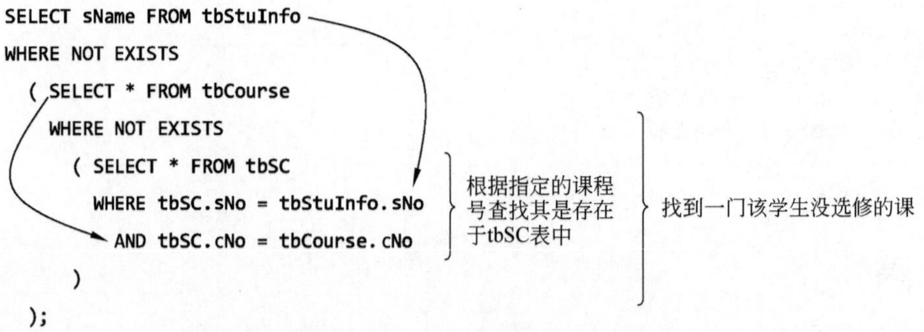

图 3-8　查询选修了全部课程的学生姓名（过程示意图）

本查询也可用聚集函数来实现。对于选修了全部课程的学生，其选修课程的门数一定

与课程表中课程的数目相等。具体做法如下。

(1) 通过 COUNT 函数求出课程表中课程的数目；

(2) 对选课表按学号进行分组,求分组后每组中的记录个数(选课门数),如果与课程表中的课程门数相等,则将该学号放到子查询的结果集中；

(3) 外层查询根据子查询的结果,显示满足条件的学生姓名。

```
#@  为了避免内层重复查询,先用变量@  courseCount 将课程门数记录下来
mysql>SET @ courseCount=(SELECT COUNT( * ) FROM tbCourse);
Query OK, 0 rows affected (0.00 sec)

mysql>SELECT sName FROM tbStuInfo
    ->WHERE sNo IN
    ->(SELECT sNo FROM tbSC
    ->GROUP BY sNo
    ->HAVING COUNT( * )=@ courseCount);
```

知识拓展

SQL 语言中没有蕴含(Implication)逻辑运算,可以利用谓词演算将逻辑蕴含谓词等价转换为

$$p \to q \equiv \neg p \lor q$$

【例 3-65】 查询至少选修了学生 2020082236 选修的全部课程的学生学号。

解题思路　(1) 用逻辑蕴含表达：查询学号为 y 的学生,对所有的课程 x,只要 2020082236 学生选修了课程 x,则 y 也选修了 x。

(2) 形式化表示：用 p 表示谓词"学生 2020082236 选修了课程 x",用 q 表示谓词"学生 y 选修了课程 x",则上述查询为

$$(\forall x)\, p \to q$$

(3) 等价变换：

$$(\forall x)p \to q \equiv \neg(\exists x(\neg(p \to q))) \equiv \neg(\exists x(\neg(\neg p \lor q))) \equiv \neg \exists x(p \land \neg q)$$

(4) 变换后语义：不存在这样的课程 x,学生 2020082236 选修了 x,而学生 y 没有选。

(5) 依据变换后的语义,直接写出 SQL 语句。

代码及结果如下：

```
mysql>SELECT DISTINCT sNo
    ->FROM tbSC A
    ->WHERE NOT EXISTS (
    ->    SELECT *
    ->    FROM tbSC B
    ->    WHERE B.sNo =2020082236
    ->      AND NOT EXISTS (
    ->          SELECT * FROM tbSC D
    ->          WHERE D.sNo=A.sNo
    ->            AND D.cNo=B.cNo )
    ->);
+------------+
```

```
| sNo          |
+-------------+
| 2020082101   |
| 2020082131   |
| 2020082236   |
+-------------+
3 rows in set (0.00 sec)
```

本查询也可用聚集函数来实现。可以先找出选修了学生 2020082236 选修的课程的学生,满足条件的学生选修课程的门数一定与 2020082236 选修的课程的数目相等。具体做法如下。

(1) 通过 COUNT 函数计算 2020082236 选修的课程的数目,放入变量@ courseCount。

(2) 内层找出学生 2020082236 选修的课程号。

(3) 外层找出选修了这些课程的学生。

(4) 按学号进行分组,求分组后每组中的记录个数(选课门数),如果与@ courseCount 相等,则将该学号放到查询的结果集中。

```
#@为了避免内层重复查询,先用变量@courseCount 将课程门数记录下来
mysql>SET @courseCount=(SELECT COUNT( * ) FROM tbSC
    ->WHERE sNo=2020082236);
Query OK, 0 rows affected (0.00 sec)

mysql>SELECT sNo
    ->FROM tbSC
    ->WHERE cNo IN
    ->        (SELECT cNo
    ->         FROM tbSC
    ->         WHERE sNo=2020082236)
    ->GROUP BY sNo HAVING COUNT( * )=@courseCount;
```

"至少⋯⋯"查询也可以用集合操作实现,后续节将会讲到。

知识拓展

一些带 EXISTS 或 NOT EXISTS 谓词的子查询不能被其他形式的子查询等价替换;所有带 IN 谓词、比较运算符的子查询都能用带 EXISTS 谓词的子查询等价替换。IN 子查询与 EXISTS 子查询应用场景如下。

(1) 适合比较运算符(=,>,<,! =)

判断值是否满足某一比较条件,即单一值与单一值之间的比较。

(2) 适合 IN

判断一个值是否存在于指定的集合(值1,值2,值3,⋯)中,即单一值与集合之间的比较。

(3) 适合 EXISTS

判断一个集合中的所有值是否都存在于另一个集合中,比如集合(Value1,Value2,⋯)是否完全包含于集合(值1,值2,值3,⋯),即集合与集合之间的比较。前两种场景可以被认为是第三种场景的特殊情况。

3. 带 ANY 关键字的子查询

ANY 关键字表示满足其中任何一个条件。使用 ANY 关键字时，只要满足内查询语句返回结果中的一个，就可以通过该条件来执行外层查询语句。

【例 3-66】　查询其他学院中比理学院（sDept＝'07'）某学生年龄大的学生姓名、年龄和所在系部编码。

代码及结果如下：

```
mysql>SELECT sName, sAge, sDept
    ->FROM (SELECT sName, sDept, TIMESTAMPDIFF(YEAR,sBirthDate,NOW())
    ->      FROM tbStuInfo) AS S(sName, sDept, sAge)
    ->WHERE sAge >ANY (SELECT TIMESTAMPDIFF(YEAR,sBirthDate,NOW())
    ->                   FROM tbStuInfo WHERE sDept='07')
    ->      AND sDept <>'07';            /*父查询块中的条件 */
+--------+------+-------+
| sName  | sAge | sDept |
+--------+------+-------+
| 应胜男 | 21   | 08    |
| 郑正星 | 21   | 08    |
| 吕建鸥 | 21   | 08    |
| 王凯晨 | 21   | 08    |
| 刘盛彬 | 21   | 08    |
| 郭兰英 | 22   | 08    |
| 王皓   | 22   | 08    |
| 金文静 | 21   | 09    |
+--------+------+-------+
8 rows in set (0.01 sec)
```

这里，出现在 FROM 后面的是一个查询，就是所谓的衍生表、派生表，派生表的别名不能省略。如果查询中有计算列，必须为表指定属性列名；反之，可以不指定属性列名，子查询 SELECT 后的列名为其默认属性。

聚集函数实现：

```
mysql>SELECT sName, sAge, sDept
    ->FROM (SELECT sName, sDept, TIMESTAMPDIFF(YEAR,sBirthDate,NOW())
    ->      FROM tbStuInfo) AS S(sName, sDept, sAge)
    ->WHERE sAge >(SELECT MIN(TIMESTAMPDIFF(YEAR,sBirthDate,NOW()))
    ->               FROM tbStuInfo WHERE sDept ='07')
    ->      AND sDept <>'07';            /*父查询块中的条件 */
```

4. 带 ALL 关键字的子查询

ALL 关键字表示满足所有的条件。使用 ALL 关键字时，只有满足内层查询语句返回的所有结果，才能执行外层的查询语句。＞ALL 表示大于所有的值；＜ALL 表示小于所有的值。

ALL 关键字和 ANY 关键字的使用方式一样，但两者的差别很大，前者是满足所有的内层查询语句返回的所有结果，才执行外查询；后者是只需要满足其中一条记录，就执行外查询。

【例 3-67】　查询其他学院中比理学院（sDept＝'07'）所有学生年龄大的学生姓名、年龄及所在系部编码。

代码及结果如下:

```
mysql>SELECT sName, sAge, sDept
    ->FROM (SELECT sName, sDept, TIMESTAMPDIFF(YEAR,sBirthDate,NOW())
    ->      FROM tbStuInfo) AS S(sName, sDept, sAge)
    ->WHERE sAge >ALL (SELECT TIMESTAMPDIFF(YEAR,sBirthDate,NOW())
    ->                   FROM tbStuInfo WHERE Sdept='07')
    ->      AND sDept <>'07';           /* 父查询块中的条件 */
+--------+------+-------+
| sName  | sAge | sDept |
+--------+------+-------+
| 郭兰英 | 22   | 08    |
| 王皓   | 22   | 08    |
+--------+------+-------+
2 rows in set (0.00 sec)
```

ANY(或 SOME)、ALL 谓词与聚集函数、IN 谓词的等价转换关系见表 3-12。

表 3-12　ANY(或 SOME)、ALL 谓词与聚集函数、IN 谓词的等价转换关系

	=	<>或! =	<	<=	>	>=
ANY	IN	——	<MAX	<=MAX	>MIN	>=MIN
ALL	——	NOT IN	<MIN	<=MIN	>MAX	>=MAX

3.6.3　集合查询

SQL 操作的特点是集合方式,操作的对象及结果都是集合,所以多个查询操作的结果可进行集合操作。集合操作主要包括并操作 UNION、交操作 INTERSECT 和差操作 EXCEPT。

参加集合操作的查询必须满足"两相同"原则:查询结果所含的列数相同;对应项的数据类型必须相同。

MySQL 长期支持 UNION;MySQL 8.0 增加了对 INTERSECT 和 EXCEPT(MySQL 8.0.31 及更高版本)的支持。

【例 3-68】 查询理学院(sDept='07')的学生及年龄大于 21 岁的学生信息。

方法一:

```
mysql>SELECT * FROM tbStuInfo WHERE sDept='07'
    ->UNION
    ->SELECT * FROM tbStuInfo
    ->WHERE TIMESTAMPDIFF(YEAR,sBirthDate,NOW())>21;

+----------+--------+------+----------+-------+------------+------------+------+
| sNo      | sName  | sSex | sClass   | sDept | sBirthDate | sBirthPlace| sPwd |
+----------+--------+------+----------+-------+------------+------------+------+
| 2020072101| 贺世娜 | f    | 20200721 | 07    | 2002-09-12 | 浙江东阳   | NULL |
| 2020072113| 郭兰   | f    | 20200721 | 07    | 2003-04-05 | 浙江丽水   | NULL |
| 2020082313| 郭兰英 | f    | 20200823 | 08    | 2001-05-04 | NULL       | NULL |
| 2020082335| 王皓   | m    | 20200823 | 08    | 2001-10-28 | NULL       | NULL |
```

```
+----------+-----+-----+--------+------+-----------+------------+------+
4 rows in set (0.00 sec)
```

方法二：

```
mysql>SELECT * FROM tbStuInfo WHERE sDept='07'
    ->OR TIMESTAMPDIFF(YEAR,sBirthDate,NOW())>21;
```

查询结果同上。

【例 3-69】　查询信息学院(sDept='08')女生的信息。

方法一：

```
mysql>SELECT * FROM tbStuInfo WHERE sDept='08'
    ->INTERSECT
    ->SELECT * FROM tbStuInfo WHERE sSex='f';
+----------+-----+-----+--------+------+-----------+------------+------+
| sNo      | sName| sSex | sClass  | sDept | sBirthDate | sBirthPlace | sPwd |
+----------+-----+-----+--------+------+-----------+------------+------+
| 2020082101 | 应胜男| f    | 20200821 | 08    | 2002-11-08 | 河南开封     | NULL |
| 2020082313 | 郭兰英| f    | 20200823 | 08    | 2001-05-04 | NULL       | NULL |
+----------+-----+-----+--------+------+-----------+------------+------+
2 rows in set (0.00 sec)
```

方法二：

```
mysql>SELECT * FROM tbStuInfo WHERE sDept='08' AND sSex='f';
```

查询结果同上。

【例 3-70】　查询信息学院(sDept='08')的女生与年龄小于 21 岁的学生的差集。

方法一：

```
mysql>SELECT * FROM tbStuInfo WHERE sDept='08' AND sSex='f'
    ->EXCEPT
    ->SELECT * FROM tbStuInfo
    ->WHERE TIMESTAMPDIFF(YEAR,sBirthDate,NOW())<21;
+----------+-----+-----+--------+------+-----------+------------+------+
| sNo      | sName| sSex | sClass  | sDept | sBirthDate | sBirthPlace | sPwd |
+----------+-----+-----+--------+------+-----------+------------+------+
| 2020082101 | 应胜男| f    | 20200821 | 08    | 2002-11-08 | 河南开封     | NULL |
| 2020082313 | 郭兰英| f    | 20200823 | 08    | 2001-05-04 | NULL       | NULL |
+----------+-----+-----+--------+------+-----------+------------+------+
2 rows in set (0.00 sec)
```

方法二：

```
mysql>SELECT * FROM tbStuInfo WHERE sDept='08' AND sSex='f'
    ->AND TIMESTAMPDIFF(YEAR,sBirthDate,NOW())>=21;
```

查询结果同上。

【例 3-71】　用集合操作实现例 3-65：查询至少选修了学生 2020082236 选修的全部课

程的学生学号。

解题思路 假设学生 2020082236 选修的全部课程为 C_0,学生 x 选修的全部课程为 C_x。如果学生 x 满足条件,那么如下的集合关系成立:

$$C_0 \subseteq C_x, \quad C_0 - C_x = \phi$$

由此,可以得到如下的 SQL 查询:

```
mysql>SELECT sNo
    ->FROM tbStuInfo SCX
    ->WHERE NOT EXISTS
    ->    (SELECT cNo FROM tbSC SCY WHERE SCY.sNo=2020082236
    ->     EXCEPT
    ->     SELECT cNo FROM tbSC SCZ WHERE SCZ.sNo=SCX.sNo);
+------------+
| sNo        |
+------------+
| 2020082101 |
| 2020082131 |
| 2020082236 |
+------------+
3 rows in set (0.00 sec)
```

3.7 | 数据更新

对数据库表中的数据执行增加、删除、修改操作是必不可少的工作。其中,增加是向数据表中添加新的记录;修改是对已经存在的记录进行更新;删除则是删除数据库中已存在的记录。下面介绍如何向数据库中增加、删除和修改记录。

视频讲解

3.7.1 插入数据

插入数据是向表中添加新的记录。MySQL 通过 INSERT 语句来插入新的数据。使用 INSERT 语句可以一次插入一个元组,还可以同时插入多个元组。

1. 插入元组

通常情况下,插入的新记录要包含表的所有字段。INSERT 语句可以采用两种方式为表的所有字段插入数据:不指定具体的字段名;列出表的所有字段。

语法格式:

```
INSERT INTO <表名>
                [(<属性列 1>[,<属性列 2 >…)]
VALUES
                (<常量 1>[,<常量2>]… )
```

其中,INTO 子句指定要插入数据的表名及属性列,属性列的顺序可与表定义中的顺序不一致。如果没有指定属性列,则表示要插入的是一条完整的元组,且属性列的顺序与表定义中的顺序一致;如果指定部分属性列,则要插入的元组在其余属性列上取空值。VALUES 子句提供的值必须与 INTO 子句匹配,遵守"两相同"原则。

(1) 值的个数相同:所提供的值的数目应该与表的字段数相同;

（2）值的类型相同：插入的值的数据类型要与表中对应字段的数据类型一致。

【例 3-72】 向 tbStuInfo 表中插入一条新记录，不指定字段。

（1）从表中删除已有数据，以防插入失败。

```
mysql>DELETE FROM tbStuInfo WHERE sNo=2021072333;
Query OK, 1 row affected (0.01 sec)
```

（2）插入新记录，提供全部字段值，顺序与定义时相同。

```
mysql>INSERT INTO tbStuInfo
    ->VALUES (2021072333,'王建平', 'm', 20210723, '07', '2001-05-06', '广东广州',
'2021072333');
Query OK, 1 row affected (0.01 sec)
```

【例 3-73】 向 tbStuInfo 表中插入一条新记录，指定全部字段。

（1）从表中删除已有数据，以防插入失败。

```
mysql>DELETE FROM tbStuInfo WHERE sNo=2021092333;
Query OK, 1 row affected (0.01 sec)
```

（2）插入新记录，提供全部字段，系部 sDept 与班级字段 sClass 位置互换。

```
mysql>INSERT INTO
    ->tbStuInfo(sNo,sName, sSex, sDept, sClass, sBirthDate,
sBirthPlace, sPwd)
    ->VALUES (2021092333,'李四', 'm', '09', 20210923, '2003-05-06',
'广西柳州', '2021092333');
Query OK, 1 row affected (0.00 sec)
```

如果表的字段比较多，例 3-73 的方法就比较麻烦。但是，这种方法比较灵活，可以随意地设置字段的顺序，值的顺序也必须随着字段顺序的改变而改变。

【例 3-74】 将课程信息（课程号为 GG02；课程名为大学物理；先修课为 NULL）插入 tbCourse 表中。

（1）从表中删除已有数据，以防插入失败。

```
mysql>DELETE FROM tbCourse WHERE cNo='GG02';
Query OK, 1 row affected (0.02 sec)
```

（2）插入新记录，提供部分字段，此种方式更灵活。

```
mysql>INSERT INTO tbCourse(cNo,cName, cPno)
    ->VALUES ('GG02', '大学物理', NULL);
Query OK, 1 row affected (0.00 sec)

mysql>SELECT * FROM tbCourse WHERE cNo='GG02';
+------+----------+---------+------+-------+
| cno  | cName    | cCredit | cPno | cType |
+------+----------+---------+------+-------+
| GG02 | 大学物理  | NULL    | NULL | NULL  |
+------+----------+---------+------+-------+
```

1 row in set (0.00 sec)

未提供值的两个字段 cCredit，cType 系统自动填充 NULL。注意，如果指定属性列名，则主码所在列、NOT NULL 约束的属性列不能省略。

2. 插入多个元组

用上面的方法逐条插入多条记录，每次都要写一个新的 INSERT 语句。MySQL 中，一个 INSERT 语句可以同时插入多条记录。

1) 一次插入多条记录

语法格式：

```
INSERT INTO 表名[(字段名列表)]
VALUES(取值列表 1),(取值列表 2),…,(取值列表 n)
```

其中，"取值列表"参数表示要插入的记录，每条记录之间用逗号隔开。如果插入的记录较多，这种方式会比逐条插入更为高效。

【例 3-75】 为学号 2021092333 的同学选修 CS02 和 GG02 两门课程。

(1) 从表中删除已有数据，以防插入失败。

```
mysql>DELETE FROM tbSC WHERE sNo=2021092333;
Query OK, 2 rows affected (0.01 sec)
```

(2) 插入新记录，提供部分字段，此种方式更灵活。

```
mysql>INSERT INTO tbSC(sNo, cNo)
    ->VALUES (2021092333, 'CS02'),(2021092333, 'GG02');
Query OK, 2 rows affected (0.00 sec)
Records: 2 Duplicates: 0 Warnings: 0
```

(3) 查询刚刚插入的记录。

```
mysql>SELECT * FROM tbSC WHERE sNo=2021092333;
+------------+------+-------+
| sNo        | cNo  | grade |
+------------+------+-------+
| 2021092333 | CS02 | NULL  |
| 2021092333 | GG02 | NULL  |
+------------+------+-------+
2 rows in set (0.00 sec)
```

2) 通过 SQL 查询一次插入多个元组

```
INSERT INTO <表名>
        [(<属性列 1>[,<属性列 2>…)]
SELECT <属性列 1>[,<属性列 2>…]
FROM …
WHERE …
```

【例 3-76】 将学生的学号、姓名放入一张新表 tbStuBasic。

```
#@如果表已经存在,先删除它
mysql>DROP TABLE IF EXISTS tbStuBasic;
```

```
Query OK, 0 rows affected (0.05 sec)
#@创建学生信息表
mysql>CREATE TABLE tbStuBasic(
    ->sNo int unsigned comment '学号' PRIMARY KEY,#主键
    ->sName varchar(20) comment '学生姓名');
Query OK, 0 rows affected (0.03 sec)
#@从学生表导入数据
mysql>INSERT INTO tbStuBasic
    ->SELECT sNo,sName
    ->FROM tbStuInfo;
Query OK, 12 rows affected (0.01 sec)

mysql>SELECT * FROM tbStuBasic LIMIT 2;
+------------+--------+
| sNo        | sName  |
+------------+--------+
| 2020072101 | 贺世娜 |
| 2020072113 | 郭兰   |
+------------+--------+
2 rows in set (0.00 sec)
```

3.7.2　修改数据

视频讲解

修改数据是更新表中已经存在的记录,通过这种方式可以改变表中已经存在的数据。例如,学生表中某个学生的性别错了,这就需要在学生表中修改该同学的性别。MySQL 通过 UPDATE 语句来修改数据。

语法格式:

```
UPDATE 表名
SET 字段名 1=取值 1,字段名 2=取值 2,…,字段名 n=取值 n
WHERE 条件表达式
```

其中,"字段名 i"参数表示需要更新的字段的名称,"取值 i"参数表示为字段更新的新数据,"条件表达式"参数指定更新满足条件的记录。

UPDATE 有以下三种修改数据的方式:

(1) 修改某一个元组的值;

(2) 修改多个元组的值;

(3) 带子查询的修改语句。

【例 3-77】　更新 tbStuInfo 表中 sNo 值为 2021092333 的记录。将 sName 字段的值变为'郭兰',将 sSex 字段的值变为'f'。

(1) 更新单条记录。

```
mysql>UPDATE tbStuInfo
    ->SET sName='郭兰',sSex='f'
    ->WHERE sNo=2021092333;
Query OK, 0 rows affected (0.00 sec)
Rows matched: 1 Changed: 0 Warnings: 0
```

(2) 查询刚刚更新后的记录。

```
mysql>SELECT * FROM tbStuInfo WHERE sNo=2021092333;
+----------+-----+-----+--------+------+-----------+-----------+----------+
| sNo      |sName| sSex| sClass | sDept| sBirthDate| sBirthPlace| sPwd     |
+----------+-----+-----+--------+------+-----------+-----------+----------+
| 2021092333|郭兰 | f   | 20210923| 09   | 2003-05-06|广西柳州    | 2021092333|
+----------+-----+-----+--------+------+-----------+-----------+----------+
1 row in set (0.00 sec)
```

表中满足条件表达式的记录可能不只一条,使用 UPDATE 语句会更新所有满足条件的记录。

【例 3-78】 更新 tbStuInfo 表中 sName 值为郭兰的记录。将 sBirthDate 字段的值变为"2001-01-01",将 sPwd 字段的值变为"20010101"。

代码及结果如下:

```
mysql>UPDATE tbStuInfo
    ->SET sPwd ='20010101', sBirthDate='2001-01-01'
    ->WHERE sName='郭兰';
Query OK, 0 rows affected (0.00 sec)
Rows matched: 2 Changed: 2 Warnings: 0
```

结果显示更新了两条数据。

【例 3-79】 将工学院全体学生的成绩清零。

```
mysql>UPDATE tbSC SET grade=0
    ->WHERE sNo IN ( SELECT sNo FROM tbStuInfo WHERE sDept='09');
Query OK, 2 rows affected (0.01 sec)
Rows matched: 2 Changed: 2 Warnings: 0
```

结果显示更新了两条数据,本更新语句条件中用到了子查询。

3.7.3 删除数据

删除数据是删除表中已经存在的记录。通过这种方式可以删除表中不再使用的记录。例如,学生表中某个学生退学了,这就需要从学生表中删除该同学的信息。MySQL 通过 DELETE 语句来删除数据。如果完全清除某一个表可以使用 TRUNCATE。

1. DELETE 语句

语法格式:

DELETE FROM 表名[WHERE 条件表达式]

其中,"表名"参数指明从哪个表中删除数据,"WHERE 条件表达式"指定删除表中的哪些数据。如果没有该条件表达式,数据库系统就会删除表中的所有数据。

与 UPDATE 类似,DELETE 也有三种删除方式:

(1) 删除某一个元组的值;

(2) 删除多个元组的值;

(3) 带子查询的删除语句。

删除记录时,如果有引用关系存在,要注意记录的删除顺序。如图 3-9 所示,tbStuInfo、tbCourse 与 tbSC 之间有引用关系,此时若要删除 tbStuInfo 和 tbCourse 表中的数据,需要先删除 tbSC 中的相关联数据。

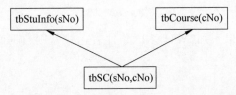

图 3-9　tbStuInfo、tbCourse 与 tbSC 之间有引用关系

【例 3-80】　删除 tbStuInfo 表中 sNo 值为 2021092333 的记录。

(1) 先删除关联记录。

```
mysql>DELETE FROM tbSC
    ->WHERE sNo=2021092333;
Query OK, 2 rows affected (0.01 sec)
```

(2) 后删除指定记录。

```
mysql>DELETE FROM tbStuInfo
    ->WHERE sNo=2021092333;
Query OK, 1 row affected (0.00 sec)
```

(3) 查询删除后的表。

```
mysql>SELECT * FROM tbStuInfo WHERE sNo=2021092333;
Empty set (0.00 sec)
```

从结果中可以看到,指定记录被删除。

注意,在删除有引用关系的元组时,一定要先删除引用表的相关元组,再删除被引用表的记录。

本例中,删除关联记录时,有两个元组满足条件,一起被删除;而指定的学生记录只有一条匹配,所以删除了一个元组。

【例 3-81】　删除 tbCourse 表中 cNo 值为"GG02"的记录。

(1) 先删除关联记录。

```
mysql>DELETE FROM tbSC
    ->WHERE cNo='GG02';
Query OK, 0 rows affected (0.00 sec)
```

(2) 后删除指定记录。

```
mysql>DELETE FROM tbCourse
    ->WHERE cNo='GG02';
Query OK, 1 row affected (0.01 sec)
```

(3) 查询删除后的表。

```
mysql>SELECT * FROM tbCourse WHERE cNo='GG02';
Empty set (0.00 sec)
```

【例 3-82】 将工学院学生的选课记录删除。

```
mysql>DELETE FROM tbSC
    ->WHERE sNo IN ( SELECT sNo FROM tbStuInfo WHERE sDept='09');
    Query OK, 2 rows affected (0.02 sec)
```

DELETE 语句中,如果不加"WHERE 条件表达式",则数据库系统会删除指定表中的所有数据,请读者谨慎使用。

2. TRUNCATE 语句

TRUNCATE TABLE 用于完全清空一个表。

语法格式:

```
TRUNCATE [TABLE] 表名
```

【例 3-83】 清除 tbStuBasic 表。

代码及结果为:

```
mysql>TRUNCATE TABLE tbStuBasic;
Query OK, 0 rows affected (0.05 sec)
```

TRUNCATE TABLE 与 DELETE 的区别如下。

(1) TRUNCATE TABLE 在功能上与不带 WHERE 子句的 DELETE 语句相同,二者均删除表中的全部行。

(2) TRUNCATE TABLE 比 DELETE 速度快,且使用的系统和事务日志资源少。DELETE 语句每次删除一行,并在事务日志中为所删除的每行记录一项;TRUNCATE TABLE 通过释放存储表数据所用的数据页来删除数据,并且只在事务日志中记录页的释放。

(3) TRUNCATE TABLE 语句清空表记录后会重新设置自增型字段的计数起始值为 1;而使用 DELETE 语句删除记录后自增字段的值并没有设置为起始值,而是依次递增。

TRUNCATE、DELETE、DROP 比较如下。

(1) TRUNCATE TABLE:删除内容,释放空间,但不删除定义。

(2) DELETE TABLE:删除内容,不删除定义,不释放空间。

(3) DROP TABLE:删除内容,删除定义,释放空间。

如果表中数据量特别大,例如超过几百万行,建议使用 TRUNCATE TABLE,比 DELETE TABLE 要快很多。

视频讲解

3.7.4 空值的处理

空值(NULL),就是"不知道"或"不存在"或"无意义"的值。造成空值的原因有如下几点。

(1) 该属性应该有一个值,但目前不知道它的具体值。例如,学期末学生选择下学期的课,此时,学生还没有学习课程,所以成绩表中的分数应该为 NULL。

(2) 该属性不应该有值。例如,教师信息表中的配偶姓名,未婚教师这一栏应该为 NULL。

(3) 由于某种原因不便于填写。例如,一个人的手机号码不想让人知道,则取空值。

同时,空值不代表空字符串,空字符串是有值的,所以要注意区分。由于空值的不确定性,需要对其做特殊的处理。

1. 空值的插入

【**例 3-84**】　为学生 2020082237 选修'CS02'课程。

(1) 先从表中删除已经选过该课的信息,以防报错。

(2) 插入记录,按定义时的列数目、顺序提供。

```
mysql>DELETE FROM tbSC WHERE sNo=2020082237 AND cNo='CS02';
Query OK, 0 row affected (0.01 sec)

mysql>INSERT INTO tbSC VALUES (2020082237,'CS02',NULL);
Query OK, 1 row affected (0.00 sec)
```

【**例 3-85**】　为学生 2020082237 选修'CS03'课程。

(1) 先从表中删除已经选过该课的信息,以防报错。

(2) 插入记录,指定部分列。

```
mysql>DELETE FROM tbSC WHERE sNo=2020082237 AND cNo='CS03';
Query OK, 0 row affected (0.00 sec)

mysql>INSERT INTO tbSC(sNo,cNo) VALUES (2020082237,'CS03');
Query OK, 1 row affected (0.01 sec)
```

例 3-84 通过显式地提供 NULL 值为 grade 列赋了一个空值,而例 3-85 则没有为 grade 列提供值,系统默认赋一个空值。

2. 空值的更新

【**例 3-86**】　将教师 01884 的密码置为空。

```
mysql>UPDATE tbTeacherInfo SET tPwd=NULL WHERE tNo='01884';
Query OK, 0 rows affected (0.00 sec)
Rows matched: 1 Changed: 0 Warnings: 0

mysql>SELECT tNo, tPwd FROM tbTeacherInfo WHERE tNo='01884';
+-------+------+
| tNo   | tPwd |
+-------+------+
| 01884 | NULL |
+-------+------+
1 row in set (0.00 sec)
```

3. 空值的判断

通过 IS［NOT］NULL 来判断一个值是否为空。更多例子详见 3.5.2 节第 3 部分。

【**例 3-87**】　查询学生信息表中的出生地属性大于或等于"山西"及小于"山西"的学生姓名、出生地。

```
mysql>SELECT sName, sBirthPlace FROM tbStuInfo
    ->WHERE sBirthPlace>='山西' OR sBirthPlace<'山西';
+--------+-------------+
| sName  | sBirthPlace |
+--------+-------------+
```

```
| 贺世娜      | 浙江东阳          |
| 郭兰        | 浙江丽水          |
| 应胜男      | 河南开封          |
| 郑正星      | 浙江杭州          |
| 吕建鸥      | 浙江绍兴          |
| 王凯晨      | 浙江温州          |
| 任汉涛      | 山西吕梁          |
| 王建平      | 广东广州          |
+--------+-------------+
8 rows in set (0.00 sec)
```

"王建平"是在例 3-72 中插入的一个学生。

在二值逻辑中,条件表达式"sBirthPlace>='山西' OR sBirthPlace<'山西'"可以涵盖全部 sBirthPlace 的值。然而,在 SQL 中,查询只返回使条件为真的行。对于 sBirthPlace 值为 NULL 的那些行,这两个条件都不能为真。因此,返回结果中会缺少 sBirthPlace 值为 NULL 的行。

```
mysql>SELECT sName, sBirthPlace FROM tbStuInfo
    ->WHERE sBirthPlace>='山西' OR sBirthPlace<'山西' OR sBirthPlace IS NULL;
+--------+-------------+
| sName  | sBirthPlace |
+--------+-------------+
| 贺世娜      | 浙江东阳          |
| 郭兰        | 浙江丽水          |
| 应胜男      | 河南开封          |
| 郑正星      | 浙江杭州          |
| 吕建鸥      | 浙江绍兴          |
| 王凯晨      | 浙江温州          |
| 任汉涛      | 山西吕梁          |
| 刘盛彬      | NULL           |
| 郭兰英      | NULL           |
| 王皓        | NULL           |
| 张赛娇      | NULL           |
| 金文静      | NULL           |
| 王建平      | 广东广州          |
+--------+-------------+
13 rows in set (0.00 sec)
```

4. 空值的算术、比较及逻辑运算

【例 3-88】 空值参与的算术与逻辑运算。

```
mysql>SELECT NULL <3, NULL +3;
+---------+---------+
| NULL <3 | NULL +3 |
+---------+---------+
| NULL    | NULL    |
+---------+---------+
1 row in set (0.00 sec)
```

用 NULL 做操作数的比较运算结果为 NULL,可认为是第三个逻辑状态 UNKNOWN。

算术运算的结果为 NULL 值,逻辑运算符真值表见表 3-13。有了 UNKOWN 之后,逻辑运算仍然满足以下规则:对于 OR 运算,只要有一个操作数为真,结果即为真;对于 AND 运算,只要有一个操作数为假,结果即为假。

表 3-13　逻辑运算符真值表

x	y	x AND y	x OR y	NOT x
T	T	T	T	F
T	U	U	T	F
T	F	F	T	F
U	T	U	T	U
U	U	U	U	U
U	F	F	U	U
F	T	F	T	T
F	U	F	U	T

注:T 表示 TRUE,F 表示 FALSE,U 表示 UNKNOWN。

如果 NULL 参加聚集函数运算,则被忽略。

【例 3-89】　求学生 2020082237 的最高分、最低分、平均分、总分及分数个数。

(1) 查看该生成绩表情况。

```
mysql>SELECT *
    ->FROM tbSC WHERE sNo =2020082237;
+------------+------+-------+
| sNo        | cNo  | grade |
+------------+------+-------+
| 2020082237 | CS01 | 90.0  |
| 2020082237 | CS02 | NULL  |
| 2020082237 | CS03 | NULL  |
+------------+------+-------+
3 rows in set (0.00 sec)
```

(2) NULL 值对聚集函数的影响。

```
mysql>SELECT MAX(grade), MIN(grade), AVG(grade), SUM(grade), COUNT(grade)
    ->FROM tbSC WHERE sNo =2020082237;
+------------+------------+------------+------------+--------------+
| MAX(grade) | MIN(grade) | AVG(grade) | SUM(grade) | COUNT(grade) |
+------------+------------+------------+------------+--------------+
| 90.0       | 90.0       | 90.00000   | 90.0       | 1            |
+------------+------------+------------+------------+--------------+
1 row in set (0.00 sec)
```

从结果可以看出,NULL 值在聚集函数中被忽略。

3.8 视图

视频讲解

视图(view)是从一个或多个基本表(或视图)中导出的表,是一种虚拟存在的表。视图就像一个窗口,通过这个窗口可以看到系统专门提供的数据。这样,用户可以不用看到整个数据表中的数据,而只关心对自己有用的数据。视图可以使用户的操作更方便,并且可以保障数据库系统安全。

3.8.1 视图概述

作为常用的数据库对象,视图为数据查询提供了一条捷径。视图是一个虚拟表,其内容由查询定义,不占用存储空间。视图中保存的仅为一条 SELECT 语句,其数据源来自表或其他视图,由定义视图的查询所引用的表动态生成。当基本表发生变化时,视图的数据也会随之变化。视图与基本表之间的对应关系见图 3-10。

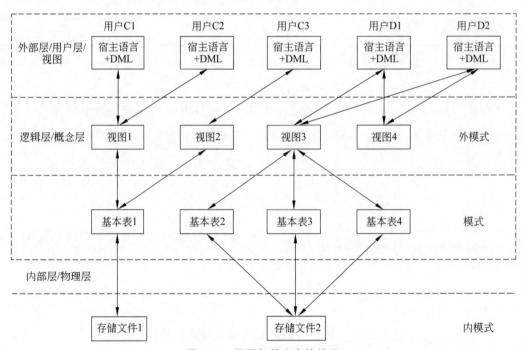

图 3-10 视图与基本表的关系

使用视图主要有两个原因。

(1)安全问题:视图可以隐藏一些数据,例如学生信息表,可以用视图只显示学号、姓名、性别、班级,而不显示出生日期等。

(2)简化查询:视图使复杂的查询易于理解和使用。

当调用视图时,才会执行视图中的 SQL 查询语句,取出数据。视图的内容没有存储,因而不会占用空间,由于是即时引用,视图的内容总是与真实表的内容一致。

3.8.2　视图定义

1. 创建视图

创建视图需要具有 CREATE VIEW 的权限,同时,还应具有查询所涉及的列的 SELECT 权限。在 MySQL 数据库中,用户权限信息保存在 user 表中,可以通过 SELECT 语句进行查询。

创建视图的语法格式如下:

```
CREATE [OR REPLACE] [algorithm ={undefined | merge | temptable }]
VIEW 视图名[(视图列表)]
AS 查询语句
[WITH [CASCADE | LOCAL] CHECK OPTION]
```

CREATE VIEW 语句创建一个新视图,在给定 OR REPLACE 子句的情况下替换现有视图。如果视图不存在,CREATE OR REPLACE VIEW 与 CREATE VIEW 相同;如果视图确实存在,CREATE OR REPLACE VIEW 将替换它。

参数说明

(1)"视图名"参数表示要创建的视图名称。

(2) algorithm 是可选参数,表示视图选择的算法。

① undefined 选项表示 MySQL 自动选择要使用的算法;

② merge 选项表示将使用视图的语句与视图的定义合起来,使得视图定义的某部分取代语句的对应部分;

③ temptable 选项表示将视图的结果存入临时表,然后使用临时表执行 SQL 语句。

(3)"查询语句"参数是一个完整的查询语句,表示从某个表中查出某些满足条件的记录,将这些记录导入视图中。其中,CASCADE 是可选参数,表示更新视图时要满足所有相关视图和表的条件,该参数为默认值;LOCAL 表示更新视图时,要满足该视图本身的定义条件即可;WITH CHECK OPTION 是可选参数,它的作用是限制更新视图数据时的范围,即确保更新的数据符合视图的条件。

子查询可以是任意的 SELECT 语句,是否可以含有 ORDER BY 子句和 DISTINCT 短语,则取决于具体系统的实现。

SELECT 语句中组成视图的属性列名需要全部省略或全部指定。

(1) 全部省略：由子查询中 SELECT 目标列中的诸字段组成。

(2) 下列情况必须明确指定视图的所有列名：

① 某个目标列是聚集函数或列表达式;

② 多表连接时选出了几个同名列作为视图的字段;

③ 需要在视图中为某个列启用新的更合适的名字。

【例 3-90】　建立工学院学生的视图,要求包含学生的学号、姓名、出生日期。

```
mysql>CREATE OR REPLACE VIEW Engineering_Student
    ->AS
```

```
->SELECT sNo, sName, sBirthDate
->FROM tbStuInfo
->WHERE Sdept='09';
Query OK, 0 rows affected (0.01 sec)

mysql>SELECT * from Engineering_Student;
+------------+--------+------------+
| sNo        | sName  | sBirthDate |
+------------+--------+------------+
| 2020092213 | 张赛娇  | 2003-03-06 |
| 2020092235 | 金文静  | 2002-09-05 |
+------------+--------+------------+
2 rows in set (0.00 sec)
```

该视图定义建立在单表 tbStuInfo 上,只有选择与投影操作,此类视图称为行列子集视图。

【例 3-91】 建立工学院学生的视图,定义视图时添加 WITH CHECK OPTION。

```
mysql>CREATE OR REPLACE VIEW Engineering_Student
    ->AS
    ->SELECT sNo, sName, sBirthDate
    ->FROM tbStuInfo
    ->WHERE Sdept='09'
    ->WITH CHECK OPTION;
Query OK, 0 rows affected (0.01 sec)

mysql>SELECT * from Engineering_Student;
+------------+--------+------------+
| sNo        | sName  | sBirthDate |
+------------+--------+------------+
| 2020092213 | 张赛娇  | 2003-03-06 |
| 2020092235 | 金文静  | 2002-09-05 |
+------------+--------+------------+
2 rows in set (0.00 sec)
```

为了测试 WITH CHECK OPTION 的作用,通过视图添加一个学生信息。由于视图定义只有 3 列,所以我们只提供 3 列数据。

```
mysql>INSERT INTO Engineering_Student
    ->VALUES (2021092110, '爱因斯坦', '2004-05-31');
ERROR 1369 (HY000): CHECK OPTION failed
'textbook_stu.engineering_student'
```

可以看到,该数据不能正确插入,出错原因是"CHECK OPTION failed"。也就是说,加入 WITH CHECK OPTION 后,系统会自动检测要加入的数据是否满足 WHERE 条件子句。但是,WHERE 条件子句用到了 sDept,定义视图时没有包含此属性,所以需要重新定义视图,才能保证正确的插入。

```
mysql>CREATE OR REPLACE VIEW Engineering_Student
    ->AS
    ->SELECT sNo, sName, sBirthDate, sDept
    ->FROM tbStuInfo
    ->WHERE sDept='09'
    ->WITH CHECK OPTION;
Query OK, 0 rows affected (0.01 sec)

mysql>INSERT INTO Engineering_Student
    ->VALUES (2021092110, '爱因斯坦', '2004-05-31', '09');
Query OK, 1 row affected (0.01 sec)
```

不能正确插入的例子：

```
mysql>INSERT INTO Engineering_Student
    ->VALUES (2021072110, '牛顿', '2004-05-31', '07');
ERROR 1369 (HY000): CHECK OPTION failed 'textbook_stu.engineering_student'
```

系部编码为 09 的数据可以正确插入，而系部编码为 07 的不能正确插入，所以 WITH CHECK OPTION 可以保证通过该视图插入的是工学院的学生。

使用 WITH CHECK OPTION 选项时，必须将 WHERE 条件子句使用的属性包含在视图定义中。

【例 3-92】　建立信息学院选修了 CS01 课程的学生的视图（包括学号、姓名、成绩）。

```
mysql>CREATE OR REPLACE VIEW INFO_CS01(sNo,sName,grade) AS
    ->SELECT tbStuInfo.sNo,sName,grade
    ->FROM tbStuInfo, tbSC
    ->WHERE sDept='08' AND tbStuInfo.sNo=tbSC.sNo AND tbSC.cNo='CS01';
Query OK, 0 rows affected (0.01 sec)
mysql>SELECT * FROM INFO_CS01;
+------------+--------+-------+
| sNo        | sName  | grade |
+------------+--------+-------+
| 2020082101 | 应胜男 | 79.0  |
| 2020082131 | 吕建鸥 | 95.0  |
| 2020082135 | 王凯晨 | 85.0  |
| 2020082236 | 任汉涛 | 83.0  |
| 2020082237 | 刘盛彬 | 90.0  |
+------------+--------+-------+
5 rows in set (0.00 sec)
```

通过视图删除一个数据：

```
mysql>DELETE FROM INFO_CS01 WHERE sNo=2020082101;
ERROR 1395 (HY000): Can not delete from join view 'textbook_stu.info_cs01'
```

此时会发现无法执行。为什么？由于这个视图是多个表形成的 JOIN VIEW，并不是行列子集视图，因此不能对这个视图进行删除操作。

【例 3-93】 建立信息学院选修了 CS01 课程且成绩不低于 90 的学生的视图（包括学号、姓名、成绩）。

```
mysql>CREATE OR REPLACE VIEW INFO_CS01Above90 AS
    ->SELECT * FROM INFO_CS01
    ->WHERE grade>=90;
Query OK, 0 rows affected (0.01 sec)

mysql>SELECT * FROM INFO_CS01Above90;
+-------------+----------+--------+
| sNo         | sName    | grade  |
+-------------+----------+--------+
| 2020082131  | 吕建鸥   | 95.0   |
| 2020082237  | 刘盛彬   | 90.0   |
+-------------+----------+--------+
2 rows in set (0.01 sec)
```

由于前面已经建立了信息学院选修了 CS01 课程的视图 INFO_CS01，对于本例要求的视图直接从 INFO_CS01 建立即可。建立本视图时，视图中所包含的列以及 SELECT 后的列都采用了默认值。

【例 3-94】 建立学生信息视图，用于展示学生学号、姓名和年龄。

```
mysql>CREATE OR REPLACE VIEW V_StuAge(sNo, sName, sAge) AS
    ->SELECT sNo, sName, TIMESTAMPDIFF(YEAR, sBirthDate, NOW())
    ->FROM tbStuInfo;
Query OK, 0 rows affected (0.01 sec)

mysql>SELECT * FROM V_StuAge LIMIT 2;
+-------------+----------+--------+
| sNo         | sName    | sAge   |
+-------------+----------+--------+
| 2020072101  | 贺世娜   | 21     |
| 2020072113  | 郭兰     | 22     |
+-------------+----------+--------+
2 rows in set (0.00 sec)
```

在本例中，定义视图的 SELECT 语句中有一个函数（称为生成列或计算列），此时必须为这个列起一个名字，所以视图名之后的列名称不能省略。

【例 3-95】 建立由学生的学号及平均成绩组成的视图。

```
mysql>CREATE OR REPLACE VIEW v_stuAvgGrade(sNo, Gavg) AS
    ->      SELECT sNo, AVG(grade) Gavg
    ->      FROM tbSC
    ->      GROUP BY sNo
    ->      ORDER BY Gavg;
Query OK, 0 rows affected (0.01 sec)

mysql>SELECT * FROM v_stuAvgGrade LIMIT 3;
```

```
+------------+----------+
| sNo        | Gavg     |
+------------+----------+
| 2020082236 | 82.00000 |
| 2020082101 | 82.37500 |
| 2020082131 | 83.50000 |
+------------+----------+
3 rows in set (0.00 sec)
```

在本例中,定义视图的 SELECT 语句中有聚集函数 AVG,也必须为这个列起一个名字,所以视图名之后的列名称不能省略。

创建视图时,需要注意以下几点。

(1) 运行创建视图的语句需要用户具有创建视图(CREATE VIEW)的权限,若加了[OR REPLACE],则还需要用户具有删除视图(DROP VIEW)的权限。

(2) 在定义中引用的表或视图必须存在,但是创建视图后,能够删除定义引用的表或视图。

(3) 在定义中不能引用 temporary 表,不能创建 temporary 视图。

(4) 在视图定义中允许使用 ORDER BY,但是,如果从特定视图进行了选择,而该视图使用 ORDER BY 子句,它将被忽略。

注意:

(1) 使用视图查询时,如果使用了"＊"来选择基本表的全部列,若其关联的基本表中添加了新字段,则该视图将不包括新字段;

(2) 如果与视图相关联的表或视图被删除,则该视图将不能正确工作。

2. 删除视图

删除视图时,只能删除视图的定义,不会删除数据。要删除视图,用户必须拥有 DROP VIEW 权限。

语法格式:

```
DROP VIEW [IF EXISTS] VIEW_name[,VIEW_name2]…
[RESTRICT|CASCADE]
```

其中,VIEW_name 是视图名,声明了 IF EXISTS,若视图不存在,也不会出现错误信息。在 MySQL 中,也可以声明 RESTRICT 和 CASCADE,但没什么影响。使用 DROP VIEW 可以一次删除多个视图。

【例 3-96】 删除视图 v_stuAvgGrade。

```
mysql>DROP VIEW IF EXISTS v_stuAvgGrade;
Query OK, 0 rows affected, 1 warning (0.01 sec)
```

3. 查看视图定义

查看视图是指查看数据库中已经存在的视图的定义。查看视图必须要有 SHOW VIEW 的权限。查看视图的方法包括以下几条语句,它们从不同的角度显示视图的相关信息。

(1) DESCRIBE 视图名称;

(2) DESC 视图名称；

(3) SHOW TABLE STATUS LIKE '视图名'；

(4) SHOW CREATE VIEW '视图名'；

(5) 查询 information schema 数据库下的 VIEWS 表：

```
SELECT * FROM information_schema.VIEWS WHERE table_name ='视图名';
```

【例 3-97】 查看 v_stuAge 视图的信息。

```
mysql>DESCRIBE v_stuAge;
+--------+---------------+------+-----+---------+-------+
| Field  | Type          | Null | Key | Default | Extra |
+--------+---------------+------+-----+---------+-------+
| sNo    | int unsigned  | NO   |     | NULL    |       |
| sName  | varchar(20)   | YES  |     | NULL    |       |
| sAge   | bigint        | YES  |     | NULL    |       |
+--------+---------------+------+-----+---------+-------+
3 rows in set (0.00 sec)
```

```
mysql>DESC v_stuAge;
```

显示结果同上。

```
mysql>SHOW TABLE STATUS LIKE 'v_stuAge';
```

Name	Engine	Version	Row_format	Rows	Avg_row length	Data_length	Max_data length	Index_length	Data_free	Auto_increment	Create_time	Update_time	Check_time	Collation	Checksum	Create_options	Comment
v_stuage	NULL	NULL	NULL	NULL	NULL	NULL	NULL	NULL	NULL	NULL	2023-10-05 23:11:31	NULL	NULL	NULL	NULL	NULL	VIEW

```
1 row in set (0.00 sec)
```

```
mysql>SHOW CREATE VIEW v_stuAge\G
*************************** 1. row ***************************
                View: v_stuage
         Create View: CREATE ALGORITHM=UNDEFINED DEFINER='root'@'%'
SQL SECURITY DEFINER VIEW 'v_stuage' ('sNo','sName','sAge') AS select
'tbstuinfo'.'sNo' AS 'sNo','tbstuinfo'.'sName' AS
'sName',timestampdiff(YEAR,'tbstuinfo'.'sBirthDate',now()) AS
'timestampdiff(year, sBirthDate, now())' from 'tbstuinfo'
character_set_client: gbk
collation_connection: gbk_chinese_ci
1 row in set (0.00 sec)
```

```
mysql>SELECT * FROM information_schema.VIEWS
    ->WHERE table_name ='v_stuAge';
```

3.8.3　更新视图数据

更新视图是指通过视图来插入(INSERT)、修改(UPDATE)和删除(DELETE)表中的数据。因为视图是一个虚拟表,不存储数据,对视图数据的更新,都是转换到基本表来进行。更新视图时,只能更新权限范围内的数据,若超出范围,就不能更新。

【例 3-98】 对工学院的学生进行如下更新操作。

(1) 如果有 2021092110 的信息,则删除;否则什么都不做。

```
mysql>DELETE FROM Engineering_Student WHERE sNo=2021092110;
Query OK, 0 rows affected (0.00 sec)
```

(2) 能正确插入。

```
mysql>INSERT INTO Engineering_Student
    ->VALUES (2021092110, '爱因斯坦', '2004-05-31', '09');
Query OK, 1 row affected (0.01 sec)
```

(3) 更新前显示 2021092110 的信息。

```
mysql>SELECT * FROM Engineering_Student WHERE sNo=2021092110;
+------------+---------+------------+-------+
| sNo        | sName   | sBirthDate | sDept |
+------------+---------+------------+-------+
| 2021092110 | 爱因斯坦 | 2004-05-31 | 09    |
+------------+---------+------------+-------+
1 row in set (0.00 sec)
```

(4) 对系部编码之外的列进行更新。

```
mysql>UPDATE Engineering_Student SET sNo=2021092150 WHERE sNo=2021092110;
Query OK, 1 row affected (0.01 sec)
Rows matched: 1 Changed: 1 Warnings: 0

mysql>UPDATE Engineering_Student SET sName='薛定谔' WHERE sNo=2021092150;
Query OK, 1 row affected (0.00 sec)
Rows matched: 1 Changed: 1 Warnings: 0

mysql> UPDATE Engineering_Student SET sBirthdate = '2004-07-31' WHERE sNo=
2021092150;
Query OK, 1 row affected (0.00 sec)
Rows matched: 1 Changed: 1 Warnings: 0
```

(5) 更新后显示 2021092150 的信息。

```
mysql>SELECT * FROM Engineering_Student WHERE sNo=2021092150;
+------------+---------+------------+-------+
| sNo        | sName   | sBirthDate | sDept |
+------------+---------+------------+-------+
| 2021092150 | 薛定谔   | 2004-07-31 | 09    |
+------------+---------+------------+-------+
```

1 row in set (0.00 sec)

(6) 删除 2021092150 的信息。

mysql> DELETE FROM Engineering_Student WHERE sNo=2021092150;
Query OK, 1 row affected (0.00 sec)

关于视图的更新要牢记以下几点。

(1) 允许对行列子集视图进行更新,对其他类型视图的更新不同系统有不同限制。

(2) 对视图的更新会转换为对应基本表的更新。

(3) 如果对视图的更新不能唯一有意义地转换为对应基本表的更新,则该视图不可更新。

(4) WITH [CASCADE|LOCAL] CHECK OPTION 也将决定视图是否可以更新,LOCAL 参数表示更新视图时要满足该视图本身定义的条件即可;CASCADE 参数表示更新视图时满足所有相关视图和表的条件。

3.8.4 视图的优点

视图的好处可归纳为如下几点。

1. 使操作简单化

视图的主要目的就是实现"所见即所需",即通过视图展示的信息正是用户需要了解的内容。视图可以简化数据操作。例如,可以为经常使用的查询创建视图,用户无须每次都指定相同的查询条件。这样能够大幅提升用户操作的便捷性。

2. 增加数据的安全性

通过视图,用户只能查询和修改指定的数据,而指定数据以外的信息用户根本接触不到。数据库授权命令可以限制用户的操作权限,但不能限制到特定行和列上。使用视图后,可以简单方便地将用户的权限限制到特定的行和列上。这样,可以保证敏感信息不会被没有权限的人看到,也可以保证一些机密信息的安全。

3. 提高表的逻辑独立性

视图可以屏蔽原有表结构变化所带来的影响。例如,原有表增加列和删除未被引用的列,对视图不会造成影响。同样,如果修改了表中的某些列,可以使用重新定义视图来解决这些列所带来的影响。

3.9 本章小结

本章讲述了对数据的增删改查。MySQL 中对数据库的查询使用 SELECT 语句。主要介绍了 SELECT 语句的使用方法及语法要素,其中,灵活运用 SELECT 语句对 MySQL 数据库进行各种方式的查询是学习重点。

本章介绍了 MySQL 数据库中视图的含义和作用,讲解了创建视图、更新视图和删除视图的方法。创建视图和更新视图是本章的重点之一。读者应该根据本章介绍的基本原则,结合表的实际情况,掌握创建视图的方法。尤其是在创建视图和更新视图后,一定要查看视图的结构,以确保创建和更新的操作是正确的。

3.10 思考与练习

一、单选题

1. 下列关于 SELECT 语句中,描述错误的是(　　)。

A. SELECT 语句用于查询一个表或多个表的数据

B. SELECT 语句属于数据操作语言(DML)

C. SELECT 语句的列必须是基于表的列

D. SELECT 语句表示数据库中一组特定的数据记录

2. 语句"SELECT * FROM tbStuInfo WHERE sName LIKE '%晓%';"中,WHERE 关键字表示的含义是(　　)。

A. 条件　　　　　　B. 在哪里　　　　　　C. 模糊查询　　　　D. 逻辑运算

3. 查询 tb_book 表中 userno 字段的记录,并去除重复值,使用的语句是(　　)。

A. SELECT DISTINCT userno FROM tb_book;

B. SELECT userno DISTINCT FROM tb_book;

C. SELECT DISTINCT(userno) FROM tb_book;

D. SELECT userno FROM DISTINCT tb_book;

4. 查询 tb001 数据表中的前 5 条记录,并升序排列,语法格式正确的是(　　)。

A. SELECT * FROM tb001 ORDER BY id ASC LIMIT 0,5;

B. SELECT * FROM tb001 ORDER BY id DESC LIMIT 0,5;

C. SELECT * FROM tb001 ORDER BY id GROUP BY LIMIT 0,5;

D. SELECT * FROM tb001 ORDER BY id ORDER BY LIMIT 0,5;

5. 在 SQL 中,条件"BETWEEN 20 AND 30"表示年龄在 20~30 之间,且(　　)。

A. 包括 20 岁和 30 岁　　　　　　　　B. 不包括 20 岁和 30 岁

C. 包括 20 岁,不包括 30 岁　　　　　D. 不包括 20 岁,包括 30 岁

6. SQL 中,删除 emp 表中全部数据的命令正确的是(　　)。

A. DELETE * FROM emp　　　　　　　B. DROP TABLE emp

C. TRUNCATE TABLE emp　　　　　　D. 没有正确答案

7. 下列正确表示 Employees 表中有多少非 NULL 的 Region 列的 SQL 语句是(　　)。

A. SELECT COUNT(*) FROM Employees;

B. SELECT COUNT(ALL Region) FROM Employees;

C. SELECT COUNT(DISTINCT Region) FROM Employees;

D. SELECT SUM(ALL Region) FROM Employees;

8. 下列可以通过聚合函数的结果来过滤查询结果集的 SQL 子句是(　　)。

A. WHERE 子句　　　　　　　　　　B. GROUP BY 子句

C. HAVING 子句　　　　　　　　　　D. ORDER BY 子句

9. 数据库管理系统中负责数据模式定义的语言是(　　)。

   A. 数据定义语言　　　　　　　　　　　B. 数据管理语言

   C. 数据操纵语言　　　　　　　　　　　D. 数据控制语言

10. 若要求查找 S 表中,姓名的第一个字为'王'的学生的学号和姓名,下列 SQL 语句中正确的是(　　)。

   A. SELECT sNo, SNAME FROM S WHERE SNAME= '王%';

   B. SELECT sNo, SNAME FROM S WHERE SNAME LIKE '王%';

   C. SELECT sNo, SNAME FROM S WHERE SNAME LIKE '王_';

   D. 全部正确

11. 若要求"查询选修 3 门以上课程的学生的学号",下列正确的 SQL 语句是(　　)。

   A. SELECT sNo FROM SC GROUP BY sNo WHERE COUNT（*）＞3;

   B. SELECT sNo FROM SC GROUP BY sNo HAVING COUNT（*）＞3;

   C. SELECT sNo FROM SC ORDER BY sNo WHERE COUNT（*）＞3;

   D. SELECT sNo FROM SC ORDER BY sNo HAVING COUNT（*）＞= 3;

12. 对下列查询语句,描述正确的是(　　)。

```
SELECT tbStuInfoID, Name,
  (SELECT COUNT(*) FROM tbStuInfoExam
  WHERE tbStuInfoExam.tbStuInfoID =tbStuInfo.tbStuInfoID) AS ExamsTaken
FROM tbStuInfo
ORDER BY ExamsTaken DESC
```

   A. 从 tbStuInfo 表中查找 tbStuInfoID 和 Name,并按照升序排列

   B. 从 tbStuInfo 表中查找 tbStuInfoID 和 Name,并按照降序排列

   C. 从 tbStuInfo 表中查找 tbStuInfoID、Name 和考试次数

   D. 从 tbStuInfo 表中查找 tbStuInfoID、Name,并从 tbStuInfoExam 表中查找与 tbStuInfoID 一致的学生考试次数,并按照降序排列

13. 在学生选课表(SC)中,查询选修 20 号课程(课程号 CH)的学生的学号(XH)及其成绩(GD)。查询结果按分数的降序排列。下列正确实现该功能的 SQL 语句是(　　)。

   A. SELECT XH, GD FROM SC WHERE CH＝'20' ORDER BY GD DESC;

   B. SELECT XH, GD FROM SC WHERE CH＝'20' ORDER BY GD ASC;

   C. SELECT XH, GD FROM SC WHERE CH＝'20' GROUP BY GD DESC;

   D. SELECT XH, GD FROM SC WHERE CH＝'20' GROUP BY GD ASC;

14. 现要从学生选课表(SC)中查找缺少学习成绩(G)的学生学号和课程号,相应的 SQL 语句如下,试将其补充完整。

```
SELECT S#,C# FROM SC WHERE (    )
```

   A. G＝0　　　　　B. G＜=0　　　　　C. G＝NULL　　　　　D. G IS NULL

15. 下列对于"SELECT * FROM city LIMIT 5,10;"语句描述正确的是(　　)。

   A. 获取第 6 条到第 10 条记录　　　　B. 获取第 5 条到第 10 条记录

C. 获取第 6 条到第 15 条记录　　　　D. 获取第 5 条到第 15 条记录

16. 若用如下的 SQL 创建一个表 S：

```
CREATE TABLE S(S# CHAR(16) NOT NULL,
sName CHAR(8) NOT NULL, sex CHAR(2) , age integer)
```

下列可向表 S 中插入的是(　　)。

    A. ('991001','李明芳',女,'23')

    B. ('990746','张民',NULL,NULL)

    C. (NULL,'陈道明','男',35)

    D. ('992345',NULL,'女',25)

17. 删除 tb001 数据表中 id＝2 的记录,语法格式应是(　　)。

    A. DELETE FROM tb001 VALUE id＝'2';

    B. DELETE INTO tb001 WHERE id＝'2';

    C. DELETE FROM tb001 WHERE id＝'2';

    D. UPDATE FROM tb001 WHERE id＝2;

18. "UPDATE tbStuInfo SET sName='王军' WHERE s_id ＝1;"代码执行的是下列操作中的(　　)。

    A. 添加姓名叫王军的记录　　　　　B. 删除姓名叫王军的记录

    C. 返回姓名叫王军的记录　　　　　D. 更新 s_id 为 1 的姓名为王军

19. 语句"UPDATE tbStuInfo SET s_name ='王军';"执行后的结果是(　　)。

    A. 只把姓名叫王军的记录进行更新

    B. 只把字段名 s_name 改成'王军'

    C. 表中的所有人的姓名都更新为王军

    D. 更新语句不完整,不能执行

20. 以下哪一种指令无法增加记录(　　)。

    A. INSERT INTO…VALUES　　　　B. INSERT INTO…SELECT…

    C. INSERT INTO…SET　　　　　　D. INSERT INTO…UPDATE…

21. 下列关于视图的说法,哪个是错误的(　　)。

    A. 视图是虚表,只存放视图的定义,而不存放实际的数据

    B. 行列子集视图是从单个表导出的

    C. 视图只能由基本表导出,而不能由已有的视图导出

    D. 在不违反完整性约束的情况下,一般允许对行列子集视图进行更新

22. 关于 DELETE 和 TRUNCATE TABLE 的区别描述错误的是(　　)。

    A. DELETE 可以删除特定范围的数据

    B. 两者执行效率一样

    C. DELETE 返回被删除的记录行数

    D. TRUNCATE TABLE 返回值为 0

23. 在使用 SQL 语句删除数据时,如果 DELETE 语句后面没有 WHERE 条件值,那么

将删除指定数据表中的(　　)数据。

    A. 部分   B. 全部

    C. 指定的一条数据   D. 以上皆可

24. 在数据库系统中,视图是一个(　　)。

    A. 真实存在的表,并保存了待查询的数据

    B. 真实存在的表,只有部分数据来源于基本表

    C. 虚拟表,查询时只能从一个基本表中导出

    D. 虚拟表,查询时可以从一个或者多个基本表或视图中导出

25. 下列关于视图概念的优点中,叙述错误的是(　　)。

    A. 视图对于数据库的重构造提供了一定程度的逻辑独立性

    B. 简化了用户使用

    C. 视图机制方便不同用户以同样的方式看待同一数据

    D. 对机密数据提供了自动的安全保护功能

26. 下列关于视图的叙述中,正确的是(　　)。

    A. 当某一视图被删除后,由该视图导出的其他视图也将被删除

    B. 若导出某视图的基本表被删除了,该视图不受任何影响

    C. 视图一旦建立,就不能被删除

    D. 当修改某一视图时,导出该视图的基本表也随之被修改

27. 创建视图需要具有的权限是(　　)。

    A. CREATE VIEW   B. SHOW VIEW

    C. DROP VIEW   D. DROP

28. 不可对视图执行的操作有(　　)。

    A. SELECT   B. INSERT

    C. DELETE   D. CREATE INDEX

29. 在 tb_name 表中创建一个名为 name_view 的视图,并设置视图的属性为 name、pwd、user,执行语句是(　　)。

    A. CREATE VIEW name_view(name,pwd,user) AS SELECT name,pwd,user
       FROM tb_name;

    B. SHOW VIEW name_view(name,pwd,user) AS SELECT name,pwd,user
       FROM tb_name;

    C. DROP VIEW name_view(name,pwd,user) AS SELECT name,pwd,user
       FROM tb_name;

    D. SELECT * FROM name_view(name,pwduser) AS SELECT name,pwd,user
       FROM tb_name;

30. 下列语句中,所创建的视图是不可以更新的为(　　)。

    A. CREATE VIEW book_VIEW1(a_sort, a_book, c) AS SELECT sort, books,
       COUNT(name) FROM tb_book;

B. CREATE VIEW book_VIEW1（a_sort，a_book）AS SELECT sort，books
FROM tb_book；

C. CREATE VIEW book_VIEWl（a_sort，a_book）AS SELECT sort，books
FROM tb_book WHERE books IS NOT NULL；

D. 以上都不对

31.（　　）类型不是 MySQL 中常用的数据类型。

A. INT　　　　　　B. VAR　　　　　　C. TIME　　　　　　D. CHAR

32. 当选择一个数值数据类型时,不属于应该考虑的因素是（　　）。

A. 数据类型数值的范围

B. 列值所需要的存储空间数量

C. 列的精度与标度（适用于浮点与定点数）

D. 设计者的习惯

33. 用一组数据"准考证号：200701001、姓名：刘亮、性别：男、出生日期：1993-8-1"来
描述某个考生信息,其中"出生日期"数据可设置为（　　）。

A. 日期/时间型　　B. 数字型　　　　　C. 货币型　　　　　D. 逻辑型

34. MySQL 支持的数据类型主要分成（　　）。

A. 1 类　　　　　　B. 2 类　　　　　　C. 3 类　　　　　　D. 4 类

35. 如果有三个表 TA、TB、TC,其中 TA 和 TB 的主码是 TC 中的外码,那么删除表时
的顺序最好是（　　）。

A. TA，TB，TC　　B. TC，TA，TB　　　C. TB，TA，TC　　D. 以上均可

36. 下列说法中（　　）是错误的。

A. 由 EXISTS 引导的子查询,如果内层的查询结果为空,则外层的 WHERE 子句
结果为 FALSE

B. EXISTS 引导的子查询一定是相关子查询

C. 由 NOT EXISTS 引导的子查询,如果内层的查询结果为空,则外层的 WHERE
子句结果为 TRUE

D. 带有 IN 谓词的子查询都能够被带有 EXISTS 谓词的子查询等价替换

37. 下列说法正确的是（　　）。

A. 更新表中的数据可以使用 ALTER 语句

B. UPDATE 语句不能给空值赋予新的值

C. 使用 DELETE 语句可以删除表中的数据以及整个表结构

D. 使用 DELETE 语句删除数据时需要注意表之间的参照联系

38. 下面（　　）属于 SQL 数据定义语言（DDL）。

A. INSERT　　　　B. UPDATE　　　　C. CREATE　　　　D. GRANT

39. 下面关于 SQL 查询基本形式的说法,正确的是（　　）。

A. SQL 查询的基本形式是 FROM…SELECT…WHERE…

B. SQL 查询中的 WHERE 子句不是必须的

C. SQL 查询中的 FROM 子句在任何情况下都必须要有

D. SELECT 100 是一条不合法的 SQL 语句

40. 关于多表联合查询,下列表述中错误的是(　　　)。

    A. 左外连接查询会保留左边关系的所有元组

    B. 右外连接查询会保留右边关系的所有元组

    C. 可以有三个或者三个以上的表同时进行左外连接

    D. 普通连接会同时保留左边关系和右边关系的所有元组

二、多选题

1. 下列关于视图的说法正确的是(　　　)。

  A. 视图能够简化用户的操作

  B. 视图使用户能以多种角度看待同一数据

  C. 视图能够存储实际的数据

  D. 视图能够对机密数据提供安全保护

2. 下列说法正确的是(　　　)。

  A. 含有 NOT NULL 约束的属性列在插入数据时不能为空

  B. 插入数据时需要注意插入数据的顺序,被依赖的数据要先插入

  C. 可以使用 INSERT INTO…SELECT … FROM…WHERE 的形式一次性插入多个元组

  D. 插入数据时,VALUES 子句提供的值必须与 INTO 子句的属性列匹配,包括值个数匹配和值类型匹配

3. 关于含有 GROUP BY 的查询语句,下列说法正确的是(　　　)。

  A. SELECT 后可以接任意属性列

  B. SELECT 后可以接聚集函数计算列

  C. SELECT 后接的属性列可以是 GROUP BY 中出现的属性列

  D. 使用 GROUP BY 之后就不能使用 ORDER BY

4. 下列关于子查询的说法,正确的是(　　　)。

  A. 如果确定地知道内层查询返回单个值,那么可以使用=代替 IN 谓词

  B. 所有带 IN 谓词、比较运算符的子查询都能用带 EXISTS 谓词的子查询等价替换

  C. EXISTS 只能表示相关子查询,IN 只能表示非相关子查询

  D. 子查询中不能使用 GROUP BY

5. 以下 SQL 语句中,语法正确的是(　　　)。

  A. SELECT 'HELLO, WORLD';

  B. SELECT * FROM MyTable WHERE Cname LIKE '%_数据库';

  C. SELECT * FROM tbSC WHERE grade=NULL;

  D. SELECT * FROM MyTable WHERE Sage BETWEEN 18 AND 20;

6. 下列说法正确的是(　　　)。

  A. 四个表不能进行外连接操作

B. 右外连接时,右边关系中不满足条件的元组用空值填充

C. 左外连接时,始终列出左边关系中所有的元组,即使其不满足连接条件

D. 可以使用 AS 关键字给数据表取别名

三、判断题

1. 使用 SQL 创建表时,如果主码(主键)涉及多个属性,那么该主码只能作为表级完整性约束,而不能作为列级完整性约束。　　　　　　　　　　　　　　　　　　　(　　)

2. 只有 WHERE 能够引导子查询,HAVING 不能引导子查询。　　　　　(　　)

3. 空值就是空字符串,两者可以等价替换。　　　　　　　　　　　　　(　　)

4. 不同的模式(SCHEMA)下,表的名称可以相同。　　　　　　　　　　(　　)

5. 判断属性是否为空,需要使用 IS NULL 或者 IS NOT NULL,而不能使用 ＝NULL 或者 ! ＝NULL。　　　　　　　　　　　　　　　　　　　　　　　　　　　　(　　)

6. SQL 中给 GROUP BY 的结果添加过滤条件时,可以使用 WHERE 引导的子句。
　　　　　　　　　　　　　　　　　　　　　　　　　　　　　　　　(　　)

四、简答题

1. 总结子查询的几种形式,以及如何针对特定问题选择合适的子查询。

2. 数据类型选择的原则有哪些?

3. 请简述视图和基本表的区别。

4. 有些数据库支持模式(SCHEMA),有些不支持。请谈谈模式存在的必要性。

5. 创建表和删除表时有哪些注意事项?

6. 简述 WHERE 子句与 HAVING 子句的区别。

7. 简述 DELETE 语句与 TRUNCATE 语句的区别。

8. 使用视图的优点有哪些?

9. 创建视图时应注意哪些问题?

10. 如何通过视图更新表,应该注意哪些问题?

五、实训题

1. 用 SQL 语句建立第 2 章习题四中的 3 张表。针对建立的 3 张表,用 SQL 语句完成第 2 章习题四中的查询。

2. 针对上面的 3 张表,用 SQL 语句完成以下各项查询:

(1) 找出所有影片的片名及长度;

(2) 找出所有影星的姓名及国别;

(3) 找出 DISNEY 公司出品的所有影片;

(4) 找出 S2 出演的影片名;

(5) 找出 S3 出演的影片名及长度;

(6) 找出出演 M2 的演员信息及 M2 本身的信息;

(7) 找出没有出演 FOX 公司出品的电影的演员;

(8) 将所有国别改为"01";

(9) 从 Movies 中删除 M1 的记录,并从 StarsIn 中删除相应的记录;

(10) 请将(M7,S1,2018)插入 StarsIn 表。

3.11 实验

如果没有特殊说明,本部分实验基于表 3-14 所示的 3 张关系表。

表 3-14   3 张关系表

关系 Students

sNo	sName	sSex	sAge	sDept
S01	王建平	男	21	自动化
S02	刘华	女	19	自动化
S03	范林军	女	18	计算机
S04	李伟	男	19	数学
S05	黄河	男	18	数学
S06	长江	男	20	数学

关系 Courses

cNo	cName	Pre_cNo	Credits
C01	英语		4
C02	数据结构	C05	2
C03	数据库	C02	2
C04	DB_课程设计	C03	3
C05	C++		3
C06	网络原理	C07	3
C07	操作系统	C05	3

关系 Reports

sNo	cNo	Grade
S01	C01	92
S01	C03	84
S02	C01	90
S02	C02	94
S02	C03	82
S03	C01	72
S03	C02	90
S04	C03	75

1. 创建表

(1) 建立表 3-14 所示的学生表 Students,其中每个属性名的意义为 sNo-学号、sName-姓名、sSex-性别、sAge-年龄、sDept-所在系。这里要求 sNo 和 sName 不能为空值,且取值唯一。

```
DROP TABLE IF EXISTS Students;
CREATE TABLE Students
(
    sNo CHAR(5) PRIMARY KEY,                /* sNo 为主码 */
    sName CHAR(20) NOT NULL,                /* sName 不能为空值 */
    sSex CHAR(2),
    sAge INT,
    sDept CHAR(15),
    CONSTRAINT u_sName UNIQUE(sName)
);
```

说明:注意唯一值和不为空的约束条件。

(2) 建立表 3-14 所示的课程表 Courses,其中属性名意义分别为 cNo-课程号,cName-课程名,Pre_cNo-先修课程号,Credits-学分。

```
DROP TABLE IF EXISTS Courses;
CREATE TABLE Courses
(
    cNo CHAR(5) PRIMARY KEY,
    cName CHAR(20) NOT NULL,                /* cName 不能为空值 */
    Pre_cNo CHAR(5),
    Credits INT
```

```
);
```

（3）建立表 3-14 所示的成绩表 Reports。其中属性名意义分别为 sNo-学号，cNo-课程号和 Grade-考试成绩。

```
DROP TABLE IF EXISTS Reports;
CREATE TABLE REPORTS
(
    sNo CHAR(5) not NULL,
    cNo CHAR(5) NOT NULL,
    Grade INT
);
```

建好之后，在查询窗口中执行以下语句为表 Reports 增加 sNo＋cNo 取值唯一的约束。

```
ALTER TABLE Reports
ADD CONSTRAINT sNo_cNo UNIQUE(sNo,cNo);
```

2. 填充数据

（1）将一个学生元组（S01，王建平，男，21，自动化）添加到基本表 Students 中。

```
INSERT INTO Students
VALUES ('S01','王建平','男',21,'自动化');
```

用 INSERT 命令将其余 5 个学生的元组也添加到基本表 Students 中。

```
INSERT INTO Students
VALUES ('S02','刘华','女',19,'自动化');
INSERT INTO Students
VALUES ('S03','范林军','女',18,'计算机');
INSERT INTO Students
VALUES ('S04','李伟','男',19,'数学');
INSERT INTO Students
VALUES ('S05','黄河','男',18,'数学');
INSERT INTO Students
VALUES ('S06','长江','男',20,'数学');
```

用 INSERT 语句将自己的信息插入学生表。

（2）向基本表 Courses 添加基本信息。

请读者用命令将 7 门课程的信息插入 Courses 表中。

```
INSERT INTO Courses
VALUES ('C01','英语','',4);
INSERT INTO Courses
VALUES ('C02','数据结构','C05',2);
INSERT INTO Courses
VALUES ('C03','数据库','C02',2);
INSERT INTO Courses
VALUES ('C04','DB_课程设计','C03',3);
INSERT INTO Courses
VALUES ('C05','C++','',3);
INSERT INTO Courses
```

```
VALUES ('C06','网络原理','C07',3);
INSERT INTO Courses
VALUES ('C07','操作系统','C05',3);
```

(3) 将 8 个学习成绩记录添加到基本表 Reports 中。

```
INSERT INTO Reports(sNo, cNo, Grade)
VALUES ('S01','C01', 92);
INSERT INTO Reports(sNo, cNo, Grade)
VALUES ('S01','C03', 84);
INSERT INTO Reports(sNo, cNo, Grade)
VALUES ('S02','C01', 90);
INSERT INTO Reports(sNo, cNo, Grade)
VALUES ('S02','C02', 94);
INSERT INTO Reports(sNo, cNo, Grade)
VALUES ('S02','C03', 82);
INSERT INTO Reports(sNo, cNo, Grade)
VALUES ('S03','C01', 72);
INSERT INTO Reports(sNo, cNo, Grade)
VALUES ('S03','C02', 90);
INSERT INTO Reports(sNo, cNo, Grade)
VALUES ('S04','C03', 85);
```

为自己选修全部课程,并在 Reports 表给出成绩。

3.11.1 MySQL 表数据的简单查询

1. 实验目的

(1) 掌握 SELECT 语句的基本语法格式。

(2) 掌握 SELECT 语句的执行方法。

(3) 掌握 SELECT 语句的 GROUP BY 和 ORDER BY 子句的作用。

2. 实验内容

(1) 查询课程的详细信息(要求输出全部列)。

(2) 查询所有男生的姓名(输出列为 sName)。

(3) 查询至少选修了一门课程的学生学号(在结果中除去重复值,输出列为 sNo)。

(4) 查询年龄不在 20～23 之间的学生姓名、系部和年龄,并按照年龄降序排列(输出列为 sName,sDept,sAge)。

(5) 查询所有姓黄的学生的姓名、学号和性别(输出列为 sName,sNo,sSex)。

(6) 查询计算机系、数学系学生的姓名和性别(输出列为 sName,sSex)。

(7) 查询每个同学选课的数目,并按学号升序排列(输出列为 sNo,选课数目 sum)。

(8) 统计不同系的人数(输出列为 sDept,人数)。

3. 观察与思考

(1) LIKE 的通配符有哪些?分别代表什么含义?

(2) IS 能用"="来代替吗?如何周全地考虑空值的情况?

(3) 关键字 ALL 和 DISTINCT 有什么不同的含义?关键字 ALL 是否可以省略不写?

(4) 聚集函数能否直接使用在 SELECT 子句、HAVING 子句、WHERE 子句、GROUP

BY 子句中?

（5）WHERE 子句与 HAVING 子句有何不同?

（6）COUNT（＊）、COUNT（列名）、COUNT（DISTINCT 列名）三者的区别是什么?通过一个实例说明。

3.11.2　MySQL 表数据的多表查询

1. 实验目的

（1）掌握四种多表查询。

（2）掌握内连接与外连接的区别。

（3）掌握基于衍生表的查询。

2. 实验内容

（1）查询学生姓名,对应的课程名和成绩（输出列为 sName,cName,Grade）。

（2）查询每个学生的学号、姓名及其选修课程的名称和成绩,包括没有选修课程的学生情况（输出列为 sNo, sName, cName, Grade）。

（3）查询其他系中比自动化系某一学生年龄小的学生姓名和年龄（输出列为 sName, sAge）。

（4）查询选修了全部课程的学生姓名（输出列为 sName）。

（5）查询选修了数据库的学生中,成绩比名叫刘华的学生好的学生信息（输出列为 Students 表全部列）。

（6）统计每个学生所选课程的平均成绩（输出列为 sName, AvgReportscore）。

（7）查询自动化系年龄在 22 岁以下的男生每个人所修课程的总学分,并按总学分进行升序排序（输出列为学号 sNo, 总学分 Creditsum）。

（8）查询各门课程的最高成绩的学生的姓名及其成绩（输出列为 cNo, sName, Grade）。

（9）查询选修了 S03 学生所选修的全部课程的学生的姓名（输出列为 sName）。

3. 观察与思考

（1）内连接与外连接有什么区别?

（2）"＝"与 IN 在什么情况下作用相同?

3.11.3　视图创建与管理

1. 实验目的

（1）理解视图的概念。

（2）掌握创建、更新、删除视图的方法。

（3）掌握使用视图来访问数据的方法。

2. 实验内容

（1）使用 CREATE VIEW 语句创建视图 DB_VIEW,显示 Reports 表中选了"数据库"课程的学生的 sNo、cNo、Grade,并将字段名显示为 r_num、r_cno、r_grade。

（2）查询数据库成绩比名叫刘华的学生好的学生信息（输出列为 Students 表全

部列)。

（3）执行 SHOW CREATE VIEW 语句查看视图的详细结构。

（4）更新视图。向视图中插入如下 3 条记录：

```
'S05','C03',85
'S06','C03',90
'S07','C04',84
```

（5）删除视图。

3. 观察与思考

（1）通过视图插入的数据能进入基本表中吗？

（2）比较本节查询(实验内容(2))与 3.11.2 节中查询(实验内容(5))的优劣。

（3）修改基本表的数据会自动反映到相应的视图中去吗？

（4）哪些视图中的数据无法进行增、删、改操作？

第4章

数据库的安全性

在第 1 章中已经讲到,数据库的特点之一是由 DBMS 提供统一的数据保护功能来保证数据的安全可行和正确有效。数据库保护主要包括数据的安全性和完整性。本章主要介绍数据库的安全性,第 5 章将讨论数据库的完整性。

4.1 安全性概念

数据库的安全性是指保护数据库以防止不合法使用造成数据泄露、更改或破坏。安全性问题不是数据库系统所独有的,所有计算机系统都存在不安全因素。只是在数据库系统中,由于大量数据集中存放,安全性问题更为突出。

影响数据库的不安全因素有哪些呢? 常见不安全因素如图 4-1 所示。

(a) 恶意存取和破坏　　　　(b) 数据泄露　　　　(c) 安全环境的脆弱性

图 4-1　常见不安全因素示意图

(1) 非授权用户对数据库的恶意存取和破坏。一些黑客(hacker)和犯罪分子在用户存取数据库时猎取用户名和用户口令,然后假冒合法用户偷取、修改甚至破坏用户数据。数据库管理系统提供的安全措施主要包括用户身份鉴别、存取控制和视图等技术。

(2) 数据库中重要或敏感的数据被泄露。例如,黑客和敌对分子可能通过各种手段窃取数据库中的重要数据,从而导致机密信息的泄露。当然,在某些情况下,数据库管理员或用户也可能因为疏忽而导致数据泄露。例如,为了防止忘记密码,有人可能将密码写在纸条上并贴在计算机屏幕上。

(3) 安全环境的脆弱性。数据库运行在一个计算机系统上,计算机系统包括了计算机的硬件、操作系统、网络系统等,如果操作系统的安全性比较脆弱,或者是网络安全性不好,这都会造成数据库安全性的破坏。

为了评估计算机以及信息技术的安全性,需要建立一套完善的标准衡量它们的安全性。

最早的安全标准是 TCSEC,它是 1985 年美国国防部颁布的《DoD 可信计算机系统评估准则》。在 TCSEC 推出后的十年里,不同的国家和地区都建立了信息安全评估标准,例如 1991 年欧洲的信息技术安全评估准则(ITSEC),1993 年加拿大的可信计算机产品评估准则(CTCPEC),还有 1993 年美国的信息技术安全联邦标准(FC),这些标准都建立在 TCSEC 概念的基础之上。后来,为适应信息技术的发展需要,产生了通用标准(Common Criteria, CC)项目,该项目主要是解决不同标准中概念和技术上的差异,CC 2.1 在 1999 年成为国际标准,我国也采用该标准。

TCSEC 将系统的安全性分为了 7 个等级,如表 4-1 所示,从下往上安全性越来越高。

表 4-1 TCSEC 的安全级别划分表

安 全 级 别	定 义
A1	验证设计(Verified Design)
B3	安全域(Security Domains)
B2	结构化保护(Structural Protection)
B1	标记安全保护(Labeled Security Protection)
C2	受控的存取保护(Controlled Access Protection)
C1	自主安全保护(Discretionary Security Protection)
D	最小保护(Minimal Protection)

TCSEC 又将这 7 个安全等级划分为 D、C(C1，C2)、B(B1，B2，B3)、A(A1)4 组,按照系统可靠或可信程度逐渐增高。各安全级别之间具有一种偏序向下兼容的关系,即较高安全性级别提供的安全保护要包含较低级别的所有保护要求,同时提供更多或更完善的保护能力。TCSEC 中将一切不符合更高标准的系统均归于 D 级,例如 DOS 是安全标准为 D 的操作系统,DOS 操作系统在安全性方面几乎没有专门的机制来保障。

比 D 级安全性略高的是 C1 级,这一级仅提供非常初级的自主安全保护,它能够实现对用户和数据的分离,并进行自主存取控制,保护或限制用户权限的传播。例如我们自己做一个网站,很显然实现了用户和数据分离,再做一定的权限控制,便能够符合 C1 级的安全标准;现代的商业系统只要稍微进行改进,便也能够满足 C1 级的这些要求。仅达到 C1 级的系统还不能将其称为安全的。C2 级是一个安全产品的最低档次,因此,要说系统是安全的,最低的安全级别也要能够达到 C2 级。C2 级提供受控的存取保护,并且将 C1 级的自主存取控制进一步细化,以个人身份注册负责,并实施审计和资源隔离。由于 C2 级只是安全产品的最低档次,其安全性并不是很突出,因此一般相关的产品也不强调它的安全性,例如 Windows 2000 操作系统和 Oracle 7 数据库,都属于 C2 级的典型产品。

B1 级可以标记安全保护。到达该级别以后,我们就可以在产品上打上"安全"(Security)或者"可信"(Trusted)的字样。该级别对系统的数据加以标记,对标记的主体和客体实施强制存取控制、审计等安全机制。例如惠普 BLS 系统、Trusted Oracle 7 和 SQL Server 11.0.6,都属于 B1 级别的典型产品。B2 级提供了结构化保护,并且建立形式化的安全策略模型,并对系统内的所有主体和客体实施自主存取控制和强制存取控制。B3 级具有安全域,该级的产品必须满足访问监控器的要求,审计跟踪能力更强,并提供系统恢复过程。

A1 级的产品要求更高,它要求提供验证设计,即除了提供 B3 级的保护,同时还要给出系统的形式化设计说明和验证,以确保各安全保护真正实现。

另一个最为有影响的标准是 CC 标准。CC 标准是在 TCSEC 标准的基础上经过总结和发展而来的。CC 标准具有结构开放、表达方式通用的特点。CC 标准定义了评价信息技术产品和系统安全性的基本准则,提出了目前国际上公认的表述信息技术安全性的结构,即把安全要求分为规范产品和系统安全行为的功能要求以及解决如何正确有效地实施这些功能的保证要求。安全功能要求和安全保证要求均采用"类-子类-组件"的结构进行表述,其中组件是安全要求的最小构件单元。

CC 标准本身由 3 部分文档组成。第 1 部分"简介和一般模型"是 CC 标准的简介,定义了信息技术安全性评估的一些基本概念和原理,并提出评估的一般模型。第 2 部分"安全功能要求"列举了一系列较易理解和比较完备的安全功能要求目录,这些目录将被用于表示一个信息技术产品或系统的安全功能要求。第 3 部分"安全保证要求"列举了一系列比较完备的安全保证要求目录,这些目录将被用于表示一个信息技术产品或系统的安全保证要求,同时还提出了评估保证等级等概念。CC 标准中定义了 7 个评估保证等级(EAL),每一等级对安全保证功能的要求各不相同,随着评估保证等级的提高,对产品或系统的安全要求将提高。CC 标准的这 3 部分文档相互依存,缺一不可。

CC 标准和 TCSEC 标准大致的对应关系如表 4-2 所示。TCSEC 的 C1 和 C2 级分别相当于 CC 标准的 EAL2 和 EAL3,B1、B2 和 B3 分别相当于 EAL4、EAL5 和 EAL6,A1 对应 EAL7。通过对应关系,可以了解不同的 CC 级别大致有什么样的安全要求。

表 4-2　CC 评估保证级(EAL)划分表

评估保证级	定　义	TCSEC 安全级别 (近似相当)
EAL1	功能测试(functionally tested)	
EAL2	结构测试(structurally tested)	C1
EAL3	系统地测试和检查(methodically tested and checked)	C2
EAL4	系统地设计、测试和复查(methodically designed, tested, and reviewed)	B1
EAL5	半形式化设计和测试(semiformally designed and tested)	B2
EAL6	半形式化验证的设计和测试(semiformally verified design and tested)	B3
EAL7	形式化验证的设计和测试(formally verified design and tested)	A1

4.2　安全性控制

4.2.1　数据库安全性控制

如何进行安全性控制呢?在计算机系统中,安全措施一般是按层级设置的。图 4-2 展示了计算机系统的安全控制过程。例如用户进入数据库系统时,首先要根据用户的输入进行用户识别和鉴定,只有合法的用户才能允许进入系统。在进入系统之后,数据库管理系统

视频讲解

还需要对数据进行存取控制,只允许用户执行合法操作。除此之外,操作系统也会提供一定的保障措施。最后,数据还可以通过加密,使用密文的形式存储到数据库中。

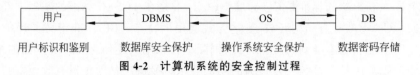

图 4-2 计算机系统的安全控制过程

图 4-3 展示了数据库管理系统中进行存取控制的流程。

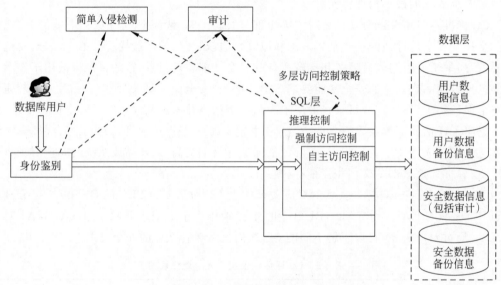

图 4-3 数据库管理系统安全保护存取控制流程

首先,数据库管理系统对提出 SQL 访问请求的数据库用户进行身份鉴别,防止不可信用户使用系统。然后,在 SQL 处理层进行自主存取控制和强制存取控制,进一步可以进行推理控制。还可以对用户访问行为和系统关键操作进行审计,对异常用户行为进行简单入侵检测。这些操作完成之后,再把数据写入该数据层中。当然,在写入数据时也可以进行数据加密、数据审计,还可以进行一些备份操作。

数据库安全性控制包括五方面:用户身份鉴别、存取控制、视图、审计、数据加密。

1. 用户身份鉴别

用户身份鉴别可能是读者比较熟悉的安全性控制方法,它包括静态口令鉴别、动态口令鉴别、生物特征鉴别和智能卡鉴别等。静态口令一般由用户自己设定,这些口令是静态不变的;动态口令是动态变化的,每次鉴别时均需要使用动态产生的新口令登录数据库管理系统,即采用一次一密的方法;生物特征鉴别则指的是通过生物特征进行认证的技术,例如指纹、虹膜和掌纹等;智能卡则是一种不可复制的硬件,内置集成电路的芯片,具有硬件加密功能。

2. 存取控制

存取控制由两部分组成:一是定义用户权限,二是合法权限检查。

(1) 定义用户权限时,将用户权限登记到数据字典中。

用户对某一数据对象的操作权利称为权限。某个用户应该具有何种权限是一个管理问题和政策问题,而不是技术问题。数据库管理系统的功能是保证这些决定的执行。为此,数据库管理系统必须提供适当的语言来定义用户权限,这些定义经过编译后存储在数据字典中,被称为安全规则或授权规则。

(2) 合法权限检查。

每当用户发出存取数据库的操作请求后(请求一般应包括操作类型、操作对象和操作用户等信息),数据库管理系统查找数据字典,根据安全规则进行合法权限检查,若用户的操作请求超出了定义的权限,系统将拒绝执行此操作。

用户权限定义和合法权限检查机制一起组成了数据库管理系统的存取控制子系统。

常用的存储控制方法有两种:一种是自主存取控制(Discretionary Access Control),简称为 DAC;另一种是强制存取控制(Mandatory Access Control),简称为 MAC。C2 级的数据库管理系统支持自主存取控制,B1 级的数据库管理系统支持强制存取控制。

① 在自主存取控制方法中,用户对于不同的数据库对象有不同的存取权限,不同的用户对同一对象也有不同的权限,而且用户还可将其拥有的存取权限转授给其他用户。因此自主存取控制非常灵活。

② 在强制存取控制方法中,每一个数据库对象被标以一定的密级,每一个用户也被授予某一个级别的许可证。对于任意一个对象,只有具有合法许可证的用户才可以存取。强制存取控制因此相对比较严格。

自主存取控制和强制存取控制将在 4.2.2 节、4.2.3 节中详细介绍。

3. 视图

视图也可以间接地作为一种安全性控制机制。视图可以把要保密的数据对无权存取这些数据的用户隐藏起来,这样用户只能看到部分数据,对数据提供一定程度的安全保护。例如图 4-4(a),它代表全部的数据,但是用户可以通过视图,让没有权限的用户只看到图 4-4(b)内的数据。另外一部分有权限的人则可以看到图 4-4(a)的全部数据。

(a)　　　　　　　　　　　　　(b)

图 4-4　基于视图的安全性控制

4. 审计

用户身份鉴别、存取控制是数据库安全保护的重要技术,但不是全部。为了使数据库系统达到一定的安全级别,还需要在其他方面提供相应的支持。根据 TCSEC/TDI 标准安全策略的要求,审计(audit)功能就是数据库管理系统达到 C2 以上安全级别必不可少的一项指标。审计的相关内容详见 4.3 节。

5. 数据加密

数据加密是防止数据库在存储和传输的过程中泄密的有效手段。加密的基本思想是根据一定的算法将原始数据——明文(plain text)变换为不可直接识别的格式——密文(cipher text),通俗来说即将大家都读得懂的明文通过加密算法转换为读不懂的密文。加密的方法有两种：存储加密和传输加密。

存储加密分为透明加密和非透明加密。存储加密对用户完全透明，用户感觉不到加密过程。这种加密方式在将数据写到磁盘时对数据进行加密，授权用户读取数据时再对其进行解密。数据库的应用程序不需要做任何修改，只需在创建表的语句中说明需加密的字段即可。这种内核级的加密方法性能较好，安全完备性较高。非透明加密则指的是通过多个加密函数实现。因为是用户显式加密的，所以对用户是不透明的，用户可以感知到这个过程。

传输加密分为两类，一类是链路加密，是在链路层进行加密，传输的报文和报头都进行加密，安全性比较高，但是需要的加密设备比较多，成本高。另一类是端对端加密，其在发送端加密，在接收端解密，只加密报文，不加密报头。该种加密方式所需要用到的加密设备数量相对比较少，但容易被非法监听者发现并从中获取敏感信息，存在信息泄露的风险。图 4-5 展示了基于安全套接层协议 SSL 的传输加密方式，这是一种端到端的加密方式。

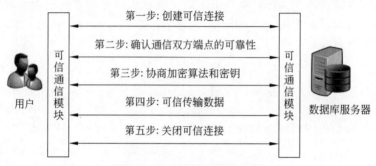

图 4-5　SSL 端到端传输加密

4.2.2　自主存取控制

大型数据库管理系统都支持自主存取控制，SQL 标准也对自主存取控制提供支持，这主要通过 SQL 的 GRANT 语句和 REVOKE 语句来实现。

用户权限是由两个要素组成的：数据库对象和操作类型。定义一个用户的存取权限就是要定义这个用户可以在哪些数据库对象上进行哪些类型的操作。在数据库系统中，定义存取权限称为授权（authorization）。

在非关系数据库系统中，用户只能对数据进行操作，存取控制的数据库对象也仅限于数据本身。在关系数据库系统中，存取控制的对象不仅有数据本身（基本表中的数据、属性列上的数据），还有数据库模式（包括模式、基本表、视图和索引等），表 4-3 列出了主要的存取权限。

表 4-3　关系数据库系统中的存取权限

对象类型	对象	操作类型
数据库模式	模式	CREATE SCHEMA
	基本表	CREATE TABLE, ALTER TABLE
	视图	CREATE VIEW
	索引	CREATE INDEX

对象类型	对 象	操 作 类 型
数据	基本表和视图	SELECT，INSERT，UPDATE，DELETE，REFERENCES，ALL PRIVILEGES
	属性列	SELECT，INSERT，UPDATE，REFERENCES，ALL PRIVILEGES

1. mysql.user 简介

在 MySQL 中，用户及权限控制等相关的信息放在 mysql 数据库中。

【例 4-1】 常用的 mysql 库操作示例。

```
#打开 mysql 库
USE mysql;
#查看用户表字段
DESC mysql.user;
```

结果如表 4-4 所示。

表 4-4 mysql.user 中的字段

Field	Type	Null	Key	Default	Extra
Host	CHAR(255)	NO	PRI		
User	CHAR(32)	NO	PRI		
Select_priv	enum('N','Y')	NO		N	
Insert_priv	enum('N','Y')	NO		N	
Update_priv	enum('N','Y')	NO		N	
Delete_priv	enum('N','Y')	NO		N	
Create_priv	enum('N','Y')	NO		N	
Drop_priv	enum('N','Y')	NO		N	
Reload_priv	enum('N','Y')	NO		N	
Shutdown_priv	enum('N','Y')	NO		N	
Process_priv	enum('N','Y')	NO		N	
File_priv	enum('N','Y')	NO		N	
Grant_priv	enum('N','Y')	NO		N	
References_priv	enum('N','Y')	NO		N	
Index_priv	enum('N','Y')	NO		N	
Alter_priv	enum('N','Y')	NO		N	
Show_db_priv	enum('N','Y')	NO		N	
Super_priv	enum('N','Y')	NO		N	
Create_tmp_TABLE_priv	enum('N','Y')	NO		N	

续表

Field	Type	Null	Key	Default	Extra
Lock_TABLEs_priv	enum('N','Y')	NO		N	
Execute_priv	enum('N','Y')	NO		N	
Repl_slave_priv	enum('N','Y')	NO		N	
Repl_client_priv	enum('N','Y')	NO		N	
Create_view_priv	enum('N','Y')	NO		N	
Show_view_priv	enum('N','Y')	NO		N	
Create_routine_priv	enum('N','Y')	NO		N	
Alter_routine_priv	enum('N','Y')	NO		N	
Create_user_priv	enum('N','Y')	NO		N	
Event_priv	enum('N','Y')	NO		N	
Trigger_priv	enum('N','Y')	NO		N	
Create_TABLEspace_priv	enum('N','Y')	NO		N	
ssl_type	enum('','ANY','X509','SPECIFIED')	NO			
ssl_cipher	blob	NO			
x509_issuer	blob	NO			
x509_subject	blob	NO			
max_questions	INT unsigned	NO		0	
max_updates	INT unsigned	NO		0	
max_connections	INT unsigned	NO		0	
max_user_connections	INT unsigned	NO		0	
plugin	CHAR(64)	NO		caching_sha2_password	
authentication_string	text	YES			
password_expired	enum('N','Y')	NO		N	
password_last_changed	timestamp	YES			
password_lifetime	smallINT unsigned	YES			
account_locked	enum('N','Y')	NO		N	
Create_role_priv	enum('N','Y')	NO		N	
Drop_role_priv	enum('N','Y')	NO		N	
Password_reuse_history	smallINT unsigned	YES			
Password_reuse_time	smallINT unsigned	YES			
Password_require_current	enum('N','Y')	YES			
User_attributes	json	YES			

```
#账号字段
mysql>SELECT host, user FROM mysql.user;
+----------+------------------+
| host     | user             |
+----------+------------------+
| %        | haoxiulan        |
| %        | root             |
| localhost| mysql.infoschema |
| localhost| mysql.session    |
| localhost| mysql.sys        |
+----------+------------------+
5 rows in set (0.00 sec)
```

一个 MySQL 用户由两部分组成：user 和 host。通常写成：user@host。例如上面的 root 用户，可以写为'root'@'%'。

```
#身份验证字段
mysql>SELECT plugin, authentication_string FROM mysql.user
    ->WHERE user='root';
+----------------------+-------------------------------------------+
| plugin               | authentication_string                     |
+----------------------+-------------------------------------------+
| mysql_native_password| * 42D97F0078E96A9A0589554CCEB3E1E095B7DF69 |
+----------------------+-------------------------------------------+
1 row in set (0.00 sec)
```

```
#查看 MySQL 是否支持 SSL 加密连接
mysql>SHOW VARIABLES LIKE 'have_openssl';
+---------------+-------+
| Variable_name | Value |
+---------------+-------+
| have_openssl  | YES   |
+---------------+-------+
1 row in set, 1 warning (0.01 sec)
```

2. 创建和删除用户

创建用户语句格式：

```
CREATE USER [IF NOT EXISTS]
user [auth_option] [, user [auth_option]] ...
[WITH resource_option [resource_option] ...]
[password_option| lock_option] ...
[COMMENT 'comment_string'| ATTRIBUTE 'json_object']

auth_option: {
IDENTIFIED BY 'auth_string'}                        //设置密码

resource_option: {                                   //资源选项
MAX_QUERIES_PER_HOUR count                           //每小时最大查询数据
| MAX_UPDATES_PER_HOUR count                         //每小时最大更新数
| MAX_CONNECTIONS_PER_HOUR count                     //每小时最大连接数
```

```
| MAX_USER_CONNECTIONS count                    //最大用户连接数
}

password_option: {                             //密码选项
PASSWORD EXPIRE [DEFAULT| NEVER| INTERVAL N DAY]
                                               //密码过期[默认|从不|间隔 N 天]
| PASSWORD HISTORY {DEFAULT| N}                 //密码历史[默认|N]
| PASSWORD REUSE INTERVAL {DEFAULT| N DAY}
                                               //密码重用间隔{默认|N}
| PASSWORD REQUIRE CURRENT [DEFAULT| OPTIONAL]
                                               //需要现密码(设置新密码时)[默认|
可选]
| FAILED_LOGIN_ATTEMPTS N                       //失败登录次数
| PASSWORD_LOCK_TIME {N|UNBOUNDED}
//超过最大连续登录失败次数后用户锁定时间(天) {N|无约束}
}

lock_option: {                                 //锁选项
ACCOUNT LOCK                                    //账户锁定
| ACCOUNT UNLOCK                                //账户解锁
}
```

删除用户语句格式:

```
DROP USER [IF EXISTS] user [, user];
```

【例 4-2】 创建用户 u1、u2、u3、u4、u5、u6、u7。

```
#为防止报错,先试着删除待创建的用户
DROP USER IF EXISTS 'u1', 'u2', 'u3', 'u4', 'u5', 'u6', 'u7';
DROP USER IF EXISTS '';
DROP ROLE IF EXISTS 'R1', 'r22','r11';

#创建 7 个用户
CREATE USER
'u1' IDENTIFIED BY '111111',
'u2' IDENTIFIED BY '222222',
'u3' IDENTIFIED BY '111111',
'u4' IDENTIFIED BY '222222',
'u5' IDENTIFIED BY '111111',
'u6' IDENTIFIED BY '222222',
'u7' IDENTIFIED BY '111111';

#查看现有用户
mysql>SELECT host, user FROM mysql.user;
+-----------+------------------+
| host      | user             |
+-----------+------------------+
| %         | haoxiulan        |
| %         | root             |
| %         | u1               |
| %         | u2               |
```

```
| %         | u3                 |
| %         | u4                 |
| %         | u5                 |
| %         | u6                 |
| %         | u7                 |
| localhost | mysql.infoschema   |
| localhost | mysql.session      |
| localhost | mysql.sys          |
+-----------+--------------------+
12 rows in set (0.00 sec)
```

从以上的查询结果可知,在创建用户时不指定主机,默认为可以任意主机登录(host='%')。

```
#修改用户可登记的主机
#将刚创建的用户改为只能从本机登录
mysql>UPDATE mysql.user SET host='localhost' WHERE user LIKE 'u_';
Query OK, 7 rows affected (0.01 sec)
Rows matched: 7 Changed: 7 Warnings: 0

#查看刚刚修改的用户登录主机
mysql>SELECT host, user FROM mysql.user WHERE user LIKE 'u_';
+-----------+------+
| host      | user |
+-----------+------+
| localhost | u1   |
| localhost | u2   |
| localhost | u3   |
| localhost | u4   |
| localhost | u5   |
| localhost | u6   |
| localhost | u7   |
+-----------+------+
7 rows in set (0.00 sec)

#将以 u 打头的用户改回从任意主机登录
UPDATE mysql.user SET host='%' WHERE user LIKE 'u_';
```

3. 授予权限

SQL 中使用 GRANT 语句向用户授予权限。

语法格式:

```
GRANT <权限>[,<权限>]…
ON <对象类型><对象名>[,<对象类型><对象名>]…
TO <用户>[,<用户>]…
[WITH GRANT OPTION]
```

其语义为将对指定操作对象的指定操作权限授予指定的用户。发出该 GRANT 语句的可以是数据库管理员,也可以是该数据库对象创建者(即属主 owner),还可以是已经拥有该权限的用户。接受权限的用户可以是一个或多个具体用户,也可以是 PUBLIC,即全体用户。

如果指定了 WITH GRANT OPTION 子句，则获得某种权限的用户还可以把这种权限再授予其他的用户。如果没有指定 WITH GRANT OPTION 子句，则获得某种权限的用户只能使用该权限，不能传播该权限。

SQL 标准允许具有 WITH GRANT OPTION 的用户把相应权限或其子集传递授予其他用户，但不允许循环授权，即被授权者不能把权限再授回给授权者或其祖先，如图 4-6 所示。

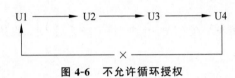

图 4-6 不允许循环授权

【例 4-3】 查看 root 用户的权限。

```
mysql>SHOW GRANTS FOR 'root'@'%' \G
*************************** 1. row ***************************
Grants for root@%: GRANT SELECT, INSERT, UPDATE, DELETE, CREATE, DROP,
RELOAD, SHUTDOWN, PROCESS, FILE, REFERENCES, INDEX, ALTER, SHOW
DATABASES, SUPER, CREATE TEMPORARY TABLES, LOCK TABLES, EXECUTE,
REPLICATION SLAVE, REPLICATION CLIENT, CREATE VIEW, SHOW VIEW, CREATE
ROUTINE, ALTER ROUTINE, CREATE USER, EVENT, TRIGGER, CREATE
TABLESPACE, CREATE ROLE, DROP ROLE ON *.* TO 'root'@'%' WITH GRANT
OPTION
*************************** 2. row ***************************
Grants for root@%: GRANT
APPLICATION_PASSWORD_ADMIN,AUDIT_ABORT_EXEMPT,AUDIT_ADMIN,AUTHENTICATI
ON_POLICY_ADMIN,BACKUP_ADMIN,BINLOG_ADMIN,BINLOG_ENCRYPTION_ADMIN,CLON
E_ADMIN,CONNECTION_ADMIN,ENCRYPTION_KEY_ADMIN,FIREWALL_EXEMPT,FLUSH_OP
TIMIZER_COSTS,FLUSH_STATUS,FLUSH_TABLES,FLUSH_USER_RESOURCES,GROUP_REP
LICATION_ADMIN,INNODB_REDO_LOG_ARCHIVE,INNODB_REDO_LOG_ENABLE,PASSWORD
LESS_USER_ADMIN,PERSIST_RO_VARIABLES_ADMIN,REPLICATION_APPLIER,REPLICA
TION_SLAVE_ADMIN,RESOURCE_GROUP_ADMIN,RESOURCE_GROUP_USER,ROLE_ADMIN,S
ENSITIVE_VARIABLES_OBSERVER,SERVICE_CONNECTION_ADMIN,SESSION_VARIABLES
_ADMIN,SET_USER_ID,SHOW_ROUTINE,SYSTEM_USER,SYSTEM_VARIABLES_ADMIN,TAB
LE_ENCRYPTION_ADMIN,TELEMETRY_LOG_ADMIN,XA_RECOVER_ADMIN ON *.* TO
'root'@'%' WITH GRANT OPTION
*************************** 3. row ***************************
Grants for root@%: GRANT INSERT ON 'auditlog'.'t_audit' TO 'root'@'%'
*************************** 4. row ***************************
Grants for root@%: GRANT PROXY ON ''@'' TO 'root'@'%' WITH GRANT
OPTION
4 rows in set (0.00 sec)
```

可以看到，root 用户拥有最高的权限。

【例 4-4】 把查询 tbStuInfo 表的权限授给用户 u2。

```
GRANT SELECT
```

```
ON TABLE tbStuInfo
TO u2;
```

或

```
GRANT SELECT
ON tbStuInfo
TO u2;
```

【例 4-5】 把对 tbStuInfo、tbCourse 和 tbSC 表的全部权限授予用户 u2。

```
GRANT ALL ON tbStuInfo TO u2;
GRANT ALL ON tbCourse TO u2;
GRANT ALL ON tbSC TO u2;
```

【例 4-6】 把查询 tbStuInfo 表和修改学生学号的权限授给用户 u4。

```
GRANT UPDATE(sNo), SELECT
ON tbStuInfo
TO u4;
```

在对属性列授权时,必须明确写出属性列的名称。例如也可以使用 SELECT(sNo)指明把 sNo 的查询权限授予给某个用户。

【例 4-7】 把对表 tbSC 的 INSERT 权限授予 u5 用户,并允许他再将此权限授予其他用户。

```
GRANT INSERT
ON tbSC
TO u5
WITH GRANT OPTION;
```

执行此 SQL 语句后,u5 不仅拥有了对表 tbSC 的 INSERT 权限,还可以传播此权限,即由 u5 用户发送上述 GRANT 命令给其他用户,例如 u5 可将此权限转授给 u6。以下命令需要以 u5 用户身份登录客户端并执行:

```
GRANT INSERT
ON textbook_stu.tbSC
TO u6
WITH GRANT OPTION;
```

如果 u5 给 u7 授权时没有使用 WITH GRANT OPTION 选项,那么权限的传播到 u7 这里终止,u7 不能给其他用户授予它从 u5 这里获得的权限。

```
GRANT INSERT
ON tbSC
TO u7;
```

u7 不能再传播此权限。

查看 u1、u2、u3、u4、u5、u6、u7 的权限,需要切换回 root 用户。

```
SHOW GRANTS FOR u1;                    // 用户 u1 没有被授权
mysql>SHOW GRANTS FOR u1;
```

```
+----------------------------------+
| Grants for u1@%                  |
+----------------------------------+
| GRANT USAGE ON *.* TO 'u1'@'%'   |
+----------------------------------+
1 row in set (0.00 sec)
```

SHOW GRANTS FOR u2;   //用户 u2 有 tbCourse、tbSC、tbStuInfo 的全部权限
```
mysql> SHOW GRANTS FOR u2;
+--------------------------------------------------------------+
| Grants for u2@%                                              |
+--------------------------------------------------------------+
| GRANT USAGE ON *.* TO 'u2'@'%'                               |
| GRANT ALL PRIVILEGES ON 'textbook_stu'.'tbcourse' TO 'u2'@'%' |
| GRANT ALL PRIVILEGES ON 'textbook_stu'.'tbsc' TO 'u2'@'%'   |
| GRANT ALL PRIVILEGES ON 'textbook_stu'.'tbstuinfo' TO 'u2'@'%' |
+--------------------------------------------------------------+
4 rows in set (0.00 sec)
```

SHOW GRANTS FOR u3;   //用户 u3 没有授权
```
mysql> SHOW GRANTS FOR u3;
+----------------------------------+
| Grants for u3@%                  |
+----------------------------------+
| GRANT USAGE ON *.* TO 'u3'@'%'   |
+----------------------------------+
1 row in set (0.00 sec)
```

SHOW GRANTS FOR u4;   //用户 u4 有 tbStuInfo 的 SELECT 权限、学号(sNo)列的更新权限
```
mysql> SHOW GRANTS FOR u4;
+----------------------------------------------------------------+
| Grants for u4@%                                                |
+----------------------------------------------------------------+
| GRANT USAGE ON *.* TO 'u4'@'%'                                 |
| GRANT SELECT, UPDATE ('sNo') ON 'textbook_stu'.'tbstuinfo' TO 'u4'@'%' |
+----------------------------------------------------------------+
2 rows in set (0.00 sec)
```

SHOW GRANTS FOR u5;   //用户 u5 具有 tbSC 表上的 SELECT, INSERT 权限,可以转授他人
```
mysql> SHOW GRANTS FOR u5;
+----------------------------------------------------------------+
| Grants for u5@%                                                |
+----------------------------------------------------------------+
| GRANT USAGE ON *.* TO 'u5'@'%'                                 |
| GRANT SELECT, INSERT ON 'textbook_stu'.'tbsc' TO 'u5'@'%' WITH GRANT OPTION |
+----------------------------------------------------------------+
2 rows in set (0.00 sec)
```

SHOW GRANTS FOR u6;   //用户 u6 具有 tbSC 表上的 INSERT 权限,并可以转授他人
```
mysql> SHOW GRANTS FOR u6;
+----------------------------------------------------------------+
```

```
| Grants for u6@%                                                    |
+-------------------------------------------------------------------+
| GRANT USAGE ON *.* TO 'u6'@'%'                                     |
| GRANT INSERT ON 'textbook_stu'.'tbsc' TO 'u6'@'%' WITH GRANT OPTION |
+-------------------------------------------------------------------+
2 rows in set (0.00 sec)
```

```
SHOW GRANTS FOR u7;              //用户 u7 具有 tbSC 表上的 INSERT 权限,不可以转授他人
mysql> SHOW GRANTS FOR u7;
+---------------------------------------------------------+
| Grants for u7@%                                         |
+---------------------------------------------------------+
| GRANT USAGE ON *.* TO 'u7'@'%'                          |
| GRANT INSERT ON 'textbook_stu'.'tbsc' TO 'u7'@'%'       |
+---------------------------------------------------------+
2 rows in set (0.00 sec)
```

4. 回收权限

SQL 中使用 REVOKE 语句向用户回收权限。

语法格式：

```
REVOKE <权限>[,<权限>]…
ON <对象类型><对象名>[,<对象类型><对象名>]…
FROM <用户>[,<用户>]…[CASCADE| RESTRICT];
```

授予的权限可以由数据库管理员或其他授权者用 REVOKE 语句收回。

【例 4-8】 把用户 u4 修改学生学号的权限收回。

```
REVOKE UPDATE(sNo)
ON tbStuInfo
FROM u4;
```

【例 4-9】 把用户 u5 对 tbSC 表的 INSERT 权限收回。

```
REVOKE INSERT
ON tbSC
FROM u5;
```

前面的例子给 u5 授权后,u5 的权限传播给了 u6 和 u7。有些数据库系统,例如 MS SQL Server,在收回用户 u5 的 INSERT 权限时应该使用 CASCADE,否则拒绝执行该语句。如果 u6 或 u7 还从其他用户处获得对 tbSC 表的 INSERT 权限,则他们仍具有此权限,系统只收回直接或间接从 u5 处获得的权限。

在 MySQL 中,CASCADE 只是为了兼容其他系统而保留的一个关键字,不能起到级联回收的作用,用户从 u5 处获得的 INSERT 权限在 u5 的相应权限被收回后仍然存在。

下面查看 u4、u5、u6 和 u7 的权限。

```
SHOW GRANTS FOR u4;
                //用户 u4 有 tbStuInfo 的 SELECT 权限,学号(sNo)列的更新权限已被回收
mysql> SHOW GRANTS FOR u4;
+---------------------------------------------------------+
```

```
| Grants for u4@%                                                      |
+---------------------------------------------------------------------+
| GRANT USAGE ON * . * TO 'u4'@'%'                                     |
| GRANT SELECT ON 'textbook_stu'.'tbstuinfo' TO 'u4'@'%'              |
+---------------------------------------------------------------------+
2 rows in set (0.00 sec)
```

SHOW GRANTS FOR u5;
    //用户 u5 具有 tbSC 表上的 INSERT 权限已被回收,其上的 SELECT 权限仍在,并可以转授他人
```
mysql> SHOW GRANTS FOR u5;
+---------------------------------------------------------------------+
| Grants for u5@%                                                      |
+---------------------------------------------------------------------+
| GRANT USAGE ON * . * TO 'u5'@'%'                                     |
| GRANT SELECT ON 'textbook_stu'.'tbsc' TO 'u5'@'%' WITH GRANT OPTION |
+---------------------------------------------------------------------+
2 rows in set (0.00 sec)
```

SHOW GRANTS FOR u6;
    //用户 u6 具有 tbSC 表上的 INSERT 权限,并可以转授他人,收回 u5 的权限 u6 的权限没有影响
```
mysql> SHOW GRANTS FOR u6;
+---------------------------------------------------------------------+
| Grants for u6@%                                                      |
+---------------------------------------------------------------------+
| GRANT USAGE ON * . * TO 'u6'@'%'                                     |
| GRANT INSERT ON 'textbook_stu'.'tbsc' TO 'u6'@'%' WITH GRANT OPTION |
+---------------------------------------------------------------------+
2 rows in set (0.00 sec)
```

SHOW GRANTS FOR u7;
    //用户 u7 具有 tbSC 表上的 INSERT 权限,不可以转授他人,收回 u5 的权限 u7 的权限没有影响
```
mysql> SHOW GRANTS FOR u7;
+---------------------------------------------------------------+
| Grants for u7@%                                                |
+---------------------------------------------------------------+
| GRANT USAGE ON * . * TO 'u7'@'%'                               |
| GRANT INSERT ON 'textbook_stu'.'tbsc' TO 'u7'@'%'             |
+---------------------------------------------------------------+
2 rows in set (0.00 sec)
```

5. 角色与用户

数据库角色是被命名的一组与数据库操作相关的权限,角色是权限的集合。因此,可以为一组具有相同权限的用户创建一个角色,使用角色来管理数据库权限可以简化授权的过程。

在 SQL 中首先用 CREATE ROLE 语句创建角色,然后用 GRANT 语句给角色授权,用 REVOKE 语句收回授予角色的权限。

在 MySQL 中,要激活角色,需要设置一个 MySQL 系统变量,这个系统变量的默认值是 OFF。

```
#查看 activate_all_roles_on_login 变量
mysql>SHOW VARIABLES LIKE 'activate_all_roles_on_login';
+-----------------------------+-------+
| Variable_name               | Value |
+-----------------------------+-------+
| activate_all_roles_on_login | OFF   |
+-----------------------------+-------+
1 row in set, 1 warning (0.00 sec)
```

```
#启用该变量,先动态启用之后,可以将此参数加入 my.cnf 配置文件中。
SET GLOBAL activate_all_roles_on_login =ON;
```

(1) 创建数据库角色的 SQL 语句。

语法格式:

```
CREATE ROLE 角色名
[AUTHORIZATION 拥有者]
```

角色的所有者或拥有角色的任何成员都可以添加或删除角色里面的成员。

(2) 给角色授权的 SQL 语句。

语法格式:

```
GRANT<权限>[,<权限>]…
ON <对象类型>对象名
TO <角色 1>[,<角色 2>]…
```

数据库管理员和用户可以利用 GRANT 语句将权限授予某一个或几个角色。

(3) 将一个角色授予其他角色或用户的 SQL 语句。

语法格式:

```
GRANT <角色 1>[,<角色 2>]…
TO <角色 3>[,<用户 1>]…
[WITH ADMIN OPTION]
```

该语句把角色授予某用户,或授予另一个角色。这样,一个角色(例如角色 3)所拥有的权限就是授予它的全部角色(例如角色 1 和角色 2)所包含的权限的总和。

授予者或者角色的创建者拥有在这个角色上的 ADMIN OPTION 权限。如果指定了 WITH ADMIN OPTION 子句,则获得某种权限的角色或用户还可以把这种权限再授予其他的角色。

一个角色包含的权限包括直接授予这个角色的全部权限,以及其他角色授予这个角色的全部权限。

(4) 收回角色权限的 SQL 语句。

语法格式:

```
REVOKE <权限>[,<权限>…]
ON <对象类型><对象名>
FROM <角色 1>[,<角色 2>]…
```

用户可以收回角色的权限,从而修改角色拥有的权限。

【例 4-10】 为当前用户创建数据库角色 Role2。

```
CREATE ROLE 'Role2';
```

【例 4-11】 给数据库角色 Role2 分配权限。

```
GRANT SELECT, INSERT, UPDATE, DELETE ON tbStuInfo
TO Role2;
```

【例 4-12】 将数据库角色 Role2 添加到用户 u7。

```
GRANT Role2 TO u7;
```

u7 将具有 Role2 的所有权限,如图 4-7 所示。

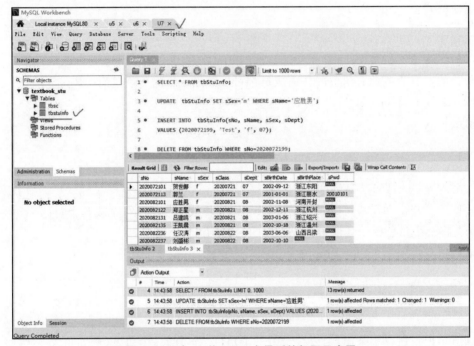

图 4-7　用户 u7 从 Role2 中得到的权限示意图

【例 4-13】 角色的权限修改。

```
REVOKE DELETE
ON TABLE tbStuInfo
FROM Role2;
```

从角色 Role2 处回收 tbStuInfo 上的 DELETE 权限后,用户 u7 不能执行该表上的删除命令,如图 4-8 所示。

【例 4-14】 将数据库角色 Role2 从用户 u7 处回收。

```
REVOKE Role2 FROM u7;
```

u7 将不具有 Role2 的所有权限。

将角色 Role2 从 u7 回收后,u7 失去了 tbStuInfo 表上的所有权限,如图 4-9 所示。

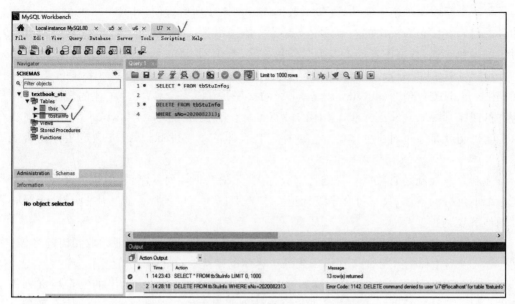

图 4-8　u7 执行 DELETE 命令（例 4-13 执行后）

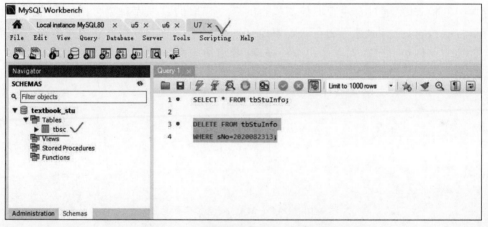

图 4-9　u7 可看到的表（例 4-14 执行后）

4.2.3　强制存取控制

视频讲解

自主存储控制中用户对数据的存取权限是"自主"的,用户可以自由地决定将数据权限授予其他人。被授予权限的人还能够再将权限传播给别人,在这种机制下,可能会造成数据的"无意泄露"。其根本原因在于自主存储控制仅通过对数据的存取权限来进行安全控制,而数据本身并没有安全性标记。解决办法就是对系统控制下的所有主客体实施强制存取控制策略。

所谓强制存取控制是指系统为保证更高程度的安全性,按照 TCSEC/TDI 标准中安全策略的要求所采取的强制存取检查手段。它不是用户能直接感知或进行控制的。强制存取控制适用于那些对数据有严格而固定密级分类的部门,例如军事部门或政府部门。

在强制存取控制中,数据库管理系统所管理的全部实体被分为主体和客体两大类。

主体是系统中的活动实体,既包括数据库管理系统所管理的实际用户,也包括代表用户的各进程。客体是系统中的被动实体,是受主体操纵的,包括文件、基本表、索引、视图等。对于主体和客体,数据库管理系统为它们每个实例(值)指派一个敏感度标记(label)。

敏感度标记被分成若干级别,例如绝密(top secret,TS)、机密(secret,S)、可信(confidential,C)、公开(public,P)等,密级的次序是 TS≥S≥C≥P。主体的敏感度标记称为许可证级别(clearance level),客体的敏感度标记称为密级(classification level)。强制存取控制机制就是通过对比主体的敏感度标记和客体的敏感度标记,最终确定主体是否能够存取客体。

强制存取控制是对数据本身进行密级标记,无论数据如何复制,它的敏感度标记与数据是一个不可分的整体,只有符合密级标记要求的用户才可以操纵数据。在进行操作时必须遵循如下规则:

(1) 仅当主体的许可证级别大于或等于客体的密级时,该主体才能读取相应的客体;

(2) 仅当主体的许可证级别小于或等于客体的密级时,该主体才能写相应的客体。

要实现强制存取控制,首先是需要实现自主存取控制。这是因为高的安全性级别提供的安全保护措施必须要包含所有较低安全性级别所提供的全部保护措施。自主存取控制与强制存取控制共同构成了数据库管理系统存取控制机制,如图 4-10 所示。系统首先进行自主存取控制检查,对通过自主存取控制检查的允许存取的数据库对象再由系统自动进行强制存取控制检查,只有通过强制存取控制检查的数据库对象方可存取。自主存取控制和强制存取控制共同组成了数据库的安全检查,两者相辅相成。

图 4-10　DAC＋MAC 安全检查示意图

4.3　审计

审计是另外一种安全性控制手段。审计即启用一个专用的审计日志(audit log),将用户对数据库的所有操作记录在上面,审计员利用审计日志监控数据库中的各种行为,找出非法存取数据的人、时间和内容。C2 级别以上的数据库管理系统必须具有审计功能。

审计可以分为两种类型,一种是用户级审计,另一种是系统级审计。用户级审计是任何用户自己可以设置的审计,主要是用户针对自己创建的数据库表和视图进行审计。系统级审计则只能由数据库管理员进行设置,主要用来监测成功或失败的登录、监测权限授予和收回的操作,以及其他数据库级权限操作。

MySQL 8 社区版没有审计插件,而商业版中有,需要单独收取 licence 费用。除了商业版的审计插件外,还有三类审计插件可以考虑:Percona 自带的审计插件 audit log,

MariaDB 的审计插件 server audit 以及 Mcafee 的审计插件,它们已经在 GitHub 上开源。

这里介绍一种无需插件的 MySQL 社区版审计方法。

1. 查询审计配置情况

```
mysql>SHOW GLOBAL VARIABLES LIKE 'log_timestamps';
+----------------+-------+
| Variable_name  | Value |
+----------------+-------+
| log_timestamps | UTC   |
+----------------+-------+
1 row in set, 1 warning (0.01 sec)
```

可以看到 log 时间戳是 UTC 时间。

查看 general_log 变量:

```
mysql>SHOW GLOBAL VARIABLES LIKE '%general%';
+------------------+-----------------+
| Variable_name    | Value           |
+------------------+-----------------+
| general_log      | OFF             |
| general_log_file | HAOXIULAN-PC.log |
+------------------+-----------------+
2 rows in set, 1 warning (0.00 sec)
```

结果表明 log 功能没打开(值为 OFF);log 文件放在 HAOXIULAN-PC. log 下,注意这个 log 存放路径是默认的,在 C:\ProgramData\MySQL\MySQL Server 8.0\Data 下。

2. 永久开启审计

若想系统重启后还能生效,就需要在 C:\ProgramData\MySQL\MySQL Server 8.0\my.ini 文件中加入以下条目:

```
general_log =on          // on 为开启;off 为关闭
```

通过 general_log 系统变量,审计功能可以方便地开启和关闭。

3. 临时开启审计

在 MySQL 中执行以下命令:

```
SET GLOBAL general_log =ON;
SET GLOBAL log_timestamps =SYSTEM;
```

系统基本会默认时间戳和 log 文件位置,一般只需要第一条命令打开 log 开关即可。

```
mysql>SET GLOBAL general_log =ON;
Query OK, 0 rows affected (0.01 sec)

mysql>SET GLOBAL log_timestamps =SYSTEM;
Query OK, 0 rows affected (0.00 sec)

mysql>SHOW GLOBAL VARIABLES LIKE '%general%';
+------------------+-----------------+
| Variable_name    | Value           |
+------------------+-----------------+
```

```
| general_log             | ON                  |
| general_log_file        | HAOXIULAN-PC.log    |
+------------------+-------------------+
2 rows in set, 1 warning (0.00 sec)
```

到此为止，已经打开了审计功能，可以记录所有对数据库的操作，接下来通过 init-connect＋binlog 来实现相对完整的审计功能。

4. 设置 init-connect

（1）创建用于存放连接日志的数据库和表。

```
mysql>DROP DATABASE IF EXISTS auditlog;
Query OK, 0 rows affected (0.01 sec)

CREATE DATABASE auditlog;
Query OK, 1 row affected (0.01 sec)

mysql>DROP TABLE IF EXISTS auditlog.t_audit;
Query OK, 0 rows affected (0.03 sec)

mysql>CREATE TABLE auditlog.t_audit(
    ->   id INT NOT NULL AUTO_INCREMENT,
    ->   thread_id INT NOT NULL,
    ->   login_time TIMESTAMP,
    ->   localname VARCHAR(50) DEFAULT NULL,
    ->   matchname VARCHAR(50) DEFAULT NULL,
    ->   PRIMARY KEY (id)
    ->) COMMENT '审计用户登录信息';
Query OK, 0 rows affected (0.02 sec)
```

（2）授权某个用户拥有对审计表的 SELECT 和 INSERT 权限。

通过 SELECT 语句列出授权所有用户的语句：

```
mysql>SELECT CONCAT("grant insert on auditlog.t_audit to
'",user,"'@'",host,"';") FROM mysql.user;          #拼接授权语句
+----------------------------------------------------------------------+
| CONCAT("grant insert on auditlog.t_audit to '",user,"'@'",host,"';") |
+----------------------------------------------------------------------+
| grant insert on auditlog.t_audit to 'Role2'@'%';                     |
| grant insert on auditlog.t_audit to 'haoxiulan'@'%';                 |
| grant insert on auditlog.t_audit to 'root'@'%';                      |
| grant insert on auditlog.t_audit to 'u1'@'%';                        |
| grant insert on auditlog.t_audit to 'u2'@'%';                        |
| grant insert on auditlog.t_audit to 'u3'@'%';                        |
| grant insert on auditlog.t_audit to 'u4'@'%';                        |
| grant insert on auditlog.t_audit to 'u5'@'%';                        |
| grant insert on auditlog.t_audit to 'u6'@'%';                        |
| grant insert on auditlog.t_audit to 'u7'@'%';                        |
| grant insert on auditlog.t_audit to 'mysql.infoschema'@'localhost';  |
| grant insert on auditlog.t_audit to 'mysql.session'@'localhost';     |
| grant insert on auditlog.t_audit to 'mysql.sys'@'localhost';         |
```

```
+-----------------------------------------------------------------------+
13 rows in set (0.00 sec)
```

将这些语句复制到 MySQL 客户端执行：

```
mysql>GRANT INSERT ON auditlog.t_audit TO 'Role2'@'%';
Query OK, 0 rows affected (0.01 sec)

mysql>GRANT INSERT ON auditlog.t_audit TO 'haoxiulan'@'%';
Query OK, 0 rows affected (0.00 sec)

mysql>GRANT INSERT ON auditlog.t_audit TO 'root'@'%';
Query OK, 0 rows affected (0.01 sec)

mysql>GRANT INSERT ON auditlog.t_audit TO 'u1'@'%';
Query OK, 0 rows affected (0.01 sec)

mysql>GRANT INSERT ON auditlog.t_audit TO 'u2'@'%';
Query OK, 0 rows affected (0.00 sec)

mysql>GRANT INSERT ON auditlog.t_audit TO 'u3'@'%';
Query OK, 0 rows affected (0.00 sec)

mysql>GRANT INSERT ON auditlog.t_audit TO 'u4'@'%';
Query OK, 0 rows affected (0.00 sec)

mysql>GRANT INSERT ON auditlog.t_audit TO 'u5'@'%';
Query OK, 0 rows affected (0.00 sec)

mysql>GRANT INSERT ON auditlog.t_audit TO 'u6'@'%';
Query OK, 0 rows affected (0.00 sec)

mysql>GRANT INSERT ON auditlog.t_audit TO 'u7'@'%';
Query OK, 0 rows affected (0.00 sec)

mysql>GRANT INSERT ON auditlog.t_audit TO
'mysql.infoschema'@'localhost';
Query OK, 0 rows affected (0.00 sec)

mysql>GRANT INSERT ON auditlog.t_audit TO
'mysql.session'@'localhost';
Query OK, 0 rows affected (0.00 sec)

mysql>GRANT INSERT ON auditlog.t_audit TO 'mysql.sys'@'localhost';
Query OK, 0 rows affected (0.00 sec)
```

测试时，将 textbook_stu.tbStuInfo 的 SELECT、DELETE 权限授予用户'u1'@'%'：

```
GRANT SELECT, DELETE ON TABLE textbook_stu.tbStuInfo TO 'u1'@'%';
```

（3）设置 init_connect 参数。

```
mysql>SET GLOBAL init_connect='INSERT INTO auditlog.t_audit(id,
thread_id, login_time, localname, matchname) VALUES (NULL,
CONNECTION_ID(), NOW(), USER(), CURRENT_USER());';
```

Query OK, 0 rows affected (0.00 sec)

查看设置是否成功：

```
SHOW GLOBAL VARIABLES LIKE '%init%';
mysql>SHOW GLOBAL VARIABLES LIKE '%init%';
+----------------------------+-------------------------------------------+
| Variable_name              | Value                                     |
+----------------------------+-------------------------------------------+
|                            | INSERT INTO auditlog.t_audit(id,thread_id,|
| init_connect               | login_time,localname,matchname) VALUES(NULL,|
|                            |CONNECTION_ID(),NOW(),USER(),CURRENT_USER());|
| init_file                  |                                           |
| init_replica               |                                           |
| init_slave                 |                                           |
| innodb_extend_and_initialize | ON                                      |
| schema_definition_cache    | 256                                       |
| stored_program_definition_cache| 256                                   |
| table_definition_cache     | 1400                                      |
| tablespace_definition_cache | 256                                      |
+----------------------------+-------------------------------------------+
9 rows in set, 1 warning (0.00 sec)
```

若想在系统重启后还能生效，可以在配置文件中增加如下语句，以便下次重启时能生效。临时使用则跳过这个步骤：

```
init_connect = ' INSERT INTO auditlog. t_audit (id, thread_id, login_time,
localname, matchname) VALUES(NULL, CONNECTION_ID(), NOW(), USER(), CURRENT_USER
());'
```

（4）验证。

首先将 auditlog.t_audit 的查询权限授予 u1：

```
GRANT SELECT,INSERT ON auditlog.t_audit TO 'u1';
```

使用用户 u1 登录，查看审计表 auditlog.t_audit 是否记录了本次登录，并尝试能否删除。
查看审计表 auditlog.t_audit，可以看到确实记录了本次登录：

```
mysql>SELECT * FROM auditlog.t_audit;
+----+-----------+---------------------+--------------+-----------+
| id | thread_cid| login_time          | localname    | matchname |
+----+-----------+---------------------+--------------+-----------+
| 1  | 20        | 2023-12-28 00:10:57 | u1@localhost | u1@%      |
+----+-----------+---------------------+--------------+-----------+
1 row in set (0.00 sec)
```

尝试删除本次登录，由于用户 u1 没有这个权限，所以不能删除：

```
mysql>DELETE FROM auditlog.t_audit WHERE id='1';
ERROR 1142 (42000): DELETE command denied to user 'u1'@'localhost' for table 't_
audit'
```

【例 4-15】 使用用户 u1 进行一系列的操作，然后退出。
查询操作：

```
mysql>SELECT * FROM textbook_stu.tbStuInfo LIMIT 2;
+----------+-----+-----+--------+-----+----------+-----------+-------+
| sNo      | sName| sSex | sClass | sDept | sBirthDate | sBirthPlace | sPwd |
+----------+-----+-----+--------+-----+----------+-----------+-------+
| 2020072101 | 贺世娜 | f  | 20200721 | 07  | 2002-09-12 | 浙江东阳 | NULL |
| 2020072113 | 郭兰   | f  | 20200721 | 07  | 2001-01-01 | 浙江丽水 | 20010101 |
+----------+-----+-----+--------+-----+----------+-----------+-------+
2 rows in set (0.00 sec)
```

插入操作：

```
mysql>INSERT INTO textbook_stu.tbStuInfo(sNo,sName,sDept)
   ->VALUES (2020082199,'AAAAAA','09') ;
ERROR 1142 (42000): INSERT command denied to user 'u1'@'localhost' for table
'tbstuinfo'
```

由于没有将 INSERT 权限授予用户，所以系统拒绝操作。

删除操作：

```
mysql>DELETE FROM textbook_stu.tbStuInfo WHERE sNo=2020082199;
Query OK, 0 rows affected (0.00 sec)
```

登录 root 用户，查看审计表 auditlog.t_audit 并找出删除记录的人。

```
mysql>SELECT * FROM auditlog.t_audit;
+----+-----------+---------------------+----------------+-----------+
| id | thread_id | login_time          | localname      | matchname |
+----+-----------+---------------------+----------------+-----------+
| 1  | 20        | 2023-12-28 00:10:57 | u1@localhost   | u1@%      |
+----+-----------+---------------------+----------------+-----------+
1 row in set (0.00 sec)
```

通过查看位于目录 C:\ProgramData\MySQL\MySQL Server 8.0\Data 下的日志文件，如图 4-11 所示，发现删除日志操作的用户 thread_id 为 20，登录时间与 auditlog.t_audit 表记录的一致，从而起到了审计的作用。

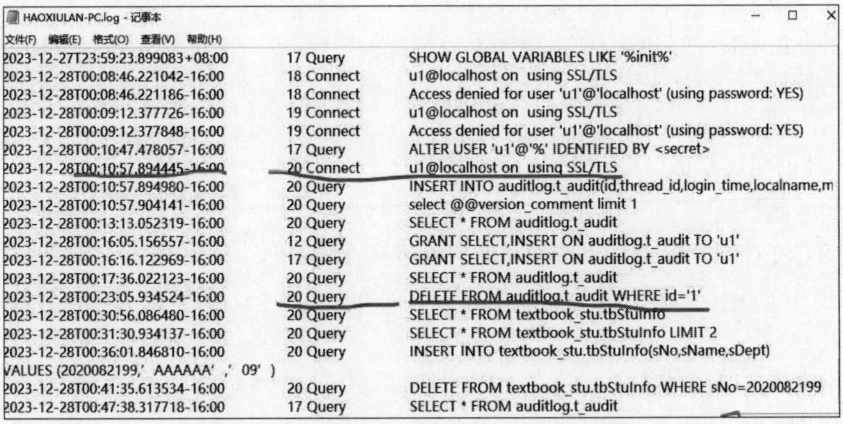

HAOXIULAN-PC.log - 记事本
文件(F) 编辑(E) 格式(O) 查看(V) 帮助(H)

```
2023-12-27T23:59:23.899083+08:00   17 Query     SHOW GLOBAL VARIABLES LIKE '%init%'
2023-12-28T00:08:46.221042-16:00   18 Connect   u1@localhost on  using SSL/TLS
2023-12-28T00:08:46.221186-16:00   18 Connect   Access denied for user 'u1'@'localhost' (using password: YES)
2023-12-28T00:09:12.377726-16:00   19 Connect   u1@localhost on  using SSL/TLS
2023-12-28T00:09:12.377848-16:00   19 Connect   Access denied for user 'u1'@'localhost' (using password: YES)
2023-12-28T00:10:47.478057-16:00   17 Query     ALTER USER 'u1'@'%' IDENTIFIED BY <secret>
2023-12-28T00:10:57.894445-16:00   20 Connect   u1@localhost on  using SSL/TLS
2023-12-28T00:10:57.894980-16:00   20 Query     INSERT INTO auditlog.t_audit(id,thread_id,login_time,localname,m
2023-12-28T00:10:57.904141-16:00   20 Query     select @@version_comment limit 1
2023-12-28T00:13:13.052319-16:00   20 Query     SELECT * FROM auditlog.t_audit
2023-12-28T00:16:05.156557-16:00   12 Query     GRANT SELECT,INSERT ON auditlog.t_audit TO 'u1'
2023-12-28T00:16:16.122969-16:00   17 Query     GRANT SELECT,INSERT ON auditlog.t_audit TO 'u1'
2023-12-28T00:17:36.022123-16:00   20 Query     SELECT * FROM auditlog.t_audit
2023-12-28T00:23:05.934524-16:00   20 Query     DELETE FROM auditlog.t_audit WHERE id='1'
2023-12-28T00:30:56.086480-16:00   20 Query     SELECT * FROM textbook_stu.tbStuInfo
2023-12-28T00:31:30.934137-16:00   20 Query     SELECT * FROM textbook_stu.tbStuInfo LIMIT 2
2023-12-28T00:36:01.846810-16:00   20 Query     INSERT INTO textbook_stu.tbStuInfo(sNo,sName,sDept)
VALUES (2020082199,' AAAAAA' ,' 09' )
2023-12-28T00:41:35.613534-16:00   20 Query     DELETE FROM textbook_stu.tbStuInfo WHERE sNo=2020082199
2023-12-28T00:47:38.317718-16:00   17 Query     SELECT * FROM auditlog.t_audit
```

图 4-11　通过日志文件查看登录及删除情况

审计功能可以记录下对数据库系统的一切操作，是不是一定要把它开启呢？并不是。审计功能由于要记录所有操作，比较费时间和空间。所以，数据库管理员应该根据应用对安全性的要求,灵活决定是打开还是关闭审计功能。审计功能主要用于对安全性要求比较高的部门,例如政府部门、金融机构等。

4.4 本章小结

本章首先讲述了数据库安全性的概念、影响数据库的不安全因素以及数据库安全性的评估标准;其次介绍了实现数据库系统安全性的多种技术和方法,数据库管理系统提供的安全措施主要包括用户身份鉴别、存取控制技术、视图技术和审计技术、数据加密存储和加密传输等;最后,本章详细介绍了存取控制技术中的自主存取控制和强制存取控制技术。

4.5 思考与练习

一、单选题

1. 下列关于自主存取控制的说法错误的是(　　　)。

　A. C2 级的数据库管理系统必须支持自主存取控制

　B. 角色是权限的集合,可以简化授权过程

　C. 一个用户只能属于一个角色

　D. 自主存取控制使用 GRANT 分配权限,使用 REVOKE 回收权限

2. 下列关于数据库安全性的说法,错误的是(　　　)。

　A. 可以使用 GRANT 和 REVOKE 语句分配和回收权限

　B. B1 级的数据库管理系统中强制存取控制和自主存取控制只需要实现其中一个即可,不必全部实现

　C. 使用 WITH GRANT OPTION 之后,允许被分配的权限传播

　D. 一个用户可以属于多个角色,它的权限是这多个角色的并集

二、多选题

(　　　)是常用的数据库安全性控制方法。

　A. 自主存取控制和强制存取控制

　B. 审计

　C. 用户标识和身份鉴别

　D. 数据加密

三、判断题

1. 在 TCSEC 安全标准中,C2 级是安全产品的最低档次。　　　　　　　　　　(　　　)

2. 数据库的审计功能不需要消耗额外的时间和空间,因此审计功能应该一直处于开启状态。　　　　　　　　　　　　　　　　　　　　　　　　　　　　　　　(　　　)

3. 在强制存取控制规则中,仅当主体的许可证级别小于或等于客体的密级时,该主体才能写相应的客体。　　　　　　　　　　　　　　　　　　　　　　　　　(　　　)

四、简答题

1. 现实世界中,数据库系统的不安全性因素有哪些?试举例说明。

2. 请谈谈不同的数据库安全性控制方法的适用场景。

3. 说明数据库强制存取控制方法。

4.6 | 实验

1. 实验目的

(1) 掌握数据库用户创建与管理的方法。

(2) 掌握数据库权限授予和撤销的方法。

2. 实验内容

(1) 创建用户 stu1、stu2、stu3 和 stu4,密码与用户名一样。

(2) 把查询 Students 表的权限授予用户 stu1。

(3) 把对 Students 表和 Courses 表的全部权限授予用户 stu2 和 stu3。

(4) 把查询 Students 表和修改成绩表 Reports 的权限授予用户 stu4,并允许他再将此权限授予其他用户。

(5) 把用户 stu1 查询 Students 的权限收回。

(6) 回收用户 stu4 对 Reports 表的修改权限。

(7) 删除用户 stu1。

3. 观察与思考

(1) MySQL 中的 CASCADE 与 RISTRICT 起什么作用?

(2) WITH GRANT OPTION 有什么作用?

第5章

数据库的完整性

数据库的完整性与数据库的安全性是两个完全不同的概念,可以从其定义及防范对象两方面加以区分。

数据库的完整性是防止数据库中存在不符合语义的数据,也就是防止数据库中存在不正确的数据,其防范对象是不合语义的、不正确的数据。

数据库的安全性是指保护数据库,防止恶意的破坏和非法的存取,其防范对象是非法用户和非法操作。

数据的完整性可以从正确性及相容性两方面来刻画。数据的正确性是指数据是符合现实世界语义,反映了当前实际状况的;数据的相容性是指数据库同一对象在不同关系表中的数据是符合逻辑的。

例如,学生的学号必须唯一;学生所选课程必须是学校开设的课程,学生所在的院系必须是学校已成立的院系;学生的性别只能是男或女;本科学生年龄的取值范围为 14~50 的整数等。

为维护数据库的完整性,DBMS 必须完成以下三个工作。

(1) 提供定义完整性约束条件的机制。

完整性约束条件也称为完整性规则,是数据库中的数据必须满足的语义约束条件。SQL 标准使用了一系列概念来描述完整性,包括关系模型的实体完整性、参照完整性和用户定义完整性。

(2) 提供完整性检查的方法。

DBMS 中检查数据是否满足完整性约束条件的机制称为完整性检查。

完整性检查一般在 INSERT、UPDATE、DELETE 语句执行后开始检查,也可以在事务提交时检查。

(3) 违约处理。数据库管理系统若发现用户的操作违背了完整性约束条件,就采取一定的动作:

拒绝(NO ACTION)执行该操作;

级联(CASCADE)执行其他操作。

在 MySQL 中,各种完整性约束是数据库关系模式定义的一部分,可通过 CREATE TABLE 或 ALTER TABLE 语句来定义。一旦定义了完整性约束,MySQL 服务器会随时检测处于更新状态的数据库内容是否符合相关的完整性约束,从而保证数据的一致性与正确性。完整性约束机制既能有效地防止对数据库的意外破坏,又能提高完整性检测的效率,还能减轻数据库编程人员的工作负担。

定义新表时可以定义完整性。

语法格式：

CREATE [TEMPORARY] TABLE [IF NOT EXISTS] table _name
([column_ definition],...
|[CONSTRAINT [symbol]] PRIMARY KEY[index_type] (key_part,...)
[index_option] ...
|[CONSTRAINT [symbol]] UNIQUE [INDEX| KEY]
[index_name][index_type] (key_part,...)[index_option] ...
|[CONSTRAINT [symbol]] FOREIGN KEY[index_name] (col_name,...)
reference_definition
| check_CONSTRAINT_definition)

修改旧表时也可以定义完整性。

语法格式：

ALTER TABLE tbl_name
[alter_option [, alter_option] ...]

alter_option: {
ADD [CONSTRAINT [symbol]] PRIMARY KEY [index_type] (key_part,...)
[index_option]...
|ADD [CONSTRAINT [symbol]] UNIQUE [INDEX| KEY]
[index_name][index_type] (key_part,...)[index_option] ...
|ADD [CONSTRAINT [symbol]] FOREIGN KEY [index_name] (col_name...)
reference_definition
|ADD [CONSTRAINT [symbol]] CHECK (expr) [[NOT] ENFORCED]
|DROP {CHECK| CONSTRAINT} symbol
|ALTER {CHECK| CONSTRAINT} symbol [NOT] ENFORCED
}

reference_definition:
[ON DELETE reference_option]
[ON UPDATE reference_option]
reference_option:
RESTRICT| CASCADE| SET NULL| NO ACTION| SET DEFAULT

5.1　实体完整性

实体完整性强制表标识列的完整性，可通过约束、唯一约束、主码约束或标识列属性来实施实体完整性。

码是一个属性集，可唯一地确定一个元组。既然是属性集，那么有可能由单属性构成，也有可能由多属性构成。

单属性构成的码有两种声明方法：定义为表级完整性约束和列级完整性约束。对多个属性构成的码只有一种声明方法：定义为表级约束条件。

本节中的例子，表名之后都加了后缀"_integrity"，它们与没有后缀的表定义相同。

视频讲解

【例 5-1】 将 tbStuInfo 表中的 sNo 属性定义为码。

（1）在列级定义主码。

```
DROP TABLE IF EXISTS tbStuInfo_integrity;

CREATE TABLE tbStuInfo_ integrity
(sNo INT UNSIGNED PRIMARY KEY,
sName VARCHAR(20),
sSex CHAR(1) ,
sClass INT UNSIGNED,
sDept CHAR(2) REFERENCES tbdepartment(dNo),
sBirthDate DATE,
sBirthPlace VARCHAR(20),
sPwd VARCHAR(50)
);
```

（2）在表级定义主码。

```
DROP TABLE IF EXISTS tbStuInfo_integrity;

CREATE TABLE tbStuInfo_integrity
(sNo INT UNSIGNED,
sName VARCHAR(20),
sSex CHAR(1) ,
sClass INT UNSIGNED,
sDept CHAR(2) REFERENCES tbdepartment(dNo),
sBirthDate DATE,
sBirthPlace VARCHAR(20),
sPwd VARCHAR(50),
PRIMARY KEY (sNo)
);

mysql>SHOW CREATE TABLE tbStuInfo_integrity\G
***************************** 1. row *****************************
        Table: tbStuInfo_integrity
Create Table: CREATE TABLE 'tbstuinfo_integrity' (
   'sNo' INT unsigned NOT NULL,
   'sName' VARCHAR(20) DEFAULT NULL,
   'sSex' CHAR(1) DEFAULT NULL,
   'sClass' INT UNSIGNED DEFAULT NULL,
   'sDept' CHAR(2) DEFAULT NULL,
   'sBirthDate' DATE DEFAULT NULL,
   'sBirthPlace' VARCHAR(20) DEFAULT NULL,
   'sPwd' VARCHAR(50) DEFAULT NULL,
   PRIMARY KEY ('sNo')
) ENGINE=InnoDB DEFAULT CHARSET=utf8mb4 COLLATE=utf8mb4_0900_ai_ci
1 row in set (0.00 sec)
```

学生表 tbStuInfo 中，学号 sNo 是一个单属性码。在例 5-1 的第一种定义方法中，学号 sNo 是在列级进行 PRIMARY KEY 声明的，PRIMARY KEY 紧跟在 sNo 的定义之后；在第二种定义中，采用的是表级声明方法，在所有属性定义完成后，在表尾加上 PRIMARY

KEY 的声明。可通过 workbench 查看主码定义的情况,如图 5-1 所示。

【例 5-2】　将 tbSC 表中的 sNo,cNo 属性组定义为码。

```
DROP TABLE IF EXISTS tbSC_integrity;

CREATE TABLE tbSC_integrity
(
sNo    INT UNSIGNED   COMMENT '学号'   ,
cNo    CHAR(4)   COMMENT '课程号'   ,
grade  DECIMAL(4,1)   COMMENT '成绩',
PRIMARY KEY (sNo,cNo)              /* 只能在表级定义主码 */
);
```

在学生选课关系 tbSC 中,组合属性 sNo,cNo 是码,只能在表级进行定义。也就是说,需要在所有的属性都定义完成后,才能进行主码 PRIMARY KEY 的声明,如图 5-2 所示。

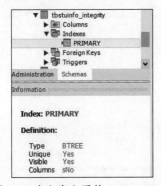

图 5-1　定义表之后从 workbench 查
看 tbstuinfo_integrity 主码

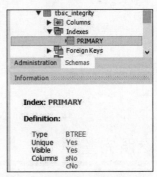

图 5-2　定义表之后查看 tbSC_
integrity 主码

在进行表级主码声明时,无论是单属性,还是多属性,主码都需要用括号括起来,跟在关键字 PRIMARY KEY 之后。

向关系中插入新元组或对主码列进行更新操作时,关系数据库管理系统(relational database management system,RDBMS)按照实体完整性规则自动进行检查,包括:

(1)检查主码值是否唯一,如果不唯一则拒绝插入或修改;

(2)检查主码的各个属性,即主属性是否为空,只要有一个为空就拒绝插入或修改。

检查记录中主码值是否唯一的一种方法是进行全表扫描,如图 5-3 所示,依次判断表中

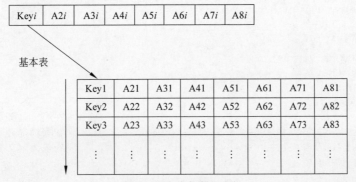

图 5-3　全表扫描示例

每一条记录的主码值与将插入记录上的主码值(或者修改的新主码值)是否相同,即到基本表中去查找,看是否包含关键字为 Keyi 的记录。全表扫描的缺点是十分耗时。

为避免对基本表进行全表扫描,RDBMS 一般都在主码上自动建立一个索引。

例如,如图 5-4 所示,在主码上建的是一个 B+树索引,新插入记录的主码值是 80。

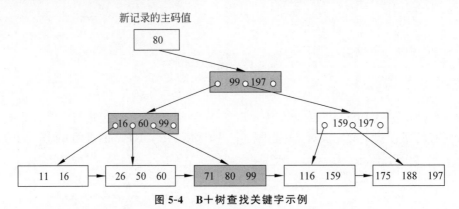

图 5-4   B+树查找关键字示例

(1) 通过主码索引,从 B+树的根结点开始查找。

(2) 读取 3 个结点:根结点(99 197)、中间结点(16 60 99)、叶结点(71 80 99)。

(3) 该主码值已经存在,不能插入这条记录。

5.2 │ 参照完整性

视频讲解

在插入、修改和删除记录时,参照完整性保持表之间已定义的关系。它确保键值在所有表中的一致性,从而避免引用不存在的值。如果一个键值更改了,那么在整个数据库中,对该键值的引用要进行一致的更改。

关系模型的参照完整性定义通常通过表级声明来实现。在 CREATE TABLE 语句中使用 FOREIGN KEY 短语定义哪些列为外码,并通过 REFERENCES 短语指明这些外码参照哪些表的主码。

如果外码是单属性列,也可以在列级直接使用 REFERENCES 短语指明该列参照哪个表的主码,这种方法隐式地定义了一个 FOREIGN KEY。

本节中的例子,表名之后都加了后缀"_foreign",它们与没有后缀的表定义相同。

【例 5-3】 将 tbSC 表中的 sNo、cNo 属性定义为外码。

```
DROP TABLE IF EXISTS tbSC_foreign;

CREATE TABLE tbSC_foreign (
sNo INT UNSIGNED,
cNo CHAR(4) ,
grade DECIMAL(4,1),
PRIMARY KEY(sNo,cNo),                        /*在表级定义实体完整性*/
FOREIGN KEY (sNo) REFERENCES tbStuInfo(sNo) ,   /*在表级定义*/
FOREIGN KEY (cNo) REFERENCES tbCourse(cNo)      /*在表级定义*/
);
```

在关系 tbSC 中,(sNo,cNo)是主码,sNo、cNo 分别参照 tbStuInfo 关系的主码和

tbCourse 关系的主码，可以在表级定义这两个外码，在所有的属性定义之后加上：

```
FOREIGN KEY (sNo) REFERENCES tbStuInfo(sNo),
FOREIGN KEY (cNo) REFERENCES tbCourse(cNo),
```

前者表示 sNo 是外码，参照 tbStuInfo 关系的主码 sNo；后者表示 cNo 是外码，参照 tbCourse 关系的主码 cNo，如图 5-5 所示。

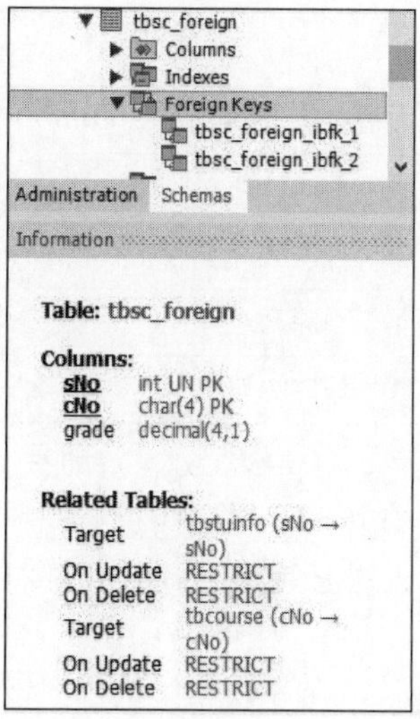

参照完整性将"被参照表/主表/父表"与"参照表/从表/子表"两个表中的相应元组联系起来；对被参照表和参照表进行增删改操作时有可能破坏参照完整性，必须进行检查。

如图 5-6 所示，对表 tbSC 和 tbStuInfo 有四种可能破坏参照完整性的情况。

（1）tbSC 表中增加一个元组。该元组的 sNo 属性值在 tbStuInfo 表中不存在与之相等的记录。

例如 tbSC 表中最后一个元组，sNo 为 2020082150，但在 tbStuInfo 表中不存在与之相等的记录，因此插入该元组破坏了参照完整性。

（2）修改 tbSC 表中的一个元组。修改后该元组的 sNo 属性值在 tbStuInfo 表中不存在与之相等的记录。

图 5-5　定义表之后查看 tbSC_foreign 外码

tbSC

学号 sNo	课程号 cNo	成绩 grade
2020082101	CS01	79
2020082101	CS02	84
2020082101	CS03	79
2020082101	CS04	84
2020082101	CS05	79
2020082101	CS06	84
2020082101	CS07	79
2020082122	CS01	84
2020082131	CS01	95
2020082131	CS02	81
2020082131	CS03	84
2020082131	CS04	74
2020082150	CS01	59

tbStuInfo

学号 sNo	姓名 sName	性别 sSex	班级 sClass	系部号 sDept	出生日期 sBirthDate
2020072101	贺世娜	f	20200721	07	2002-9-12
2020072113	郭兰	f	20200721	07	2003-4-5
2020082101	应胜男	f	20200821	08	2002-11-8
2020082122	郑正星	m	20200821	08	2002-12-11
2020082131	吕建鸥	m	20200821	08	2003-1-6

图 5-6　对参照表（tbSC）及被参照表（tbStuInfo）进行增删改违约示例

例如 tbSC 表中第 8 个元组的 sNo 为 2020082122，将其修改为 2020082150，在 tbStuInfo 表中不存在与之相等的记录，因此修改该元组破坏了参照完整性。

（3）删除 tbStuInfo 表中的一个元组。导致 tbSC 表中某些元组的 sNo 属性值在 tbStuInfo 表中不存在与之相等的记录。

例如删除 tbStuInfo 表中 sNo 为 2020082101 的元组，会造成 tbSC 中前 7 个元组的 sNo 值在 tbStuInfo 表中无法找到与之相等的记录，因此删除该元组破坏了参照完整性。

（4）修改 tbStuInfo 表中一个元组的 sNo 属性，造成 tbSC 表中某些元组的 sNo 属性的值在 tbStuInfo 表中不存在与之相等的记录。

例如 tbStuInfo 表中第 5 个元组的 sNo 为 2020082131，将其修改为 2020082151，会造成 tbSC 表中第 9～12 个元组的 sNo 值在 tbStuInfo 表中无法找到与之相等的记录，因此修改该元组的 sNo 属性破坏了参照完整性。

如表 5-1 所示,对于从表(子表),即参照表 tbSC 进行插入或更新操作,可能会破坏参照完整性。对于此类操作,DBMS 会直接拒绝执行。

表 5-1　可能破坏参照完整性的情况及违约处理

被参照表(例如 tbStuInfo)	参照表(例如 tbSC)	违 约 处 理
可能破坏参照完整性 ◀——	插入元组	拒绝
可能破坏参照完整性 ◀——	修改外码值	拒绝
删除元组 ——▶	可能破坏参照完整性	拒绝/级联删除/设置为空值
修改主码值 ——▶	可能破坏参照完整性	拒绝/级联修改/设置为空值

对于主表(父表),即被参照表 tbStuInfo,对其进行删除元组或修改主码值的操作,可能会破坏参照完整性。

参照完整性违约处理有以下几种策略。

(1) 拒绝(NO ACTION|RISTRICT)执行。

不允许该操作执行。该策略一般设置为默认策略。

(2) 级联(CASCADE)操作。

当删除或修改被参照表的一个元组造成了与参照表的不一致,则删除或修改参照表中的所有造成不一致的元组。

(3) 设置为空值(SET NULL)。

当删除或修改被参照表的一个元组时造成了不一致,则将参照表中的所有造成不一致的元组的对应属性设置为空值。

(4) 设置为默认值(SET DEFAULT)。

当删除或修改被参照表的一个元组时造成了不一致,则将参照表中的所有造成不一致的元组的对应属性设置为默认值。

例如,有下面 2 个关系:

系部(系部编码,简称,全称);

学生(学号,姓名,性别,班级,系部编码,出生日期)。

假设表 5-2 所示的系部关系中某个元组被删除,如系部编码为 07 的元组被删除。按照设置为空值的策略,就要把学生表中系部编码 = 07 的所有元组的系部编码设置为空值,如表 5-3 所示。对应的实际语义为某个系部删除了,该系部的所有学生系部未定,等待重新分配系部。

表 5-2　系部关系

系部编码 dNo	简称 dName	全称 dComment	系部编码 dNo	简称 dName	全称 dComment
01	MC	马克思主义学院	09	CE	工学院
02	CC	商学院	25	ME	现代教育技术中心
03	LL	文学院	35	ST	科技处
07	SS	理学院	36	HS	人文社科处
08	IE	信息学院			

表 5-3 学生关系

学号 sNo	姓名 sName	性别 sSex	班级 sClass	系部编码 sDept	出生日期 sBirthDate
2020072101	贺世娜	f	20200721	NULL	2002-9-12
2020072113	郭兰	f	20200721	NULL	2003-4-5
2020082101	应胜男	f	20200821	08	2002-11-8
2020082122	郑正星	m	20200821	08	2002-12-11
2020082131	吕建鸥	m	20200821	08	2003-1-6
……	……	……	……	……	……

对于参照完整性,除了应该定义外码,还应定义外码列是否允许有相应的动作。

【例 5-4】 显式说明参照完整性的违约处理示例。

(1)删除已有的 tbSC_foreign、tbStuInfo_foreign、tbCourse_foreign。注意删除顺序,先删除参照表,再删除被参照表。

```
DROP TABLE IF EXISTS tbSC_foreign;
DROP TABLE IF EXISTS tbStuInfo_foreign;
DROP TABLE IF EXISTS tbCourse_foreign;
```

(2)创建与现有 tbStuInfo 和 tbCourse 完全相同的表 tbStuInfo_foreign 和 tbCourse_foreign。

```
CREATE TABLE tbStuInfo_foreign AS
SELECT * FROM tbStuInfo;
ALTER TABLE tbStuInfo_foreign ADD PRIMARY KEY (sNo);


CREATE TABLE tbCourse_foreign AS
SELECT * FROM tbCourse;
ALTER TABLE tbCourse_foreign ADD PRIMARY KEY (cNo);
```

(3)创建与 tbSC 结构类似的表 tbSC_foreign。

```
CREATE TABLE tbSC_foreign(
sNo INT UNSIGNED,
cNo CHAR(4) ,
grade DECIMAL(4,1),
PRIMARY KEY (sNo,cNo),
FOREIGN KEY (sNo) REFERENCES tbStuInfo_foreign(sNo)
    ON DELETE CASCADE            /* 级联删除 tbSC_foreign 表中相应的元组 */
    ON UPDATE CASCADE,           /* 级联更新 tbSC_foreign 表中相应的元组 */
FOREIGN KEY (cNo) REFERENCES tbCourse_foreign(cNo)
    ON DELETE NO ACTION
        /* 当删除 tbCourse_foreign 表中的元组造成了与 tbSC_foreign 表不一致时拒绝删
除 */
    ON UPDATE CASCADE
        /* 当更新 tbCourse_foreign 表中的 cNo 时,级联更新 tbSC_foreign 表中相应的元
```

组 * /
);

(4) 为表 tbSC_foreign 添加数据。

```
TRUNCATE TABLE tbSC_foreign;
INSERT INTO tbSC_foreign(sNo,cNo,grade)
SELECT * FROM tbSC;
```

本例创建了一张学生成绩表 tbSC_foreign,外码 sNo 参照了学生表 tbStuInfo_foreign 中的 sNo,并对参照完整性的违约进行了显式说明:对于主表的 DELETE 和 UPDATE 操作,都会引起对从表 tbSC_foreign 的 CASCADE 操作。

外码 cNo 参照了课程表 tbCourse_foreign 中的 cNo;对于主表 tbCourse_foreign 的 DELETE 操作,当删除的元组造成了与 tbSC_foreign 表不一致时,拒绝删除(NO ACTION);而对主表 tbCourse_foreign 的更新操作,会引起对从表 tbSC_foreign 的 CASCADE 操作。

【例 5-5】 对主表 tbStuInfo_foreign 进行更新、删除操作,验证例 5-4 对参照完整性的显式说明。

(1) 更新 tbStuInfo 学生 2020082101 的学号为 2020082160。

```
#对主表 tbStuInfo_foreign 进行更新操作
UPDATE tbStuInfo_foreign SET sNo=2020082160 WHERE sNo=2020082101;
#查看从表成绩表
SELECT * FROM tbSC_foreign;
```

如图 5-7(a)的方框内容所示,可以看到学号 2020082101 已经级联修改成了 2020082160。

```
#恢复对主表的更新操作
#对主表 tbStuInfo_foreign 进行更新操作
UPDATE tbStuInfo_foreign SET sNo=2020082101 WHERE sNo=2020082160;
#查看从表成绩表
SELECT * FROM tbSC_foreign;
```

(2) 删除学生表 tbStuInfo_foreign 学号是 2020082122 的学生。

```
#对主表 tbStuInfo_foreign 进行删除操作
DELETE FROM tbStuInfo_foreign WHERE sNo=2020082122;
#查看从表成绩表
SELECT * FROM tbSC_foreign;
```

图 5-7(a)中成绩表 tbSC_foreign 框中标记的元组,该学生的成绩已经被级联删除,如图 5-7(b)中的方框内容所示,tbStuInfo_foreign 中删除了一条记录,同时 tbSC_foreign 中的记录也少了一条(由原来的 20 条变成了 19 条),说明被删除学生的成绩已经被级联删除。该结果也符合日常经验,一个学生退学之后,他的学习成绩也被同时清除。

(3) 恢复被参照表与参照表中刚刚被删除的信息。

```
INSERT INTO
tbStuInfo_foreign(sNo, sName, sSex, sClass, sDept, sBirthDate,
```

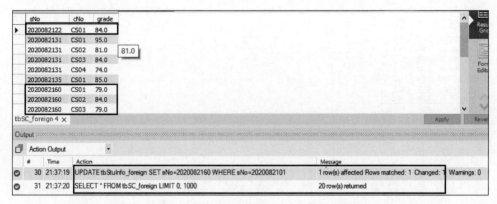

(a) 更新操作

(b) 删除操作

图 5-7　对被参照表（tbStuInfo_foreign）进行更新及删除操作示例

```
sBirthPlace)
VALUES
(2020082122, '郑正星', 'm', 20200821, '08', '2002-12-11', '浙江杭州');
INSERT INTO tbSC_foreign(sNo,cNo,grade) VALUES (2020082122,'CS01',84);
```

【例 5-6】　对主表 tbCourse_foreign 进行更新、删除操作，验证例 5-4 对参照完整性的显式说明。

```
#对主表 tbCourse_foreign 进行更新操作
UPDATE tbCourse_foreign SET cNo='CS09' WHERE cNo='CS07';
#查看从表成绩表 tbSC_foreign
SELECT * FROM tbSC_foreign;
#恢复对主表 tbCourse_foreign 的更新操作
UPDATE tbCourse_foreign SET cNo='CS07' WHERE cNo='CS09';
```

如图 5-8 方框中所示，更新成功；学生成绩表 tbSC_foreign 中有一行的 cNo 值为 CS09。

```
#删除课程号是 CS01 的课程的课程号,失败
mysql>DELETE FROM tbCourse_foreign WHERE cNo='CS01';
ERROR 1451 (23000): Cannot delete or update a parent row: a foreign
key CONSTRAINT fails ('textbook_stu'.'tbsc_foreign', CONSTRAINT
```

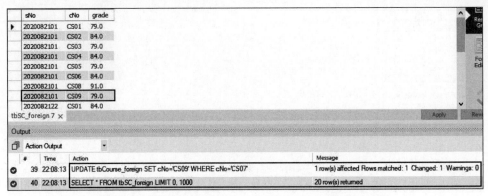

图 5-8　对被参照表(tbCourse_foreign)进行更新操作示例

```
'tbsc_foreign_ibfk_2' FOREIGN KEY ('cNo') REFERENCES
'tbcourse_foreign' ('cNo') ON UPDATE CASCADE)
```

出错,错误代码 1451:Cannot delete or update a parent row: a foreign key CONSTRAINT fails(不能删除或更新一个父表行:外码约束失败)。

表 tbSC_foreign 参照了 tbCourse_foreign 的 cNo,UPDATE 的更新策略是级联,其他为默认(拒绝)。

视频讲解

5.3　用户定义的完整性

用户定义的完整性又称为域完整性,是针对某一具体应用的数据必须满足的语义要求,它提供了对某一个属性应该取值的约束,包括格式(检查约束和规则)、可能值范围(检查约束、默认值定义、非空约束和规则)。

关系数据库管理系统提供了定义和检验用户定义的完整性的机制,不必由应用程序承担。

三种完整性的作用对象如图 5-9 所示,实体完整性是从行的角度实施的完整性,用户定义的完整性是从列的角度实施的完整性,而参照完整性将不同表之间的属性列联系起来。

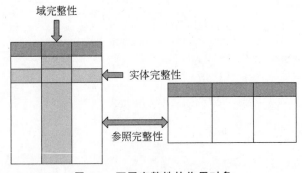

图 5-9　不同完整性的作用对象

用户定义的完整性是在创建表(CREATE TABLE)时定义属性上的约束条件,可以有以下三种:

（1）列值非空（NOT NULL）；

（2）列值唯一（UNIQUE）；

（3）检查列值是否满足一个条件表达式（CHECK）。

本节中的例子,表名之后都加了后缀"_domain",与没有后缀的表定义相近。

5.3.1　属性上的约束

【例 5-7】　在定义 tbSC_domain 表时,说明 sNo、cNo、grade 属性不允许取空值。

```
DROP TABLE IF EXISTS tbSC_domain;

CREATE TABLE tbSC_domain(
sNo     INT UNSIGNED COMMENT '学号' NOT NULL,
cNo     CHAR(4)     COMMENT '课程号' NOT NULL,
grade   DECIMAL(4,1) COMMENT '成绩' NOT NULL,
PRIMARY KEY (sNo, cNo)
/* 如果在表级定义实体完整性,隐含了 sNo,cNo 不允许取空值,则在列级不允许取空值的定义可
以不写 */
);
```

列值是否允许为空,可通过 DESC 命令来看:

```
mysql> DESC tbSC_domain;
+-------+--------------+------+-----+---------+-------+
| Field | Type         | Null | Key | Default | Extra |
+-------+--------------+------+-----+---------+-------+
| sNo   | int unsigned | NO   | PRI | NULL    |       |
| cNo   | char(4)      | NO   | PRI | NULL    |       |
| grade | decimal(4,1) | NO   |     | NULL    |       |
+-------+--------------+------+-----+---------+-------+
3 rows in set (0.01 sec)
```

在定义 tbSC_domain 表时,说明 sNo、cNo、grade 属性不允许取空值,即在每个属性的声明后用 NOT NULL 来约束。

如果在表级定义实体完整性,即（sNo, cNo）是表的主码,则 sNo 和 cNo 是主属性,隐含了它们不允许取空值,则不必在列级定义"NOT NULL"约束。

【例 5-8】　建立部门表 tbDepartment_domain,要求部门简称 dAbbrName 列取值唯一,部门编号 dNo 列为主码。

```
DROP TABLE IF EXISTS tbDepartment_domain;
#创建表 tbDepartment_domain
CREATE TABLE tbDepartment_domain
(dNo     CHAR(2) COMMENT '部门编号' PRIMARY KEY,
dAbbrName CHAR(3) COMMENT '部门简称' UNIQUE NOT NULL,
/* 要求 dAbbrName 列值唯一,并且不能取空值 */
dFullName VARCHAR(20) COMMENT '部门全称');
```

通过在 dAbbrName 列后加上关键字 UNIQUE 来指定,该列取值唯一。若取值唯一的

同时不能为空,需要在 UNIQUE 之后再加上 NOT NULL。部门编号 dNo 为主码,在此采用列级声明的方法。

为表 tbDepartment_domain 填充数据:

```
INSERT INTO tbDepartment_domain VALUES
('01',  'MC',  '马克思主义学院'),
('02',  'CC',  '商学院'),
('03',  'LL',  '文学院'),
('07',  'SS',  '理学院'),
('08',  'IE',  '信息学院'),
('09',  'CE',  '工学院'),
('25',  'ME',  '现代教育技术中心'),
('35',  'ST',  '科技处'),
('36',  'HS',  '人文社科处');
```

再插入一条新记录,简称'MC'与已插入的第一条记录重复:

```
mysql> INSERT INTO tbDepartment_domain VALUES
    ->('11','MC','机械学院');
ERROR 1062 (23000): Duplicate entry 'MC' for key 'tbdepartment_domain.dAbbrName'
```

RDBMS 报错,Error Code:1062. Duplicate entry 'MC' for key 'tbdepartment1.dAbbrName',表明键 tbdepartment1.dAbbrName 已有一个值为 MC 的条目(第一个元组)。

【例 5-9】 tbStuInfo_domain 表的 sSex 只允许取'f'或'm'。

```
DROP TABLE IF EXISTS tbStuInfo_domain;

CREATE TABLE tbStuInfo_domain
(sNo INT UNSIGNED PRIMARY KEY,
sName VARCHAR(20),
sSex CHAR(1) CHECK (sSex IN ('f','m')),
sClass INT UNSIGNED,
sDept CHAR(2) REFERENCES tbdepartment(dNo),
sBirthDate DATE,
sBirthPlace VARCHAR(20),
sPwd VARCHAR(50)
);
```

通过 CHECK 子句限定了 sSex 的取值只能是'f'或'm'。

下面的插入语句插入的两个学生的 sSex 分别为'f'和'm',可以通过检查:

```
mysql > INSERT INTO tbStuInfo _ domain (sNo, sName, sSex, sClass, sDept,
sBirthDate) VALUES
    ->(2020072101,'贺世娜','f',20200721,'07','2002-9-12'),
    ->(2020082131,'吕建鸥','m',20200821,'08','2003-1-6');
Query OK, 2 rows affected (0.01 sec)
```

这条插入语句插入的学生的 sSex 值为'a',不能通过检查:

```
mysql > INSERT  INTO  tbStuInfo _ domain ( sNo, sName, sSex, sClass, sDept,
sBirthDate) VALUES
    ->(2020072151,'李盼','a',20200721,'07','2003- 9- 12');
ERROR 3819 (HY000): Check CONSTRAINT 'tbstuinfo_domain_chk_1' is violated.
Error Code: 3819. Check CONSTRAINT ' tbstuinfo_domain_chk_1' is violated.
```

该出错提示信息为违反了 CHECK 约束' tbStuInfo_domain_chk_1'。

【例 5-10】　tbSC_domain 表中的 grade 值应该在 0 到 100 之间。

```
DROP TABLE IF EXISTS tbSC_domain;
CREATE TABLE tbSC_domain (
sNo     INT UNSIGNED,
cNo     CHAR(4) ,
grade   DECIMAL(4,1)
CHECK (grade>=0 AND grade <=100),            /* grade 取值范围是 0 到 100 */
PRIMARY KEY(sNo,cNo),                        /* 在表级定义 */
FOREIGN KEY (sNo) REFERENCES tbStuInfo(sNo),
FOREIGN KEY (cNo) REFERENCES tbCourse(cNo)
);
```

通过 CHECK 子句限定了 grade 的取值只能在 0 到 100 之间。

插入的两个学生的 grade 分别为 79 和 84,可以通过检查:

```
mysql>INSERT INTO tbSC_domain(sNo,cNo,grade) VALUES
    ->(2020082101,'CS01',79),
    ->(2020082101,'CS02',84);
Query OK, 2 rows affected (0.01 sec)
Records: 2 Duplicates: 0 Warnings: 0Records: 2 Duplicates: 0
Warnings: 0

mysql>INSERT INTO tbSC_domain(sNo,cNo,grade) VALUES
    ->(2020082237,'CS01',-90);
ERROR 3819 (HY000): Check CONSTRAINT 'tbsc_domain_chk_1' is violated.
mysql>INSERT INTO tbSC_domain(sNo,cNo,grade) VALUES
    ->(2020082236,'CS03',123);
ERROR 3819 (HY000): Check CONSTRAINT 'tbsc_domain_chk_1' is violated.
```

插入的学生的 grade 值为−90,不能通过检查;插入的学生的 grade 值为 123,不能通过检查。出错信息为违反了 CHECK 约束'tbSC_domain_chk_1'。

属性上的约束条件检查和违约处理:插入元组或修改属性的值时,关系数据库管理系统检查属性上的约束条件是否被满足。如果不满足,则操作被拒绝执行。

5.3.2　元组上的约束

在 CREATE TABLE 时可以用 CHECK 短语定义元组上的约束条件,即元组级的限制。同属性值限制相比,元组级的限制可以设置不同属性之间取值的相互约束条件。

【例 5-11】　对教师表 tbTeacherInfo_tuple 增加一个元组级的检查,检查 tName 和 tSex 两个属性值之间的约束,只有女性(f)才能以 Ms.打头,男性(m)不可以。

依题意,(tSex = 'm' and tName LIKE 'Ms.%') 的元组是不符合要求的,那么 NOT (tSex='m' and tName LIKE 'Ms.%') 就是满足条件的。采用否定深入的方法,可得到 (tSex= 'f' OR tName NOT LIKE 'Ms.%'):

(1) 性别是'f'的元组都能通过该项检查,因为 tSex='f'成立;

(2) 当性别是'm'时,要通过检查则名字一定不能以 Ms.打头。

```
DROP TABLE IF EXISTS tbTeacherInfo_tuple;
#@创建表
CREATE TABLE tbTeacherInfo_tuple(
tNo CHAR(5) COMMENT '教师编号' PRIMARY KEY,
tName VARCHAR(20) COMMENT '教师姓名',
tSex CHAR(1) COMMENT '教师性别',
tDept CHAR(2) COMMENT '教师系部编码编号' REFERENCES
tbDepartment(dNo),
tEmail VARCHAR(50) COMMENT '教师邮箱',
jNo SMALLINT UNSIGNED COMMENT '教师职称编号' REFERENCES
tbJobTitle(jNo),
tSalary DECIMAL(8,2) COMMENT '教师工资',
tBirthDate DATE COMMENT '教师出生日期',
tBirthPlace VARCHAR(20) COMMENT '教师出生地',
tPwd VARCHAR(40) COMMENT '教师密码',
CHECK (tSex='f' OR tName NOT LIKE 'Ms.%')
/*定义了元组中 tName 和 tSex 两个属性值之间的约束条件*/
);

INSERT INTO
tbTeacherInfo_tuple(tNo,tName,tSex,jNo,tDept,tBirthDate, tSalary, tPwd)
VALUES
('00686','Ms.蒋胜男','f',101,'08','1967-9-12', 4500, '00686');
INSERT INTO
tbTeacherInfo_tuple(tNo,tName,tSex,jNo,tDept,tBirthDate, tSalary, tPwd) VALUES
('01884','郭兰','f',102,'08','1970-4-5', 3500, '01884');
```

这两条语句中的两个元组可以通过检查,正确插入教师表中。

```
INSERT INTO tbTeacherInfo_tuple(tNo,tName,tSex,jNo,tDept,tBirthDate, tSalary,
tPwd) VALUES
('02002','Ms.郑三水','m',201,'08','1972-12-11', 4200, '02002');
```

由于插入了一个性别为男性、tName 以 Ms.打头的元组,从而违反了元组级约束,不能正确插入,报错。

元组上的约束条件检查和违约处理:插入元组或修改属性的值时,关系数据库管理系统检查元组上的约束条件是否被满足,如果不满足则操作被拒绝执行。

人文素养拓展

前面介绍了数据库系统的三类完整性,下面来看霍耐特的"人的完整性"思想。该思想是霍耐特于 1990 年在《完整性与蔑视:基于承认理论的道德规范》一文中首次提出的。

霍耐特的"人的完整性"理论也从三方面来阐述,分别是自身身体的完整与内心情感的统一、自爱与爱社会的统一、个体所具有的权力与应该负的责任的统一。

由此形成了"人的完整性"的三个特点:个体自身的独立存在、社会所接纳的个人和权利与责任统一的个体。

当代大学生应当把爱党爱国和立身做人统一起来,努力使自己的理想和责任与社会现实和道德联系起来,做一个既有理想又勤奋负责的人。

从这里可以看出"爱党立国,立身做人"与霍耐特的主体权利和道德责任的统一思想有异曲同工之效。每个人都有选择自己生活的权利,每个人也都有热爱祖国的义务,而权利必须是建立在负责任的基础上才更有意义。

5.3.3 CONSTRAINT 子句

前述的 3 种约束都可以通过完整性约束命名子句给约束起一个名字。

语法格式:

CONSTRAINT <完整性约束条件名><完整性约束条件>

<完整性约束条件>包括了前面介绍过的三种完整性约束:实体完整性约束,体现为 PRIMARY KEY 短语;参照完整性约束,体现为 FOREIGN KEY 短语;域完整性约束,如 NOT NULL、UNIQUE、CHECK 短语等。

【例 5-12】 建立学生登记表 tbStuInfo_constraint,要求学号在 2018012101～2021202950 之间,姓名不能取空值,2000 年 1 月 1 日后出生,性别只能是' f' 或' m '。

```
DROP TABLE IF EXISTS tbStuInfo_constraint;

CREATE TABLE tbStuInfo_constraint(
    sNo INT UNSIGNED
    CONSTRAINT C1 CHECK (sNo BETWEEN 2018012101 AND 2021202950),
    sName CHAR(20) NOT NULL,--NOT NULL constraint cannot be named in MySQL
    sClass INT UNSIGNED,
    sDept CHAR(2) REFERENCES tbDepartment(dNo),
    sBirthDate DATE CONSTRAINT C3 CHECK (sBirthDate>='2000-1-1'),
    sBirthPlace VARCHAR(20),
    sSex CHAR(1) CONSTRAINT C4 CHECK (sSex IN ('f','m')),
    CONSTRAINT tbStuInfoKey PRIMARY KEY(sNo)
);
```

上面的语句在 tbStuInfo_constraint 表上建立了 5 个约束条件,包括主码约束(命名为 tbStuInfoKey),非空约束 NOT NULL 以及 C1、C3、C4 三个列级约束。

注意:NOT NULL 在 MySQL 中是不能命名的,但是在 MS SQL Server 中可以。

约束 C1 检查学号是否在 2018012101～2021202950 之间。

```
mysql > INSERT  INTO  tbStuInfo _ constraint ( sNo, sName, sDept, sBirthDate,
sSex) VALUES
    ->(2023082101,'test','08','2005-03-06','f');
ERROR 3819 (HY000): Check constraint 'C1' is violated.
```

约束 C3 检查学生的出生年月是否在 2000 年 1 月 1 日后。

```
mysql > INSERT INTO tbStuInfo _ constraint ( sNo, sName, sDept, sBirthDate,
sSex) VALUES
    -> (2021082191,'test','08','1999-03-06','f');
ERROR 3819 (HY000): Check constraint 'C3' is violated.
```

约束 C4 规定学生性别只能是'f'(女性,female)或'm'(男性,male)。

```
mysql > INSERT INTO tbStuInfo _ constraint ( sNo, sName, sDept, sBirthDate,
sSex) VALUES
    -> (2021082191,'test','08','2003-03-06','a');
ERROR 3819 (HY000): Check constraint 'C4' is violated.
```

【例 5-13】 建立一张教师表 tbTeacherInfo_constraint,并通过约束 C1 对教师工资进行检查,教授的应发工资不能低于 3000。

```
DROP TABLE IF EXISTS tbTeacherinfo_constraint;
CREATE TABLE tbTeacherinfo_constraint(
tNo    CHAR(5) PRIMARY key,              // 主码的索引名叫 PRIMARY
tName VARCHAR(20) COMMENT '教师姓名',
tSex CHAR(1) COMMENT '教师性别',
tDept CHAR(2) ,
tEmail VARCHAR(50) COMMENT '教师邮箱',
jNo    SMALLINT UNSIGNED COMMENT '教师职称编号' REFERENCES tbJobTitle(jNo),
tSalary  DECIMAL(8,2) COMMENT '教师工资' CONSTRAINT t_salary_C1 CHECK (tSalary >=
3000),
tBirthDate DATE COMMENT '教师出生日期',
tBirthPlace  VARCHAR(20)  COMMENT '教师出生地',
tPwd VARCHAR(40) COMMENT '教师密码',
CONSTRAINT T_FK_D FOREIGN KEY (tDept) REFERENCES tbDepartment(dNo),
CONSTRAINT T_FK_Job FOREIGN KEY (jNo) REFERENCES tbJobTitle(jNo)
);
```

插入一条记录,工资=2300<3000,违反约束条件 t_salary_C1。

```
mysql>INSERT INTO
    ->tbTeacherInfo_constraint(tNo,tName,tSex,jNo,tDept,tBirthDate, tSalary,
tPwd)
    ->VALUES
    ->('00101','吕连良','m',101,'07','1973- 1- 6', 2300, '00101');
ERROR 3819 (HY000): Check constraint 't_salary_C1' is violated.
```

对于主码,MySQL 会自动新建一个名为 PRIMARY 的索引。如果想用约束名定义主码、外码,需要在表级进行声明,如本例中的外码声明及例 5-12 中的主码约束命名。

在需要时,可以使用 ALTER TABLE 语句修改表中的完整性限制。

【例 5-14】 去掉例 5-12 中 tbStuInfo_constraint 表对性别的限制 C4。

```
ALTER TABLE tbStuInfo_constraint
DROP CONSTRAINT C4;
```

在必要时,也可以修改表中的约束条件,采取的方法是删除原来的约束条件,再增加新的条件。

【例 5-15】　修改 tbStuInfo_constraint 中的约束 C1 及 C3。

首先,删除 tbStuInfo_constraint 中对学号的约束 C1,并根据新的要求增加一个约束,即学号符合 2019—2022 学年入学学生的相关规则;然后,删除该表中对学生出生日期的约束 C3,并根据新的要求增加一个约束,要求学生出生日期在 2003 年 1 月 1 日之后。

```
ALTER TABLE tbStuInfo_constraint DROP CONSTRAINT C1;
ALTER TABLE tbStuInfo_constraint
ADD CONSTRAINT C1 CHECK (sNo BETWEEN 2019012101 AND 2022202950);

ALTER TABLE tbStuInfo_constraint DROP CONSTRAINT C3;
ALTER TABLE tbStuInfo_constraint
ADD CONSTRAINT C3 CHECK(sBirthDate>'2003-1-1');
```

【例 5-16】　查看一张表所有的 CONSTRAINT。

(1) 通过 SHOW CREATE TABLE 查看。

Workbench 下查看:

```
SHOW CREATE TABLE (tbStuInfo_constraint)
```

MySQL 客户端:

```
mysql>SHOW CREATE TABLE tbStuInfo_constraint\G
*************************** 1. row ***************************
       Table: tbStuInfo_constraint
Create Table: CREATE TABLE 'tbstuinfo_constraint' (
  'sNo' int unsigned NOT NULL,
  'sName' char(20) NOT NULL,
  'sClass' int unsigned DEFAULT NULL,
  'sDept' char(2) DEFAULT NULL,
  'sBirthDate' date DEFAULT NULL,
  'sBirthPlace' varchar(20) DEFAULT NULL,
  'sSex' char(1) DEFAULT NULL,
  PRIMARY KEY ('sNo'),
  CONSTRAINT 'C1' CHECK (('sNo' BETWEEN 2019012101 AND 2022202950)),
  CONSTRAINT 'C3' CHECK (('sBirthDate' >_utf8mb4'2003-1-1'))
) ENGINE=InnoDB DEFAULT CHARSET=utf8mb4 COLLATE=utf8mb4_0900_ai_ci
1 row in set (0.00 sec)
```

(2) 通过数据字典查看:查看 information_schema 中的 TABLE_constraints 表。

```
SELECT *
FROM information_schema.TABLE_constraints
WHERE TABLE_schema = SCHEMA()
AND table_name='tbStuInfo_constraint';
```

	CONSTRAINT_CATALOG	CONSTRAINT_SCHEMA	CONSTRAINT_NAME	TABLE_SCHEMA	TABLE_NAME	CONSTRAINT_TYPE	ENFORCED
▶	def	textbook_stu	PRIMARY	textbook_stu	tbstuinfo_constraint	PRIMARY KEY	YES
	def	textbook_stu	C1	textbook_stu	tbstuinfo_constraint	CHECK	YES
	def	textbook_stu	C3	textbook_stu	tbstuinfo_constraint	CHECK	YES

通过查看 information_schema 中的 TABLE_constraints 表，可知 tbStuInfo_constraint 表中有 3 个约束：1 个主码约束，2 个 CHECK 约束。

```
SELECT *
FROM information_schema.TABLE_constraints
WHERE TABLE_schema =SCHEMA()
AND table_name='tbTeacherInfo_constraint';
```

CONSTRAINT_CATALOG	CONSTRAINT_SCHEMA	CONSTRAINT_NAME	TABLE_SCHEMA	TABLE_NAME	CONSTRAINT_TYPE	ENFORCED
def	textbook_stu	PRIMARY	textbook_stu	tbteacherinfo_constraint	PRIMARY KEY	YES
def	textbook_stu	T_FK_D	textbook_stu	tbteacherinfo_constraint	FOREIGN KEY	YES
def	textbook_stu	T_FK_Job	textbook_stu	tbteacherinfo_constraint	FOREIGN KEY	YES
def	textbook_stu	t_salary_C1	textbook_stu	tbteacherinfo_constraint	CHECK	YES

通过查看 information_schema 中的 TABLE_constraints 表，可知 tbTeacherInfo_constraint 表中有 4 个约束：1 个主码约束，2 个外码约束，1 个 CHECK 约束。

（3）查看 KEY_COLUMN_USAGE，可以看到主外码的情况：

```
SELECT COLUMN_NAME, CONSTRAINT_NAME, REFERENCED_COLUMN_NAME,
REFERENCED_TABLE_NAME
FROM information_schema.KEY_COLUMN_USAGE
WHERE table_name ='tbTeacherInfo_constraint';
```

COLUMN_NAME	CONSTRAINT_NAME	REFERENCED_COLUMN_NAME	REFERENCED_TABLE_NAME
tNo	PRIMARY	NULL	NULL
tDept	T_FK_D	dNo	tbdepartment
jNo	T_FK_Job	jNo	tbjobtitle

视频讲解

5.4 触发器

触发器（trigger）是用户定义在关系表上的一类由事件驱动的特殊过程。

触发器保存在数据库服务器中，任何用户对表的增、删、改操作均由服务器自动激活相应的触发器。与之前讲到的 CHECK 约束等相比，触发器可以实施更为复杂的检查和操作，具有更精细和更强大的数据控制能力。

1. 定义/创建触发器

语法格式：

```
CREATE
[DEFINER =user]
TRIGGER [IF NOT EXISTS] trigger_name
{ BEFORE | AFTER } { INSERT | UPDATE | DELETE }
ON table_name FOR EACH ROW
[trigger_order]
trigger_body
```

触发器又称事件-条件-动作（Event-Condition-Action）规则。当特定的系统事件发生时，就会触发执行该动作。规则中的动作体可以很复杂，通常是一段 SQL 存储过程。

关于触发器有以下说明。

（1）表的拥有者才可以在表上创建触发器。

（2）触发器名可以包含模式名，也可以不包含模式名；同一模式下，触发器名必须是唯一的；触发器及其相关联的表必须在同一模式下。

（3）触发器只能定义在基本表上，不能定义在视图上。当基本表的数据发生变化时，将激活定义在该表上相应触发事件的触发器。

（4）触发事件：包括 INSERT、DELETE 或 UPDATE。AFTER/BEFORE 指定触发的时机：AFTER 表示在触发事件的操作执行之后激活触发；BEFORE 表示在触发事件的操作执行之前激活触发器。

在 MySQL 中，对于每张数据表来说，每个触发事件只允许创建一个触发器；而一张数据表根据触发时机的不同，最多可支持 6 个触发器。

（5）触发器分为行级触发器（FOR EACH ROW）及语句级触发器（FOR EACH STATEMENT），MySQL 中只有行级触发器。

如果是语句级触发器，触发动作只发生一次；如果是行级触发器，触发动作将执行多次，具体次数取决于满足触发条件的元组数。

有的 DBMS 有 WHEN 触发条件。触发器被激活时，只有当触发条件为真时触发动作体才执行；否则触发动作体不执行。如果省略 WHEN 触发条件，则触发动作体在触发器激活后立即执行。

触发动作体可以是一个匿名 PL/SQL 过程块，也可以是对已创建存储过程的调用。

如果是行级触发器，用户可以在过程体中使用 NEW 和 OLD 引用事件之后的新值和事件之前的旧值；如果是语句级触发器，则不能在触发动作体中使用 NEW 或 OLD 进行引用。如果触发动作体执行失败，激活触发器的事件就会终止执行，触发器的目标表或触发器可能影响的其他对象不发生任何变化。

注意：不同的 RDBMS 产品触发器语法各不相同。在 Kingbase 及 MS SQL Server 中，可以有触发条件；也有语句级触发（FOR EACH STATEMENT）。

【例 5-17】　定义一个触发器。当对表 tbSC 的 grade 属性进行修改时，若分数增加了 10％则将此次操作记录到下面表中：

```
SC_Update(sNo,cNo,Oldgrade,Newgrade)
```

其中，Oldgrade 是修改前的分数，Newgrade 是修改后的分数。在执行更新操作时，原来的值可能通过 old.列值来引用，更新后的值可以通过 new.列值来引用。

例如，old.sNo, old.cNo, old.grade 分别表示原始学号、课程号和成绩；而 new.grade 是更新后的成绩。为了不影响原·tbSC 的内容，我们创建一个与 tbSC 完全相同的表 tbSC_trigger，触发器将定义在这张表上，触发也是针对这张表的。

```
mysql>DELIMITER $$
mysql>CREATE TRIGGER SC_T
    ->AFTER UPDATE ON tbSC_trigger
    ->FOR EACH ROW
    ->BEGIN
    ->IF new.grade >=1.1*old.grade THEN
    ->    INSERT INTO SC_Update(sNo,cNo,OldGrade,NewGrade)
    ->      VALUES (old.sNo, old.cNo, old.grade, new.grade);
    ->END IF;
    ->END;
```

```
    ->$$
Query OK, 0 rows affected (0.01 sec)

mysql>DELIMITER;
```

第一条语句及最后两条语句是为了符合 MySQL 的语法规范而添加的。MySQL 编译器默认一个语句以分号结束,但是一个语句块通常会包含多个语句。此时,需要修改默认的分隔符为一个与分号不同的标识,例如修改成两个 $$ 。在写语句块时,语句块内部仍以分号结束,而整个语句块或者说逻辑整体(可以是触发器,也可以是存储过程及函数)以新定义的 $$ 为界,定义完成后,为保证编译器可正常工作,需要将分隔符恢复为默认的分号。

下面显示了执行触发语句后的情况:

```
mysql>UPDATE tbSC_trigger SET grade=1.15 * grade WHERE sNo=2020082101;
Query OK, 8 rows affected, 5 warnings (0.01 sec)
Rows matched: 8 Changed: 8 Warnings: 5


mysql>SELECT * FROM SC_Update;
+------------+------+----------+----------+
| sNo        | cNo  | Oldgrade | Newgrade |
+------------+------+----------+----------+
| 2020082101 | CS01 | 79.0     | 90.9     |
| 2020082101 | CS02 | 84.0     | 96.6     |
| 2020082101 | CS03 | 79.0     | 90.9     |
| 2020082101 | CS04 | 84.0     | 96.6     |
| 2020082101 | CS05 | 79.0     | 90.9     |
| 2020082101 | CS06 | 84.0     | 96.6     |
| 2020082101 | CS07 | 79.0     | 90.9     |
| 2020082101 | CS08 | 91.0     | 104.7    |
+------------+------+----------+----------+
8 rows in set (0.00 sec)
```

【例 5-18】 定义一个 BEFORE 行级触发器,为教师表定义完整性规则"教授的工资不得低于 4000 元,如果低于 4000 元,则自动改为 4000 元"。

分析 教师工资的变化有两种情况:一是插入一条新记录时,另一种是修改教师的工资时。

在 Kingbase、Oracle 或 MS SQL Server 上,可以写出如下的触发器:

```
CREATE TRIGGER Insert_Or_Update_Sal
BEFORE INSERT OR UPDATE ON Teacher
/* 触发事件是插入或更新操作 */
FOR EACH ROW                        /* 行级触发器 */
BEGIN                               /* 定义触发动作体,是 PL/SQL 过程块 */
    IF (new.Job='教授') AND (new.Sal < 4000)
    THEN new.Sal :=4000;
    END IF;
END;
```

上述定义中,触发事件可以通过 OR 连接。但是,MySQL 不支持类似的写法,触发事

件需要分成两个来写：

```
DELIMITER $$
CREATE TRIGGER Insert_Sal
BEFORE INSERT ON tbTeacherInfo_trigger
   /*触发事件是插入操作*/
FOR EACH ROW                          /*行级触发器*/
BEGIN                                 /*定义触发动作体,是 PL/SQL 过程块*/
  IF (new.jNo=101) AND (new.tSalary<4000)
  THEN SET new.tSalary:=4000;
  END IF;
END;
$$
DELIMITER ;

DELIMITER $$
CREATE TRIGGER Update_Sal
BEFORE UPDATE ON tbTeacherInfo_trigger
   /*触发事件是更新操作*/
FOR EACH ROW                          /*行级触发器*/
BEGIN                                 /*定义触发动作体,是 PL/SQL 过程块*/
  IF (new.jNo=101) AND (new.tSalary<4000)
  THEN SET new.tSalary:=4000;
  END IF;
END;
$$
DELIMITER ;
```

在教师表中教授职称的编号是 101,为了简化,这里直接使用教师职称的编号作为比较对象。

IF 语句的条件是一个组合条件,职称编号是 101 且工资小于 4000,只有这两个条件都满足时,才将工资值自动改为 4000 元。

这两个触发器只有触发事件不同,第一个是 BEFORE INSERT,第二个是 BEFORE UPDATE。

下面分别执行两条语句,来观察触发器对插入结果的影响。

插入语句插入一名教师的信息,其工资为 3900,但是由于其职称编号是 101,满足事前插入触发器的要求,所以该触发器被触发,自动将更新值改为 4000,结果如下：

```
mysql>INSERT INTO tbTeacherInfo_trigger
(tNo,tName,tSex,jNo,tDept,tBirthDate, tSalary) VALUES ('00086','王胜男',
'f',101,'08','1977-9-12', 3900);
Query OK, 1 row affected (0.00 sec)

mysql>SELECT tNo,tName,tSex,jNo,tDept, tBirthDate, tSalary
    ->FROM tbTeacherInfo_trigger WHERE tNo='00086';
+-------+--------+------+------+-------+------------+---------+
| tNo   | tName  | tSex | jNo  | tDept | tBirthDate | tSalary |
```

```
+-------+---------+------+------+-------+------------+---------+
| 00086 | 王胜男  | f    | 101  | 08    | 1977-09-12 | 4000.00 |
+-------+---------+------+------+-------+------------+---------+
1 row in set (0.00 sec)
```

使用 INSERT 语句插入一名职称为副教授的新教师的信息,其工资为 3900,由于其职称编号是 102,不满足事前插入触发器的要求,所以该触发器没有被触发,插入后的值就是语句中的值 3900,结果如下:

```
mysql>INSERT INTO
->tbTeacherInfo_trigger(tNo,tName,tSex,jNo,tDept, tBirthDate,
tSalary)
->VALUES ('00084','莫兰','f',102,'08','1980-4-5', 3900);
Query OK, 1 row affected (0.00 sec)

mysql>SELECT tNo,tName,tSex,jNo,tDept, tBirthDate, tSalary
->FROM tbTeacherInfo_trigger WHERE tNo='00084';
+-------+---------+------+------+-------+------------+---------+
| tNo   | tName   | tSex | jNo  | tDept | tBirthDate | tSalary |
+-------+---------+------+------+-------+------------+---------+
| 00084 | 莫兰    | f    | 102  | 08    | 1980-04-05 | 3900.00 |
+-------+---------+------+------+-------+------------+---------+
1 row in set (0.00 sec)
```

下面分别执行两条更新语句,来观察触发器对更新结果的影响。

将工号为 00101 教师的工资更新为 3800,但是由于其职称编号是 101,满足事前更新触发器的要求,所以该触发器被触发,自动将更新值改为 4000,如下所示。

```
mysql>UPDATE tbTeacherInfo_trigger SET tSalary=3800 WHERE
tNo='00101';
Query OK, 0 rows affected (0.00 sec)
Rows matched: 1 Changed: 0 Warnings: 0

mysql>SELECT tNo,tName,tSex,jNo,tDept, tBirthDate, tSalary
->FROM tbTeacherInfo_trigger WHERE tNo='00101';
+-------+---------+------+------+-------+------------+---------+
| tNo   | tName   | tSex | jNo  | tDept | tBirthDate | tSalary |
+-------+---------+------+------+-------+------------+---------+
| 00101 | 吕连良  | m    | 101  | 07    | 1973-01-06 | 4000.00 |
+-------+---------+------+------+-------+------------+---------+
1 row in set (0.00 sec)
```

将工号为 00939 教师的工资更新为 3800,由于其职称编号是 103,不满足事前更新触发器的要求,所以该触发器没有被触发,更新后的值就是更新语句中的值 3800,如下所示。

```
mysql>UPDATE tbTeacherInfo_trigger SET tSalary=3800 WHERE
tNo='00939';
Query OK, 1 row affected (0.01 sec)
Rows matched: 1 Changed: 1 Warnings: 0
```

```
mysql>SELECT tNo,tName,tSex,jNo,tDept, tBirthDate, tSalary
->FROM tbTeacherInfo_trigger WHERE tNo='00939';
+-------+-------+------+------+--------+------------+---------+
| tNo   | tName | tSex | jNo  | tDept  | tBirthDate | tSalary |
+-------+-------+------+------+--------+------------+---------+
| 00939 | 李胜  | f    | 103  | 08     | 2002-11-08 | 3800.00 |
+-------+-------+------+------+--------+------------+---------+
1 row in set (0.00 sec)
```

触发器的执行是由触发事件激活的,并由数据库服务器自动执行。一个数据表上可能定义了多个触发器,遵循如下的执行顺序:

(1) 执行该表上的 BEFORE 触发器;

(2) 激活触发器的 SQL 语句;

(3) 执行该表上的 AFTER 触发器。

2. 删除触发器

语法格式:

```
DROP TRIGGER [IF EXISTS][schema_name.]trigger_name;
```

【例 5-19】　删除教师表上的触发器 Insert_Sal。

```
DROP TRIGGER IF EXISTS Insert_Sal;
```

执行该语句之前,可以看到表 tbTeacherInfo_trigger 有 2 个触发器,如图 5-10(a)所示;执行删除触发器之后,再观察 tbTeacherInfo_trigger 的 triggers 选项卡,发现只有 Update_Sal,如图 5-10(b)所示,表明删除触发器成功。

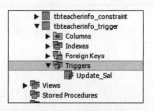

(a) 删除插入前触发器之前　　　(b) 删除插入前触发器之后

图 5-10　触发器删除前后示意图

触发器必须是一个已经创建的触发器,并且只能由具有相应权限的用户删除。

人文素养拓展

普利高津发现,一个开放系统在达到远离平衡态的非线性区时,一旦系统的某个参量变化达到某一阈值,通过涨落,系统就会出现突变,即非平衡相变,原来的无序状态变成了在时间、空间和功能上有序的状态。这样的有序状态必须有外界的能量、物质的交换才能维持,这样稳定的有序状态称为耗散结构。

耗散结构论认为,外部熵增导致内部涨落,而涨落作为系统演化的内部诱因,起到触发器的作用。

建立在表上的触发器,仅当触发条件被满足时,才会触发相应的动作,从而引起系统自动完成对数据的修改操作。

5.5 本章小结

数据库完整性是为了保证数据库中存储的数据是正确的。所谓正确是指符合现实世界语义。本章讲解了关系 DBMS 完整性实现的机制,包括完整性约束定义机制、完整性检查机制和违背完整性约束条件时关系 DBMS 应采取的动作等。

数据库完整性的定义一般由 SQL 的数据定义语言来实现。它们作为数据库模式的一部分存入数据库字典中,在数据库数据发生变化时,DBMS 的完整性检查机制将按照数据字典中定义的这些约束进行检查,如果不能满足就进行违约处理,违约处理通常比较简单。

对于违反完整性的操作,一般的处理是采用默认方式,如拒绝执行。对于违反参照完整性的操作,本章讲解了不同的处理策略。用户要根据应用要求来定义合适的处理策略,以保证数据的正确性。

实现数据库完整性的一个重要方法是触发器。触发器不仅可以用于数据库完整性检查,也可以用来实现数据库系统的其他功能,包括数据库安全性,以及更加广泛的应用系统的一些业务流程和控制流程、基于规则的数据库和业务控制功能等。特别需要注意的是,一个触发器的动作可能激活另一个触发器,最坏的情况是导致一个触发链,从而造成难以预见的错误。

5.6 思考与练习

一、单选题

1. 关系数据库中,外码(Foreign Key)是( )。
   A. 在一个关系中定义了约束的一个或一组属性
   B. 在一个关系中定义了默认值的一个或一组属性
   C. 在一个关系中的一个或一组属性,是另一个关系的主码
   D. 在一个关系中用于唯一标识元组的一个或一组属性

2. 关系数据库中,实现主码标识元组的作用是通过( )来实现的。
   A. 实体完整性规则　　　　　　　　　B. 参照完整性规则
   C. 用户自定义的完整性　　　　　　　D. 属性的值域

3. 根据关系模式的完整性规则,一个关系中的主码( )。
   A. 不能有两个　　　　　　　　　　　B. 不能成为另一个关系的外部码
   C. 不允许空值　　　　　　　　　　　D. 可以取空值

4. 若规定工资表中基本工资不得超过 5000 元,则这个规定属于( )。
   A. 关系完整性约束　　　　　　　　　B. 实体完整性约束
   C. 参照完整性约束　　　　　　　　　D. 用户定义完整性

5. 以下对触发器概念理解正确的是( )。
   A. 触发器经常用于加强数据的完整性约束和业务规则等,其由事件来触发执行
   B. 触发器一旦被激活,则触发动作体在触发器激活后立即执行

C. 在一个数据库中,触发器的命名必须是唯一的

D. 触发器类似于存储过程,需要用户手工启动或程序调用

6. 有一个关系:学生(学号,姓名,系部编码),规定学号的值域是 8 个数字组成的字符串,这一规则属于(　　)。

A. 实体完整性约束   B. 参照完整性约束

C. 用户自定义完整性约束   D. 关键字完整性约束

二、多选题

实体完整性规则检查的内容包括(　　　)。

A. 检查主码的各个属性值是否为空,只要有一个为空就拒绝插入或修改

B. 检查主码的各个属性值是否唯一,只要有一个不唯一就拒绝插入或修改

C. 检查主码值是否唯一,如果不唯一就拒绝插入或修改

D. 检查主码值是否唯一,如果唯一就拒绝插入或修改

三、判断题

1. 触发器不仅可以定义在基本表上,也可以定义在视图上。   (　　　)

2. 对参照表插入元组时,一旦违背了参照完整性约束,则拒绝插入元组。   (　　　)

3. 触发器必须手动触发才会执行。   (　　　)

四、简答题

1. 什么是数据库的完整性?

2. 谈谈触发器的工作机制。

3. 简述 MySQL 的触发器有哪些触发时机和触发事件。

五、实训题

按如下要求编写触发器。在每种情况下,如果不满足要求的约束,则拒绝或撤销相应的更新。所有要求是在第 2 章习题中的电影数据库的表 Movies、StarsIn、MovieStar 上提出的。

撰写所有条件在数据库被改变之前成立。另外,系统宁可选择更新数据库,即使是用 NULL 值或默认值插入元组,也不拒绝更新。

(1) 保证在所有时间里,任何在 StarsIn 中出现的影星也出现在 MovieStar 中。

(2) 保证每个电影至少有一个男明星和一个女明星。

(3) 保证在任一年,任何电影公司制作的电影数量不能多于 1 部。

(4) 保证在任一年中制作的所有影片平均长度不超过 120 分钟。

5.7   实验

5.7.1   MySQL 的完整性约束

1. 实验目的

(1) 掌握表的基础知识。

(2) 掌握 SQL 语句创建表的方法。

(3) 掌握表的修改、查看、删除等基本操作方法。

(4) 掌握 MySQL 约束的创建。

2. 实验内容

创建学生信息表,其中包括学号、姓名、性别、出生日期、入学日期、身份证号等字段。要求如下:

(1) 将学号作为主码;

(2) 姓名字段不能为空;

(3) 入学日期字段默认为当前日期;

(4) 身份证号字段有唯一性约束。

3. 观察与思考

(1) 在定义基本表语句时,NOT NULL 参数的作用是什么?

(2) 主码可以建立在"值可以为 NULL"的列上吗?

(3) 已知出生日期,如何求得年龄?

5.7.2 MySQL 的触发器

1. 实验目的

(1) 掌握触发器的创建方法。

(2) 完成 BEFORE、AFTER 触发器的创建。

(3) 观察触发器触发后相关数据的变化。

(4) 本节的实验在以下几张表中进行:

```
DROP TABLE IF EXISTS Stu;              // 学生表
CREATE TABLE Stu(
sNo CHAR(10),
sName CHAR(10),
sAge INT,
sSex VARCHAR(6),
sDept VARCHAR(20)
);


DROP TABLE IF EXISTS Logs;             // 日志表
CREATE TABLE
Logs(Time DATETIME,sNo CHAR(10),cNo CHAR(10),OLDGrade INT);


DROP TABLE IF EXISTS Cou;              // 课程表
CREATE TABLE Cou(
cNo CHAR(10) PRIMARY KEY,
cName CHAR(40),
cPno CHAR(10),
cCredit SMALLINT,
FOREIGN KEY (cPno) REFERENCES Cou(cNo)
);


DROP TABLE IF EXISTS Reports1;         // 选课表
CREATE TABLE Reports1(
```

```
sNo CHAR(10),
cNo CHAR(10),
Grade INT
);
```

2．实验内容

(1) 对于学生表 Stu 和日志表 Logs，设置一个触发器，使得在 Stu 表中插入信息时，日志表 Logs 中插入当前时间与学生学号(sNo)。

(2) 对于学生表 Stu，设置一个触发器，使得当 Stu 表插入新信息时，如果性别 sSex 不是'f'或'm'，则将性别置为空。

(3) 对于学生表 Stu，设置一个触发器，使得在对 Stu 表进行 sAge 更新时，只能升不能降，如果 sAge 比原来低则 sAge 保持不变。

(4) 对于学生表 Stu，设置一个触发器，使得当 Stu 表插入新信息时，如果年龄 sAge 大于 22，则将年龄设为 22。

(5) 对于课程表 Cou 与日志表 Logs，设置一个触发器，使得当 Cou 表插入信息时，日志表 Logs 中插入当前时间与课程号(cNo)。

(6) 对于选课表 Reports1 与日志表 Logs，设置一个触发器，使得当成绩信息 Grade 改变时，在日志表 Logs 中记录以前的成绩。

3．观察与思考

(1) 解释 Logs 表中不同数据行的含义。

(2) 本实验中将三张表的变动信息写到同一张表中，可否将其分别写到三张表中？比较两者的优劣。

第 *6* 章

关系规范化理论

关系数据库的设计主要是关系模式的设计,关系模式设计的好坏将直接影响数据库设计的成败。

因为冗余的数据需要额外的维护,因此在设计数据库时应考虑减少冗余数据,避免频繁的数据变更。这有助于防止数据不一致、插入异常以及删除异常等问题的发生。

关系规范化通过一系列步骤,将数据库中的关系转化为更加简洁、无冗余、易于维护的形式,并使其符合不同的规范化标准,即范式(normal form)。其主要目的是消除数据冗余,避免插入异常、删除异常和更新异常,从而确保数据的一致性和完整性。

将关系模式规范化,使之达到较高的范式是设计好关系模式的唯一途径,否则,设计的关系数据库会产生一系列的问题。

6.1 规范化

在关系数据库中,对关系模式的基本要求是满足第一范式(1NF)。在此基础上,为了消除关系模式中存在的插入异常、删除异常、更新异常和数据冗余等问题,人们开始寻求解决这些问题的方法,这就是规范化的目的。

规范化的基本思想是逐步消除数据依赖中不合适的部分,使模式中的各关系模式达到某种程度的“分离”。让一个关系描述一个概念、一个实体或实体间的一种联系,若多于一个概念就把它“分离”出去,因此所谓规范化实质上是概念的单一化。

关系模式的规范化过程是通过对关系模式的分解来实现的,把低一级的关系模式分解为若干高一级的关系模式,使之逐步达到 2NF、3NF、4NF 和 5NF。各种范式之间的关系为:

$$1NF \supset 2NF \supset 3NF \supset BCNF \supset 4NF \supset 5NF$$

一般来说,规范化程度越高,关系的分解就越细,所得数据库的数据冗余就越小,且更新异常也可相对减少。但是,如果某一关系经过大量数据加载后主要用于检索,那么,即使它是一个低范式的关系,也不要去追求高范式而将其不断进行分解。因为在检索过程中,多个关系需要通过自然连接才能获得全部信息,这会导致数据检索效率的下降。数据库设计满足的范式越高,其数据处理的开销也越大。

因此,规范化的基本原则是:由低到高,逐步规范,权衡利弊,适可而止。通常,应以满足第三范式为基本要求。

把一个非规范化的数据结构转换成第三范式,一般经过以下几步。

(1) 把该结构分解成若干属于第一范式的关系。

(2) 对那些存在组合码且有非主属性部分函数依赖于码的关系,必须继续分解,使所得关系都属于第二范式。

(3) 若关系中有非主属性传递依赖码,则继续将其分解,使得关系都属于第三范式。

规范化理论源自关系模型,SQL 语言的出现使得规范化理论在实际数据库设计和查询中得以广泛使用。如果数据库不进行规范化,就必须通过编写大量复杂代码来查询数据。规范化规则在关系建模和关系对象建模中同等重要。

6.1.1　问题的提出

视频讲解

关系数据库的逻辑设计本质上就是针对具体问题,构造一个适用于它的数据模式。数据库逻辑设计的工具与关系数据库的规范化理论紧密相联。

首先回顾一下关系模式的形式化定义。

关系模式由五部分组成,即它是一个五元组: $R(U, D, \text{DOM}, F)$ 。

R :关系名。

U :组成该关系的属性名集合。

D :属性组 U 中属性来自的域。

DOM:属性向域的映像集合。

F :属性间数据的依赖关系集合。

由于 D 和 DOM 对设计关系模式的作用不大,在讨论关系规范化理论时可以把它们简化为三元组 $R<U, F>$ 。

数据依赖是关系模式设计的核心因素,同时也是完整性约束的一种表现形式。它可通过属性值之间是否相等来体现数据间的相互关联,是数据库模式设计的关键。因此,数据依赖本质上是一个关系内部属性与属性之间的约束关系,是现实世界属性间相互联系的抽象,也是数据内在的性质,是数据语义的体现。

数据依赖共有三种:函数依赖(Functional Dependency,FD)、多值依赖(Multi Valued Dependency,MVD)和连接依赖(Join Dependency,JD),其中最重要的是函数依赖和多值依赖。

下面以一个实例说明数据依赖对关系模式的影响。

【例 6-1】　建立一个描述学校教务的数据库,必须包含的信息有学生的学号(sNo)、所在系部(sDept)、系部地址(Location)、课程号(cNo)、学分(cCredit)、成绩(grade)。若将此信息按要求设计为一个关系,则单一的关系模式为:

S-C-D-$<U, F>$,　其中 $U = \{$sNo, sDept, Location, cNo, cCredit, grade$\}$。

现实生活中,该关系模式中各属性之间的关系为:

(1) 每个系有若干学生,但一个学生只属于一个系;

(2) 每个系只有一个系部地址;

(3) 每门课程有一个固定的学分;

(4) 一个学生可以选修多门课程,每门课程可被若干学生选修;

(5) 每个学生学习的每门课程都有一个成绩。

在这个关系模式中,属性组 U 上的一组函数依赖 F 可表示为:

$F = \{\ sNo \rightarrow sDept,\ sDept \rightarrow Location,\ cNo \rightarrow cCredit,\ (sNo,\ cNo) \rightarrow grade\ \}$

可以看出,此关系模式的码为(sNo,cNo),可以用如图 6-1 所示的函数依赖图来简单描述属性之间的数据依赖关系。

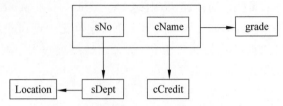

图 6-1 关系模式 S-C-D 中的函数依赖图

通过分析,发现该关系存在以下问题。

(1) 插入异常。

若一个新系没有招生,或系里有学生但没有选修课程,则系名和系部地址无法插入数据库中。因为在这个关系模式中码是(sNo, cNo),没有学生会使得学号无值,学生没有选课会使得课程号无值。但在一个关系中,主属性不能为空值,因此关系数据库无法操作,导致插入异常。

(2) 删除异常。

当某系的学生全部毕业而又没有招新生时,删除学生信息的同时,系及系部地址的信息随之删除,但这个系依然存在,而在数据库中却无法找到该系的信息,即出现了删除异常。

(3) 冗余太大。

每个系名和系部地址存储的次数等于该系学生人数乘以每个学生选修的课程门数,系名和系部地址数据重复太多。

(4) 更新异常。

若某系更换地址,数据库中该系的学生记录应全部修改。如果稍有不慎,某些记录漏改了,则会造成数据的不一致,即出现了更新异常。

从上述异常问题可以看出,S-C-D 关系模式不是一个好的模式,该关系模式中属性与属性之间存在不好的数据依赖。一个“好”的关系模式应当不会发生插入异常、删除异常和更新异常问题,且数据冗余要尽可能少。

对于存在问题的关系模式,可以通过模式分解的方法使之规范化。例如,将上述关系模式分解成 4 个关系模式:

S(sNo, sDept);

Course(cNo, cCredit);

SC(sNo, cNo, grade);

DEPT(sDept, Location)。

这样分解后,4 个关系模式都不会发生插入异常、删除异常的问题,数据的冗余也得到了控制,数据的更新也变得简单。

“分解”是解决冗余的主要方法,也是规范化的一条原则,“关系模式有冗余问题,就分解

"它"。但是,上述关系模式的分解方案是否就是最佳的? 也不是绝对的。如果要查询某学生所在系的地址,就要对两个关系做连接操作,而连接的代价也是很大的。一个关系模式的数据依赖会有哪些不好的性质,如何改造一个模式,就是规范化理论所讨论的问题。

6.1.2　函数依赖

视频讲解

【定义 6.1】　设 $R(U)$ 是一个属性集 U 上的关系模式,X 和 Y 是 U 的子集。若对于 $R(U)$ 的任意一个可能的关系 r,r 中不可能存在两个元组在 X 上的属性值相等,而在 Y 上的属性值不等,也就是说,对 r 的任意两个元组 t_1 和 t_2,由 $t_1[X] = t_2[X]$ 导致 $t_1[Y] = t_2[Y]$,则称"X 函数确定 Y"或"Y 函数依赖于 X",记作 $X \rightarrow Y$。

下面介绍一些术语与记号。

- $X \rightarrow Y$,但 $Y \nsubseteq X$,则称 $X \rightarrow Y$ 是非平凡的函数依赖。
- $X \rightarrow Y$,但 $Y \subseteq X$,则称 $X \rightarrow Y$ 是平凡的函数依赖。
- 若 $X \rightarrow Y$,则 X 称为这个函数依赖的决定属性组,也称为决定因素(Determinant)。
- 若 $X \rightarrow Y$,$Y \rightarrow X$,则记作 $X \leftarrow \rightarrow Y$。
- 若 Y 函数不依赖于 X,则记作 $X \nrightarrow Y$。

例 6-1 中,$(sNo, cNo) \rightarrow grade$ 是非平凡函数依赖,(sNo, cNo) 是决定因素;$(sNo, cNo) \rightarrow sNo$,$(sNo, cNo) \rightarrow cNo$ 是平凡函数依赖。

【定义 6.2】　在关系模式 $R(U)$ 中,如果 $X \rightarrow Y$,并且对于 X 的任何一个真子集 X',都有 $X' \nrightarrow Y$,则称 **Y 对 X 完全函数依赖**,记作:$X \xrightarrow{F} Y$。

若 $X \rightarrow Y$,但 Y 不完全函数依赖于 X,则称 **Y 对 X 部分函数依赖**,记作:$X \xrightarrow{P} Y$。

例 6-1 中 $(sNo, cNo) \rightarrow grade$ 是完全函数依赖,$(sNo, cNo) \rightarrow sDept$ 是部分函数依赖。

【定义 6.3】　在关系模式 $R(U)$ 中,如果 $X \rightarrow Y(Y \nsubseteq X)$,$Y \nrightarrow X$,$Y \rightarrow Z$,$Z \nsubseteq Y$,则称 **$Z$ 对 X 传递函数依赖**,记作:$X \xrightarrow{传递} Z$。

注:如果 $Y \rightarrow X$,即 $X \leftarrow \rightarrow Y$,则 Z 直接依赖于 X。

【例 6-2】　在关系 SDL(sNo, sDept, Location)中,有:

$$sNo \rightarrow sDept, \quad sDept \rightarrow Location$$

因此,Location 传递函数依赖于 sNo,即有 $sNo \xrightarrow{传递} Location$。

【定义 6.4】　设 K 是关系模式 $R<U, F>$ 中的属性或属性集合,K' 是 K 的任一真子集。若 $K \rightarrow U$,而不存在 $K' \rightarrow U$,则 K 为 R 的**候选码**(candidate key),简称码。

- 若候选码多于一个,则选取其中的一个为**主码**(primary key)。
- 包含在任一候选码中的属性,称为**主属性**(prime attribute)或**码属性**。
- 不包含在任何候选码中的属性称为**非主属性**(nonprime attribute)或**非码属性**(non-key attribute)。
- 在关系模式中,最简单的情况为单个属性是码,称为**单码**(single key);最极端的情况为整个属性集合是码,称为**全码**(all-key)。

【例 6-3】　关系模式 StuInfo(sNo, sDept, sBirth),单个属性 sNo 是码;

关系模式 SC(sNo, cNo, grade)中,(sNo, cNo)是码。

【例 6-4】 关系模式 StarsIn(movieTitle,movieYear,starName)中,movieTitle 代表电影名,movieYear 代表出品年,starName 代表影星。

一个影星可以出演多部电影,某一电影由多个影星出演,一部同名电影可以在不同的年份拍摄。该关系模式的码为(movieTitle,movieYear,starName),即 all-key。

【定义 6.5】 关系模式 R 中属性或属性组 X 并非 R 的码,但 X 是另一个关系模式的码,则称 X 是 R 的**外部码**(foreign key),也称**外码**。

如在 SC(sNo,cNo,grade)中,sNo 不是码,但 sNo 是关系模式 StuInfo(sNo,sDept)的码,则 sNo 是关系模式 SC 的外部码。

主码与外部码一起提供了表示关系间联系的手段。

人文素养拓展

2016 年 7 月 23 日 15 时许,北京市延庆区八达岭野生动物园东北虎园内,发生一起老虎伤人事件。赵某未遵守八达岭野生动物世界猛兽区严禁下车的规定,对园区相关管理人员和其他游客的警示未予理会,擅自下车,导致其被虎攻击受伤;周某见女儿被虎拖走后,救女心切,未遵守八达岭野生动物世界猛兽区严禁下车的规定,施救措施不当,导致其被虎攻击死亡。此事件发生后,大众纷纷开展讨论,各抒己见。随着事件的逐渐降温,舆论也由开始的震惊,到此后的愤怒,逐渐趋于理性与反思。

1. 丛林法则与人本主义

社会运行需要规则,规则对于人伦情感,有其刚性。但规则和人伦情感、思想认识并不是泾渭分明严格分割的。好的规则正是对人道、人伦和道德等方面的保护,是人们以此为基础进行思想而得出的一定律令,以法律、管理规章、承诺协议等方式存在。毫无疑问,人伦、人道、情感比规则更具基础性。野生动物园和游客签订安全承诺协议,是为了更好地保护人。规则重要,人性同样重要。没有人性的法律规则,只是一些人的臆想。以情感替代规则,是情感的滥用;以规则剥夺情感,是对社会的误解。

2. 敬畏规则与遵守规则

在该事件中,女子在游览途中违反规则下车,被躲藏在附近的老虎拖走咬伤,该女子的母亲下车营救,被另一只埋伏的老虎当场咬死。吃人的老虎用最简单的丛林法则给我们上了一课:要敬畏规则,遵守规则。习近平总书记指出,"治理一个国家、一个社会,关键是要立规矩、讲规矩、守规矩。"规则是人们应该共同遵守的行为规范。"欲知方圆,则必规矩",守规矩应该成为一种良好的习惯。对于个人而言,在日常工作生活中,遵守规则也能体现个人的修养。

3. 树立规则意识

自媒体时代更加考验个人的修养。一些人在批评当事人缺乏规则意识,拿自己的生命开玩笑的同时,却也在对当事人进行人格上的侮辱和鞭挞,这折射出一些人背后暴戾的社会集体无意识,这要比真老虎更加可怕。

在构建规则意识方面,不妨从以下三方面做起。

首先,从心理认知层面上,民众要尊重规则,才有可能去遵守规则,而规则也就反过来守护民众的安全。此外,要警惕作为个体人内心的心理暴力。

其次,要加强正式制度的约束,同时防止规则乱套以及被随意操纵。

最后，要破除"潜规则"，强化"明规则"。老虎伤人事件引发的争议，看似表面上是人与虎的关系出现问题的孤立事件，而实际上是人与人、人与规则的关系出现了问题。

自媒体时代更需要个人的修养和自我约束，评论者要情理并容，怀着一颗敬畏生命的心，遵守法律规范，树立规则意识。做到习总书记所说的"心有所畏、言有所戒、行有所止"。反思永远不是目的而是手段，是为了能够改变、向好。

前面我们讲到的数据库设计中各种异常的发生，也是因为违反了一些设计中应遵循的规则，数据库中的关系没有达到相应的范式要求。

6.1.3 1NF 和 2NF

视频讲解

范式是符合某一种级别的关系模式的集合。关系数据库中的关系必须满足一定的要求。满足不同程度要求的范式即为不同范式。

关系按其规范化程度从低到高可分为五级范式，分别称为第一范式（1NF）、第二范式（2NF）、第三范式（3NF）或 BC 范式（BCNF）、第四范式（4NF）、第五范式（5NF）。

各种范式之间存在联系：

$$1NF \supset 2NF \supset 3NF \supset BCNF \supset 4NF \supset 5NF$$

某一关系模式 R 为第 n 范式，可简记为 $R \in n$NF。

一个低一级范式的关系模式，通过模式分解可以转换成若干高一级范式的关系模式的集合，这个过程称作规范化。

规范化的过程如下。

（1）标识关系模式中的所有候选码。

（2）标识关系模式中的非平凡函数依赖。

（3）检查函数依赖的决定因素。如果某决定因素不是候选码，则表的结构就有问题。可以通过如下方式实现。

- 把函数依赖的属性放在新生成的关系模式中。
- 把函数依赖的决定因素作为新关系模式的主码。
- 将决定因素的副本作为旧关系模式中的外码。
- 在新关系模式和旧关系模式之间创建参照完整性约束。

（4）根据需要，多次重复步骤（3），直至每个表的决定因素都是候选码。

下面在函数依赖的范畴内讨论范式问题。

1. 1NF

如果一个关系模式 R 的所有属性都是不可分的基本数据项，则 $R \in 1$NF。满足第一范式是对关系模式的最起码的要求。不满足第一范式的数据库模式不能称为关系数据库。但是满足第一范式的关系模式并不一定是一个好的关系模式。

【例 6-5】 有关系模式 S-C-D1（sNo，sDept，Location，cNo，cCredit，grade），码为（sNo，cNo）。函数依赖包括：

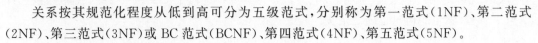

$$(sNo, cNo) \xrightarrow{F} grade, \quad (sNo, cNo) \xrightarrow{P} sDept, \quad (sNo, cNo) \xrightarrow{P} Location,$$

$$sNo \rightarrow sDept, \quad sNo \rightarrow Location, \quad sDept \rightarrow Location, \quad cNo \rightarrow cCredit$$

函数依赖图如图 6-2 所示，图中用虚线表示部分函数依赖。

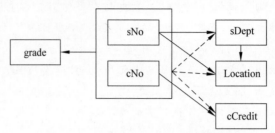

图 6-2　关系模式 S-C-D1 的函数依赖图

后面有了 2NF 的概念之后,会发现 S-C-D1 只能属于第一范式,不是第二范式。S-C-D1 模式存在以下问题。

(1) 插入异常。一个系没有学生选课时,这个系所在的地点无法插入。

(2) 删除异常。假设学号为 2020082237 的学生只选修了 CS01 一门课,在删除该选课信息之后,该学生的信息也随之消失。

(3) 更新复杂。假设某个学生从 sDept＝'09' 的学院转到 sDept＝'08' 的学院,在修改 sDept 信息的同时,学生的住处 Location 也需要进行相应修改。如果这个学生选修了 k 门课,sDept、Location 重复存储了 k 次,造成存储冗余,同时必须确保没有遗漏地修改所有 k 个元组中的 sDept 和 Location 信息,增加了修改操作的复杂性。

2. 2NF

【定义 6.6】　若 $R \in$ 1NF,且每一个非主属性完全函数依赖于码,则 $R \in$ 2NF。

【例 6-6】　关系模式 S-C-D1(sNo, sDept, Location, cNo, cCredit, grade) $\in$ 1NF。但由于存在非主属性 sDept,Location 部分依赖于码(sNo, cNo),因此:

$$S\text{-}C\text{-}D1(sNo, sDept, Location, cNo, cCredit, grade) \notin 2NF。$$

可依据上面的规范化过程将 S-C-D1 分解为三个关系模式:SC、S-D-L、C,如图 6-3 所示。

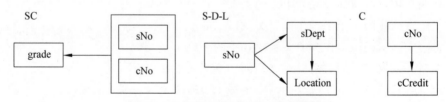

图 6-3　关系模式分解后的函数依赖图

关系模式 SC 的码为(sNo, cNo);关系模式 S-D-L 的码为(sNo);关系模式 C 的码为(cNo),非主属性对码都是完全函数依赖。因此,

$$SC(sNo, cNo, grade) \in 2NF$$

$$S\text{-}D\text{-}L(sNo, sDept, Location) \in 2NF$$

$$C(cNo, cCredit) \in 2NF$$

采用投影分解法将一个 1NF 的关系分解为多个 2NF 的关系,可以在一定程度上减轻原 1NF 关系中存在的插入异常、删除异常、数据冗余度大、修改复杂等问题。但这并不能完全消除关系模式中的各种异常情况和数据冗余。

视频讲解

6.1.4 3NF 和 BCNF

1. 3NF

【定义 6.7】 关系模式 $R<U,F>$ 中若不存在这样的码 X、属性组 Y 及非主属性 $Z(Z\not\subseteq Y)$，使得 $X\to Y,Y\to Z$ 成立，$Y\not\to X$，则称 $R<U,F>\in 3NF$。若 $R\in 3NF$，则每一个非主属性既不部分依赖于码也不传递依赖于码。

【例 6-7】 关系模式 S-D-L(sNo，sDept，Location)$\in 2NF$ 中，有函数依赖：

$sNo\to sDept,sDept\not\to sNo,sDept\to Location$，可得：$sNo\xrightarrow{传递}Location$，即 S-D-L 中存在非主属性对码的传递函数依赖，所以 S-D-L$\notin 3NF$。

采用投影分解法，把 S-D-L 分解为两个关系模式，以消除传递函数依赖：S-D(sNo，sDept)、D-L(sDept，Location)。S-D 的码为 sNo，D-L 的码为 sDept。分解后的关系模式 S-D 与 D-L 中不再存在传递依赖，如图 6-4 所示，因此都属于 3NF。

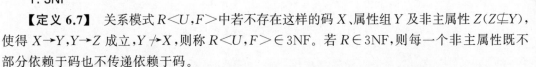

图 6-4 关系模式 S-D、D-L 的函数依赖图

2. BCNF

【定义 6.8】 关系模式 $R<U,F>\in 1NF$，若 $X\to Y$ 且 $Y\not\subseteq X$ 时 X 必含有码，则 $R<U,F>\in BCNF$，等价于：每一个决定因素都包含码。

若 $R\in BCNF$，则

- 所有非主属性对每一个码都是完全函数依赖；
- 所有的主属性对每一个不包含它的码，也是完全函数依赖；
- 没有任何属性完全函数依赖于非码的任何一组属性。

通常认为 BCNF 是修正的第三范式，有时也称为扩充的第三范式。BCNF 与 3NF 的关系如下：

$$R\in BCNF\xrightarrow[\text{不必要}]{\text{充分}}R\in 3NF$$

【例 6-8】 关系模式 tbCourse(cNo，cName，cPno，cType，cCredit)，cNo 是码，则 tbCourse$\in 3NF$，tbCourse$\in BCNF$。

【例 6-9】 现有关系模式 StuInfo(sNo，sName，sDept，sBirthDate)，假定班级学生无重名，则 StuInfo 有两个码 sNo 和 sName，可得 StuInfo$\in 3NF$，StuInfo$\in BCNF$。

【例 6-10】 现有关系模式 SJP(S,J,P)，S 表示学生，J 表示课程，P 表示名次，有如下函数依赖：

$$(S,J)\to P,\quad (J,P)\to S$$

(S,J)与(J,P)都可以作为候选码，属性相交，不存在属性对码的部分依赖或传递依赖，SJP$\in 3NF$。由于每个决定因素都包含码，因此，SJP$\in BCNF$。

【例 6-11】 在关系模式 STJ(S,T,J)中，S 表示学生，T 表示教师，J 表示课程。

函数依赖：$(S,J)\to T,(S,T)\to J,T\to J$，函数依赖图如图 6-5 所示。

(S,J)和(S,T)都是候选码，STJ$\in 3NF$，但是 STJ$\notin BCNF$，因为存在 $T\to J$，而 T 不包

图 6-5　关系模式 STJ 的函数依赖图

含码。

解决方法：将 STJ 分解为两个关系模式 ST(S,T)∈BCNF 和 TJ(T,J)∈BCNF，如图 6-6 所示，每个决定因素都包含码。

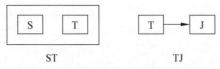

图 6-6　关系模式 ST、TJ 的函数依赖图

如果 $R \in 3NF$，且 R 只有一个候选码，则有 $R \in BCNF \xrightarrow[\text{必要}]{\text{充分}} R \in 3NF$。

BCNF 不仅强调非主属性对码的完全的直接的依赖，而且强调主属性对码的完全的直接的依赖，它包括 3NF，即 $R \in BCNF$，则 R 一定满足 3NF。如果一个实体集中的全部关系模式都满足 BCNF，则实体集在函数依赖范畴内已实现了彻底的分离，消除了插入和删除异常问题。3NF 只强调非主属性对码的完全直接依赖，这样就可能出现主属性对码的部分依赖和传递依赖。

BCNF 并不是最高范式，后面还有第 4 范式、第 5 范式，这里不详细介绍，有兴趣的读者可以查阅相关资料。

6.2 | 数据依赖的公理系统

数据依赖的公理系统是模式分解算法的理论基础。下面首先讨论函数依赖的一个有效而完备的公理系统——Armstrong 公理系统。

6.2.1　Armstrong 公理系统

视频讲解

【定义 6.9】　对于满足一组函数依赖 F 的关系模式 $R<U,F>$，其任何一个关系 r，若函数依赖 $X \rightarrow Y$ 都成立(即 r 中任意两元组 t、s，若 $t[X]=s[X]$，则 $t[Y]=s[Y]$)，则称 F 逻辑蕴含 $X \rightarrow Y$。

Armstrong 公理系统。 关系模式 $R<U,F>$ 有以下的推理规则。

A1. 自反律(reflexivity)：若 $Y \subseteq X \subseteq U$，则 $X \rightarrow Y$ 为 F 所蕴含。

A2. 增广律(augmentation)：若 $X \rightarrow Y$ 为 F 所蕴含，且 $Z \subseteq U$，则 $XZ \rightarrow YZ$ 为 F 所蕴含。

A3. 传递律(transitivity)：若 $X \rightarrow Y$ 及 $Y \rightarrow Z$ 为 F 所蕴含，则 $X \rightarrow Z$ 为 F 所蕴含。

【定理 6.1】　Armstrong 推理规则是正确的。

下面从定义出发证明推理规则的正确性。

(1) 自反律。若 $Y \subseteq X \subseteq U$，则 $X \rightarrow Y$ 为 F 所蕴含。

证 设 $Y \subseteq X \subseteq U$，对 $R<U,F>$ 的任一关系 r 中的任意两个元组 t、s：

若 $t[X]=s[X]$，由于 $Y \subseteq X$，必有 $t[Y]=s[Y]$，所以 $X \rightarrow Y$ 成立，自反律得证。

(2) 增广律。若 $X \rightarrow Y$ 为 F 所蕴含，且 $Z \subseteq U$，则 $XZ \rightarrow YZ$ 为 F 所蕴含。

证 由规则的前提条件，设 $X \rightarrow Y$ 为 F 所蕴含，且 $Z \subseteq U$。

设 $R<U,F>$ 的任一关系 r 中任意的两个元组 t、s：

若 $t[XZ]=s[XZ]$，则有 $t[X]=s[X]$ 和 $t[Z]=s[Z]$；

由 $X \rightarrow Y$，于是有 $t[Y]=s[Y]$，所以 $t[YZ]=s[YZ]$；

所以 $XZ \rightarrow YZ$ 为 F 所蕴含，增广律得证。

(3) 传递律。若 $X \rightarrow Y$ 及 $Y \rightarrow Z$ 为 F 所蕴含，则 $X \rightarrow Z$ 为 F 所蕴含。

证 设 $X \rightarrow Y$ 及 $Y \rightarrow Z$ 为 F 所蕴含，对 $R<U,F>$ 的任一关系 r 中的任意两个元组 t、s：

若 $t[X]=s[X]$，由于 $X \rightarrow Y$，有 $t[Y]=s[Y]$；再由 $Y \rightarrow Z$，有 $t[Z]=s[Z]$。

所以 $X \rightarrow Z$ 为 F 所蕴含，传递律得证。

Armstrong 公理系统——推广规则。

(1) 根据 A1，A2，A3 这三条推理规则可以得到下面三条推广规则。

- 合并规则：由 $X \rightarrow Y$，$X \rightarrow Z$，有 $X \rightarrow YZ$。（A2，A3）
- 伪传递规则：由 $X \rightarrow Y$，$WY \rightarrow Z$，有 $XW \rightarrow Z$。（A2，A3）
- 分解规则：由 $X \rightarrow Y$ 及 $Z \subseteq Y$，有 $X \rightarrow Z$。（A1，A3）

(2) 根据合并规则和分解规则，可得：

【引理 6.1】 $X \rightarrow A_1 A_2 \cdots A_k$ 成立的充分必要条件是 $X \rightarrow A_i$ 成立（$i=1,2,\cdots,k$）。

【定义 6.10】 在关系模式 $R<U,F>$ 中为 F 所逻辑蕴含的函数依赖的全体叫作 F 的闭包，记为 F^+。

Armstrong 公理系统是有效的、完备的。**有效性**指由 F 出发根据 Armstrong 公理推导出来的每一个函数依赖一定在 F^+ 中；**完备性**指 F^+ 中的每一个函数依赖必定可以由 F 出发根据 Armstrong 公理推导出来。

要证明完备性，就首先要解决如何判定一个函数依赖是否属于 F 根据 Armstrong 公理推导出来的函数依赖的集合。当然，如果能求出这个集合，问题就解决了。但不幸的是，这是一个 NP 完全问题。例如，从 $F=\{X \rightarrow A_1,\cdots,X \rightarrow A_n\}$ 出发，至少可以推导出 2^n 个不同的函数依赖。

【例 6-12】 设有函数依赖集 $F=\{X \rightarrow Y, Y \rightarrow Z\}$，则

$F^+ = \{$

$X \rightarrow \varphi,$	$Y \rightarrow \varphi,$	$Z \rightarrow \varphi,$	$XY \rightarrow \varphi,$	$XZ \rightarrow \varphi,$	$YZ \rightarrow \varphi,$	$XYZ \rightarrow \varphi,$
$X \rightarrow X,$	$Y \rightarrow Y,$	$Z \rightarrow Z,$	$XY \rightarrow X,$	$XZ \rightarrow X,$	$YZ \rightarrow Y,$	$XYZ \rightarrow X,$
$X \rightarrow Y,$	$Y \rightarrow Z,$		$XY \rightarrow Y,$	$XZ \rightarrow Y,$	$YZ \rightarrow Z,$	$XYZ \rightarrow Y,$
$X \rightarrow Z,$	$Y \rightarrow YZ,$		$XY \rightarrow Z,$	$XZ \rightarrow Z,$	$YZ \rightarrow YZ,$	$XYZ \rightarrow Z,$
$X \rightarrow XY,$			$XY \rightarrow XY,$	$XZ \rightarrow XY,$		$XYZ \rightarrow XY,$
$X \rightarrow XZ,$			$XY \rightarrow XZ,$	$XZ \rightarrow XZ,$		$XYZ \rightarrow XZ,$
$X \rightarrow YZ,$			$XY \rightarrow YZ,$	$XZ \rightarrow YZ,$		$XYZ \rightarrow YZ,$
$X \rightarrow XYZ,$			$XY \rightarrow XYZ,$	$XZ \rightarrow XYZ,$		$XYZ \rightarrow XYZ$ $\}$

$F=\{X\rightarrow A_1,\cdots,X\rightarrow A_n\}$ 的闭包 F^+ 计算是一个 NP 完全问题。

【定义 6.11】 设 F 为属性集 U 上的一组函数依赖,$X,Y\subseteq U$,$X_F^+=\{A\mid X\rightarrow A$ 能由 F 根据 Armstrong 公理导出$\}$,X_F^+ 称为属性集 X 关于函数依赖集 F 的闭包。

由引理 6.1 容易得出引理 6.2。

【引理 6.2】 设 F 为属性集 U 上的一组函数依赖,X,$Y\subseteq U$,$X\rightarrow Y$ 能由 F 根据 Armstrong 公理导出的充分必要条件是 $Y\subseteq X_F^+$。

用途:将判定 $X\rightarrow Y$ 是否能由 F 根据 Armstrong 公理导出的问题转化为求出 X_F^+、判定 Y 是否为 X_F^+ 的子集的问题。

【算法 6.1】 求属性集 $X(X\subseteq U)$ 关于 U 上的函数依赖集 F 的闭包 X_F^+。

输入:X、F

输出:X_F^+

步骤:

(1) 令 $X^{(0)}=X$,$i=0$;

(2) 求 B',$B'=\{A\mid(\exists V)(\exists W)(V\rightarrow W\in F\wedge V\subseteq X^{(i)}\wedge A\in W)\}$;

(3) $X^{(i+1)}=B'\bigcup X^{(i)}$;

(4) 判断 $X^{(i+1)}=X^{(i)}$ 是否成立;

(5) 若相等或 $X^{(i)}=U$,则 $X^{(i)}$ 就是 X_F^+,算法终止;

(6) 若否,则 $i=i+1$,返回第(2)步。

【例 6-13】 已知 $R(A,B,C,D,E,G)$,$F=\{AB\rightarrow C,D\rightarrow EG,C\rightarrow A,BE\rightarrow C,BC\rightarrow D,CG\rightarrow BD,ACD\rightarrow B,CE\rightarrow AG\}$,求 $(BD)_F^+$。

$(BD)^{(0)}=BD$;

$(BD)^{(1)}=BD\bigcup EG$,$F=\{D\rightarrow EG\}$;

$(BD)^{(2)}=BDEG\bigcup C$,$F=\{BE\rightarrow C\}$;

$(BD)^{(3)}=BDEGC\bigcup ADBG$,$F=\{C\rightarrow A,BC\rightarrow D,CG\rightarrow BD,CE\rightarrow AG\}$;

结束,$(BD)_F^+=BDEGCA$。

人文素养拓展

质量互变规律是唯物辩证法的基本规律之二。它揭示了事物发展量变和质变的两种状态,以及由于事物内部矛盾所决定的由量变到质变,再到新的量变的发展过程。这一规律,提供了事物发展是质变和量变的统一、连续性和阶段性的统一的观察事物的原则和方法。

并不是量变就能引起质变,而是量变发展到一定的程度时,事物内部的主要矛盾运动形式发生了改变,进而才能引发质变。就像水从液态变为气态,加热提高温度只是引起质变的外部条件(外因),水分子的主要热运动形式发生了改变才是引起质变的根本原因(内因),小于 1 标准大气压时,低于 $100℃$ 的水照样可以沸腾。

求闭包的过程中也经历了从量变到质变的过程,初始时,有一个属性数目单调增长的过程,当达到两个条件之一时,就完成了量变到质变转换的过程。

6.2.2 最小依赖集

视频讲解

【定义 6.12】 如果 $G^+=F^+$,就称函数依赖集 F 覆盖 G(F 是 G 的覆盖,或 G 是 F 的

覆盖），或 F 与 G 等价。

【引理 6.3】　$G^+=F^+$ 的充分必要条件是 $F\subseteq G^+$ 和 $G\subseteq F^+$。

证　必要性显然，只证充分性。

(1) 若 $F\subseteq G^+$，则 $X_F^+\subseteq X_{G^+}^+$。

(2) 任取 $X\rightarrow Y\in F^+$，则有 $Y\subseteq X_F^+\subseteq X_{G^+}^+$。所以 $X\rightarrow Y\in(G^+)^+=G^+$。即 $F^+\subseteq G^+$。

(3) 同理可证 $G^+\subseteq F^+$，所以 $G^+=F^+$。

而要判定 $F\subseteq G^+$，只需要逐一对 F 中的函数依赖 $X\rightarrow Y$ 考察 Y 是否属于 $X_{G^+}^+$ 即可。因此，引理 6.3 给出了判断两个函数依赖集等价的可行算法。

【定义 6.13】　如果函数依赖集 F 满足下列条件，则称 F 为一个极小函数依赖集，亦称为最小依赖集或最小覆盖。

(1) F 中任一函数依赖的右部仅含有一个属性。

(2) F 中不存在这样的函数依赖 $X\rightarrow A$，使得 F 与 $F-\{X\rightarrow A\}$ 等价。

(3) F 中不存在这样的函数依赖 $X\rightarrow A$，X 有真子集 Z 使得 $F-\{X\rightarrow A\}\bigcup\{Z\rightarrow A\}$ 与 F 等价。

【例 6-14】　关系模式 $S<U,F>$ 中，$U=\{sNo,\ sDept,\ Mname,\ cNo,\ grade\}$，$F=\{sNo\rightarrow sDept,\ sDept\rightarrow Mname,\ (sNo,\ cNo)\rightarrow grade\}$，$F'=\{sNo\rightarrow sDept,\ sNo\rightarrow Mname,\ sDept\rightarrow Mname,\ (sNo,\ cNo)\rightarrow grade,\ (sNo,\ sDept)\rightarrow sDept\}$，则

F 是最小覆盖，而 F' 不是。因为：

$$F'-\{sNo\rightarrow Mname\}\leftrightarrow F',\quad F'-\{(sNo,sDept)\rightarrow sDept\}\leftrightarrow F'。$$

【定理 6.2】　每一个函数依赖集 F 均等价于一个极小函数依赖集 F_m。

证　构造性证明，找出 F 的一个最小依赖集。

(1) 逐一检查 F 中各函数依赖 FD_i：$X\rightarrow Y$，若 $Y=A_1A_2\cdots A_k$，$k\geqslant 2$，则用 $\{X\rightarrow A_j\mid j=1,2,\cdots,k\}$ 来取代 $X\rightarrow Y$。

(2) 逐一检查 F 中各函数依赖 FD_i：$X\rightarrow A$，令 $G=F-\{X\rightarrow A\}$，若 $A\in X_G^+$，则从 F 中去掉此函数依赖。

(3) 逐一取出 F 中各函数依赖 FD_i：$X\rightarrow A$，设 $X=B_1B_2\cdots B_m$，逐一考查 $B_i(i=1,2,\cdots,m)$，若 $A\in(X-B_i)_F^+$，则以 $X-B_i$ 取代 X。

【例 6-15】　关系模式 $R(U,F)$ 中，$U=\{ABCD\}$，$F=\{A\rightarrow C,C\rightarrow A,B\rightarrow AC,D\rightarrow AC,BD\rightarrow A\}$，求 F 的所有最小函数依赖集。

解　由 $F=\{A\rightarrow C,C\rightarrow A,B\rightarrow AC,D\rightarrow AC,BD\rightarrow A\}$

(1) 分解右部：$F=\{A\rightarrow C,C\rightarrow A,B\rightarrow A,B\rightarrow C,D\rightarrow A,D\rightarrow C,BD\rightarrow A\}$。

(2) 消除多余的依赖：

设 $G=F-\{A\rightarrow C\}$，A 对 G 的闭包不包含 C，所以保留；

设 $G=F-\{C\rightarrow A\}$，C 对 G 的闭包不包含 A，所以保留；

设 $G=F-\{B\rightarrow A\}$，B 对 G 的闭包包含 A，则令 $F=\{A\rightarrow C,C\rightarrow A,B\rightarrow C,D\rightarrow A,D\rightarrow C,BD\rightarrow A\}$；

设 $G=F-\{B\rightarrow C\}$，B 对 G 的闭包不包含 C，所以保留；

设 $G=F-\{D\rightarrow A\}$，D 对 G 的闭包包含 A，则令 $F=\{A\rightarrow C,C\rightarrow A,B\rightarrow C,D\rightarrow C,BD\rightarrow A\}$；

设 $G = F - \{D \rightarrow C\}$，$D$ 对 G 的闭包不包含 A，所以保留；

设 $G = F - \{BD \rightarrow A\}$，$BD$ 对 G 的闭包包含 A，则令 $F = \{A \rightarrow C, C \rightarrow A, B \rightarrow C, D \rightarrow C\}$。

(3) 左部均为单属性，满足要求。

最小函数依赖集为 $F_1 = \{A \rightarrow C, C \rightarrow A, B \rightarrow C, D \rightarrow C\}$。

依照上述方法得到所有最小依赖集如下：

$$F_1 = \{A \rightarrow C, C \rightarrow A, B \rightarrow C, D \rightarrow C\},$$
$$F_2 = \{A \rightarrow C, C \rightarrow A, B \rightarrow A, D \rightarrow A\},$$
$$F_3 = \{A \rightarrow C, C \rightarrow A, B \rightarrow C, D \rightarrow A\},$$
$$F_4 = \{A \rightarrow C, C \rightarrow A, B \rightarrow A, D \rightarrow C\}.$$

6.3 模式的分解

模式分解中，只有能够保证分解后的关系模式与原关系模式等价，分解方法才有意义。

【定义 6.14】 关系模式 $R < U, F >$ 的一个分解指 $\rho = \{R_1 < U_1, F_1 >, R_2 < U_2, F_2 >, \cdots, R_n < U_n, F_n >\}$，$U = \bigcup\limits_{i=1}^{n}(U_i)$，且不存在 $U_i \subseteq U_j$，$1 \leqslant i \neq j \leqslant n$，$F_i$ 为 F 在 U_i 上的投影。

【定义 6.15】 函数依赖集合 $\{X \rightarrow Y \mid X \rightarrow Y \in F^+ \land XY \subseteq U_i\}$ 的一个覆盖 F_i 称为 F 在属性 U_i 上的投影。

视频讲解

6.3.1 模式分解的三种定义

三种模式分解等价的定义如下。

(1) 分解具有无损连接性。

(2) 分解要保持函数依赖。

(3) 分解既要保持函数依赖，又要具有无损连接性。

这三种定义是实行分解的三条不同的准则。按照不同的分解准则，模式所能达到的分解程度各有不同，各种范式就是对分离程度的测度。

【定义 6.16】 关系模式 $R < U, F >$ 的一个分解 $\rho = \{R_1 < U_1, F_1 >, R_2 < U_2, F_2 >, \cdots, R_n < U_n, F_n >\}$。若 R 与 $R_1, R_2, \cdots, R_n$ 自然连接的结果相等，则称关系模式 R 的这个分解 ρ 具有无损连接性(lossless join)。

【例 6-16】 已知关系模式：S-D-L(sNo，sDept，Location)，函数依赖集 $F = \{sNo \rightarrow sDept, sDept \rightarrow Location, sNo \rightarrow Location\}$，则 S-D-L $\in$ 2NF。将 S-D-L 分解成高一级范式的方法可以有多种：

- 分解为三个关系模式，SN(sNo)、SD(sDept)、SO(Location)；
- 分解为下面二个关系模式，NL(sNo，Location)、DL(sDept，Location)；
- 分解为下面二个关系模式，ND(sNo，sDept)、NL(sNo，Location)。

第三种分解方法具有无损连接性，但是，这种分解方法没有保持原关系中的函数依赖。S-D-L 中的函数依赖 sDept→Location 没有投影到关系模式 ND、NL 上。

【**定义 6.17**】　设关系模式 $R<U,F>$ 被分解为若干关系模式 $R_1<U_1,F_1>,R_2<U_2,$ $F_2>,\cdots,R_n<U_n,F_n>$，其中：$U=U_1\bigcup U_2\bigcup \cdots \bigcup U_n$，且不存在 $U_i\subseteq U_j$，F_i 为 F 在 U_i 上的投影，若 F 所逻辑蕴含的函数依赖一定也由分解得到的某个关系模式中的函数依赖 F_i 所逻辑蕴含，则称关系模式 R 的这个分解保持函数依赖（preserve dependency）。

【**例 6-17**】　已知关系模式 S-D-L（sNo，sDept，Location），函数依赖集 $F=\{$sNo$\rightarrow$ sDept，sDept$\rightarrow$Location，sNo$\rightarrow$Location$\}$，则 S-D-L$\in$2NF。将 S-D-L 分解为下面两个关系模式：

$$ND(sNo，sDept)，\quad DL(sDept，Location)$$

这种分解方法就保持了函数依赖。

6.3.2　分解具有无损连接性的判定

视频讲解

【**定理 6.3**】　假设 $R_1<U_1,F_1>$ 和 $R_2<U_2,F_2>$ 是 $R<U,F>$ 分解得到的两个关系，如果 $U_1\bigcap U_2\rightarrow U_1-U_2\in F^+$ 或 $U_1\bigcap U_2\rightarrow U_2-U_1\in F^+$，则分解具有无损连接性。

上述定理说明，如果 R_1 和 R_2 属性的交可以函数确定两个关系属性的差，这两个条件满足任何一个都是无损连接；都不满足即为有损连接。

【**例 6-18**】　试证明：有关系模式 $R<U,F>$，$U=\{A,B,C,D,E\}$，$F=\{A\rightarrow BC,C\rightarrow D,BC\rightarrow E,E\rightarrow A\}$，分解 $\rho=\{R_1(ABCE),R_2(CD)\}$，既满足无损连接性，又保持函数依赖。

证

$$U_1\bigcap U_2=C，\quad U_1-U_2=ABE，\quad U_2-U_1=D$$
$$(U_1\bigcap U_2\rightarrow U_2-U_1)\leftrightarrow(C\rightarrow D\in F^+)$$

根据定理 6.3，此分解具有无损连接性。

保持函数依赖的判断：

$$R_1(ABCE)，F_1=\{A\rightarrow BC,BC\rightarrow E,E\rightarrow A\}$$
$$R_2(CD)，F_2=\{C\rightarrow D\}$$
$$F_1\bigcup F_2=\{A\rightarrow BC,BC\rightarrow E,E\rightarrow A,C\rightarrow D\}=F$$

未丢失函数依赖，故保持函数依赖性。

【**算法 6.2**】　无损连接判定的 Chase 算法。

设 $\rho=\{R_1<U_1,F_1>,R_2<U_2,F_2>,\cdots,R_k<U_k,F_k>\}$ 是 $R<U,F>$ 的一个分解，$U=\{A_1,\cdots,A_n\}$，$F=\{FD_1,FD_2,\cdots,FD_m\}$，不妨设 F 是一极小依赖集，记 FD_i 为 $X_i\rightarrow A_l$。

（1）建立一张 n 列 k 行的表，每一列对应一个属性，每一行对应分解中的一个关系模式。若属性 $A_j\in U_i$，则在第 i 行第 j 列交叉处填上小写的属性名称，称为常量；如果不包含某个属性，则行与列交叉处元素的值写成这个属性的小写形式＋行编号，称为变量。

（2）对每一个 FD_i 作下列操作：找到 X_i 所对应的列中具有相同符号的那些行，考察这些行中 l 列的元素。若其中有常量，则全部改为常量；否则全部改为行号最小的变量值。

如在某次更改之后，有一行成为常量，则算法终止，ρ 具有无损连接性，否则 ρ 不具有无损连接性。

对 F 中的 FD 逐一进行一次这样的处置，称为对 F 的一次扫描。

（3）比较扫描前后表有无变化，如有变化则返回第（2）步，否则算法终止。

如果发生循环,那么前次扫描至少应使该表减少一个符号,表中符号有限,因此循环必然终止。

【**例 6-19**】 假设有关系 $R(A,B,C,D)$,将关系模式分解为 $S_1 = \{A,D\}$,$S_2 = \{A,C\}$,$S_3 = \{B,C,D\}$,假设给定的函数依赖集为 $\{A \rightarrow B, B \rightarrow C, CD \rightarrow A\}$,判定这个分解是否具有无损连接性。

Chase 表是由 S_1、S_2、S_3 三个关系模式构成的,第一行的 A、D 列为常量,即小写字母 a,d;B、C 列是变量,即小写字母+第一行的行号 1 构成的变量,b_1,c_1;用同样的方法,可由 S_2 写出第 2 行;由 S_3 写出第 3 行,这就是初始的 Chase 表,如图 6-7(a)所示。

A	B	C	D
a	b_1	c_1	d
a	b_2	c	d_2
a_3	b	c	d

(a) 初始Chase表

A	B	C	D
a	b_1	c_1	d
a	(b_1)	c	d_2
a_3	b	c	d

(b) $A \rightarrow B$

A	B	C	D
a	b_1	(c)	d
a	b_1	c	d_2
a_3	b	c	d

(c) $B \rightarrow C$

A	B	C	D
a	b_1	c	d
a	b_1	c	d_2
(a)	b	c	d

(d) $CD \rightarrow A$

图 6-7 Chase 表判断无损分解的过程

下面根据函数依赖,对 Chase 表进行修改:

找到函数依赖左部属性值相等的 2 行,将其右端也修改为相等:

- 如果有一个常量,一个变量,则将变量值修改为常量;
- 如果两个都是变量,则将下标值较大的变量修改为较小下标的变量。

如图 6-7(b)所示,首先使用 $A \rightarrow B$ 对 Chase 表进行修改,前两行的值在 A 属性上相等,将修改其在 B 属性上的值,此时 B 分量上的两个值都为变量,将 b_2 修改为 b_1。

然后使用 $B \rightarrow C$ 对表进行修改,找到 B 分量上相等的两行,仍为前两行,修改 C 分量上的值,使其相等,此时有一个常量,一个变量,将变量 c_1 修改为常量 c,如图 6-7(c)所示。

最后使用 $CD \rightarrow A$ 对表进行修改,找到 CD 两个分量上相等的两行,为第一行和第三行,修改 A 分量上的值,使其相等,此时有一个常量,一个变量,将变量 a_3 修改为常量 a。

此时的 Chase 表有一行变为常量,表明本分解具有无损连接性,这个常量行就是由 3 个关系模式进行自然连接得到的元组。

【**例 6-20**】 假设有关系 $R(A,B,C,D)$,将关系模式分解为 $S_1 = \{A,B\}$,$S_2 = \{B,C\}$,$S_3 = \{C,D\}$,函数依赖为 $C \rightarrow D, B \rightarrow A$,假设元组 $t = abcd$ 是投影到 AB, BC, CD 的元组连接而成。

构造 Chase 表,由分解 S_1 得到第一行,分解 S_2 得到第二行,分解 S_3 得到第三行,如图 6-8 所示。

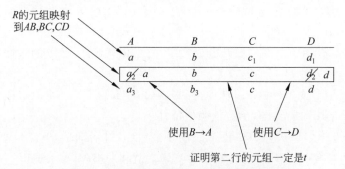

图 6-8　Chase 表求证例 6-20 无损连接的过程

首先使用 $C \rightarrow D$, 对表进行修改, 第二行的 d_2 被修改为常量 d。

然后使用 $B \rightarrow A$, 对表进行修改, 第二行的 a_2 被修改为常量 a。此时, 第二行的元组变成了常量, 此行元组就是原来关系 R 中的元组 t, 所以本例的分解也具有无损连接性。

【例 6-21】　假设有关系 $R(A, B, C, D)$, 将关系模式分解为 $S_1 = \{A, B\}$, $S_2 = \{B, C\}$, $S_3 = \{C, D\}$, 函数依赖为 $C \rightarrow D$, 假设元组 $t = abcd$ 是投影到 AB, BC, CD 的元组连接而成。

在本例中, 只有一个函数依赖可用, 使用之后, 将第二行的 d_2 修改为 d, 如图 6-9 所示。此时, Chase 表中没有一行全部是常量, 所以 $abcd$ 不在原来的 R 中, 但是我们对投影得到的三个元组 (a, b), (b, c), (c, d) 进行连接, 却能得到这个元组, 所以这个分解不具有无损连接性。

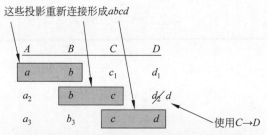

图 6-9　Chase 表求证例 6-21 有损连接的过程

6.3.3　模式分解的算法

视频讲解

关于模式分解的几个重要事实如下。

(1) 若要求分解保持函数依赖, 那么模式分解总可以达到 3NF, 但不一定能达到 BCNF。

(2) 若要求分解既保持函数依赖, 又具有无损连接性, 可以达到 3NF, 但不一定能达到 BCNF。

下面将介绍以下算法。

(1) 分解成 3NF 并保持函数依赖性的分解算法。

(2) 分解成 3NF, 既有无损连接性又保持函数依赖性算法。

它们分别由算法 6.3、算法 6.4 来实现。

【算法 6.3】　转换成 3NF 的保持函数依赖的分解。

（1）对 $R(U,F)$ 中的 F 进行极小化处理。

（2）找出不在 F 中出现的属性,形成一个关系模式 R_0。

（3）对 F 按具有相同左部的原则分成 n 组,每组依赖 F_i 所涉及的属性形成属性集 U_i,若 $U_i \subseteq U_j$, $i \neq j$,则去掉 U_i。

（4）对每个 U_i 形成子模式 R_i,从而得到分解 $\rho=\{R_1,R_2,\cdots,R_n\}\bigcup R_0$。

可证明 $R_i \in 3NF$,且 ρ 具有函数依赖保持性。

【例 6-22】 图书借阅关系 BR(借书证号 R♯,读者姓名 RN,单位 DW,电话 TEL,书号 B♯,书名 BN,出版社 BP,出版社地址 BPA,借阅期 DATE),将 BR 分解到 3NF 并具有函数依赖保持性。

关系 BR 的主码为(R♯,B♯),BR∈1NF。

分解 依左部相同原则对函数依赖进行分组,如图 6-10 所示,根据算法 6.3,可得分解如下:

$$R_1(R\sharp,RN,DW,TEL)$$
$$R_2(B\sharp,BN,BP)$$
$$R_3(BP,BPA)$$
$$R_4(R\sharp,B\sharp,DATE)$$

$R_i \in 3NF(i=1,2,3,4)$ 且具有函数依赖保持性。

F={ R#→RN,R#→DW,R#→TEL,　　　{ R#,RN,DW,TEL}
　　 B#→BN,B#→BP,　　　　　　⟹ { B#,BN,BP}
　　 BP→BPA,　　　　　　　　　　 { BP, BPA}
　　 (R#,B#)→DATE }　　　　　　 { R#,B#,DATE}

图 6-10 借阅关系函数依赖及分组

【算法 6.4】 转换为 3NF 既有无损连接性又保持函数依赖的分解。

（1）调用算法 6.3 产生 R 的分解 $\rho=\{R_1,R_2,\cdots,R_n\}\bigcup R_0$;

（2）构造分解 $\tau=\rho\bigcup R^*$,其中 R^* 是由 R 的一个候选键 K 构成的关系。若 $K\subset U_i$,则将 R^* 从 τ 中去掉;若 $U_i\subset K$,则将 R_i 从 τ 中去掉。

（3）τ 就是所求的分解。

【例 6-23】 关系模式 $R(ABCDE)$,其中 $F=\{A\to B,C\to D\}$,将 R 分解到 3NF 并既具有无损连接性又保持函数依赖性。

$F_m=\{A\to B,C\to D\}$,候选码是 ACE。

依据算法 6.4 分解:

$$R_1: U_1=AB,\quad F_1=\{A\to B\}$$
$$R_2: U_2=CD,\quad F_2=\{C\to D\}$$
$$R_3: U_3=ACE,\quad F_3=\varphi$$

$R_i=\{R_1,R_2,R_3\}\in 3NF$,且分解既有无损连接性又保持函数依赖性。

【例 6-24】 综合练习1。

设有一个记录学生毕业设计情况的关系模式为:

R(学号,学生名,班级,教师号,教师名,职称,毕业设计题目,成绩)。

如果规定每名学生只有一位毕业设计指导教师,每位教师可指导多名学生;学生的毕业设计题目可能重复。

(1) 试写出模式 R 的最小函数依赖集和码。

(2) 试问 R 最高属于第几范式?

(3) 试将 R 规范化到 3NF。

解 (1) 基本的函数依赖有 7 个:

学号→学生名,学号→班级,学号→教师号,学号→毕业设计题目,学号→成绩,

教师号→教师名,教师号→职称。

主码为学号。

(2) 只能是 2NF。

(3) 分解为 3NF:

学生(学号,学生名,班级,教师号,毕业设计题目,成绩)

教师(教师号,教师名,职称)

【例 6-25】 综合练习 2。

如果关系模式 R 的候选码由全部属性组成,那么 R 是否属于 3NF? 说明理由。

解 R 中无非主属性,满足 3NF 的条件,即不存在非主属性对码的部分和传递函数依赖,因此 $R \in 3NF$。

6.4 | 本章小结

规范化理论为数据库设计提供了理论的指南和工具,也仅是指南和工具。并不是规范化程度越高,模式就越好。必须结合应用环境和现实世界的具体情况来进行规范化。

函数依赖是语义范畴的概念。我们只能根据语义来确定一个函数依赖。关系模式 R 中,要判断函数依赖是否成立,唯一的办法是仔细地考察属性的含义。从这个意义上说,函数依赖实际上是对于现实世界的断言,它们不可证明。只要数据库设计者在模式定义时把关系模式遵守的函数依赖通知 DBMS,那么,数据库运行时,DBMS 就会自动检查其合法性。

6.5 | 思考与练习

一、单选题

1. 具有无损连接性的分解保证( )。

    A. 不丢失信息   B. 解决插入异常

    C. 解决删除异常   D. 解决修改复杂

2. 在数据库中,产生数据不一致的根本原因是( )。

    A. 数据存储量太大   B. 没有严格保护数据

    C. 未对数据进行完整性控制   D. 数据冗余

3. 设有关系 $R(S, D, M)$,其函数依赖集 $F = \{S \rightarrow D, D \rightarrow M\}$,则关系 R 至多满足( )。

    A. 1NF   B. 2NF   C. 3NF   D. BCNF

4. 设 R 是一个关系模式,如果 R 中每个属性 A 的值域中的每个值都是不可分解的,则称 R 属于(　　)。

  A. 1NF   B. 2NF   C. 3NF   D. BCNF

5. 关系模式规范化最起码的要求是达到第一范式,即满足(　　)。

  A. 每个非主属性都完全依赖于码   B. 主属性唯一标识关系中的元组

  C. 关系中的元组不可重复   D. 每个属性都是不可再分的

6. 在关系模式 R 中,Y 函数依赖于 X 的语义是(　　)。

  A. 在 R 的某一个关系中,若两个元组的 X 值相等,则 Y 值也相等

  B. 在 R 的某一个关系中,若两个元组的 X 值相等,则 Y 值不相等

  C. 在 R 的某一个关系中,Y 值应与 X 值相等

  D. 在 R 的某一个关系中,Y 值不应与 X 值相等

7. 在关系 SC(sNo, cNo, grade)中,有一个非平凡函数依赖(　　)。

  A. (sNo, cNo) → grade   B. (sNo, cNo) → sNo

  C. (sNo, cNo) → cNo   D. sNo → grade

8. 现有关系模式 StuInfo(sNo, sName, sDept, sBirthDate),假定 StuInfo 有两个码 sNo,Sname,则 StuInfo 最高属于(　　)。

  A. 3NF   B. BCNF   C. 2NF   D. 1NF

二、多选题

1. 在关系 SC(sNo, cNo, grade)中,平凡函数依赖包括(　　)。

  A. (sNo, cNo) → grade   B. (sNo, cNo) → sNo

  C. (sNo, cNo) → cNo   D. sNo → grade

2. 在数据库中,不好的关系模式设计会造成(　　)。

  A. 插入异常   B. 更新异常   C. 删除异常   D. 数据冗余

三、判断题

1. 分解具有无损连接性和分解保持函数依赖是两个互相独立的标准。 (　　)

2. Armstrong 公理系统的完备性是指由 F 出发根据 Armstrong 公理推导出来的每一个函数依赖一定在 F^+ 中。 (　　)

3. 极小函数依赖集亦称为最小依赖集或最小覆盖。 (　　)

4. 不满足第一范式的数据库模式不能称为关系数据库。 (　　)

5. 具有无损连接性的分解可以解决插入异常。 (　　)

四、简答题

1. 关系规范化的目的是什么?

2. 按照关系规范化设计要求,通常关系应达到哪一级范式?

3. 分别以分解为两个模式、两个以上的模式为例,说明如何判断一个模式分解是否具有无损连接性。

五、实训题

1. 考虑具有如下模式的关系:

```
movies(title, year, studioName, president, presAddr)
```

该关系的每个元组包含一部电影（title）、上映年份（year）、电影公司（studioName）、电影公司的经理（president）以及其地址信息（presAddr）。关系中可能存在的三个函数依赖是：

```
title, year→ studioName
studioName→president
president→presAddr
```

回答下列问题。

（1）该关系模式是第几范式？

（2）如果不是 3NF，将其分解为 3NF，分解要具有无损连接和函数依赖保持性质。

2. 考虑关系 Stocks(B，O，I，S，Q，D)，其属性可以理解为经纪人、经纪人办公室、投资者、股票、投资者拥有的股票数量和股票的股息。Stocks 上的函数依赖有 S→D，I→B，IS→Q 和 B→D。

（1）试给出 Stocks 的所有码。

（2）试找出 Stocks 的一个分解，该分解要具有无损连接和函数依赖保持性质。

第 7 章

数据库设计

数据库设计是指对于一个给定的应用环境,构造(设计)优化的数据库逻辑模式和物理结构,并据此建立数据库及其应用系统,使之能够有效地存储和管理数据,满足各种用户的应用需求,包括信息管理要求和数据操作要求。数据库设计是涉及多学科的综合性技术,主要包括计算机的基础知识、软件工程的原理和方法、程序设计的方法和技巧、数据库的基本知识、数据库设计技术、应用领域的知识等。数据库设计包含五个典型的步骤,如图 7-1 所示,主要包括需求分析、概念设计、逻辑结构设计、物理结构设计以及实施和维护。在设计过程中,任意一个步骤出现问题,都会导致数据库的性能和可用性受到影响。在设计过程中,在任意步骤发现了不良的设计问题,都需要回到前面的步骤,对不良的设计做出修正。所以,数据库设计过程通常是一个反复修改、反复设计的迭代过程。

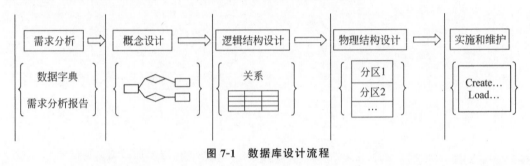

图 7-1　数据库设计流程

7.1　数据库需求分析

7.1.1　需求分析的步骤

需求分析是数据库设计的第一个阶段,决定了构建数据库的速度和质量。需求分析是独立于任何数据库管理系统的,但是非常重要。需求分析的结果是否准确地反映了用户的实际要求,将直接影响到后面各个阶段的设计,并影响到设计结果是否合理和实用。需求分析是后续数据库设计的前置条件,需求分析不充分时,不应该进行后续设计,强行进行后续设计很可能会导致不合理甚至错误的设计。

需求分析通过详细调查现实世界要处理的对象,如组织架构、工作流程等,充分了解原系统的工作状况,明确用户的各种需求,然后在此基础上确定新设计系统的功能。新系统必须充分考虑今后可能的扩充和改变,而不仅是按照当前的需求来设计数据库。调查现实世界的重点主要是调查数据和处理,通过收集和分析获得用户对数据库的一些要求。调查的难点主要在于用户缺少计算机知识,很多情况下不能准确地表达自己的需求,他们所提出的需求往往不断变化,有时候也不够准确。设计人员需要与用户不断地深入交流,逐步地发现用户的真正需求。

需求分析首先需要调查用户的实际要求,与用户达成共识,然后分析和表达共识需求。调查用户需求主要包括以下四个步骤。

(1) 调查组织机构的情况,主要包括了解这个组织的部门组成情况,以及各个部门的职责,为分析信息流做准备。

(2) 调查各个部门的业务活动情况。例如了解各个部门,它的信息输入和输出是什么,它是怎么样来加工处理这些信息的,它输出的数据又会流向到哪些部门,输出的数据是什么样的组织形式。另外,还需要调查不同部门之间的数据是如何共享和协作的,这是调查的重点。

(3) 在熟悉业务活动的基础上,协助用户明确他们对新系统的各种要求,例如对信息的要求、对处理的要求、对完整性和安全性的要求。

(4) 确定新系统的边界。对于前面的调查结果,要进行初步的分析,确定哪些功能由计算机完成,或者将来准备让计算机完成,而哪些活动由人工手动完成。需求的边界清楚了,数据库设计的边界也就清楚了。在实际中,需求的边界往往涉及需求方和交付方对合同金额的约定,因此为避免后续的纠纷,在需求分析的阶段就应该尽可能考虑到所有的需求边界。

在调查的过程中,可以根据不同的问题和条件使用不同的调查方法。常用的调查方法如下。

(1) 跟班作业。通过亲身参加业务工作,了解业务活动的情况。许多情况下,用户是非计算机专业的,可能无法准确地用计算机知识来表达业务活动的具体情况。需求分析师通过跟班作业仔细地观察,把用户的业务活动转化为计算机知识表示。

(2) 开调查会。通过与用户座谈来了解业务活动情况和用户的实际需求。这个调查会要尽可能地同被调查者多沟通多了解。

(3) 请专人介绍。请专门负责某个业务或者某个处理流程的人来详细介绍工作的具体步骤。

(4) 对某些不清楚的问题仔细询问。

(5) 设计调查表,请用户填写。例如,可以针对一些比较常见的问题设计调查表,方便快速收集基本信息。

(6) 查阅记录。查阅与原系统有关的数据记录,从而确定用户的实际需求。

7.1.2 数据字典

用户的需求调查和分析会获得一个主要的结果,该结果可以用数据字典的形式表示。数据字典不是数据本身,而是关于数据库中数据的描述,也常称为元数据。

数据字典是在需求分析阶段建立的,并在数据库设计过程中不断修改、充实和完善。如图 7-2 所示,数据字典通常包括了数据项、数据结构、数据流向、数据存储、数据处理过程。

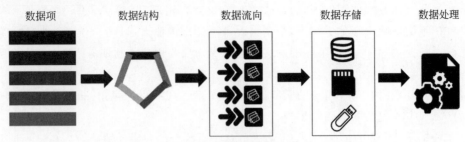

图 7-2 数据字典的组成

1. 数据项

数据项是数据的最小组成单位,若干数据项可以组成一个数据结构。数据字典通过对数据项和数据结构的定义来描述数据流向和数据存储的逻辑。数据项一般是不可再分的数据单位,它通常包括一些关于数据的详细描述,例如数据项的名称、数据项的含义、别名、类型、长度、取值范围等。

数据项描述 = {数据项名,数据项含义说明,别名, 数据类型,长度,取值范围,取值含义,与其他数据项的逻辑关系,数据项之间的联系}

例如,某公司的工资和职级有一定的对应关系,那么在描述时,就应该将其清楚地表示出来。

数据项:基本工资
含义说明:员工的基本工资,含五险一金
别名:职级工资
类型:长整数
取值范围:P1 级 4000～5000 元,P2 级 5000～8000 元,P3 级 8000 以上。
取值含义:新入职员工为 P1 级,工资在 4000～5000 范围内浮动。此后,基本工资随着职级的变化而变化。一个员工只可在一个工资职级。
与其他数据项的逻辑关系:基本工资与职级相关联。
数据项之间的联系:基本工资＋绩效工资为员工的总工资。

---

2. 数据结构

数据结构反映了数据之间的组合关系。一个数据结构可以由若干个数据项组成,也可以由其他若干数据结构组成。数据结构的描述一般包括数据结构的名称、含义、说明和它的组成。

下面说明了学生这个实体的数据结构。

数据结构:学生
含义说明:教务系统的主体数据结构,定义一个学生的基本信息
组成:学号,姓名,性别,年龄,专业,年级

---

3. 数据流向

数据流向是数据结构在系统内传输的路径。对数据流的描述通常包括了数据流的名称、说明、数据流的来源、数据流的去向,还有它的数据结构组成,还可以包括平均的流量、高

峰期的流量等。

> 数据流：运动会体测
> 说明：学生参加体测的最终成绩
> 数据流来源：体测报名（处理过程）
> 数据流去向：体测结果统计（处理过程）
> 组成：{ 学号，姓名，{800 米长跑}，{仰卧起坐}，{引体向上}，{肺活量}，……}
> 平均流量：每天 1000 名学生
> 高峰期流量：每天 2000 名学生

4. 数据存储

有了数据流向，还需要数据存储。数据存储主要描述数据存储名称、说明、编号、输入的数据流、输出的数据流，以及数据结构组成、数据量、存取频度、存取方式等。下面是关于教务系统的学生信息存储。

> 数据存储：学生基本信息表
> 说明：记录学生的基本情况
> 流入数据流：每学期 5000（新生）
> 流出数据流：每学期 5000（毕业）
> 组成：{学号，姓名，性别，年龄，专业，年级，{学习成绩}，{体测结果}，
> {奖惩记录} …… }
> 数据量：每年 10000 张
> 存取方式：随机存取＋按照 专业/班级/年级/毕业年份 打印

5. 数据处理

数据处理的具体处理逻辑一般用判定表或者判定树来描述。数据字典中只需要描述处理过程的说明性信息。处理过程的描述通常包含过程名称、输入和输出，以及关于处理的简要说明。该说明主要包括处理过程的功能和处理要求。处理要求，如单位时间里处理多少事务、多少数据量、响应时间要求等，是后续物理设计的依据，也是性能评价的标准。

> 处理过程：体测结果统计
> 说明：统计所有参与体测同学的成绩等级
> 输入：学号，姓名，{体测时间，体测项目，体测成绩}
> 输出：{体测成绩等级}
> 处理：在体测结束后，统计学生的体测成绩等级。
> 要求：每个体测项目的成绩输入分为优、良、合格、不合格四个等级。
> (1) 有不合格的体测项目的，该年份体测等级为不合格；
> (2) 无不合格项目，有 3 个以上项目结果为优秀的，体测等级为优秀；
> (3) 无不合格项目，有 5 个以上项目结果为良的，且成绩为优秀的项目少于 3 个的，体测等级为良；
> (4) 无不合格项目，少于 5 个项目结果为良的，体测等级为合格。

数据字典是需求分析的重要成果,其编写过程至关重要。而且可能需要在需求分析过程中反复修改,直至满足实际要求。

视频讲解

7.2 数据库概念设计

将需求分析得到的用户需求抽象为信息结构(即概念模型)的过程就是概念结构设计。概念模型的主要特点如下。

(1) 能够真实充分的反映现实世界,是现实世界的一个真实模型,能真实充分地反映现实世界事物和事物之间的联系,能满足用户对数据的处理要求。

(2) 易于理解,可以用它和不熟悉计算机的用户交换意见。

(3) 易于更改。当应用环境和应用要求改变时,容易对概念模型修改和扩充。

(4) 易于向关系、网状、层次等各种数据模型转换。概念模型是各种数据模型的共同基础。它相比数据模型更独立于机器,更抽象,从而更加稳定。

7.2.1 E-R 模型

E-R 模型在第 1 章已介绍,实体的属性一般用椭圆或者圆形表示,里面标明属性的名称,如图 7-3(a)所示。

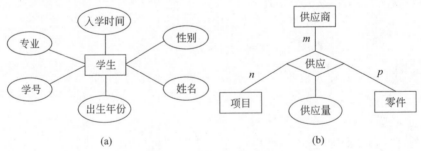

(a)　　　　　　　　　　　　(b)

图 7-3　两个 E-R 图示例

另外,联系也可以有属性,如图 7-3(b)所示,供应是一个联系,具有供应量属性。因此,供应量应该用椭圆表示,并且用无向边把它和"供应"这个联系连接起来。

7.2.2 E-R 模型的设计原则

现实世界中有些事物既可以作为实体对待,又能作为属性对待。此时,属性和实体划分需要遵循一定的原则。

(1) 能够作为属性对待的,就要尽量作为属性对待。属性具有一些特征,它不能够再具有描述性的性质,即属性必须是不可分的数据项,不能再包含其他属性。其次,一个属性应当只与一个实体型联系,不能与其他实体再有联系。E-R 图中表示的联系是实体之间的联系,而不是属性与多个实体之间的联系。凡是满足上面条件的一般都可以作为属性对待。

(2) 属性应该存在且只存在于某一个地方(实体或者关联)。该原则确保了数据库中的某个数据只存储于某个表中(避免同一数据存储于多个表),避免了数据冗余。

(3) 实体是一个单独的个体,不能存在于另一个实体中成为其属性。该原则确保了一个表中不能包含另一个表,即不能出现"表中套表"的现象。

(4) 同一个实体在同一个 E-R 图内仅出现一次。例如,对于同一个 E-R 图,两个实体间存在多种关系时,为了表示实体间的多种关系,尽量不要让同一个实体出现多次。例如客服人员与客户,二者存在"服务与被服务"和"评价与被评价"的关系。

7.2.3　E-R 模型的设计步骤

(1) 划分和确定实体。

(2) 划分和确定联系。

(3) 确定属性。

作为属性的"事物"与实体之间的联系,必须是一对多的关系,作为属性的"事物"不能再有需要描述的性质,或与其他事物具有联系。

(4) 画出 E-R 模型。

重复步骤(1)~(3),以找出所有实体集、关系集、属性和属性集,然后绘制 E-R 图。首先,设计 E-R 分图,即设计用户视图,在此基础上集成各 E-R 分图,形成 E-R 总图。

集成 E-R 图时,各 E-R 分图可能产生冲突。冲突可分为属性冲突、命名冲突和结构冲突。

(1) 属性冲突,包括属性域冲突和属性取值单位冲突。例如显卡的带宽,有的以 Gbps 为单位,有的以 MB/s 为单位,这是属性取值单位冲突。学生的学号,有的系统中定义为整数,有的系统中定义为字符串,这是属性域冲突。属性冲突理论上比较好解决,需要各个部门讨论协商,最终以其中之一作为标准。

(2) 命名冲突主要有两类。第一类是同名异义,即不同意义的对象在不同的局部应用中具有相同的名字。例如工资,在有的系统中指的是基本工资,而在另外的系统中指的是基本工资与绩效工资之和。第二类是异名同义,即同一意义的对象在不同的局部应用中具有不同的名字。例如对于科研项目,财务科称为项目,科研处称为课题,生产管理处称为工程。命名冲突可能发生在实体、联系一级上,也可能发生在属性一级上。命名冲突通过讨论、协商等行政手段加以解决。

(3) 结构冲突主要包括三种类型的冲突。第一种是同一对象在不同应用中具有不同的抽象。例如职工在某一局部应用中被当作实体,而在另一局部应用中则被当作属性。解决办法通常是把属性变化为实体,或者把实体变化为属性,使同一对象具有相同的抽象。第二种结构冲突是同一实体在不同子系统的 E-R 图中所包含的属性个数和属性排列次序不完全相同。原因是不同的局部应用关心的是这个实体的不同侧面。解决的办法是使得实体的属性取各个子系统 E-R 图中属性的并集,再适当地调整次序。第三种结构冲突是实体间的联系,在不同的 E-R 图中为不同的类型。

优化 E-R 模型。利用数据流程图,对 E-R 总图进行优化,消除数据实体间冗余的联系及属性,形成基本的 E-R 模型。所谓冗余的数据是指可由基本数据导出的数据,冗余的联系是指可由其他联系导出的联系。可以采用分析法消除冗余。分析法以数据字典和数据流图为依据,根据数据字典中关于数据项之间逻辑关系的说明来消除冗余。当然,若某些冗余可以使得数据库的数据操作更加便捷,此时适当地保留冗余数据也是可接受的。

7.3 数据库逻辑设计

视频讲解

数据库逻辑设计的内容是概念模型向逻辑模型的转换。E-R 图向关系模型的转换要解决的问题是如何将实体型和实体间的联系转换为关系模式，如何确定这些关系模式的属性和码。关系模型的逻辑结构是一组关系模式的组合。E-R 图是由实体型、实体的属性和实体型之间的联系 3 个要素组成的。所以，将 E-R 图转换为关系模型就是将实体、实体的属性和实体之间的联系转换为关系模式，这种转换一般遵循如下原则。

7.3.1 实体的转换

将实体转换为关系模式很简单，一个实体对应一个关系模式，实体的名称就是关系模式的名称，实体的属性就是关系模式的属性，实体的码就是关系模式的码。

转换时需要注意以下两点。

（1）属性域的问题。如果所选用的 DBMS 不支持 E-R 图中某些属性域，则应作相应修改；否则，由应用程序处理转换。

（2）非原子属性的问题。E-R 图中允许非原子属性，这不符合关系模型的第一范式条件，必须作相应处理。

7.3.2 联系的转换

在 E-R 图中存在 $1:1$、$1:n$ 和 $m:n$ 三种联系，它们在向关系模型转换时，采取的策略是不一样的。

1. $1:1$ 联系转换

方法 1 将 $1:1$ 联系转换为一个独立的关系模式，与该联系相连的各实体的码以及联系本身的属性均转换为关系模式的属性，每个实体的码均是该关系模式的码。

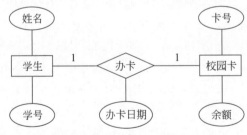

图 7-4 学生与校园卡之间的 E-R 图

以图 7-4 所示的 E-R 图为例，它描述的是学生和校园卡之间的联系，这里假设一个学生只能办理一张校园卡，一张校园卡只能属于一个学生，因此联系的类型是 $1:1$。转换情况如下。

实体转换：学生（学号，姓名），校园卡（卡号，余额）。

联系"办卡"的转换：办卡（学号，卡号，办卡日期）。这里，学号和卡号都可作为该关系模式的码。

方法 2 与任意一端对应的关系模式合并。合并时，需要在该关系模式的属性中加入另一个关系模式的码和联系本身的属性。图 7-4 所示 E-R 图的转换情况为

学生（学号，卡号，姓名，办卡日期）或 **校园卡**（卡号，学号，余额，办卡日期）。

2. $1:n$ 联系转换

方法 1 转换为一个独立的关系模式，与该联系相连的各实体的码以及联系本身的属

性均转换为关系模式的属性,而关系模式的码为 n 端实体的码。

以图 7-5 所示的 E-R 图为例,它描述的是学生和班级之间的联系,这里假设一个学生只能在一个班级学习,一个班级包含多个学生,因此联系的类型是 $1:n$。转换情况如下。

实体转换:学生(学号,性别,姓名),班级(班号,班名)。

联系"组成"的转换:组成(学号,班号)。

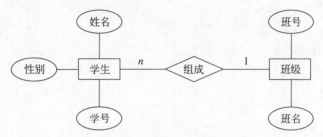

图 7-5　学生与班级之间的 E-R 图

方法 2　与多端对应的关系模式合并,在该关系模式中加入 1 端实体的码和联系本身的属性。图 7-5 所示 E-R 图的转换情况如下。

实体转换:学生(学号,性别,姓名),班级(班号,班名)。

联系与学生一端合并,则关系模型学生变为:学生(学号,班号,性别,姓名)。

3. $m:n$ 联系转换

与 $1:1$ 和 $1:n$ 联系不同,$m:n$ 联系不能由一个实体的码唯一标识,必须由所关联实体的码共同标识。此时,需要将联系单独转换为一个独立的关系模式,与该联系相连的各实体的码以及联系本身的属性均转换为关系模式的属性,每个实体的码组成关系模式的码,或关系模式码的一部分。

以图 7-6 所示的 E-R 图为例,它描述的是学生和课程之间的联系,这里假设一个学生可以选修多门课程,一门课程可以由多个学生选修,因此联系的类型是 $m:n$。转换情况如下。

实体转换:学生(学号,性别,姓名)和课程(课程号,课程名)。

联系选修的转换:选修(学号,课程号,成绩)。

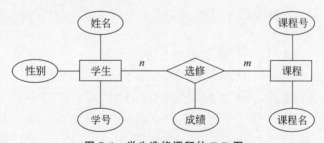

图 7-6　学生选修课程的 E-R 图

具有相同码的关系模式可以合并,从而减少系统中关系的个数。合并方法是将其中一个关系模式的全部属性加入另一个关系模式中,然后去掉其中的同义属性(可能同名,也可能不同名),并适当调整属性的次序。

7.4 数据库物理设计

物理设计阶段的任务是把逻辑设计阶段得到的逻辑模型在物理上加以实现。主要是利用 DBMS 提供的各种手段,设计数据的存储形式和存取路径,如文件结构、索引设计等,即设计数据库的内模式或存储模式。数据库的内模式对数据库的性能影响很大,应根据处理需求及 DBMS、操作系统和硬件的性能进行精心设计。也就是说,物理设计应该遵循逻辑设计,将逻辑设计映射到目标 DBMS 支持的物理结构中。等效地,物理设计应该源自逻辑设计,而不能反过来。

数据库的物理设计通常分为三步:确定存取方案;评价物理设计;实施及试运行。

7.4.1 确定存取方案

不同的数据库产品所提供的物理环境、存取方法和存储结构有很大差别,能供设计员使用的设计变量、参数范围也很不相同,因此没有通用的物理设计方法可遵循。设计物理数据库结构需要做一些准备工作:了解系统的应用场景;了解选用的数据库特性。然后,才能确定存取方案。

1. 了解系统的应用场景

充分了解应用环境,详细分析要运行的事务,才能获得选择物理数据库设计所需参数。特别是,了解典型的数据库必须支持的工作负载。这里的工作负载指各种形式的查询和数据更新,其中包含用户对某些查询或更新的速度要求、每秒必须处理多少事务等。工作负载和用户的性能要求是物理数据库设计过程中必须考虑的因素。

2. 了解所选 DBMS 的内部特征

要充分了解所用关系数据库管理系统的内部特征,特别是系统提供的存取方法和存储结构。例如,MySQL 数据库的 MyISAM 数据库引擎和 InnoDB 数据库引擎的索引方式是有区别的,可能会导致使用不同数据库引擎时存在较大的性能差异。这些数据库的内部特征,在数据库物理设计之前就应该充分了解和分析。

3. 存取方案确定

数据库比较常见的存取方法有两种,一种是索引存取方法,另一种是聚簇存取方法。

1) 索引存取方法

索引存取方法比较常用的是 B+树索引和哈希索引。

B+树索引是许多数据库的默认存储结构,例如 MySQL 使用的就是 B+树索引。B+树索引也有不同的表现形式,分为聚集索引和非聚集索引。聚集索引的索引文件和数据文件不分开,B+树的叶子结点即可存储数据记录。而非聚集索引的索引文件和数据文件是分开的,因此必须要进行二次检索。如 MySQL 的 MyISAM 引擎默认采用的是非聚集索引,而 InnoDB 引擎默认采用的是聚集索引。

哈希索引是高效的索引方式,能够将键值直接映射为地址。哈希索引在精确匹配查询、高并发场景、大数据量场景和内存数据库中使用较多。例如,在内存数据库 Redis 中,数据存储在内存中,哈希索引可以将索引值转换为哈希码,然后直接在哈希表中查找,不需要进行磁盘 I/O 操作,大大提高查询效率。再如,在根据主码进行精确匹配查询时,由于哈希索引将索引值转换为哈希码,从而能够快速定位到对应的记录。因此,哈希索引在此类查询中的效率极高。

2) 聚簇存取方法

为了提高某个属性(或属性组)的查询速度,把这个或这些属性上具有相同值的元组集中存放在连续的物理块中的过程就称为聚簇,这些属性或属性组就称为聚簇码。聚簇存放具有一些非常明显的优点:它大大提高了按聚簇属性进行查询的效率,节省了存储空间。聚簇码相同的元组存放在一起,因而聚簇码值不必在每个元组中重复存储,一组中只需要存一次。例如,如果计算机系的 10 000 名学生分别分布在 10 000 个不同的物理块上,那么需要执行 10 000 次 I/O 操作。如果是分系集中存放,也就是聚簇存放,只需要读一个物理块就可以获取多个人的信息,大大减少了访问磁盘的次数。

聚簇功能不但适用于单个关系,也适用于经常进行连接操作的多个关系。把多个连接关系的元组按连接属性值聚集存放,这就相当于把多个关系按“预连接”的形式存放,可以大幅度提升连接效率。一个数据库可以建立多个聚簇,但一个关系只能加入一个聚簇。选择聚簇存取方法,需要确定建立多个聚簇,每个聚簇包含哪些关系。当 SQL 语句中涉及如 ORDER BY、GROUP BY、UNION、DISTINCT 等子句或短语时,使用聚簇很有利。

确定数据库物理结构主要指确定数据的存放位置和存储结构,主要包括确定关系、索引、聚簇、日志、备份等的存储安排和存储结构,确定系统配置等。确定系统配置时,为了提高系统性能,应该根据应用情况将数据的易变部分与稳定部分、经常存取部分和存取频率较低部分分开存放。由于各个系统所能提供的对数据库进行物理安排的手段方法差异较大,设计人员应当仔细阅读数据库相关的文档,了解特定的关系数据库管理系统提供的一些方法和参数,针对应用环境的要求对数据进行合理的物理安排。

关系数据库管理系统一般都提供了系统配置变量和存储分配参数,供设计人员和数据库管理员对数据库进行物理优化。默认配置可能并非最优,因此在进行物理设计时,需要重新对默认的配置作调整修改,用来适配当前正在开发的系统。此外,系统配置需要随着用户规模、数据量、时间的变化持续调整和优化,因此物理设计也不是一蹴而就的,需要持续改进、反复迭代优化。

7.4.2 评价物理设计

对物理结构设计的评价需要从时间效率、空间效率、维护代价和各种用户需求进行权衡,可能会产生多种方案。数据库设计人员必须对这些方案进行细致的评价,从中选择一个优化的方案作为数据库的物理结构。评价物理数据库的方法完全依赖所选用的关系数据库管理系统,如果得到的各种方案都不符合用户需求,则需要对其设计进行修改。

7.4.3 数据库实施和试运行

选择好合理的物理结构之后,就可以进行数据库的实施了。实施阶段包括两步:一是数据的载入,二是程序的联合调试。一般数据库系统中数据量都很大,而且数据来源于部门中的各个不同的单位,数据的组织方式、结构和格式都与新设计的数据库系统有相当的差距。因此数据转换、组织入库的工作是相当费力且费时的。为了提升效率,可以先将一小部分数据入库,开始数据库试运行。数据库试运行阶段,可以结合应用程序进行联合调试,主要工作包括实际运行应用程序，执行对数据库的各种操作，测试应用程序的各种功能。待小部分数据测试合格之后，再大批量输入剩余数据，增加数据量，完成数据库运行阶段的评价。在此阶段，由于数据库系统可能不稳定，还需要做好数据库的转储和恢复工作。

人文素养拓展

绿水青山就是金山银山。改善生态环境就是发展生产力，良好生态本身蕴含着无穷的经济价值，能够源源不断创造综合效益，实现经济社会可持续发展。

图 7-7　绿水青山就是金山银山

2005 年 8 月，时任浙江省委书记习近平在余村考察时首次提出"绿水青山就是金山银山"（图 7-7），为余村从"靠山吃山"转向"养山富山"指明方向、坚定信心。2020 年 3 月，时隔 15 年，习近平总书记再次来到余村。看到余村成了青山叠翠、游人如织的美丽乡村，总书记十分高兴。他说，绿色发展的路子是正确的，路子选对了就要坚持走下去。

"绿水青山就是金山银山"实际上是习近平总书记对中国经济发展和生态环境保护两者关系的一个顶层设计。可以看到，好的设计能够良性循环，实现经济与社会的可持续发展。数据库设计也是同理，良好的数据库设计能够指导后续工作，为项目的顺利实施提供基础保障，同时也能够节省数据存储空间并提升存取效率，最终促成系统的高效运行。

7.5　数据库建模

在数据库设计过程中，往往需要使用一定的工具，将数据库的设计过程表达出来，便于不同数据库设计人员之间、数据库设计人员与需求方、数据库设计人员与应用程序开发人员之间的沟通和交流。选择合适的建模工具可以简化沟通交流的过程，提升设计效率和设计的准确性。

常见的数据库建模工具有 PowerDesigner、ER/Studio 等。最近几年，国产数据库建模工具崛起，在简洁性、易用性方面均有大幅度提高，其中的代表是 PDManer。因此，这里将使用 PDManer 作为建模工具，并对其功能进行简要的介绍。

PDManer 元数建模工具，支持跨平台（Windows、macOS、Linux 均可使用），支持常见的 Oracle、MS SQL Server、MySQL、PostgreSQL 等数据库，也能够支持国产的达梦、GaussDB 数据库。

7.5.1　安装

PDManer 托管在 Gitee 平台，读者可在该平台上进行下载。

下载之后，按照提示安装即可，过程如图 7-8 所示。安装完成之后即可看到自带的三个案例模板。

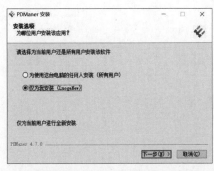

图 7-8 PDManer 安装过程

7.5.2 PDManer 建模

1. 新建项目

单击左侧的十字形"新建"按钮,就可以创建一个新的数据库项目,界面如图 7-9 所示,需要设置项目的名称、保存位置。

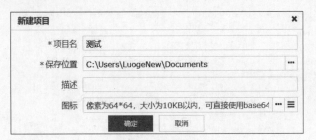

图 7-9 新建项目

2. 新增主题域

创建项目之后,在左侧的空白处右击,即可新增主题域。输入主题域的代码和名称即可创建,如图 7-10 所示。在一个项目之下可以建立多个主题域。例如,教务系统可以定义多个主题域：基本信息、教学选课、体质评测、图书管理等。

图 7-10　新增主题域

3. 创建数据字典

在需求分析完成之后，对数据项不同的取值需要在数据库中有所体现。例如性别的取值为"男""女""未知"，实际操作的时候对应的取值分别是 M、F、U。这种现实值和实际存储值之间的映射关系，应当存储到数据库中。可以采用数据字典的方式存储。

展开刚才建立的"基本信息"主题域，如图 7-11 所示，在其中的"数据字典"上右击，选择"新增字典"。创建关于性别取值的字典，在"字典代码"处输入 Gender；在"显示名称"处输入"性别"。需要注意的是，字典代码一般用字母表示，不要包含空格。单击"确定"按钮后即

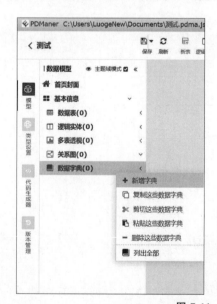
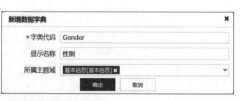

图 7-11　创建数据字典

可创建"性别"字典。

如图 7-12 所示,可以在条目代码中添加"性别"的取值,而条目显示名称中则是条目的中文名称,同时也可以对条目作更详细的解释说明。另外还可以自行添加排序码。完成之后,还可以对其他数据,例如常见的民族、政治面貌等添加数据字典。

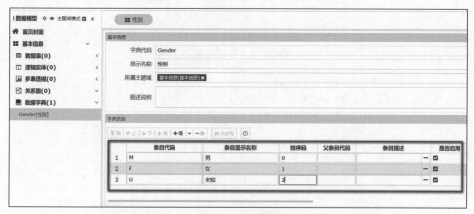

图 7-12　添加字典条目创建关系图

在数据库概念设计阶段,为了厘清实体之间的联系,会用到 PDManer 的关系图功能。PDManer 支持绘制 E-R 图。

如图 7-13 所示,在左侧的关系图上右击,选择"新增关系图",弹出新增关系图对话框,在其中填入关系图代码和关系图名称。注意,关系图代码一般使用英文字符。由于是要设置实体之间的联系,因此连线对象选择"数据表"。

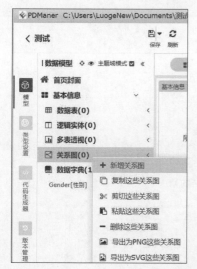
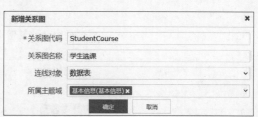

图 7-13　新增关系图

关系图创建完毕之后,双击创建的关系图,在顶部的工具栏中选择"形状",拖入需要的形状。如图 7-14 所示,拖入两个矩形,作为学生和课程实体。

如图 7-15 所示,选中某个形状,周边会出现多个锚点,拖动锚点到其他形状之上,形成链接关系。

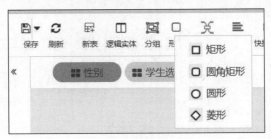

图 7-14　新增实体

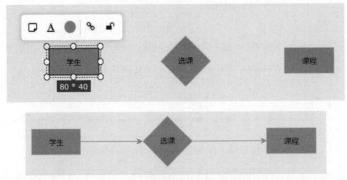

图 7-15　根据锚点形成链接关系

　　选中关系连线,右击即可编辑。可以分别选择两端的箭头形状,如图 7-16 所示,同时还可以对两者之间的关系进行说明,如图 7-17 所示。

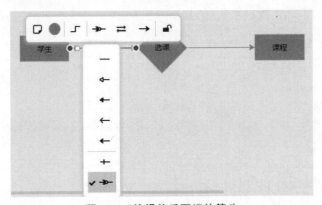

图 7-16　编辑关系两端的箭头

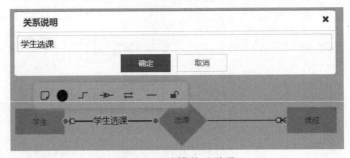

图 7-17　编辑关系说明

此外,也可以给联系添加属性。如图 7-18 所示,课程和学生之间是多对多的联系,学生选课具有成绩这一属性,可以通过添加圆形的方式设置。

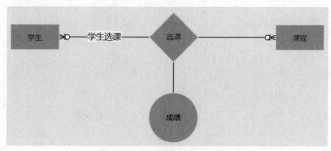

图 7-18 给联系添加属性

4. 创建数据表

在数据库逻辑设计阶段,需要将绘制好的 E-R 图转换为对应的数据表,完成概念模型至逻辑模型的转换。

如图 7-19 所示,在左侧"数据表"上右击,选择"新增数据表",即弹出填写新表信息的对话框,填写完毕之后,即可建立一张新的表。

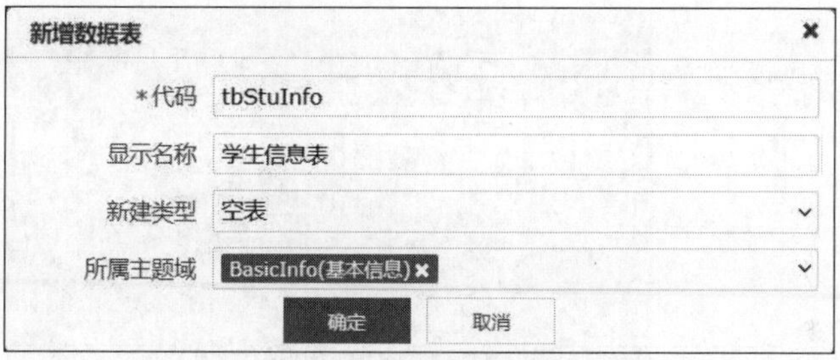

图 7-19 新增数据表

双击左侧添加的表,可以给表设置字段/属性信息。默认情况下,新建的表会添加一些默认的字段信息。这些默认字段信息可以在 PDManer 的设置中更改。如果不需要默认字段,可以自行将其删除。

单击字段明细表格处的"+",可以新增字段。如图 7-20 所示,新增了学号、姓名和性别等字段,其中学号设置为主码,性别字段的取值来源为数据字典中的 Gender。设置完毕之后,单击"保存"按钮即可。

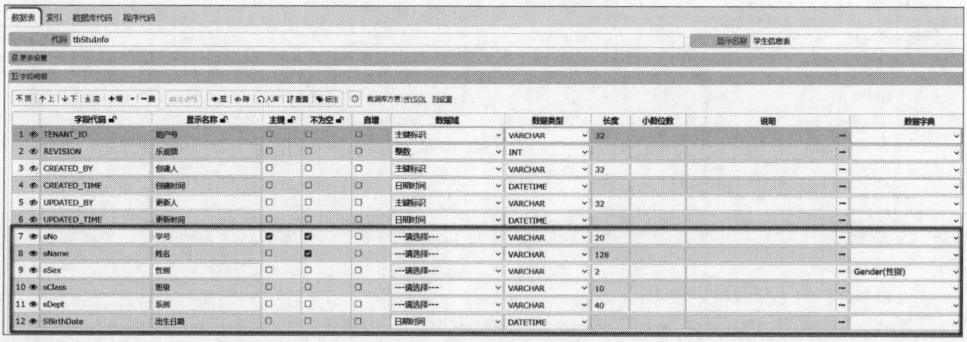

图 7-20 新增表字段

在"索引"页签还可以设置数据表的索引。如图 7-21 所示,在学号 sNo 上设置了名为 SSNO 的索引。

图 7-21　新增索引

在"数据库代码"页签中,可以看到 PDManer 自动生成的 SQL 代码,如图 7-22 所示,可以选择不同的数据库,生成对应的代码,大大提升了数据库设计效率。除此之外,还可以自动生成多种编程语言对应的程序代码,方便后续应用程序对数据库进行读写操作。

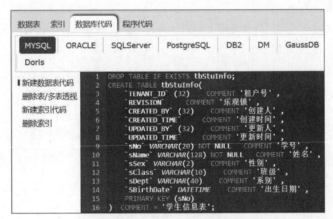

图 7-22　自动生成 DDL 代码

5. 设置数据表关系

在概念设计阶段创建的关系图为 E-R 图,但并未设置字段的详细信息。在逻辑设计阶段创建数据表之后,就可以对数据表之间字段的详细参照关系进行设置,主要是设置表与表之间的外码参照关系。

如图 7-23 所示,在 PDManer 中创建第 2 章中涉及的数据表。

图 7-23　创建系部编码表

如图 7-24 所示,在左侧的"关系图"上右击,选择"新增关系图",输入关系图代码和关系图名称。由于需要设置字段/属性之间的引用关系,因此在"连线对象"下拉框中选择"字段",而不是"数据表"。单击"确定"按钮即可。

图 7-24　新增学生系部关系图

将系部编码表[tbDepartment]和学生信息表[tbStuInfo]从左侧数据表拖入新增关系图 StuDept 的画布。如图 7-25 所示,将光标放在"系部编码表"上(不要单击选中该表),可以看到每个字段边框上有一个锚点,将"系部编码表"的部门编号/dNo 字段锚点拖动至"学生信息表"的系部编码/sDept 字段,可以看到"学生信息表"的系部编码/sDept 字段前面出现了<FK>字样,表示 sDept 是一个外码,外码的值来自"系部编码表"的 dNo 字段。

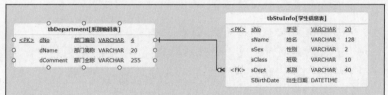

图 7-25　连接两张表的对应字段

对于学生选课关系图,建模完毕之后如图 7-26 所示。

6. 其他功能

PDManer 可以导入 PowerDesigner 项目文件,方便新老项目的设计转换。同时 PDManer 能够一键导出为 Word 文档,将数据库表清单、数据库的表设计、关系图、数据字典形成规范的设计文档,大幅度提升了文档撰写效率。此外,PDManer 还能够导出表为 DDL 代码,新增多表透视等。

合理地使用数据库设计工具可以提升不同人员之间的沟通效率,更好地对整体流程进行控制,最终设计出更加合理的数据库系统。

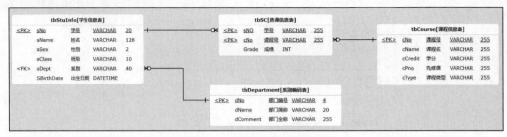

图 7-26　完整的学生选课关系图

7.6　本章小结

本章介绍了数据库设计的基本流程,并详细介绍了各个阶段的处理方法,最后介绍了数据库建模工具 PDManer 的使用。学习本章应该把注意力放在掌握基本概念和基本知识方面,为进一步学习后面章节打好基础。

7.7　思考与练习

一、单选题

1. 将 E-R 图转换为关系模式时,实体和联系都可以表示为(　　)。

　　A. 属性　　　　　　　　B. 码　　　　　　　　C. 关系　　　　　　　　D. 域

2. 从 E-R 模型向关系模型转换,一个 $m:n$ 的联系转换成一个关系模式时,该关系模式的码是(　　)。

　　A. m 端实体的码　　　　　　　　　　B. n 端实体的码

　　C. m 端实体的码与 n 端实体的码组合　　D. 重新选取其他属性

3. 在将 E-R 模型转换成关系模型的过程中,下列叙述中不正确的是(　　)。

　　A. 每个实体类型转换成一个关系模式

　　B. 每个联系类型转换成一个关系模式

　　C. 每个 $m:n$ 联系类型转换成一个关系模式

　　D. 在处理 $1:1$ 和 $1:n$ 联系类型时,可以不生成新的关系模式

4. 下面关于数据库设计中需求分析的说法,不正确的是(　　)。

　　A. 需求分析的结果是需求分析报告

　　B. 需求分析的难点是用户往往缺少计算机知识,不能准确地表达自己的需求

　　C. 需求分析的结果是否准确地反映了用户的实际要求,将直接影响到后面各个阶段的设计

　　D. 需求分析是数据库设计的最后阶段

5. 关于数据字典的说法,不正确的是(　　)。

　　A. 数据字典是进行详细的数据收集和数据分析所获得的主要结果

　　B. 数据字典即数据,需要在数据字典上建立索引

　　C. 数据字典在需求分析阶段建立,在数据库设计过程中不断修改、充实、完善

D. 数据字典通常包括了数据项、数据结构、数据流向、数据存储、数据处理过程这几个部分

6. 子系统 E-R 图之间的冲突，不包括（　　）。

　　A. 属性冲突　　　　　B. 命名冲突　　　　　C. 结构冲突　　　　　D. 实体冲突

7. 关于 E-R 图的集成，说法正确的是（　　）。

　　A. E-R 图集成时，必须消除一切冗余，即使该冗余可以提升数据库操作的效率

　　B. E-R 图集成时，可以使用规范化理论来消除冗余

　　C. E-R 图集成主要指将各个分 E-R 图直接合并

　　D. E-R 图集成时，属性冲突和命名冲突不可能同时存在

8. 数据库逻辑设计阶段，关于属性的转换原则，说法正确的是（　　）。

　　A. 可以将属性加到任意关系模式

　　B. 1∶1 的联系如果具有属性，可以将属性加到任意一端的关系模式中

　　C. $n∶m$ 的联系只能具有一个属性，如果多于一个属性，则无法完成转换

　　D. 属性有时也可以转换为独立的关系模式

二、多选题

1. 数据库需求分析时，调查用户需求主要包括（　　）。

　　A. 调查组织机构情况

　　B. 调查各部门的业务活动情况

　　C. 协助用户明确对新系统的各种要求，包括信息要求、处理要求、完全性与完整性要求

　　D. 确定新系统的边界

2. 需求分析期间，使用的调查方法包括（　　）。

　　A. 跟班作业　　　　　　　　　　　B. 开调查会

　　C. 设计调查表请用户填写　　　　　D. 查阅记录

3. 数据库逻辑设计阶段，下列说法正确的是（　　）。

　　A. 1∶1 联系转换时，可以转换为一个独立的关系模式

　　B. 1∶1 联系转换时，可以与任意一端对应的关系模式合并

　　C. 1∶n 联系转换时，必须与 n 端对应的关系模式合并

　　D. $n∶m$ 联系转换时，可以与任意一端对应的关系模式合并

4. 关于 E-R 模型的说法，正确的是（　　）。

　　A. 一般使用矩形表示 E-R 模型中的实体型

　　B. 一个属性可以属于多个实体型

　　C. 实体型之间的联系不能有属性

　　D. E-R 模型中，实体型之间的联系用菱形表示

5. 关于实体与属性的划分原则，说法正确的是（　　）。

　　B. 能够作为实体对待的，应该尽可能作为实体对待

　　B. 实体和属性之间的划分具有任意性，可以按设计人员的意愿划分

　　C. 划分属性时，属性必须是不可分的数据项，不能包含其他属性

　　D. 属性只能与单个实体具有联系，不能与其他实体具有联系

三、判断题

1. 数据库需求分析主要关注用户的当前需求,强调用户的参与,系统的扩充和可能的改变在需求分析阶段不必考虑。   (   )

2. 数据库的概念设计是最重要的,而需求分析、物理设计等相对不太重要。   (   )

3. E-R 图向关系模式转换时,一个实体型一般转换为一个关系模式。   (   )

四、简答题

概念模型向逻辑模型的转换原则有哪些?

五、实训题

1. 某医院病房计算机管理中心需要如下信息。

科室:科名、科地址、科电话、医生姓名。

病房:病房号、床位号、所属科室名。

医生:姓名、职称、所属科室名、年龄、工作证号。

病人:病历号、姓名、性别、诊断、主管医生、病房号。

其中,一个科室有多个病房、多个医生;一个病房只能属于一个科室;一个医生只属于一个科室,但可负责多个病人的诊治;一个病人的主管医生只有一个。

完成如下设计。

(1) 设计该计算机管理系统的 E-R 图。

(2) 将该 E-R 图转换为关系模式结构。

(3) 指出转换结果中每个关系模式的候选码。

2. 某商业集团数据库中有三个实体集:一是“商店”实体集,属性有商店编号、商店名、地址等;二是“商品”实体集,属性有商品号、商品名、规格、单价等;三是“职工”实体集,属性有职工编号、姓名、性别、业绩等。

商店与商品间存在“销售”联系,每个商店可销售多种商品,每种商品也可以放在多个商店销售,每个商店销售的一种商品有月销售量;商店与职工之间存在“聘用”联系。每个商店有许多职工,每个职工只能在一个商店工作,商店聘用职工有聘期和工资。

(1) 试画出 E-R 图。

(2) 将该 E-R 图转换成关系模式,并指出主码和外码。

3. 请为电冰箱经销商设计一套存储生产厂商和产品信息的数据库,生产厂商的信息包括厂商名称、地址、电话,产品的信息包括品牌、型号、价格,以及生产厂商生产某产品的数量和日期,要求如下。

(1) 确定产品实体和生产厂商实体的属性。

(2) 确定产品和生产厂商之间的联系,给联系命名并指出联系的类型。

(3) 确定联系本身的属性。

(4) 画出产品与生产厂商关系的 E-R 图。

(5) 将 E-R 图转换为关系模式,写出各关系模式并标明各自的码。

4. 某汽车运输公司拟开发一个车辆管理系统,其中,车队信息有车队号、车队名等;车辆信息有牌照号、厂家、出厂日期等;司机信息有司机编号、姓名、电话等。车队与司机之间存在“聘用”联系,每个车队可聘用若干司机,但每个司机只能受聘于一个车队,车队聘用司机有“聘用开始时间”和“聘期”两个属性;车队与车辆之间存在“拥有”联系,每个车队可拥有若干车辆,但每辆车只能属于一个车队;司机与车辆之间存在着"使用"联系,司机使用车辆有"使用日期"和"公里数"两个属性,每个司机可使用多辆汽车,每辆汽车可被多个司机使用。

(1) 确定实体和实体的属性。

(2) 确定实体之间的联系,给联系命名并指出联系的类型。

(3) 确定联系本身的属性。

(4) 画出 E-R 图。

(5) 将 E-R 图转换为关系模式,写出各关系模式并标明各自的码。

7.8 实验

1. 实验目的及要求

(1) 了解 E-R 图构成要素以及各要素图元。

(2) 掌握概念模型 E-R 图的绘制方法。

(3) 掌握概念模型向逻辑模型的转换原则和步骤。

2. 实验内容

(1) 某同学需要设计开发班级信息管理系统,希望能够管理班级与学生信息,其中学生信息包括学号、姓名、年龄、性别、班号;班级信息包括班号、年级号、班级人数。请完成如下任务。

① 确定班级实体和学生实体的属性。

② 确定班级和学生之间的联系,给联系命名并指出联系的类型。

③ 确定联系本身的属性。

④ 画出班级与学生关系的 E-R 图。

⑤ 将 E-R 图转换为关系模式,写出各关系模式并标明各自的码。

(2) 学校与校长信息的数据库设计,其中需要展示的学校信息有学校编号、学校名、校长号、地址,校长的信息有校长号、姓名、出生日期。请完成如下任务。

① 确定学校实体和校长实体的属性。

② 确定学校和校长之间的联系,给联系命名并指出联系的类型。

③ 确定联系本身的属性。

④ 画出学校与校长关系的 E-R 图。

⑤ 将 E-R 图转换为关系模式,写出各关系模式并标明各自的码或外码。

(3) 某大学实行学分制,学生可根据自己的情况选课。每名学生可同时选修多门课程,每门课程可由多位教师主讲;每位教师可讲授多门课程。请完成如下任务。

① 指出学生与课程的联系类型。

② 指出课程与教师的联系类型。

③ 若每名学生有一位教师指导,每个教师指导多名学生,则学生与教师是何种联系?

④ 根据上述描述,画出 E-R 图。

第 8 章

数据库优化

　　数据库优化是一项复杂的工作,涉及多方面的知识。本章让读者初步了解基本的优化概念和方法,为后续的深入学习打下基础。由于索引可以大幅度提升查询效率,因此本章首先介绍数据库中的索引及其管理方法,然后介绍数据库的查询优化处理流程。

8.1　索引

　　索引与书的目录非常相似,由数据表中一列或多列组合而成。创建索引是为了优化数据库的查询速度,索引是提高数据库性能最常用的工具。其中,用户创建的索引指向数据库中具体数据所在的位置。当用户查询数据库中的数据时,数据库系统会自动使用索引,而不需要遍历数据库中的所有数据,因此会提高查询效率。

8.1.1　索引概述

视频讲解

　　MySQL 支持所有列类型的索引创建,合理使用索引是优化 SELECT 查询性能的关键手段。索引的创建对象不仅限于主码,也可针对非主属性建立。索引本质上是一种独立于数据存储结构的逻辑映射,其物理存储顺序无需与数据表记录保持严格对应,仅需通过指针实现高效检索。此外,索引支持单列索引与多列组合索引两种形式,后者可显著提升涉及多字段的复杂查询效率。MySQL 中,不同的数据库存储引擎定义了每一个表的最大索引数量和最大索引长度,所有存储引擎对每个表至少支持 16 个索引,总索引长度至少为 256字节。

　　一般而言,索引根据数据结构可以分为 B+树(B+tree)索引、哈希(Hash)索引、T-tree索引、R-tree 索引、全文索引。其中,B+树索引为大多数数据库系统的默认索引结构;哈希索引特别适用于等值查询较多的场景;T-tree 索引主要用于内存系统;R-tree 索引主要用于空间数据;全文索引通常用于文本搜索和自然语言查询。对 MySQL 而言,InnoDB 和MyISAM 存储引擎支持 B+树索引,MEMORY 存储引擎支持哈希索引。

　　下面介绍最常用的 B+树索引和哈希索引。

1. B+树索引

　　B+树索引是应用非常广泛的索引。在数据结构中,B+树和 B—树的区别在于：B+树的非叶子结点不存储数据,数据只存储在叶子结点上;B+树的叶子之间通过链表相连接,能够获取所有结点。B+树的叶子结点存储实际记录行,指向主文件里面的数据块或者是数据块内的记录。记录行相对存储比较紧密,适合大数据量磁盘存储;非叶子结点存储记录主要的键值,用于加速查询,适合内存存储。如果非叶子结点不存储实际记录,只存储记录的 Key,那么在相同内存的情况下,B+树能够存储更多索引;如果将结点大小设置为页大小,如 4K,就能够充分地利用预读的特性,极大减少磁盘 I/O。B+树索引具有两个特性:能够自动保持与主文件大小相适应的树的层次;每个索引块的指针利用率都在50%～100%。

对于 B+树索引,索引由索引表和存储表组成。索引表的每一行称为一个索引项,每一个索引项由索引字段和指针组成。索引字段可以存储表中的某一列或者多列,指针则包含数据的存储块地址或者数据在存储块中的具体位置。对于存储表中的每一条记录,也就是每一行,在索引表中都有相应的指针指向它。而索引表则是按照索引字段排好序的。索引表和存储表既可以存储在同一个文件中,也可以分开存储在不同的文件中。对于 InnoDB 存储引擎而言,数据表和索引表存储在同一文件中,称之为聚集索引。对于 MyISAM 存储引擎而言,数据表和索引表存储在不同文件中,称之为非聚集索引。

非叶子结点和叶子结点的组成不同,如图 8-1 所示。图 8-1(a)是非叶子结点的组成,图 8-1(b)是叶子结点的组成。非叶子结点除了存储当前的 k 值之外,还有左右两个指针。左边指针指向比当前值 k 小的索引块,右边指针指向大于或等于当前值 k 的索引块。叶子结点的组成有所不同。叶子结点存储的键值包括 k1 和 k2,左边指针 pL 指向键值为 k1 的数据块,右边指针 pR 指向键值为 k2 的数据块。此外,叶子结点还有一个指针,指向下一个叶子结点,这样就把叶子结点全部链接起来。B+树索引插入或者删除操作可能导致结点的分裂或合并,因此这种索引不适合频繁进行增删操作的关系。

左边指针pL: 指向比当前值k小的索引块
右边指针pR: 指向比当前值k大或与之相
等的索引块

左边指针pL: 指向键值为k1的数据块
右边指针pR: 指向键值为k2的数据块
最后指针pNext: 指向下一个叶子结点

(a) 非叶子结点   (b) 叶子结点

图 8-1 B+树索引示意图

2. 哈希索引

哈希索引也是常用的索引方式,又称为散列索引。哈希索引的本质是通过一个哈希函数,将一系列的键值直接映射为一系列的地址,键值和地址之间存在对应的关系。所以根据搜索的关键字就可以计算出数据库中记录存储的位置。例如将 2020082101 的所有信息存入 V[01]单元;将 2020082102 的所有信息存入 V[02]单元;以此类推。

显而易见,输入学号,就能够轻易计算出学号对应的记录存储的位置,从而直接到对应的单元读取相应的数据。由于通过哈希函数计算地址很快,因此哈希索引每次查找元素的时间复杂度约等于 $O(1)$,也就是常数时间复杂度。

尽管哈希索引在某些情况下看起来非常理想,但实际上它也存在一些不足。

(1) 哈希冲突。哈希冲突导致它的性能并不是非常稳定。例如,如果选择的哈希函数是一个对 7 求模的函数,那么当 key=24 和 key=10 时,它们得到的结果都是 3,发生了冲突。冲突之后,需要为其中一个键值另寻其他的地址,该过程需要消耗一定的资源。实际中,为了处理哈希冲突,可以采用链地址法,即在每个冲突位置维护一个链表。当多个键映射到同一个位置时，它们会被存储在该位置对应的链表中。

（2）哈希索引只能通过等值匹配的方式查询，无法支持范围查询，导致在许多数值列上并不适合应用哈希索引。

（3）哈希索引结构存储上没有顺序，查询时无法支持排序。

8.1.2 索引的作用

1. 索引的优点

数据库对象索引与书的目录非常相似，主要是能够提高从表中检索数据的速度。创建索引可以大大提高系统的性能，其优点如下。

（1）通过创建唯一索引，可以保证数据库表中每一行数据的唯一性。

（2）可以大大加快数据的检索速度，这也是创建索引的最主要的原因。

（3）可以加速表和表之间的连接，特别是在实现数据的参照完整性方面特别有意义。

（4）进行检索时，可显著减少查询中分组和排序的时间。

（5）通过使用索引，可以在查询的过程中使用优化隐藏器，提高系统的性能。

2. 索引的缺点

（1）创建索引和维护索引要耗费时间，时间随着数据量的增加而增加。

（2）索引需要占用物理空间。除了数据表占数据空间之外，每一个索引还要占用一定的物理空间。

（3）当对表中的数据进行增加、删除和修改时，索引也要动态地维护，降低了数据的维护速度。

3. 索引的特征

索引有两个特征，即唯一性和复合性。

（1）唯一索引。唯一索引保证在索引列中的全部数据是唯一的，不会包含冗余数据。如果表中已经有一个主码约束或者唯一约束，那么当创建表或者修改表时，MySQL 自动创建一个唯一索引。为了确保数据的唯一性，建议使用主码约束或唯一约束，而非单独创建唯一索引。当创建唯一索引时，应该考虑以下规则。

如果表中已经包含有数据，那么创建唯一索引时，MySQL 会检查表中已有数据的冗余性。当插入或者修改数据时，MySQL 会检查数据的冗余性。如果有冗余值，那么 MySQL 取消该语句的执行，并且返回一个错误消息，从而确保每一个实体都可以唯一识别。只能在可以保证实体完整性的列上创建唯一索引。例如，不能在学生表中的姓名列上创建唯一索引，因为不同学生可以同名。

（2）复合索引。复合索引就是一个索引创建在两个列或者多个列上。在查询时，当两个或者多个列作为一个关键值时，最好在这些列上创建复合索引。当创建复合索引时，应该考虑以下规则。

① 最多可以把 16 个列合并成一个单独的复合索引，构成复合索引的列的总长度不能超过 900 字节。也就是说，复合列的长度不能太长。

② 在复合索引中，所有的列必须来自同一个表中，不能跨表建立复合列。

③ 在复合索引中，列的排列顺序是非常重要的，因此要认真考虑排列的顺序。原则上，应该首先定义唯一的列。例如，在（COL1 COL2）与（COL2 COL1）上索引是不相同的，因为

两个索引的列的顺序不同。查询语句中的 WHERE 列表中有多个列时,建立复合索引非常有用。使用复合索引一方面可以提高查询性能,另一方面可以减少同一表中索引的数量。

8.1.3　索引的设计原则

设计索引时需要遵循如下设计原则。

1. 合理使用索引

(1) 选择唯一索引。唯一索引的值是唯一的,可以更快速地通过该索引来确定某条记录。例如,学生表中学号是具有唯一性的字段。为该字段建立唯一索引可以很快地确定某个学生的信息。如果使用姓名,则可能存在同名现象,从而降低查询速度。

(2) 为经常需要排序、分组和联合操作的字段建立索引。经常需要 ORDER BY、GROUP BY、DISTINCT 和 UNION 等操作的字段,排序操作会浪费很多时间。如果为其建立索引,可以有效地避免排序操作。

(3) 为常作为查询条件的字段建立索引。如果某个字段经常被用作查询条件,那么该字段的查询速度会影响整个表的查询速度。因此,为这样的字段建立索引,可以提高整个表的查询速度。

(4) 限制索引的数目。索引的数目不是越多越好。每个索引都需要占用磁盘空间,索引越多,需要的磁盘空间就越大。修改表时,对索引的重构和更新很麻烦。过多的索引会使更新表很浪费时间。

(5) 尽量使用数据量少的索引。如果索引的值很长,那么查询的速度会受到影响。例如,对一个 CHAR(100) 类型的字段进行检索需要的时间肯定要比对 CHAR(10) 类型的字段进行检索需要的时间多。

(6) 尽量使用前缀索引。如果索引字段的值很长,最好使用值的前缀来索引。例如,对 TEXT 和 BLOB 类型的字段进行全文检索很浪费时间。如果只检索字段的前面的若干字符,就可以提高检索速度。

(7) 删除不再使用或者很少使用的索引。表中的数据被大量更新,或者数据的使用方式被改变后,原有的一些索引可能不再需要。数据库管理员应当定期找出这些索引,将它们删除,从而减少索引对更新操作的影响。

2. 不适合建立索引的场景

(1) 数据值大量重复的字段不适合建立索引,如性别字段。在查询的结果中,结果集的数据行占了表中数据行的很大比例,即需要在表中搜索的数据行的比例很大。增加索引并不能明显加快检索速度。

(2) 当表数据量过少时不太适合建立索引,因为索引会额外占用存储空间。

(3) 经常增、删、改的字段不适合建立索引,因为每次执行时,索引都需重新建立。由于修改性能和检索性能是互相矛盾的,当增加索引时,会提高检索性能,但是会降低修改性能;当减少索引时,会提高修改性能,降低检索性能。因此,当修改性能远远大于检索性能时,不应该创建索引。

(4) 对于在查询中很少使用或者参考的列不应该创建索引。很少使用到的列,有索引或者无索引,并不能提高查询速度。相反,由于增加了索引,反而降低了系统的运行速度和增大了空间需求。

(5) 对于定义为 TEXT、IMAGE 和 BIT 数据类型的列不应该增加索引。主要是由于列的数据量要么相当大,要么取值很少。

8.1.4 索引管理

在 SQL 中建立索引可以分为自动建立与手动建立。关系表上定义主码之后,主码上会自动创建索引,该功能大部分关系数据库是支持的。当然,也可以由用户手动创建与删除索引。下面主要介绍用户手动管理索引。

1. 创建索引

创建索引是指在某个表的一列或多列上建立一个索引。创建索引的方法主要有直接创建和间接创建。

1) 直接创建索引

直接创建索引有以下三种方式。

(1) 在建表时创建索引。

语法格式:

```
CREATE TABLE table_name
(
属性名,数据类型[完整性约束],
属性名,数据类型[完整性约束],
…
属性名,数据类型[完整性约束],
INDEX|KEY [索引名](属性名[(长度)][ASC|DESC])
);
```

其中,INDEX 或 KEY 参数用来指定字段为索引;索引名参数用来指定要创建索引的名称;属性名参数用来指定索引所要关联的字段的名称;长度参数用来指定索引的长度;ASC 用来指定为升序;DESC 用来指定为降序。对于 MySQL,在 MyISAM 存储引擎中不支持降序索引;但在 InnoDB 存储引擎中,降序索引有效。

(2) 在已存在的表上创建索引。

语法格式:

```
CREATE INDEX 索引名 ON 表名(属性名[(长度)][ASC|DESC]);
```

使用 CREATE INDEX 语句创建索引,这是最基本的索引创建方式,并且这种方式最具有柔性,可以定制创建出符合自己需要的索引。在使用这种方式创建索引时,可以使用许多选项,如指定数据页的充满度、进行排序、整理统计信息等,这样可以优化索引。使用这种方式,可以指定索引的类型、唯一性和复合性。也就是说,既可以创建聚簇索引,也可以创建非聚簇索引;既可以在一个列上创建索引,也可以在两个或者两个以上的列上创建索引。

(3) 使用 ALTER TABLE 语句创建索引。

语法格式:

```
ALTER TABLE table_name
ADD INDEX|KEY [索引名](属性名[(长度)][ASC|DESC ]);
```

2）间接创建索引

通过定义主码约束或者唯一性键约束，也可以间接创建索引。主码约束是一种保持数据完整性的逻辑，它限制表中的记录有相同的主码记录。在创建主码约束时，系统自动创建了一个唯一性的聚簇索引。虽然在逻辑上主码约束是一种重要的结构，但是在物理结构上，与主码约束相对应的结构是唯一性的聚簇索引。换句话说，在物理实现上，不存在主码约束，只存在唯一性的聚簇索引。同样，在创建唯一性键约束时，也同时创建了索引，这种索引则是唯一性的非聚簇索引。因此，当使用约束创建索引时，索引的类型基本上都已经确定了，由用户定制的余地比较小。

当在表上定义主码或者唯一性键约束时，如果表中已经有了使用 CREATE INDEX 语句创建的标准索引，那么主码约束或者唯一性键约束创建的索引覆盖以前创建的标准索引。也就是说，主码约束或者唯一性键约束创建的索引的优先级高于使用 CREATE INDEX 语句创建的索引。

【例 8-1】　创建一个新表 newtable，包含 INT 型的 id 字段、VARCHAR(20)类型的 name 字段和 INT 型的 age 字段。在表的 name 字段上建立普通索引，索引的名称为 IDX_NAME。

SQL 代码如下：

```
CREATE TABLE newtable(
    id INT NOT NULL PRIMARY KEY,
    name VARCHAR(20),
    age INT,
    index IDX_NAME(name)
);
INSERT INTO newtable VALUES(1, 'Lilei', 18);
INSERT INTO newtable VALUES(2, 'Hanmeimei', 17);
INSERT INTO newtable VALUES(3, 'Lucy', 18);
INSERT INTO newtable VALUES(4, 'David', 17);
INSERT INTO newtable VALUES(5, 'Kate', 18);
```

创建完成后插入一些数据至 newtable 表。然后运行如下代码检查索引的使用情况：

```
EXPLAIN SELECT * FROM newtable WHERE name='Lilei';
```

从图 8-2 可以看到，possible_keys 和 key 处的值都是 IDX_NAME，说明 IDX_NAME 索引被使用。

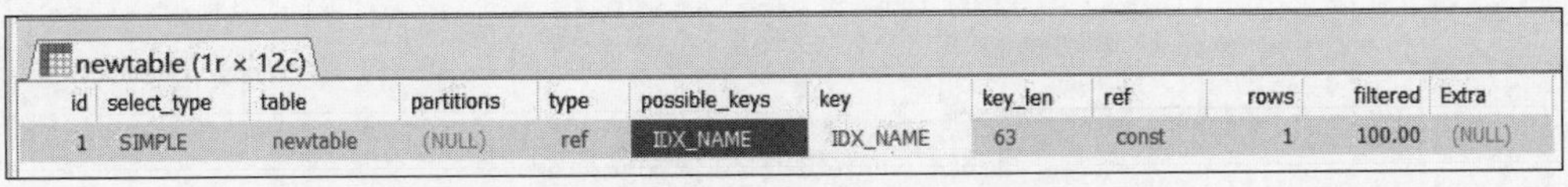

| newtable (1r × 12c) | | | | | | | | | | |
id	select_type	table	partitions	type	possible_keys	key	key_len	ref	rows	filtered	Extra
1	SIMPLE	newtable	(NULL)	ref	IDX_NAME	IDX_NAME	63	const	1	100.00	(NULL)

图 8-2　newtable 的索引使用情况

【例 8-2】　创建表时建立全文索引。全文索引只能创建在 CHAR、VARCHAR 或者 TEXT 类型的字段上。从 MySQL 5.6 开始，InnoDB 引擎开始支持全文索引。此前只有 MyISAM 存储引擎支持全文检索。

创建表 newtable1，并指定 CHAR(20)字段类型的字段 info 为全文索引。

SQL 代码如下:

```
CREATE TABLE newtable1
(
    id INT PRIMARY KEY auto_increment,
    info CHAR(20),
    FULLTEXT INDEX info_index(info)
);
```

查看表的索引:

SHOW INDEX FROM newtable1;

如图 8-3 所示,发现新增了名称为 info_index 的 FULLTEXT 索引。

Table	Non_unique	Key_name	Seq_in_index	Column_name	Collation	Cardinality	Sub_part	Packed	Null	Index_type	Comment	Index_comment	Visible
newtable1	0	PRIMARY	1	id	A	0	(NULL)	(NULL)		BTREE			YES
newtable1	1	info_index	1	info	(NULL)	0	(NULL)	(NULL)	YES	FULLTEXT			YES

图 8-3　newtable1 索引使用情况

注意:如果 MySQL 的版本低于 5.6,则须指明表的存储引擎为 MyISAM,否则会报错。

【例 8-3】 创建表 newTT,在 CHAR(20)类型的 name 字段上和 INT 类型的 age 字段上创建多列索引。

SQL 代码如下:

```
CREATE TABLE newTT(
    id INT PRIMARY KEY,
    name CHAR(20),
    age INT,
    INDEX name_age_index(name,age)
);
```

查看索引创建情况:

SHOW INDEX FROM newTT;

结果如图 8-4 所示,可以看到在列 name 和列 age 上均有相同名称的索引 name_age_index,说明多列索引创建成功。

Table	Non_unique	Key_name	Seq_in_index	Column_name	Collation	Cardinality	Sub_part	Packed	Null	Index_type	Comment	Index_comment	Visible
newtt	0	PRIMARY	1	id	A	0	(NULL)	(NULL)		BTREE			YES
newtt	1	name_age_index	1	name	A	0	(NULL)	(NULL)	YES	BTREE			YES
newtt	1	name_age_index	2	age	A	0	(NULL)	(NULL)	YES	BTREE			YES

图 8-4　newTT 索引使用情况

【例 8-4】 用 CREATE INDEX 命令在 newtable 表中添加 age 索引。

SQL 代码如下:

CREATE INDEX age_index ON newtable(age);

查看索引使用情况,结果如图 8-5 所示。可以看到 possible_keys 和 key 处的值都是

age_index，说明 age 列的索引已经被正确添加了。

```
EXPLAIN SELECT * FROM newtable WHERE age=18;
```

id	select_type	table	partitions	type	possible_keys	key	key_len	ref	rows	filtered	Extra
1	SIMPLE	newtable	(NULL)	ref	age_index	age_index	5	const	2	100.00	(NULL)

newtable (1r × 12c)

图 8-5 newtable 添加 age 索引

【例 8-5】 用 ALTER TABLE 命令在 name 字段的前 5 字节上创建降序索引（需要使用 InnoDB 引擎，MyISAM 引擎不支持降序索引）。

SQL 代码如下：

```
ALTER TABLE newtable ADD INDEX name_index5(name(5) DESC);
```

查看索引使用情况：

```
EXPLAIN SELECT * FROM newtable WHERE name='Hanmeimei';
```

现在 newtable 的 name 字段上有两个索引，区别只是索引名称和索引长度不同。那么，查找 name＝'Hanmeimei'时将使用哪个索引？由图 8-6 显示结果可以看出，可能使用的索引有 IDX_NAME 和 name_index5 两个索引，但数据库实际使用的是 IDX_NAME 索引。

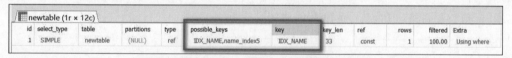

id	select_type	table	partitions	type	possible_keys	key	key_len	ref	rows	filtered	Extra
1	SIMPLE	newtable	(NULL)	ref	IDX_NAME,name_index5	IDX_NAME	33	const	1	100.00	Using where

newtable (1r × 12c)

图 8-6 newtable 多个索引时，索引的使用情况

【例 8-6】 指定 name_index5 索引用于 name 条件查询。
SQL 代码如下：

```
EXPLAIN SELECT * FROM newtable USE INDEX FOR JOIN(name_index5)
WHERE name='Hanmeimei';
```

使用 EXPLAIN 输出索引使用信息，如图 8-7 所示。

id	select_type	table	partitions	type	possible_keys	key	key_len	ref	rows	filtered	Extra
1	SIMPLE	newTABLE	(NULL)	ref	name_index5	name_index5	18	const	1	100.00	Using where

newTABLE (1r × 12c)

图 8-7 指定查询时使用的索引

创建唯一索引（UNIQUE INDEX）时，需要使用 UNIQUE 参数进行约束。

【例 8-7】 创建新表 newtable2，在表的 id 字段上建立名为 id_index 的唯一索引以升序排列。

代码如下：

```
CREATE TABLE newtable2(
    id INT UNIQUE,
    age INT,
    UNIQUE INDEX id_index(id ASC)
```

);

唯一索引与创建普通索引类似,只是要加 UNIQUE 关键字。

注意:由于上述代码创建表时,系统会自动地在 id 上建立索引,因此当手动创建名为 id_index 索引时,可能会报重复创建索引的警告,如图 8-8 所示。

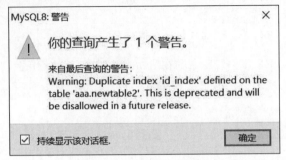

图 8-8 重复创建索引警告

使用如下代码查看新创建表的索引,可以发现,确实有两个索引:

```
SHOW INDEX FROM newtable2;
```

结果如图 8-9 所示,由于在 id 字段上创建索引时,指定了索引名称 id_index,与系统在该字段上创建的 id 索引名称不一样,所以不会发生冲突。如果在创建表时就在 id 字段上创建索引,则会覆盖系统在该 id 字段上创建的唯一索引。

Table	Non_unique	Key_name	Seq_in_index	Column_name	Collation	Cardinality	Sub_part	Packed	Null	Index_type	Comment	Index_comment	Visible
newtable2	0	id	1	id	A	0	(NULL)	(NULL)	YES	BTREE			YES
newtable2	0	id_index	1	id	A	0	(NULL)	(NULL)	YES	BTREE			YES

图 8-9 同一属性列多个索引

【例 8-8】 使用 CREATE index 命令在表 newtable 的 name 字段上创建唯一索引。SQL 代码如下:

```
CREATE UNIQUE INDEX name_u_index ON newtable(name);
```

结果如图 8-10 所示。

Table	Non_unique	Key_name	Seq_in_index	Column_name	Collation	Cardinality	Sub_part	Packed	Null	Index_type	Comment	Index_comment	Visible
newtable	0	PRIMARY	1	id	A	5	(NULL)	(NULL)		BTREE			YES
newtable	0	name_u_index	1	name	A	5	(NULL)	(NULL)	YES	BTREE			YES
newtable	1	IDX_NAME	1	name	A	5	10	(NULL)	YES	BTREE			YES
newtable	1	age_index	1	age	A	2	(NULL)	(NULL)	YES	BTREE			YES
newtable	1	name_index5	1	name	D	5	5	(NULL)	YES	BTREE			YES

图 8-10 唯一索引

【例 8-9】 使用 ALTER TABLE 命令在表 newtable 的 age 字段上创建唯一索引。SQL 代码如下:

```
ALTER TABLE newtable ADD UNIQUE INDEX(age);
```

结果如图 8-11 所示,由于 age 字段并不唯一,18 岁的记录有多条,因此在 age 字段上创建唯一索引会报错,不允许创建唯一索引。也就是说,唯一索引应当在真实具有唯一值的列上创建。

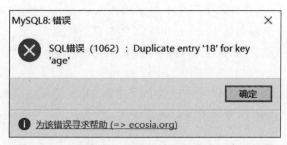

图 8-11 不具有唯一值的属性列创建唯一索引报错

2. 查看索引

在实际使用索引的过程中,有时需要对表的索引信息进行查询,以了解在表中曾经建立的索引。

语法格式:

```
SHOW INDEX FROM TABLE table_name [FROM db_name]
```

语法的另一种形式如下,这两个语句是等价的:

```
SHOW INDEX FROM mytable FROM mydb;
SHOW INDEX FROM mydb.mytable;
```

SHOW INDEX 会返回表索引信息,包含以下字段。

(1) Table:查看索引所在的数据表名。

(2) Non_unique:索引能否包括重复词,不能则为 0;如果可以,则为 1。

(3) Key_name:索引的名称。

(4) Seq_in_index:索引中的列序列号,从 1 开始。

(5) Column_name:定义索引的列名称。

(6) Collation:列以什么方式存储在索引中,在 MySQL 中,有值 A(升序)、D(降序)或 NULL(无分类)。

(7) Cardinality:索引中唯一值的数目的估计值,通过运行 ANALYZE TABLE 或 myisamchk -a 可以更新。基数根据被存储为整数的统计数据来计数,所以即使对于小型表,该值也没有必要是精确的。基数越大,当进行联合时,MySQL 使用该索引的机会就越大。

(8) Sub_part:如果列只是被部分地编入索引,则为被编入索引的字符的数目;如果整列被编入索引,则为 NULL。

(9) Packed:指示关键字如何被压缩,如果没有被压缩则为 NULL。

(10) Null:如果列含有 NULL,则显示 YES;如果没有,则显示 NO。

(11) Index_type:用过的索引方法(BTREE、FULLTEXT、HASH、RTREE)。

【例 8-10】 查看 newtable 中索引的详细信息。

代码如下:

```
SHOW INDEX FROM newtable;
```

3. 删除索引

在 MySQL 中创建索引后,如果用户不再使用该索引,可以删除指定表的索引。因为这些已经被建立且不经常使用的索引,一方面可能会占有系统资源,另一方面也可能导致更新速度下降,极大地影响数据表的性能。所以,在用户不需要该表的索引时,可以手动删除指定索引。

删除索引可以使用 ALTER TABLE 或 DROP INDEX 语句来实现。DROP INDEX 可以在 ALTER TABLE 内部作为一条语句处理。

语法格式:

```
DROP INDEX index_name ON table_name;
ALTER TABLE table_name DROP INDEX index_name ;
ALTER TABLE table_name DROP PRIMARY KEY;
```

在前面的两条 SQL 语句中,都删除了 table_name 中的索引 index_name。而在最后一条语句中,只删除 PRIMARY KEY 索引,因为一个表只可能有一个 PRIMARY KEY 索引,因此不需要指定索引名。

【例 8-11】 删除 newtable 中的 IDX_NAME 索引。

SQL 代码如下:

```
DROP INDEX IDX_NAME on newtable;
```

结果如图 8-12 所示。可以看到 IDX_NAME 索引已经不存在了。

Table	Non_unique	Key_name	Seq_in_index	Column_name	Collation	Cardinality	Sub_part	Packed	Null	Index_type
newtable	0	PRIMARY	1	id	A	5	(NULL)	(NULL)		BTREE
newtable	0	name_u_index	1	name	A	5	(NULL)	(NULL)	YES	BTREE
newtable	1	age_index	1	age	A	2	(NULL)	(NULL)	YES	BTREE
newtable	1	name_index5	1	name	D	5	5	(NULL)	YES	BTREE

图 8-12 删除 IDX_NAME 索引

【例 8-12】 删除 newtable2 上的 PRIMARY KEY 索引。

代码如下:

```
ALTER TABLE newtable2 DROP PRIMARY KEY;
```

结果如图 8-13,这是由于之前只在 newtable2 的 id 列建立了唯一值约束,没有主码索引,因此不能被删除。

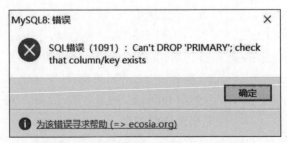

图 8-13 删除具有唯一值约束的主码报错

可以尝试新建一个表 newtable3,然后再删除其主码。

SQL 代码如下:

```
CREATE TABLE newtable3 (
    id INT PRIMARY KEY,
    age INT
);
ALTER TABLE newtable3 DROP PRIMARY KEY;
```

发现此时可以正常删除主码。再使用 SHOW INDEX 命令查看 newtable3 的索引时,会发现已经没有了主码索引。

注意:如果从表中删除某列,则索引会受影响。对于多列组合的索引,如果删除其中的某列,则该列也会从索引中删除。如果删除组成索引的所有列,则整个索引将被删除。

8.2 查询优化

视频讲解

8.2.1 查询处理的流程

关系数据库管理系统查询处理的基本流程,如图 8-14 所示,它分为四个阶段:查询分析、查询检查、查询优化、查询执行。

图 8-14 查询处理的流程

(1) 查询分析。主要包括词法分析和语法分析。词法分析从查询语句中识别出正确的语言符号,语法分析则进行语法检查。

(2) 查询检查。查询检查的任务包括合法权检查、视图转换、安全性检查、完整性初步检查。它根据数据字典中有关的模式定义检查语句中的数据库对象,例如关系名、属性名是否存在和有效。如果是对视图的操作,则要用视图消解方法把对视图的操作转换成对基本表的操作。根据数据字典中的用户权限和完整性约束定义对用户的存取权限进行检查。检查通过后把 SQL 查询语句转换成内部表示,也就是等价的关系代数表达式。关系数据库管理系统一般使用查询树(也称为语法分析树)来表示扩展的关系代数表达式。

(3) 查询优化。查询优化通过选择高效的执行策略来提升查询性能,主要包含代数优化和物理优化。其中,代数优化也称逻辑优化,指关系代数表达式的优化;而物理优化指存取路径和底层操作算法的选择。查询优化的选择依据可以是规则、代价或语义。

(4) 查询执行。这个阶段依据优化器得到的执行策略生成查询执行计划,然后代码生成器(code generator)生成执行查询计划的代码。

8.2.2　查询优化简介

查询优化是关系数据库管理系统实现的关键技术，同时也是关系系统的一大优势，它减轻了用户选择存取路径的负担。非关系系统用户使用过程化的语言表达查询要求，执行何种记录级的操作，以及操作的序列是由用户来决定的。用户必须非常了解存取路径，系统要用户选择存取路径，查询效率由用户的存取策略决定，如果用户做了不当的选择，系统是无法对此加以改进的。对于关系数据库，许多优化是由系统自动进行的。用户不必考虑如何最好地表达查询以获得较好的效率。有些查询语法，数据库系统并没有对它们进行优化，需要手动优化。但是一般情况下，系统可以比用户程序的"优化"做得更好，主要原因如下。

（1）优化器可以从数据字典中获取许多统计信息，而用户程序则难以获得这些信息。

（2）如果数据库的物理统计信息改变了，系统可以自动对查询重新优化从而选择相适应的执行计划。在非关系系统中必须重写程序，而重写程序在实际应用中往往是不太可能的。

（3）优化器可以考虑数百种不同的执行计划，程序员一般只能考虑有限的几种可能性。

（4）优化器中包括了很多复杂的优化技术，这些优化技术往往只有最好的程序员才能掌握。系统的自动优化相当于使得所有人都拥有这些优化技术。

查询优化的总目标是选择有效的策略，求得给定关系表达式的值，使得查询代价较小。为什么不是找出最小代价呢？因为最小代价很多时候难以估算。对于集中式数据库，总代价执行开销主要包括磁盘存取块数（也就是 I/O 代价）、处理时间（也就是 CPU 代价）、查询的内存开销。其中，I/O 代价是最主要的。对于分布式数据库，它的代价除了上述几种之外，还包含了通信代价，通信代价在分布式数据库中往往也非常重要，提升通信效率也是减少分布式数据库代价的重要手段。

8.2.3　代数优化和物理优化

下面通过一个之前学习过的例子来观察不同的执行方案之间的代价差别。

【例 8-13】　查询选修了 C02 号课程的学生姓名。

SQL 语句是：

```
SELECT tbStuInfo.sName
FROM tbStuInfo, tbSC
WHERE tbStuInfo.sNo=tbSC.sNo AND tbSC.cNo='C02';
```

上述 SQL 语句可以用以下三种关系代数表示，分别为 q1，q2 和 q3。假设数据库中有 1000 个学生记录，10 000 个选课记录。选修 2 号课程的选课记录为 50 个。如果一个块能装 10 个 tbStuInfo 元组或 100 个 tbSC 元组，在内存中存放 5 块 tbStuInfo 元组和 1 块 tbSC 元组。

q1：先做笛卡儿积，再做选择和投影。总读写数据块 $=2100+10^6+10^6$。

q2：先做自然连接，再做选择和投影。总读写数据块 $=2100+10^3+10^3$。

q2：先做选择，再做自然连接，最后做投影，读写数据块 $=100+100$。

其中第三种执行方案的代价大约是第一种情况的万分之一，是第二种情况的二十分之一。可以看出，不同的执行方案代价差异是巨大的。当然执行速度差异也会非常大。这里的第三种方案先执行选择操作,后执行连接操作,减少连接元组数据,就是代数优化,优化效果显著。

对于第三种方案,刚才计算出来的总读写数据库约为 200 个。假如 tbSC 表的 cNo 字段上有索引,第一步就不必读取所有的 SC 元组,而只需要读取 cNo='C02'的元组(50 个),3~4 块。若 tbStuInfo 表在 sNo 上也有索引(一般主码都有索引),则只需要读取满足条件的学生元组,最多 50 个学生记录,此时读取 tbStuInfo 表的块数也可大大减少。在这种情况下,对于 tbStuInfo 和 tbSC 表的连接,利用 tbStuInfo 表上的索引,采用索引来连接减少代价,这是物理优化。

8.2.4　代数优化规则

代数优化的一个典型方法就是通过对关系代数表达式的等价变换来提高查询效率。关系代数表达式的等价指的是用相同的关系代替两个表达式中相应的关系所得到的结果是相同的。等价变化的规则比较多,主要来自关系代数的基本运算,例如笛卡儿积、连接、选择、投影等。这些基本操作存在交换律、结合律、分配律,以及串接律。表 8-1 列举了 11 个典型的变化规则,实际中可以通过灵活地组合不同的等价变换规则,实现代数优化的目标。

表 8-1　典型的代数变化规则

序号	规　　则	序号	规　　则
1	连接、笛卡儿积交换律	7	选择与并的分配律
2	连接、笛卡儿积的结合律	8	选择与差运算的分配律
3	投影的串接定律	9	选择对自然连接的分配律
4	选择的串接定律	10	投影与笛卡儿积的分配律
5	选择与投影操作的交换律	11	投影与并的分配律
6	选择与笛卡儿积的交换律		

代数优化除了可以使用等价变换之外,还可以使用启发式规则。具体包括如下 5 点。

(1) 选择运算应尽可能先执行,这是优化策略中最重要、最基本的一条。原因是做完选择运算后,结果关系中的元组数量一般都会减少,也就是结果表会变小,可以减少后续的查找时间。

(2) 投影运算和选择运算同时进行。如果存在若干投影和选择运算,并且它们都对同一个关系操作,那么可以在扫描此关系的同时完成所有的这些运算,避免重复扫描关系。

(3) 将投影同其前或其后的双目运算结合起来,没有必要为了去掉某些字段而扫描一遍关系。

(4) 将某些选择操作与在它前面要执行的笛卡儿积结合起来成为一个连接运算,连接运算特别是等值连接运算要比同样关系上的笛卡儿积节省很多时间。

(5) 找出公共子表达式。如果重复出现的子表达式的结果不是很大的表,并且从外存中读入这个表比计算这个子表达式的时间少得多,那么先计算一次公共子表达式,并且把结果写入中间文件是最高效的。当查询的对象是视图时,定义视图的表达式就是公共子表达式。

8.2.5　物理优化规则

代数优化改变查询语句中操作的次序和组合,不涉及底层的存取路径。对于一个查询语句可以有许多存取方案,它们的执行效率不同,仅仅进行代数优化是不够的,还需要物理优化。物理优化主要指选择高效合理的操作算法或存取路径,求得优化的查询计划。一般有三种物理优化方法:启发式规则、基于代价估算的优化以及两者相结合。启发式规则是在大多数情况下都适用的规则,只在少部分场景下不适用。基于代价估算的优化利用优化器估算不同执行策略的代价,并选出具有最小代价的执行计划。当然该最小代价并不一定是真实的最小代价。实际使用中,也会经常用到两种方法的结合,常常先使用启发式规则,选取若干较优的候选方案,减少代价估算的工作量;然后分别计算这些候选方案的执行代价,较快地选出最终的优化方案。

1. 选择操作的启发式物理优化规则

对于小关系,例如整个表只有 100 条或 1000 条记录,无论选择列上有没有索引,都可以使用全表顺序扫描。而对于大的关系,使用启发式规则的情况较多。

(1) 对于选择条件是"主码=某个值"的查询,使用主码索引。

(2) 对于选择条件是"非主属性=某个值"的查询,并且选择列上有索引,则需要预估一下查询获得的结果集。如果预估结果集可能是一个比较小的表,则使用索引扫描;如果预估结果集是一个比较大的表,则使用全表扫描。

(3) 对于选择条件是属性上的非等值查询或者范围查询,并且选择列上有索引,则与前面的类似,预估一下查询结果。查询结果集较小,使用索引扫描;预估的结果集较大,则使用全表扫描。

(4) 用 AND 连接的选择条件,优先采用组合索引扫描方法;如果不适用,再使用全表顺序扫描。

(5) 用 OR 连接的选择条件,一般使用全表顺序扫描。

小结:查询表大尽量使用索引,无法使用索引则使用全表顺序扫描;结果集小使用索引,结果集大使用全表扫描。

2. 连接操作的启发式规则

(1) 如果 2 个表都已经按照连接属性排序,应该选用排序-合并算法。

(2) 如果一个表在连接属性上有索引,最好选用索引连接算法。

(3) 如果上面 2 个规则都不适用,并且其中一个表较小,选用 Hash join 算法。

(4) 如果选用嵌套循环连接方法,选择较小的表作为外表(外循环的表),这一点也是很多 SQL 语句调优里面用到的规则。

启发式规则优化是定性的选择。除此之外,还需要使用更加精细化的定量估算方法:基于代价的优化方法。

基于代价的优化方法主要有两个步骤:统计信息和代价估算。

(1) 统计信息。基于代价的优化方法要计算查询的各种不同执行方案的执行代价,它与数据库的状态密切相关。优化器需要统计很多类型的信息。

① 统计表的信息,例如表的元组总数、元组长度、占用的块数、占用的溢出块数。

② 统计每个列的信息。列不同值的个数、列最大值、最小值、列上是否已经建立了索

引、索引类型等。统计索引的信息,例如索引的层数、不同索引值的个数、索引的选择基数、索引的叶子结点数。

（2）代价估算。代价估算包括全表扫描算法的代价估算、索引扫描算法的代价估算、嵌套循环连接算法的代价估算。如果文件没有排序,还需要进行排序,然后再进行合并和连接操作。此排序和合并连接的代价也是需要估算的。全部估算完毕之后,就可以选择一个最优化的方案。

人文素养拓展

中国高铁的速度变化历程是一段从追赶到领跑的辉煌历史。20 世纪 80 年代起,我国开始引进和消化吸收外国高速铁路技术,逐步发展自己的高速铁路系统。到了 2008 年,中国首条具有完全自主知识产权的高速铁路——京津城际铁路开通运营,这标志着我国正式迈入高铁时代。

后来,中国高铁在技术创新和速度提升上不断取得突破。2010 年,“和谐号”CRH380A 在京沪高铁跑出了 486.1km 的时速,打破了世界铁路最高运营速度纪录。此外,我国还成功上线了时速 600km 的高速磁浮交通系统和时速 620km 的高温超导高速磁浮工程化样车。

人类对速度的追求是无止境的。同理,数据库的优化也无止境。不断优化、不断调整,才能够实现技术突破。

8.3　本章小结

本章介绍了索引的概念、种类,以及如何建立索引。创建索引是本章的重点,应该掌握创建索引的方法。在此基础之上,本章进一步介绍了查询优化的相关知识,如代数优化及其规则,物理优化及其规则。

8.4　思考与练习

一、单选题

1. 下列关于创建和管理索引的描述中,正确的是(　　　)。

　　A. 创建索引是为了便于全表扫描

　　B. 索引会加快 DELETE、UPDATE 和 INSERT 语句的执行速度

C. 索引被用于快速找到想要的记录

D. 大量使用索引可以提高数据库的整体性能

2. 下列关于索引的说法中,错误的是(　　)。

A. 索引的目的是增加数据检索的速度

B. 索引是数据库内部使用的对象

C. 索引建立得太多,会降低数据增加、删除、修改的速度

D. 只能为一个字段建立索引

3. 以下不是 MySQL 索引类型的是(　　)。

A. 单列索引　　　　B. 多列索引　　　　C. 并行索引　　　　D. 唯一索引

4. SQL 中 DROP INDEX 语句的作用是(　　)。

A. 删除索引　　　　B. 更新索引　　　　C. 建立索引　　　　D. 修改索引

5. 在 SQL 中支持建立聚簇索引,可以提高查询效率。下列属性列中适宜建立聚簇索引的是(　　)。

A. 经常查询的属性列　　　　　　　　B. 主属性

C. 非主属性　　　　　　　　　　　　D. 经常更新的属性列

6. 在 score 数据表中给 math 字段添加名称为 math_score 索引的语句中,正确的是(　　)。

A. CREATE INDEX index_name ON score (math);

B. CREATE INDEX score ON score (math_score);

C. CREATE INDEX math_score ON tbStuInfo (math);

D. CREATE INDEX math_score ON score (math);

7. 以下关于查询优化的说法错误的是(　　)。

A. 数据库系统的查询优化减轻了用户选择存取路径的负担

B. 查询优化总是找出执行代价最小的策略或方案

C. 对于比较大的表,先执行选择运算,再执行连接操作,可以减少连接的元组数量

D. 物理优化中,对于小关系,即使选择列上有索引,也应该使用全表顺序扫描

8. 关于索引的作用,说法正确的是(　　)。

A. 索引主要用于加速查询　　　　　　B. 索引主要用于简化表结构

C. 最好在所有属性列上设置索引　　　D. 主码不可以作为索引列

9. 关于索引建立的时机,说法不正确的是(　　)。

A. 经常出现在聚集函数中的属性,可以为其建立索引

B. 经常出现在 WHERE 条件的属性,可以为其建立索引

C. 经常出现在 GROUP BY 条件的属性,可以为其建立索引

D. 数据重复值较多的字段必须建立索引以加快查询速度

二、多选题

1. 关于索引的说法,正确的是(　　)。

A. 当主文件存储表更新时,相应的索引文件也应当及时更新

B. 索引不是越多越好,要根据需要合理地建立索引

C. 一般情况下,主码会自动地由系统建立索引

D. 可以由用户手动创建索引

2. 下列关于索引的一些说法,正确的是(　　　)。

　　A. 索引主要有两类:B+树索引和哈希索引

　　B. 哈希索引结构存储上没有顺序,查询时排序无法支持

　　C. 哈希索引的查询速度一定是比 B+树索引快

　　D. 可以使用 CREATE INDEX 的方式创建索引

三、判断题

由于索引可以加快查询速度,因此表的所有属性列都应该建立索引。　　　　　　　(　　　)

四、简答题

1. 简述索引的概念及其作用。

2. 列举索引的几种分类。

3. 分别简述在 MySQL 中创建、查看和删除索引的 SQL 语句。

4. 简述使用索引的弊端。

五、讨论题

1. 请谈谈数据库系统查询优化相对于用户程序优化的优点。

2. 请总结常见的代数优化方法。

3. 请结合实际例子谈谈查询优化在数据库系统中的重要性。

8.5　实验

1. 实验目的与要求

(1) 理解索引的概念与类型。

(2) 掌握创建、更改、删除索引的方法。

(3) 掌握维护索引的方法。

2. 实验内容

结合第 2 章中的表 2-8 tbStuInfo(学生信息表),完成如下任务。

(1) 在 sName 字段创建名为 index_name 的索引。

(2) 创建名为 index_birclass 的多列索引,索引字段为 sBirthDate 和 sClass。

(3) 用 ALTER TABLE 语句给 sNo 属性列创建名为 index_id 的唯一性升序索引。

(4) 查看 tbStuInfo 表的索引。

(5) 使用 EXPLAIN 命令查询学号为 2020072101 时 tbStuInfo 索引使用情况。

(6) 删除 tbStuInfo 表上的 index_name 索引。

3. 观察与思考

(1) 数据库中索引被破坏后会产生什么结果?

(2) 视图上能创建索引吗?

(3) MySQL 中组合索引创建的原则是什么?

(4) 主码约束和唯一约束是否会默认创建唯一索引?

第 9 章

数据库恢复技术

事务处理技术主要包括数据库恢复技术和并发控制技术。数据库恢复机制和并发控制机制是数据库管理系统的重要组成部分。本章讨论数据库恢复的概念和常用技术。

9.1 数据库中的事务

在讨论数据库恢复技术之前,首先讲解事务的基本概念和事务的性质。

9.1.1 事务的基本概念

视频讲解

1. 事务

事务(transaction)是用户定义的一系列数据库操作。这些操作必须全部执行成功,或者全部执行失败,而不能部分成功,部分失败。也就是说,如果某个操作包括若干步骤,那么这几个步骤要么都成功,要么都失败。事务的表现形式可以是一条 SQL 语句或者一组 SQL 语句。

事务的定义分为两种。一种是显示地定义事务,在 SQL 中,一般使用开始事务(begin transaction),若事务过程没有出错,那么执行到提交事务(commit transaction),表示事务正常结束,将会提交事务的所有操作(包括读和更新),会把事务中所有对数据库的更新写到磁盘。如果执行事务过程中出错,则使用回滚事务(rollback transaction),表示事务异常终止,事务运行的过程中发生了故障,不能继续执行。系统将事务中对数据库的所有已完成的操作全部撤销,事务回滚到开始时的状态。另外一种是隐式地定义事务,一般是系统自己完成,不需要人工干预。例如,一条 SQL 语句就可构成一个事务,一个事务结束后自动开始下一个事务。

2. 事务的 ACID 特性

数据库事务有原子性(atomicity)、一致性(consistency)、隔离性(isolation)和持久性(durability)四个特点,简称为 ACID 特性。银行转账就是数据库事务的典型应用场景。

(1) 原子性。事务中的所有元素作为一个整体提交或回滚,是不可拆分的,事务是一个完整的操作。这也是事务最基本的特点。

【例 9-1】 从账户 A 转账 10 000 元至账户 B,这个过程包含以下两个步骤:

第一步,账户 A 减少 10 000 元;

第二步,账户 B 增加 10 000 元。

这两步必须全部成功,或者全部失败。

（2）一致性。事务完成时，数据必须是一致的，也就是说，和事务开始之前存储的数据处于一致状态，保证数据的无损。

【例 9-2】　上例中两个步骤全部成功或者全部失败，处于一致性状态。

如果两个步骤只有一个成功，另一个失败，处于非一致性状态，那么数据是错误的。如果第一步成功，第二步失败，那么账户 A 就会少 10 000 元，但是账户 B 没有收到 10 000 元，结果就是账户 A 的 10 000 元不翼而飞，这显然是不对的。

（3）隔离性。对数据进行修改的多个事务是彼此隔离的。这表明事务必须是独立的，不应该以任何方式来影响其他事务。如果几个互不知晓的事务在同时修改同一份数据，那么很容易出现后面完成的事务覆盖了前面完成的事务的结果，导致不一致。图 9-1 就是一个违反隔离性的例子。

T1	T2
①A=10	
②	读取 A=10
③A=A−1,A=9	
	④A=A+3, A=13
	⑤写入 A=13

图 9-1　事务并发执行结果错误示例

隔离性要求如果 2 个事务 T1 和 T2 同时运行，事务 T1 和 T2 最终的结果是相同的，不管 T1 和 T2 谁先结束。

【例 9-3】　如果 A 转账 10 000 元给 B（称之为事务 T1），同时 C 又再转账 30 000 元给 A（称之为事务 T2），不管 T1 和 T2 谁先执行完毕，最终结果必须是 A 账户增加 20 000 元，B 增加 10 000 元，C 减少 30 000 元。

（4）持久性（durability）。事务完成之后，它对于系统的影响是永久的，该修改即使出现系统故障也将一直保留。成功提交的事务，数据会保存到磁盘。未提交的事务，相应的数据会回滚。

保证事务 ACID 特性是事务处理的基本任务。现实中有多种不同的因素会破坏事务的 ACID 特性，例如前面提到的多个事务并行运行时，不同事务的操作交叉执行。数据库管理系统必须保证多个事务的交叉运行不影响这些事务的隔离性，这就要用到数据库的并发控制技术。另外，事务在运行过程中被强行停止是很常见的事情，数据库管理系统必须保证被强行终止的事务对数据库和其他事务没有任何影响，这里就需要用到数据库的恢复技术。

人文素养拓展

科学的系统观念是由马克思、恩格斯创立的。马克思、恩格斯运用唯物辩证法深刻地分析了现代社会人与自然、人与人（社会）的整体联系，整个自然世界和社会世界不仅是运动发展的过程集合体，而且各个领域内部和领域之间存在着"近乎系统的形式"的内在逻辑联系。按照马克思辩证唯物主义的思维逻辑，系统观念就是把系统看作由不同要素基于一定关系或结构结合而成的具有特定功能的有机整体，运用系统思维来分析事物的本质和内在联系、把握事物的发展规律、处理事物发展的矛盾的方法。

整体性原则

系统是各要素以一定的联系组成的结构与功能统一的整体。构成系统的各要素之间是相互联系和相互作用的,同样的要素可以具有不同的联系,相应地,由具有不同联系的要素组成的整体就会有不同的结构和功能。在研究系统的各个部分时,应始终把部分放在整体中加以研究,在研究系统整体时也要把该系统作为更高一级的大系统中的一个子系统来加以研究。马克思运用系统观念对世界上最复杂的系统,即社会系统进行了科学解剖,他把社会作为一个有机整体来看待,从整体与部分相互联系、相互作用的关系中揭示社会系统的特征和运动规律。

在一个系统中,系统整体居于主导地位,系统中的各要素居于次要、服从地位,其发展必须服从和服务于系统的整体要求。系统观的整体性要求我们必须以全面的、发展的、辩证的、普遍联系的观点认识问题和解决问题,使系统发挥最大效能、实现最优目标。在中国这样一个大国,实现十几亿人的现代化是前无古人的伟大事业,是十分艰巨和长远的事业,必须做到全面考量、协调推进。在新的历史起点上,不论是改革还是发展和稳定,都要处理好当前和长远、局部和全局、重点和非重点的关系,既抓好全面,又协调好发展的速度、力度和进度,加强整体性推进,以全面提升各方面建设,使我国经济社会发展更加协调。

9.1.2 事务的基本操作

通常情况下,用户执行的每一条 SQL 语句都会被当成单独的事务自动提交。如果将一组 SQL 语句作为一个事务,则需要先执行以下语句显式地开启一个事务。

```
START TRANSACTION;
```

事务启动后,事务内的每一条语句不再自动提交,需要用户使用以下语句手动提交,只有事务提交后,其中的操作才会生效。

```
COMMIT;
```

如果不想提交当前事务,可以使用如下语句取消事务(即回滚)。

```
ROLLBACK;
```

【注意】 (1) ROLLBACK 只能针对未提交的事务回滚,已提交的事务无法回滚。

(2) 有些 DDL 语句会引发自动提交,由 DDL 语句进行的表结构更改、数据删除无法通过 ROLLBACK 恢复,所以在事务中尽量不使用 DDL 语句。

(3) 当执行到 COMMIT 或 ROLLBACK 时事务自动结束。

如果需要在当前会话的整个过程中都取消自动提交事务,进行手动提交事务,就需要设置 AUTOCOMMIT 变量:

```
SET AUTOCOMMIT = FALSE;或
SET AUTOCOMMIT = 0;
```

此后,每一句 SQL 都需要手动 COMMIT 提交才会真正生效。ROLLBACK 或 COMMIT 之前的所有操作都视为一个事务,之后的操作视为另一个事务,需要手动提交或回滚。

【例 9-4】 事务操作示例。

```
#开始事务
START TRANSACTION;
#查看当前表的数据,如图 9-2 所示
SELECT * FROM T_tbStuInfo;
```

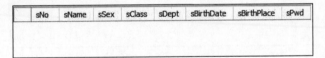

sNo	sName	sSex	sClass	sDept	sBirthDate	sBirthPlace	sPwd
2020072101	贺世娜	f	20200721	07	2002-09-12	浙江东阳	NULL
2020072113	郭兰	f	20200721	07	2001-01-01	浙江丽水	20010101
2020082101	应胜男	f	20200821	08	2002-11-08	河南开封	NULL
2020082122	郑正星	m	20200821	08	2002-12-11	浙江杭州	NULL
2020082131	吕建鸥	m	20200821	08	2003-01-06	浙江绍兴	NULL
2020082135	王凯晨	m	20200821	08	2002-10-18	浙江温州	NULL
2020082236	任汉涛	m	20200822	08	2003-06-06	山西吕梁	NULL
2020082237	刘盛彬	m	20200822	08	2002-10-10	NULL	NULL
2020082313	郭兰英	f	20200823	08	2001-05-04	NULL	NULL
2020082335	王皓	m	20200823	08	2001-10-28	NULL	NULL
2020092213	张赛娇	f	20200922	09	2003-03-06	NULL	NULL
2020092235	金文静	m	20200922	09	2002-09-05	NULL	NULL
2021072333	王建平	m	20210723	07	2001-05-06	广东广州	2021072...

图 9-2　T_tbStuInfo 原有数据示例

```
#删除整张表的数据
DELETE FROM T_tbStuInfo;
#查询该表数据,发现显示删除后的结果,如图 9-3 所示
SELECT * FROM T_tbStuInfo;
```

sNo	sName	sSex	sClass	sDept	sBirthDate	sBirthPlace	sPwd

图 9-3　删除 T_tbStuInfo 数据后示例

```
#回滚
ROLLBACK;
#查看当前表的数据,发现又恢复了,如图 9-4 所示
SELECT * FROM T_tbStuInfo;
#删除整张表的数据
DELETE FROM T_tbStuInfo;
#提交事务
COMMIT;
#查看当前表的数据,发现删除了,如图 9-5 所示
SELECT * FROM T_tbStuInfo;
```

【例 9-5】 savepoint 点的使用。在一个事务中,可以设置不同的保存点 savepoint,以在需要时回滚到合适的点。

```
#插入一条记录
INSERT INTO T_tbStuInfo(sNo, sName, sBirthDate, sClass, sDept)
VALUES
(1, '魏权', '1998-01-21', '2020082901', '08');
#保存还原点 1
```

sNo	sName	sSex	sClass	sDept	sBirthDate	sBirthPlace	sPwd
2020072101	贺世娜	f	20200721	07	2002-09-12	浙江东阳	NULL
2020072113	郭兰	f	20200721	07	2001-01-01	浙江丽水	20010101
2020082101	应胜男	f	20200821	08	2002-11-08	河南开封	NULL
2020082122	郑正星	m	20200821	08	2002-12-11	浙江杭州	NULL
2020082131	吕建鸥	m	20200821	08	2003-01-06	浙江绍兴	NULL
2020082135	王凯晨	m	20200821	08	2002-10-18	浙江温州	NULL
2020082236	任汉涛	m	20200822	08	2003-06-06	山西吕梁	NULL
2020082237	刘盟彬	m	20200822	08	2002-10-10	NULL	NULL
2020082313	郭兰英	f	20200823	08	2001-05-04	NULL	NULL
2020082335	王皓	m	20200823	08	2001-10-28	NULL	NULL
2020092213	张赛娇	f	20200922	09	2003-03-06	NULL	NULL
2020092235	金文静	m	20200922	09	2002-09-05	NULL	NULL
2021072333	王建平	m	20210723	07	2001-05-06	广东广州	2021072...

图 9-4　ROLLBACK 后 T_tbStuInfo 数据示例

sNo	sName	sSex	sClass	sDept	sBirthDate	sBirthPlace	sPwd

图 9-5　COMMIT 后 T_tbStuInfo 数据示例

```
SAVEPOINT point1;
#插入一条记录
INSERT INTO T_tbStuInfo(sNo, sName, sBirthDate, sClass, sDept)
VALUES
(2, '张进', '1998-02-21', '2020082902', '08');
#保存还原点 2
SAVEPOINT point2;
#查看当前效果,如图 9-6 所示
SELECT * FROM T_tbStuInfo;
```

sNo	sName	sSex	sClass	sDept	sBirthDate	sBirthPlace	sPwd
1	魏权	NULL	2020082901	08	1998-01-21	NULL	NULL
2	张进	NULL	2020082902	08	1998-02-21	NULL	NULL

图 9-6　插入两条记录后 T_tbStuInfo 数据示例

```
#回滚到某个还原点
ROLLBACK TO point1;
#提交事务
COMMIT;
#查看当前效果,如图 9-7 所示
SELECT * FROM T_tbStuInfo;
```

sNo	sName	sSex	sClass	sDept	sBirthDate	sBirthPlace	sPwd
1	魏权	NULL	2020082901	08	1998-01-21	NULL	NULL

图 9-7　ROLLBACK 到 point1 之后 T_tbStuInfo 数据示例

下面的例子由 DDL 语句进行数据删除、表结构更改,并用 ROLLBACK 进行恢复,发现无效。

【例 9-6】　在例 9-5 的基础上执行 TRUNCATE 语句,然后执行 ROLLBACK 操作,发现不能够回滚。

```
#清空表
TRUNCATE T_tbStuInfo;
#回滚,对于 truncate 无法回滚
ROLLBACK;
#查看当前效果,如图 9-8 所示
SELECT * FROM T_tbStuInfo;
```

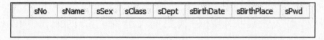

图 9-8　执行 TRUNCATE 并 ROLLBACK 后 T_tbStuInfo 数据示例

【例 9-7】　先给表 T_tbStuInfo 增加一列 description,然后执行 ROLLBACK 操作:

```
#修改表结构,修改前后的结构分别如图 9-9(a)(b)所示
ALTER TABLE T_tbStuInfo ADD description VARCHAR(50);
#回滚,对于修改表结构的语句无法回滚,所以结构如图 9-9(c)所示,图 9-9(b)和图 9-9(c)的
#结构一样
```

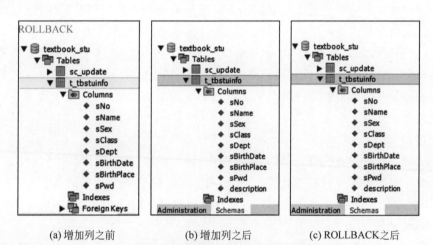

(a) 增加列之前　　　　(b) 增加列之后　　　　(c) ROLLBACK 之后

图 9-9　ROLLBACK 对修改列的影响

9.2　数据库恢复实现技术和策略

9.2.1　数据库恢复概述

故障是无法避免的。这些故障可能由计算机硬件故障、软件的错误、操作员的失误或者恶意的破坏引起,当然也可能由一些不可抗力引起,例如自然灾害等。故障一旦发生了,就可能会对数据库中运行的事务造成影响,进而影响数据库中数据的正确性。轻则会导致部分数据损坏,重则导致全部数据丢失。

如果数据库被破坏,就需要进行数据恢复。数据库管理系统可以把数据库从错误状态恢复到某一已知的正确状态(亦称为一致状态或完整状态),这个过程称为数据库的恢复。数据是宝贵的资源,因此,数据库管理系统的恢复功能是必不可少的。恢复子系统是数据库管理系统的一个重要组成部分,数据库恢复技术是衡量数据库管理系统优劣的重要指标。

9.2.2 故障的种类

数据库系统中可能发生各种各样的故障,大致可以分为以下几类。

1.事务内部的故障

事务内部的故障是不能由应用程序处理的,例如运算溢出、并发事务因发生死锁而被撤销、违反了某些完整性约束而被终止等。事务故障一般仅指这些非预期的故障。事务故障意味着没有正确结束,那么恢复机制就是利用前文介绍过的回滚(ROLLBACK),将正在执行的事务撤销,就像没有启动过一样。

2.系统故障

系统故障又称为软故障,是指造成系统停止运转的任何事件,使得系统必须重新启动。整个系统的正常运行突然被破坏,所有正在运行的事务都非正常终止。这时内存中数据库缓冲区的信息全部丢失。这些系统故障主要包括特定类型的硬件错误(如 CPU 故障、内存故障),操作系统故障,数据库管理系统代码错误,系统断电等。在发生系统故障时,存在两种情况:第一种情况是一些没有完成的事务的结果可能已送入物理数据库,造成数据库可能处于不正确状态。恢复策略就是在系统重新启动时,恢复程序让所有非正常终止的事务回滚,强行撤销所有未完成事务。第二种情况是发生系统故障时,有些已完成的事务可能有一部分甚至全部留在缓冲区,没有写回磁盘上的物理数据库中,系统故障使得这些事务对数据库的修改部分或全部丢失。此时的恢复策略是在系统重新启动时,恢复程序重做(redo)所有已提交的事务。

3.介质故障

介质故障指外存设备的故障,例如磁盘损坏、磁头碰撞、瞬时强磁场干扰、硬盘坏道等。介质故障破坏整个数据库或部分数据库,并影响正在存取这部分数据的所有事务。介质故障比前面的事务故障和系统故障发生的可能性小得多,但破坏性大得多。

4.计算机病毒

由计算机病毒引起的故障是一种人为的故障或破坏,可能是为了窃取机密信息。计算机病毒可以复制和传播,造成对计算机系统包括数据库的危害。有些病毒传播很快,一旦侵入系统就马上摧毁系统。有些病毒有较长的潜伏期,计算机在感染后数天或数月才开始攻击系统。有些病毒感染系统所有的程序和数据,有些只对某些特定的程序和数据感兴趣。计算机病毒已成为计算机系统的主要威胁,自然也是数据库系统的主要威胁,数据库一旦被破坏,仍需要用恢复技术加以恢复。

各类故障对数据库的影响有两种可能性,一是数据库本身被破坏,二是数据库没有被破坏,但数据可能不正确,这是由于事务的运行被非正常终止造成的。

9.2.3 恢复的实现技术

数据库恢复操作的基本原理是数据冗余。整个过程分为两步:第一步是建立冗余数据,包括数据转储,也就是常说的数据备份,以及登记日志文件;第二步就是利用这些在系统别处的冗余数据来重建数据库中已被破坏或不正确的那部分数据。对于大型数据库产品,这两个步骤相关的功能都是必须要有的,而且在数据库系统实现的代码中占比很大。

1. 数据转储

转储是指数据库管理员定期地将整个数据库复制到磁带、磁盘或其他存储介质上保存起来的过程。被保存起来的备用数据称为后备副本，也可以称为后援副本。数据库遭到破坏后可以将后备副本重新装入。重装后备副本只能将数据库恢复到转储时的状态，要想恢复到故障发生时的状态，必须重新运行自转储以后的所有更新事务。如果数据量大，这个操作还是比较耗时的。

（1）静态转储是在系统中没有运行事务时进行的转储操作。转储开始时数据库处于一致性状态，转储期间不允许对数据库进行任何存取、修改活动，这样得到的一定是一个符合数据一致性的副本。静态转储的优点是实现简单，但其缺点也很明显，它降低了数据库的可用性，转储必须等待正运行的用户事务结束，新的事务必须等转储结束，也就是转储期间什么都不能干，用户访问数据库受到影响。

（2）动态转储是指转储操作与用户事务并发进行，转储期间允许对数据库进行存取或修改。它的优点是不用等待正在运行的用户事务结束，不会影响新事务的运行。其缺点同样明显，由于转储过程中还有各种数据库事务在执行，动态转储不能保证副本中的数据正确有效。利用动态转储得到的副本进行故障恢复，需要把动态转储期间各事务对数据库的修改活动登记下来，建立日志文件，后备副本加上日志文件才能把数据库恢复到某一时刻的正确状态。所以，动态转储的备份相对麻烦。

（3）全量转储是每次把整个数据库都备份下来。使用全量转储得到的后备副本进行恢复往往更方便。但是如果数据库很大，全量备份相当耗时。

（4）增量转储是每次只转储上次备份后更新过的数据。因此，对于大数据库和事务处理烦琐的数据库，增量转储方式更实用更有效。

mysqldump 是用于转储 MySQL 数据库的实用程序，需要在 DOS 命令符下执行，通常用于迁移和备份数据库，并导出为一个 SQL 脚本，语法格式如下。

```
#导出所有数据库
mysqldump -uroot -p --all-databases >/tmp/full.sql
#完整导出指定的数据库
#包括建库语句、表结构、数据
mysqldump -uroot -p --databases dbname >path/dbname.sql
#只导出数据库表结构,不包含数据
mysqldump -uroot -p --no-data --databases dbname >
path/dbname.sql
#只导出数据,而不添加 CREATE TABLE 语句
mysqldump -uroot -p --no-CREATE-info --databases dbname >
path/dbname.sql
#只导出数据,而不添加 CREATE TABLE 语句,不导出 trigger
mysqldump -uroot -p --no-CREATE-info --skip-triggers --databases
dbname >path/dbname.sql
```

【例 9-8】　对数据库 textbook_stu 进行备份，并恢复到 textbook_bak 数据库中。

（1）数据备份。

```
cd C:\Program Files\MySQL\MySQL Server 8.0\bin
#只备份 schema,同时跳过触发器
```

```
C:\Program Files\MySQL\MySQL Server 8.0\bin>mysqldump -uroot -pMySQL@ 123 --no-
data --skip-triggers textbook_stu >d:\tbook_schema.sql
mysqldump: [Warning] Using a password on the command line interface can be
insecure.
#只备份 data
C:\Program Files\MySQL\MySQL Server 8.0\bin>mysqldump -uroot -pMySQL@ 123 --no-
create-info --skip-triggers textbook_stu >d:\tbook_data.sql
mysqldump: [Warning] Using a password on the command line interface
can be insecure.
```

(2) 恢复。

D:\tbook.sql 的内容为:

```
DROP DATABASE IF EXISTS textbook_bak;
CREATE DATABASE textbook_bak;
USE textbook_bak;
```

首先执行这个文件中的 SQL 语句,创建数据库 textbook_bak。

```
#用 tbook_schema.sql 创建 textbook_bak 的 schema
C:\Program Files\MySQL\MySQL Server 8.0\bin>mysql -uroot -pMySQL@ 123 textbook_
bak <d:\tbook_schema.sql
mysql: [Warning] Using a password on the command line interface can be insecure.
#用 tbook_data.sql 创建 textbook_bak 的 data
C:\Program Files\MySQL\MySQL Server 8.0\bin>mysql -uroot -pMySQL@ 123 textbook_
bak <d:\tbook_data.sql
mysql: [Warning] Using a password on the command line interface can be insecure.
```

如图 9-10 所示,textbook_stu 数据库的模式及数据被正确恢复到 textbook_bak 中。

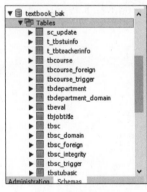

(a) schema

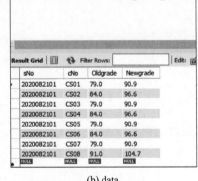

(b) data

图 9-10　恢复后的数据库

2. 登记日志文件

日志文件是用来记录事务对数据库的更新操作的文件。

1) 日志文件的格式

第一种是以记录为单位的日志文件,这种日志文件各个事务的开始标记为 BEGIN TRANSACTION,各个事务的结束标记为 COMMIT 或 ROLLBACK,各个事务的所有更新操作,均作为日志文件中的一个日志记录(log record)。对于以记录为单位的日志文件,每条日志记录的内容包括事务标识(标明是哪个事务),操作类型(例如插入、删除或修改),操作对象(例如记录的 ID、Block 的序号),更新前数据的旧值(更新后数据的新值)。第二种是以数据块为单位的日志文件,每条日志记录的内容包括事务标识、被更新的数据块。

2) 日志文件的作用

在事务故障恢复和系统故障恢复中必须使用日志文件。另外,在动态转储中必须建立日志文件,后备副本和日志文件结合起来才能有效地恢复数据库。除此之外,介质故障恢复也会用到日志文件。可以看出,日志文件是相当重要的。利用日志文件,不必重新运行那些已经完成的事务程序就可把数据库恢复到故障前某一时刻的正确状态,如图 9-11 所示。

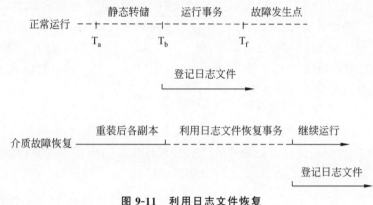

图 9-11　利用日志文件恢复

3) 登记日志文件

登记日志有以下两个基本的规则。

(1) 登记的次序严格按并发事务执行的时间次序。也就是说,先执行的事务先登记,后执行的事务后登记,不能插队。

(2) 必须先写日志文件,后写数据库。这条规则非常重要,因为写数据库和写日志文件是两个不同的操作,在这两个操作之间可能发生故障,如果先写了数据库修改,此时发生了故障,那么在日志文件中就没有登记下这个修改。发生这种情况以后就无法恢复这个修改了。但是反过来,如果先写日志,写完日志后发生故障,没有修改数据库,那么按日志文件恢复时只不过多执行了一次不必要的撤销操作,并不会影响数据库的正确性。因此,登记日志文件必须牢牢把握这两个规则。

9.2.4　恢复策略

1. 事务故障的恢复

事务在运行至正常终止点前被终止就是事务故障。事务故障的恢复需要用到日志文件。由恢复子系统利用日志文件撤销此事务已对数据库进行的修改。

首先,反向扫描文件日志,就是从离现在比较近的时间向离现在比较远的时间扫描日志文件,查找该事务的更新操作。然后,对事务的更新操作执行逆操作,即将日志记录中"更新前的值"写入数据库。如果"更新前的值"为空,则相当于做删除操作;如果"更新后的值"为空,则相当于做插入操作。如果是修改操作,则相当于用修改前的值代替修改后的值。完成一个事务的逆向执行操作后,继续反向扫描日志文件,查找该事务的其他更新操作,并做同样处理。如此处理下去,直至读到此事务的开始标记,事务故障恢复就完成了。事务故障的恢复由系统自动完成,对用户是透明的,不需要用户干预。

2. 系统故障的恢复

一般造成数据库不一致性状态,也就是造成数据不正确的原因分为两种:第一种是没有完成的事务对数据库的更新可能已写入了数据库,这种情况下故障的恢复需要撤销故障发生时已完成的事务;第二种是已经提交的事务对数据库的更新可能还留在缓冲区,没来得及写入数据库,此时只需要直接重做一次已经完成的事务。

系统故障的恢复步骤如下。

(1) 正向扫描日志文件(即从头扫描日志文件),扫描之后有两种队列:一种是重做(redo)队列,是故障发生前已经提交的事务,这些事务既有 BEGIN TRANSACTION 记录,也有 COMMIT 记录;第二种是撤销(undo)队列,是故障发生时没有完成的事务,这些事务只有 BEGIN TRANSACTION 记录,无相应的 COMMIT 记录。扫描之后知道了这两种队列,下一步就是对它们分别进行处理。

(2) 对撤销队列事务进行撤销处理。处理过程是反向扫描日志文件,对每个撤销事务的更新操作执行逆操作,也就是将日志记录中"更新前的值"写入数据库。

(3) 对重做队列事务进行重做处理。处理过程是正向扫描日志文件,对每个重做事务重新执行登记的操作,也就是将日志记录中"更新后的值"写入数据库。

同事务故障类似,系统故障的恢复由系统在重新启动时自动完成,不需要用户干预。

3. 介质故障的恢复

介质故障的影响比较大,它的恢复包含以下两个步骤。

(1) 重装数据库。装入最新的后备数据库副本(离故障发生时刻最近的转储副本),使数据库恢复到最近一次转储时的一致性状态。对于静态转储的数据库副本,装入后数据库就处于一致性状态。如果是动态转储的数据库副本,那么装入数据库副本也需要依赖日志文件,利用重做和撤销两种方法,才能将数据库恢复到一致性状态。

(2) 重做已完成的事务。装入有关的日志文件副本(也就是转储结束时刻的日志文件副本),重做已完成的事务。这个步骤动态转储和静态转储都要做:首先扫描日志文件,找出故障发生时已提交的事务的标识,将其记入重做队列;然后正向扫描日志文件,对重做队列中所有事务进行重做处理,也就是将日志记录中"更新后的值"写入数据库。

由于计算机病毒引起的数据库故障,恢复方法首先是进行杀毒处理,然后根据实际情况灵活地选择恢复策略。

总结来说,数据库恢复最常用的技术是数据转储(备份)和日志文件。利用存储在后备副本、日志文件和数据库镜像中的冗余数据来重建数据库,最终实现数据库恢复。

9.3 本章小结

保证数据一致性是对数据库的最基本的要求。事务是数据库的逻辑工作单位,只要数据库管理系统能够保证系统中一切事务的 ACID 特性,即事务的原子性、一致性、隔离性和持续性,也就保证了数据库处于一致状态。为了保证事务的原子性、一致性与持续性,数据库管理系统必须对事务故障、系统故障和介质故障进行恢复。数据转储和登记日志文件是恢复中最经常使用的技术。恢复的基本原理就是利用存储在后备副本、日志文件和数据库镜像中的冗余数据来重建数据库,最终实现数据库恢复。

9.4　思考与练习

一、单选题

1. 关于事务的 ACID 特性,下列说法中不正确的是(　　)。

　　A. 事务的原子性表示事务中的所有元素作为一个整体提交或回滚,是不可拆分的,
　　　　事务是一个完整的操作

　　B. 事务的一致性表示事务完成时,数据必须是一致的,也就是说,和事务开始之前存
　　　　储的数据处于一致状态,保证数据的无损

　　C. 事务的持久性表示不管事务提交成功或者提交失败,事务相关的数据均必须永久
　　　　地保存到磁盘中

　　D. 事务的隔离性表示对数据进行修改的多个事务是彼此隔离的,事务执行必须是独
　　　　立的,不应该以任何方式来影响其他事务

2. (　　)操作得到的一定是一个符合数据一致性的副本。

　　A. 全量备份　　　　　B. 增量备份　　　　　C. 静态备份　　　　　D. 动态备份

3. 若系统在运行过程中由于某种原因停止运行,致使事务在执行过程中以非正常方式
终止,这时内存中的信息丢失,而存储在外存上的数据未受影响,这种情况称为(　　)。

　　A. 事务故障　　　　　B. 系统故障　　　　　C. 介质故障　　　　　D. 运行故障

4. 事务是一个(　　)。

　　A. 程序　　　　　　　B. 进程　　　　　　　C. 操作序列　　　　　D. 完整性规则

5. 事务对数据库的修改,应该在数据库中留下痕迹,永不消逝。这个性质称为事务的
(　　)。

　　A. 持久性　　　　　　B. 隔离性　　　　　　C. 一致性　　　　　　D. 原子性

6. 事务的执行次序称为(　　)。

　　A. 过程　　　　　　　B. 步骤　　　　　　　C. 调度　　　　　　　D. 优先级

7. 后备副本的用途是(　　)。

　　A. 安全性保障　　　　B. 一致性控制　　　　C. 故障后的恢复　　　D. 数据的转储

8. 用于数据库恢复的重要文件是(　　)。

　　A. 数据库文件　　　　B. 索引文件　　　　　C. 日志文件　　　　　D. 备注文件

9. 关于事务的说法不正确的是(　　)。

　　A. 事务是用户定义的一系列操作的完整性,这些操作必须全部执行成功,或者全部
　　　　执行失败,而不能部分成功,部分失败

　　B. 显式地定义事务时,开始事务可以使用 BEGIN TRANSACTION

　　C. 隐式地定义事务,一般由系统自动执行

　　D. 事务只能是一组 SQL 语句,而不能是一条 SQL 语句

二、多选题

1. 数据库中事务的 ACID 特性指的是（　　）。

　　A. 原子性　　　　　　B. 一致性　　　　　　C. 隔离性　　　　　　D. 持久性

2. 数据库管理员希望对数据库进行性能优化,以下操作中行之有效的方法为（　　）。

　　A. 将数据库的数据库文件和日志文件分别放在不同的分区上

　　B. 尽量不要在数据库服务器上安装其他无关服务

　　C. 一个表中的数据行过多时,将其划分为两个或多个表

　　D. 将数据库涉及的所有文件单独放在一个分区上供用户访问

3. 下面关于事务的描述,正确的是（　　）。

　　A. 事务可用于保持数据的一致性

　　B. 事务应该尽量小且应该尽快提交

　　C. 应避免人工输入操作出现在事务中

　　D. 在事务中可以使用 ALTER DATABASE

4. 下列关于数据库故障的说法,正确的是（　　）。

　　A. 数据库管理系统把数据库从错误状态恢复到某一已知的正确状态(亦称为一致状态或完整状态),这个过程称为数据库的恢复

　　B. 介质故障指外存故障,例磁盘损坏、磁头碰撞、瞬时强磁场干扰、硬盘坏道等

　　C. 计算机病毒也可以引起数据库发生故障

　　D. 事务的故障可以通过精细化管理避免

5. 数据库恢复技术,说法正确的是（　　）。

　　A. 全量转储总是优于增量转储

　　B. 静态转储期间不允许对数据库进行任何存取、修改活动

　　C. 静态转储得到的一定是一个符合数据一致性的副本

　　D. 执行动态转储时,转储操作与用户事务并发进行

三、简答题

1. 请结合实例说明事务 ACID 特性的重要性。

2. 请讨论如何选择增量备份和全量备份。

3. 请谈谈登记日志文件时,为什么要先写日志,再写数据库?

第 *10* 章

数据库并发控制

10.1 并发控制概念

数据库是一个共享资源,可以供多个用户使用。允许多个不用用户同时使用同一个数据库的数据库系统称为多用户数据库系统。例如,飞机订票数据库系统、银行数据库系统、网上选课系统等都是多用户数据库系统。它们的共同特点是在同一时刻并发运行的事务数可达数百个。

10.1.1 并发控制概述

视频讲解

事务的执行方式大致分为以下三种。

事务可以一个一个地串行执行,即每个时刻只有一个事务运行,其他事务必须等到这个事务结束以后方能运行,这种执行方式称为**事务串行执行**,如图 10-1(a)所示。但是这种执行方式不能充分利用系统资源,发挥数据库共享资源的特点。

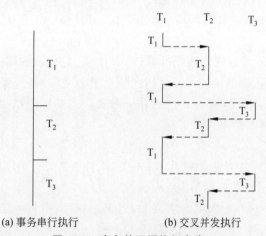

(a) 事务串行执行   (b) 交叉并发执行

图 10-1 事务的不同执行方式

在单处理机系统中,事务的并行执行实际上是这些并行事务的并行操作轮流交叉运行,如图 10-1(b)所示。这种并行执行方式称为**交叉并发执行**(interleaved concurrency)。虽然单处理机系统中的并行事务并没有真正地并行运行,但能够减少处理机的空闲时间,提高系统的效率。

在多处理机系统中,每个处理机可以运行一个事务,多个处理机可以同时运行多个事务,实现多个事务真正的并行运行。这种并行执行方式称为**同时并发执行**(simultaneous concurrency)。

当多个用户同时访问数据库时,可能会出现多个事务同时尝试访问相同的数据情况。如果没有适当的并发控制,可能会导致不正确的数据读取和写入,从而破坏事务和数据库的一致性。因此,数据库管理系统必须提供有效的并发控制机制,这是评估数据库管理系统性能的关键因素之一。

在第 9 章中已经讲到,事务是并发控制的基本单位,保证事务的 ACID 特性是事务处理的重要任务,其中包含:对并发操作进行正确调度;保证事务的隔离性;保证数据库的一致性。而事务并发执行可能带来以下几个问题:多个事务同时存取同一数据;可能存取和存储不正确的数据,破坏事务一致性和数据库的一致性。

下面先来看一个并发操作带来数据的不一致性实例。

【例 10-1】 网上选课系统中的一个活动序列如下。

(1) 学生甲(甲事务)读出某热门公选课的可选人数 A,设 A=8。

(2) 学生乙(乙事务)读出同一门课的可选人数 A,也为 8。

(3) 学生甲选了该课程,修改可选人数 A←A−1,所以 A 为 7,把 A 写回数据库。

(4) 学生乙也选了该课程,修改可选人数 A←A−1,所以 A 为 7,把 A 写回数据库。

结果:有两人选修了该课程,但数据库中该课程的可选人数只减少了 1。

这种情况称为数据库的不一致性,是由并发操作引起的。在并发操作的情况下,对甲、乙两个事务的操作序列的调度是随机的。如果按照上述调度序列执行,那么甲事务的修改将会丢失,原因在于步骤(4)中乙事务对 A 的修改被写回并覆盖了甲事务的修改。

并发操作带来的数据不一致性有三类:丢失修改(lost update)、不可重复读(nonrepeatable read)、读"脏"数据(dirty read)。

以下将读数据 x 使用记号 R(x)表示,写数据 x 用记号 W(x)表示。

1. 丢失修改

两个事务 T_1 和 T_2 读入同一数据并修改,T_2 的提交结果破坏了 T_1 提交的结果,导致 T_1 的修改丢失。上面选课系统的例子就属此类。图 10-2(a)是选课系统的事务描述:设 A 表示可选人数,事务 T_1 和 T_2 都对变量 A 进行修改,T_2 的提交结果 7 破坏了 T_1 的提交结果 7,也就是说 T_1 的修改结果丢失了。

2. 不可重复读

不可重复读指事务 T_1 读取数据后,事务 T_2 执行更新操作,使 T_1 无法再现前一次读结果。不可重复读包括以下三种情况。

(1) 事务 T_1 读取某一数据后,事务 T_2 对其做了修改,当事务 T_1 再次读该数据时,得到与前一次不同的值。如图 10-2(b)所示,设 A 和 B 分别表示两门课的成绩,事务 T_1 读取 A=80,B=70 进行求和运算;T_2 读取同一数据 B,对其进行修改后将 B=91 写回数据库;T_1 为了对读取值校对重读 B,B 已为 91,与第一次读取值不一致。

(2) 事务 T_1 按一定条件从数据库中读取了某些数据记录后,事务 T_2 删除了其中部分记录,当 T_1 再次按相同条件读取数据时,发现某些记录消失了。

(3) 事务 T_1 按一定条件从数据库中读取某些数据记录后,事务 T_2 插入了一些记录,当 T_1 再次按相同条件读取数据时,发现多了一些记录。

T_1	T_2
(1)R(A)=8	
(2)	R(A)=8
(3)A←A−1 W(A)=7	
(4)	A←A−1 W(A)=7

T_1	T_2
(1)R(A)=80 R(B)=70 求和=150	
(2)	R(B)=70 B←B*1.3 W(B)=91
(3)R(A)=80 R(B)=91 和=171 (验算不对)	

T_1	T_2
(1)R(C)=80 C←C*1.2 W(C)=96	
(2)	R(C)=96
(3)ROLLBACK C 恢复为 80	

(a) 丢失修改　　　　　　　　(b) 不可重复读　　　　　　　(c) 读"脏"数据

图 10-2　事务并发执行带来的问题

后两种不可重复读有时也称为幻影现象(phantom row)。

3．读"脏"数据

事务 T_1 修改某一数据,并将其写回磁盘;事务 T_2 读取同一数据后,T_1 由于某种原因被撤销;这时 T_1 已修改过的数据恢复原值,T_2 读到的数据就与数据库中的数据不一致。T_2 读到的数据就为"脏"数据,即不正确的数据。图 10-2(c)就是一个读"脏"数据的实例:T_1 将课程 C 的成绩修改为 96,T_2 读到 C 为 96;T_1 由于某种原因撤销,其修改作废,C 恢复原值 80;这时 T_2 读到的 C 为 96,与数据库内容不一致,就是"脏"数据。

10.1.2　事务的隔离性

数据库系统必须具有隔离并发运行各个事务的能力,使它们不会相互影响,避免各种并发问题。一个事务与其他事务隔离的程度称为隔离级别。数据库规定了多种事务隔离级别,不同隔离级别对应不同的干扰程度,隔离级别越高,数据一致性就越好,但并发性越弱。不同的事务隔离性级别可以解决 10.1.1 节中提到的不同问题。

MySQL 有 4 种隔离级别。

(1)可串行化(SERIALIZABLE)。如果隔离级别为可串行化,则用户之间通过一个接一个的顺序执行当前的事务,这种隔离级别提供了事务之间最大限度的隔离。

(2)可重复读(REPEATABLE READ)。在可重复读这一隔离级别上,事务不会被看作一个序列。不过,当前正在执行事务的变化仍然不能被外部看到,也就是说,如果用户在另外一个事务中执行同条 SELECT 语句数次,结果总是相同的(因为正在执行的事务所产生的数据变化不能被外部看到)。

(3)提交读(READ COMMITTED)。该隔离级别的安全性比 REPEATABLE READ 隔离级别的安全性要差。处于 READ COMMITTED 级别的事务可以看到其他事务对数据的修改。也就是说,在事务处理期间,如果其他事务修改了相应的表,那么同一个事务的多个 SELECT 语句可能返回不同的结果。

(4)未提交读(READ UNCOMMITTED)。未提交读又称为"脏读"(dirty read),提供了事务之间最小限度的隔离。除了容易产生虚幻的读操作和不能重复的读操作外,处于这个隔离级的事务可以读到其他事务还没有提交的数据,如果这个事务使用其他事务不提交的变化作为计算的基础,然后那些未提交的变化被它们的父事务撤销,就会导致大量的数据变化。

在 MySQL 数据库中,默认的事务隔离级别是 REPEATABLE READ。

【例 10-2】 查看、修改事务的隔离级别。

(1) 查看隔离级别。

```
#查看全局隔离级
mysql>SELECT @@global.transaction_isolation;
+--------------------------------+
| @@global.transaction_isolation |
+--------------------------------+
| REPEATABLE-READ                |
+--------------------------------+
1 row in set (0.00 sec)

#查看当前会话中的隔离级
mysql>SELECT @@session.transaction_isolation;
+---------------------------------+
| @@session.transaction_isolation |
+---------------------------------+
| REPEATABLE-READ                 |
+---------------------------------+
1 row in set (0.00 sec)

#查看下一个事务的隔离级
mysql>SELECT @@transaction_isolation;
+-------------------------+
| @@transaction_isolation |
+-------------------------+
| REPEATABLE-READ         |
+-------------------------+
1 row in set (0.00 sec)
```

(2) 修改事务隔离级别。

① 修改事务隔离级别为 READ UNCOMMITTED。

```
#修改事务隔离级别
SET SESSION TRANSACTION ISOLATION LEVEL READ UNCOMMITTED;
#查看是否修改成功(成功改为 READ UNCOMMITTED)
mysql>SELECT @@session.transaction_isolation;
+---------------------------------+
| @@session.transaction_isolation |
+---------------------------------+
| READ-UNCOMMITTED                |
+---------------------------------+
1 row in set (0.00 sec)
```

② 修改事务隔离级别为 REPEATABLE READ。

```
#修改事务隔离级别
```

```
SET SESSION TRANSACTION ISOLATION LEVEL REPEATABLE READ;
#查看是否修改成功(成功改为 REPEATABLE READ)
mysql>SELECT @@session.transaction_isolation;
+--------------------------------+
| @@session.transaction_isolation |
+--------------------------------+
| REPEATABLE-READ                 |
+--------------------------------+
1 row in set (0.00 sec)
```

知识拓展

默认情况下,事务的访问模式为 READ WRITE(读/写模式),表示事务可以执行读(查询)或写(更新、插入、删除)操作。若开发需要,可以将事务的访问模式设置为 READ ONLY(只读模式),禁止对表进行更改。具体 SQL 语句如下:

```
#删除已有的 T_tbTeacherInfo
DROP TABLE IF EXISTS T_tbTeacherInfo;
#从已有的 tbTeacherInfo 创建 T_tbTeacherInfo
CREATE TABLE T_tbTeacherInfo SELECT * FROM tbTeacherInfo;
```

(1) 设置只读事务

```
SET [SESSION|GLOBAL] TRANSACTION READ ONLY;

mysql>SET SESSION TRANSACTION READ ONLY;
Query OK, 0 rows affected (0.00 sec)

mysql>SET GLOBAL TRANSACTION READ ONLY;
Query OK, 0 rows affected (0.00 sec)

#测试只读事务设置成功
#删除已有的 T_tbTeacherInfo
DROP TABLE IF EXISTS T_tbTeacherInfo;
#从已有的 tbTeacherInfo 创建 T_tbTeacherInfo
CREATE TABLE T_tbTeacherInfo SELECT * FROM tbTeacherInfo;

mysql>UPDATE T_tbTeacherInfo SET tSalary=tSalary+1000 WHERE tName='吕连良';
ERROR 1792 (25006): Cannot execute statement in a READ ONLY transaction.
```

(2) 恢复成读写事务

```
SET [SESSION | GLOBAL] TRANSACTION READ WRITE

mysql>SET SESSION TRANSACTION READ WRITE;
Query OK, 0 rows affected (0.00 sec)

mysql>SET GLOBAL TRANSACTION READ WRITE;
Query OK, 0 rows affected (0.00 sec)
```

【例 10-3】　人事部门要对吕连良老师进行奖励发放操作,人事管理人员开启事务之后对工资进行修改,但不提交事务,通知吕老师来查询,如果吕老师的隔离级别比较低,就会读取到管理人员未提交的数据,发现确实给自己奖励。之后管理人员发现这笔钱发错了,于是对事务进行回滚操作,吕老师白高兴一场……

为了演示和解决上述情况,需要开启两个命令行窗口,分别登录到 MySQL 数据库,执行 USE textbook_stu;切换到 textbook_stu 数据库,然后使用这两个窗口分别模拟人事管理人员和吕老师,以下分别称为客户端 A 和客户端 B。具体操作过程如下。

(1) 设置客户端 B 的级别为 READ UNCOMMITTED。

```
#READ UNCOMMITTED(读取未提交)
#客户端 B----teacher 用户
SET SESSION TRANSACTION ISOLATION LEVEL READ UNCOMMITTED;

mysql>SELECT tName, tSalary FROM T_tbTeacherInfo WHERE tName ='吕连良';
+--------+---------+
| tName  | tSalary |
+--------+---------+
| 吕连良 | 4300.00 |
+--------+---------+
1 row in set (0.00 sec)
```

(2) 客户端 A 开启一个事务,并对吕老师的工资进行修改。

```
#客户端 A----人事管理用户
START TRANSACTION;

mysql>UPDATE T_tbTeacherInfo SET tSalary =tSalary +1000 WHERE tName ='吕连良';
Query OK, 1 row affected (0.01 sec)
Rows matched: 1 Changed: 1 Warnings: 0
```

(3) 演示客户端 B 的"脏"读。之后,将隔离级别改为 READ COMMITTED。

```
#客户端 B----"脏"读
mysql>SELECT tName, tSalary FROM T_tbTeacherInfo WHERE tName ='吕连良';
+--------+---------+
| tName  | tSalary |
+--------+---------+
| 吕连良 | 5300.00 |
+--------+---------+
1 row in set (0.00 sec)
```

(4) 避免客户端的"脏"读。将客户端 B 的隔离级别改为 READ COMMITTED 或更高,可以读到正确的数据。

```
SET SESSION TRANSACTION ISOLATION LEVEL READ COMMITTED;

mysql>SELECT tName, tSalary FROM T_tbTeacherInfo WHERE tName ='吕连良';
+--------+---------+
| tName  | tSalary |
+--------+---------+
| 吕连良 | 4300.00 |
```

```
+--------+---------+
1 row in set (0.00 sec)

#客户端 A
ROLLBACK;
```

从以上结果可以看出,由于客户端 A 没有提交事务,客户端 B 读取到了客户端 A 提交前的结果,说明 READ COMMITTED 可以避免脏读。客户端 B 操作完成之后,回滚客户端 A 的事务,以免影响后面的案例演示。

READ COMMITTED 可以避免脏读,但是不能解决不可重复读的问题。

【例 10-4】　READ COMMITTED(读取提交)不可重复读示例。

(1)客户端 B 第一次读工资。

```
#客户端 B 的隔离级别为 READ COMMITTED
SET SESSION TRANSACTION ISOLATION LEVEL READ COMMITTED;
#开启一个事务,查看吕连良的工资为 4300
START TRANSACTION;
mysql>SELECT tName, tSalary FROM T_tbTeacherInfo WHERE tName ='吕连良';
+--------+---------+
| tName  | tSalary |
+--------+---------+
| 吕连良 | 4300.00 |
+--------+---------+
1 row in set (0.00 sec)
```

(2)客户端 A 对刚刚读取的工资进行修改。

```
#客户端 A
mysql>UPDATE T_tbTeacherInfo SET tSalary =tSalary +1000 WHERE tName ='吕连良';
Query OK, 1 row affected (0.01 sec)
Rows matched: 1 Changed: 1 Warnings: 0
```

(3)在同一事务中,客户端 B 再次读取工资,为 5300,与上次读到的不一致,即发生了不可重复读。

```
#客户端 B
mysql>SELECT tName,tSalary FROM T_tbTeacherInfo WHERE tName='吕连良';
+--------+---------+
| tName  | tSalary |
+--------+---------+
| 吕连良 | 5300.00 |
+--------+---------+
1 row in set (0.00 sec)

COMMIT;
```

从上述结果可以看出,客户端 B 在同一个事务中两次查询的结果不一致,这就是不可重复读的情况。操作完成后,将客户端 B 的事务提交,以免影响后面的演示。

【例 10-5】　REPEATABLE READ(可重复读)示例 1,将客户端 B 的隔离级别设为 REPEATABLE READ 后,重新执行例 10-4 的命令序列。

```
#客户端 B
SET SESSION TRANSACTION ISOLATION LEVEL REPEATABLE READ;
START TRANSACTION;

mysql>SELECT tName,tSalary FROM T_tbTeacherInfo WHERE tName='吕连良';
+--------+---------+
| tName  | tSalary |
+--------+---------+
| 吕连良  | 5300.00 |
+--------+---------+
1 row in set (0.00 sec)
#客户端 A
UPDATE T_tbTeacherInfo SET tSalary =tSalary+1000 WHERE tName ='吕连良';
#客户端 B
mysql>SELECT tName,tSalary FROM T_tbTeacherInfo WHERE tName='吕连良';
+--------+---------+
| tName  | tSalary |
+--------+---------+
| 吕连良  | 5300.00 |
+--------+---------+
1 row in set (0.00 sec)

COMMIT;
```

由上面的结果可以看出,将客户端 B 的隔离级别设为 REPEATABLE READ 后,客户端 B 两次读取的结果一致。

REPEATABLE READ 是 MySQL 的默认事务隔离级,它解决了"脏"读和不可重复读的问题,确保了同一事务的多个实例在并发读取数据时会看到同样的结果。

但是,在理论上,该隔离会出现"幻读"(phantom read)的现象。幻读又称为虚读,指在一个事务内的两次查询中数据条数不一致。

在人事管理部门统计所有多次的工资总额时,总金额为 21 500,若此时新增加 1 名老师,工资总额增加 2100,如例 10-6 所示。

【例 10-6】 READ COMMITTED (读提交)引发的幻读及解决方法示例。

(1) 客户端 B 的幻读。

由于客户端 B 当前的隔离级别为 REPEATABLE READ,可以避免幻读,需要降低级别至 READ COMMITTED。降低后,开启一个新事务,统计职工的工资总额;然后在客户端插入一条新记录,再次统计工资总额,具体如下。

```
#客户端 B
SET SESSION TRANSACTION ISOLATION LEVEL READ COMMITTED;
START TRANSACTION;

mysql>SELECT SUM(tSalary) FROM T_tbTeacherInfo;
+--------------+
| SUM(tSalary) |
+--------------+
| 21500.00     |
```

```
+--------------+
1 row in set (0.00 sec)

#客户端 A
INSERT INTO T_tbTeacherInfo(tNo, tName, tSalary) VALUES ('00003', '王三', 2100);
#客户端 B
mysql>SELECT SUM(tSalary) FROM T_tbTeacherInfo;
+--------------+
| SUM(tSalary)  |
+--------------+
| 23600.00      |
+--------------+
1 row in set (0.00 sec)


COMMIT;
```

客户端 B 在同一事务中两次去读取工资总额,结果不一致,这是由于其隔离级别仅为
READ COMMITTED,不能避免幻读现象。

（2）消除客户端 B 的幻读。

```
#客户端 B
SET SESSION TRANSACTION ISOLATION LEVEL REPEATABLE READ;
START TRANSACTION;

mysql>SELECT SUM(tSalary) FROM T_tbTeacherInfo;
+--------------+
| SUM(tSalary)  |
+--------------+
| 23600.00      |
+--------------+
1 row in set (0.00 sec)

#客户端 A
INSERT INTO T_tbTeacherInfo(tNo, tName, tSalary) VALUES ('00004',
'李四', 2000);
#客户端 B
mysql>SELECT SUM(tSalary) FROM T_tbTeacherInfo;
+--------------+
| SUM(tSalary)  |
+--------------+
| 23600.00      |
+--------------+
1 row in set (0.00 sec)


COMMIT;
```

客户端 B 在隔离级别为 REPEATABLE READ 时,在同一事务中两次读取工资总额,
结果一致,避免幻读现象。这是因为 MySQL 的 InnoDB 存储引擎通过多版本并发控制机
制解决了幻读问题。

【例 10-7】　SERIALIZABLE(可串行化)示例。

（1）演示可串行化。将客户端 B 的事务隔离级别设置为 SERIALIZABLE，然后启动一个事务，查看吕连良的工资。

```
#客户端 B
SET SESSION TRANSACTION ISOLATION LEVEL SERIALIZABLE;
START TRANSACTION;
mysql>SELECT tName,tSalary FROM T_tbTeacherInfo WHERE tName='吕连良';
+--------+---------+
| tName  | tSalary |
+--------+---------+
| 吕连良 | 5300.00 |
+--------+---------+
1 row in set (0.00 sec)
```

（2）在客户端 A 中将吕连良的工资增加 1000，会发现 UPDATE 操作一直在等待，而不是立即成功。

```
#客户端 A
mysql>UPDATE T_tbTeacherInfo SET tSalary =tSalary +1000 WHERE tName ='吕连良';
(此时光标闪烁,在等待客户端 B 的事务完成)

#客户端 B
COMMIT;

#查看默认情况下,锁等待的超时时间,默认为 50 秒
mysql>SELECT @@innodb_lock_wait_timeout;
+----------------------------+
| @@innodb_lock_wait_timeout |
+----------------------------+
|                         50 |
+----------------------------+
1 row in set (0.00 sec)
```

从例 10-7 中可以看出，如果一个事务使用了 SERIALIZABLE 隔离级别，在这个事务没有被提交前，其他会话只能等到当前操作完成后，才能进行操作，这样会非常耗时，而且会影响数据库的并发性能，所以通常情况下不会使用这种隔离级别。

10.2 数据库中的锁

并发控制的主要技术有封锁（Locking）、时间戳（Timestamp）和乐观控制法。商用的 DBMS 一般都采用封锁方法，所以下面重点介绍封锁。

10.2.1 封锁

视频讲解

封锁是实现并发控制的一项非常重要的技术。封锁就是事务 T 在对某个数据对象（例如表、记录等）操作之前，先向系统发出请求，对其加锁；加锁后事务 T 就对该数据对象有了一定的控制，在事务 T 释放它的锁之前，其他事务不能更新此数据对象。

一个事务对某个数据对象加锁后究竟拥有什么样的控制由封锁的类型决定,基本的封锁类型有两种。

（1）排他锁

排他锁(Exclusive Locks,简记为 X 锁)又称为写锁。若事务 T 对数据对象 A 加上 X 锁,则只允许 T 读取和修改 A,其他任何事务都不能再对 A 加任何类型的锁,直到 T 释放 A 上的锁。这可以保证其他事务在 T 释放 A 上的锁之前不能再读取和修改 A。

（2）共享锁

共享锁(Share Locks,简记为 S 锁)又称为读锁。若事务 T 对数据对象 A 加上 S 锁,则其他事务只能再对 A 加 S 锁,而不能加 X 锁,直到 T 释放 A 上的 S 锁。从而保证其他事务可以读 A,但在 T 释放 A 上的 S 锁之前不能对 A 做任何修改。

排他锁与共享锁的相容性可以使用如图 10-3 所示的锁的相容矩阵来表示,图中 Y＝Yes,相容的请求;N＝No,不相容的请求。

T_1 ＼ T_2	X	S	－
X	N	N	Y
S	N	Y	Y
－	Y	Y	Y

图 10-3　锁的相容矩阵

在锁的相容矩阵中,T_1、T_2 的封锁请求能否被满足用矩阵中的 Y 和 N 表示：Y 表示相容,T_2 的封锁请求可以满足;N 表示冲突,T_2 的请求被拒绝。

在 10.1 节中已经讲到,并发操作带来的数据不一致性有三类：丢失修改、不可重复读、读"脏"数据。而本节介绍的封锁可以解决上述问题,具体为以下三种情形。

（1）解决丢失修改。

事务 T_1 在读 A 进行修改之前先对 A 加 X 锁;当 T_2 再请求对 A 加 X 锁时被拒绝;T_2 只能等待 T_1 释放 A 上的锁后 T_2 获得对 A 的 X 锁;这时 T_2 读到的 A 已经是 T_1 更新过的值 7;T_2 按此新的 A 值进行运算,并将结果值 A＝6 送回到磁盘。这避免了丢失 T_1 的更新,如图 10-4(a)所示。

（2）解决不可重复读。

事务 T_1 在读 A、B 之前,先对 A、B 加 S 锁;其他事务只能再对 A、B 加 S 锁,而不能加 X 锁,即其他事务只能读 A、B,而不能修改;当 T_2 为修改 B 而申请对 B 的 X 锁时被拒绝,只能等待 T_1 释放 B 上的锁;T_1 为验算再读 A、B,这时读出的 B 仍是 70,求和结果仍为 150,即可重复读;T_1 结束才释放 A、B 上的 S 锁。此时 T_2 才获得对 B 的 X 锁,如图 10-4(b)所示。

（3）解决读"脏"数据。

事务 T_1 在对 C 进行修改之前,先对 C 加 X 锁,修改其值后写回磁盘;T_2 请求在 C 上加 S 锁,因 T_1 已在 C 上加了 X 锁,T_2 只能等待;T_1 因某种原因被撤销,C 恢复为原值 80;T_1 释放 C 上的 X 锁后 T_2 获得 C 上的 S 锁,读 C＝80。这避免了 T_2 读"脏"数据,如图 10-4(c)所示。

上述三种情形的主要区别在于什么操作需要申请封锁,以及何时释放锁(即持锁时间)。

T₁	T₂	T₁	T₂	T₁	T₂
(1) **Xlock A**		(1) **Slock A** **Slock B** R(A)=80 R(B)=70 求和=150		(1) **Xlock C** R(C)=80 C←C*1.2 W(C)=96	
(2) R(A)=8	**Xlock A**	(2)	**Xlock B** 等待 等待	(2)	**Slock C** 等待
(3)A←A−1 W(A)=7 Commit Unlock A	**等待** **等待** **等待** **等待**	(3)R(A)=80 R(B)=70 求和=150 **Commit** **Unlock A** **Unlock B**	**等待** **等待** **等待** **等待** **等待** **等待**	(3) ROLLBACK C 恢复为 80 **Unlock C**	**等待** **等待** **等待**
(4)	**获得 Xlock A** R(A)=7 A←A−1	(4)	获得 **Xlock B** R(B)=70 B←B*1.3	(4)	**获得 Slock C** R(C)=80
(5)	W(A)=6 **Commit** **Unlock A**	(5)	W(B)=91 **Commit** **Unlock B**	(5)	**Commit** **Unlock C**
(a) 解决丢失修改		(b) 解决不可重复读		(c) 解决读"脏"数据	

图 10-4　用封锁解决事务并发执行带来的问题

视频讲解

10.2.2　活锁和死锁

封锁技术可以有效地解决并行操作的一致性问题,但也带来一些新的问题:活锁与死锁。下面将详细介绍这两种问题及其解决方法。

1. 活锁定义

如图 10-5(a)所示,事务 T₁ 封锁了数据 R,事务 T₂ 又请求封锁 R,于是 T₂ 等待。T₃ 也请求封锁 R,当 T₁ 释放了 R 上的封锁之后系统首先批准了 T₃ 的请求,T₂ 仍然等待。T₄ 又请求封锁 R,当 T₃ 释放了 R 上的封锁之后系统又批准了 T₄ 的请求……T₂ 有可能永远等待,这就是活锁的情形。

2. 解决活锁

避免活锁可采用先来先服务的策略。当多个事务请求封锁同一数据对象时,按请求封锁的先后次序对这些事务排队,该数据对象上的锁一旦释放,首先批准申请队列中第一个事务获得锁。

3. 死锁定义

如图 10-5(b)所示,事务 T₁ 封锁了数据 R1,T₂ 封锁了数据 R2;T₁ 又请求封锁 R2,因 T₂ 已封锁了 R2,于是 T₁ 等待 T₂ 释放 R2 上的锁;接着 T₂ 又申请封锁 R1,因 T₁ 已封锁了 R1,T₂ 也只能等待 T₁ 释放 R1 上的锁;这样 T₁ 在等待 T₂,而 T₂ 又在等待 T₁,T₁ 和 T₂ 两个事务永远不能结束,形成死锁。

4. 解决死锁

产生死锁的原因是两个或多个事务都已封锁了一些数据对象,然后又都请求对已被其他事务封锁的数据对象加锁,从而出现死等待。

T₁	T₂	T₃	T₄
Lock R	.	.	.
.	Lock R	.	.
.	等待	Lock R	.
.	等待	.	Lock R
Unlock	等待	.	等待
.	等待	Lock R	等待
.	等待	.	等待
.	等待	Unlock	等待
.	等待	.	Lock R
.	等待		.

(a) 活锁

T₁	T₂
Lock R1	
	Lock R2
Lock R2	
等待	
等待	Lock R1
等待	等待
等待	等待
等待	等待

(b) 死锁

图 10-5　活锁与死锁示例

解决死锁有两种方法：一是预防死锁，预防死锁的发生就是要破坏产生死锁的条件；二是死锁的诊断与解除。

通常有两种预防死锁的方法。

（1）**一次封锁法**。该方法要求每个事务必须一次将所有要使用的数据全部加锁，否则就不能继续执行。但是该方法同样存在问题：降低系统并发度；并且难以事先精确确定封锁对象。

（2）**顺序封锁法**。该方法预先对数据对象规定一个封锁顺序，所有事务都按这个顺序实行封锁。同样该方法也存在问题：一是维护成本高，数据库系统中封锁的数据对象极多，并且在不断变化；二是难以实现，很难事先确定每一个事务要封锁哪些对象。

所以，在操作系统中广为采用的预防死锁的策略并不很适合数据库的特点，DBMS 在解决死锁的问题上更普遍采用的是诊断并解除死锁的方法。

死锁的诊断有超时法和事务等待图法两种。

（1）**超时法**。其基本思想是如果一个事务的等待时间超过了规定的时限，就认为发生了死锁。该方法的优点是实现简单。同时该方法也存在弊端：若时限设置得太短，有可能误判死锁；若时限设置得太长，死锁发生后不能及时发现。

（2）**事务等待图法**。该方法用事务等待图动态反映所有事务的等待情况。事务等待图是一个有向图 G＝(T，U)，T 为结点的集合，每个结点表示正运行的事务；U 为边的集合，每条边表示事务等待的情况。若 T₁ 等待 T₂，则在 T₁、T₂ 之间画一条有向边，从 T₁ 指向 T₂。图 10-6(a) 中，事务 T₁ 等待 T₂，T₂ 等待 T₁，产生了死锁。图 10-6(b) 中，事务 T₁ 等待 T₅，T₅ 等待 T₄，T₄ 等待 T₃，T₃ 等待 T₂，T₂ 等待 T₁，T₄ 又等待 T₅ 产生了死锁。在大回路中又有小的回路。并发控制子系统周期性地（例如每隔数秒）生成事务等待图，检测事务。如果发现图中存在回路，则表示系统中出现了死锁。

最后来看解除死锁的方法。选择一个处理死锁代价最小的事务，将其撤销，释放此事务持有的所有的锁，使其他事务能继续运行下去。

10.2.3　可串行化调度

数据库管理系统对并发事务不同的调度可能会产生不同的结果，串行调度是否正确，可以用来作为衡量调度是否正确的准则。多个事务的并发执行是正确的，当且仅当其结果与

视频讲解

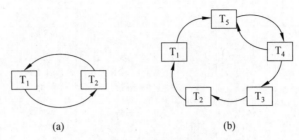

图 10-6　事务等待图

按某一次序串行地执行这些事务时的结果相同,称之为可串行化(serializable)调度。可串行性(serializability)是并发事务正确调度的准则。一个给定的并发调度,当且仅当它是可串行化的,才能被认为是正确调度。

【例 10-8】　现有两个事务,分别包含下列操作。

- 事务 T_1：读 A;读 B;B=A+B;写回 B。
- 事务 T_2：读 B;读 A;A=A+B;写回 A。

现给出对这两个事务不同的调度策略:假设 A,B 的初值均为 20。

如图 10-7 所示,串行调度(a):按 $T_1 \to T_2$ 次序执行结果为 A=60,B=40;该串行调度策略是正确的调度。串行调度(b):按 $T_2 \to T_1$ 次序执行结果为 A=40,B=60;该串行调度策略也是正确的调度。那么什么是不可串行化的调度呢?可以参照图中不可串行化的调度(c):执行结果 A=40,B=40,与(a)、(b)的结果都不同,这种调度策略就是错误的调度。但是可串行化的调度(d)执行结果与串行调度(a)的执行结果相同,是正确的调度。

冲突可串行化是一个比可串行化更严格的条件,所以冲突可串行化是可串行化的一个子集,商用系统中的调度器采用的就是冲突可串行化。

冲突操作是指不同的事务对同一数据的读写操作和写写操作:

```
Ri(x)与Wj(x)           /*事务Ti读x,Tj写x,其中i≠j*/
Wi(x)与Wj(x)           /*事务Ti写x,Tj写x,其中i≠j*/
```

其他操作是不冲突操作。

冲突可串行化中不能交换(swap)的动作包括:同一事务的两个操作;不同事务的冲突操作。

一个调度 Sc 在保证冲突操作的次序不变的情况下,通过交换两个事务不冲突操作的次序得到另一个调度 Sc',如果 Sc' 是串行的,称调度 Sc 是冲突可串行化的调度。若一个调度是冲突可串行化的调度,则一定是可串行化的调度。因此,可用这种方法判断一个调度是否是冲突可串行化的。

设有调度:$Sc_1 = R_1(A)W_1(A)R_2(A)W_2(A)R_1(B)W_1(B)R_2(B)W_2(B)$。

依据可交换操作的要求:交换 $R_2(A)W_2(A)$ 与 $R_1(B)W_1(B)$ 的位置,可以得到 1 个新的调度:$Sc_2 = R_1(A)W_1(A)R_1(B)W_1(B)R_2(A)W_2(A)R_2(B)W_2(B)$。前面的 4 个操作即事务 T_1,后面的 4 个操作即事务 T_2,所以 Sc_2 等价于一个串行调度 T_1,T_2。因而 Sc_1 为冲突可串行化的调度。

冲突可串行化调度是可串行化调度的充分条件,不是必要条件。还有不满足冲突可串

T_1	T_2
Slock A	
Y=R(A)=20	
Unlock A	
Xlock B	
X= R(B)=20	
B=X+Y=40	
W(B)	
Unlock B	
	Slock B
	X=R(B)=40
	Unlock B
	Xlock A
	Y=R(A)=20
	A=X+Y=60
	W(A)
	Unlock A

(a) 串行调度

T_1	T_2
	Slock B
	X=R(B)=20
	Unlock B
	Xlock A
	Y=R(A)=20
	A=X+Y=40
	W(A)
	Unlock A
Slock A	
Y=R(A)=40	
Unlock A	
Xlock B	
X=R(B)=20	
B=X+Y=60	
W(B)	
Unlock B	

(b) 串行调度

T_1	T_2
Slock A	
Y=R(A)=20	
	Slock B
	X=R(B)=20
Unlock A	
	Unlock B
Xlock B	
X=R(B)=20	
B=X+Y=40	
W(B)	
	Xlock A
	Y=R(A)=20
	A=X+Y=40
	W(B)
Unlock B	
	Unlock B

(c) 不可串行化的调度

T_1	T_2
Slock A	
Y=R(A)=20	
Unlock A	
Xlock B	
X= R(B)=20	
	Slock B
	等待
B=X+Y=40	等待
W(B)	等待
Unlock B	
	X= R(B)=20
	Unlock B
	Xlock A
	Y=R(A)=20
	A=X+Y=60
	W(A)
	Unlock A

(d) 可串行化的调度

图 10-7　可串行化调度示意图

行化条件的可串行化调度。

【例 10-9】　有以下 3 个事务：

$T_1 = W_1(A)W_1(B)$，$T_2 = W_2(A)W_2(B)$，$T_3 = W_3(B)$。

调度 $L_1 = W_1(A)W_1(B)W_2(A)W_2(B) W_3(B)$ 是一个串行调度，依次为 T_1，T_2，T_3。

调度 $L_2 = W_1(A)W_2(A)W_2(B)W_1(B)W_3(B)$ 不满足冲突可串行化，因为都是写操作，不能将不同事务对同一变量的写操作进行交换。但是调度 L_2 是可串行化的，因为 L_2 执行的结果与调度 L_1 相同，A 的值都等于 T_2 的值，B 的值都等于 T_3 的值。

DBMS 普遍采用两段锁协议的方法实现并发调度的可串行性，从而保证调度的正确性。两段锁的含义是事务分为两个阶段，即对数据项加锁和解锁。

（1）第一阶段是获得封锁，也称为扩展阶段：事务可以申请获得任何数据项上的任何类型的锁，但是不能释放任何锁。

（2）第二阶段是释放封锁，也称为收缩阶段：事务可以释放任何数据项上的任何类型的锁，但是不能再申请任何锁。

下面来看一个例子。

事务 T_i 遵守两段锁协议，其封锁序列是：申请 A 上的共享锁，B 上的排他锁，C 上的共享锁，依次释放 B、A、C。前面是扩展阶段，后面是收缩阶段。

事务 T_j 不遵守两段锁协议，其封锁序列是：Slock A Unlock A Xlock B Slock C Unlock C Unlock B，即申请 A 的共享锁，释放 A；申请 B 上的排他锁，C 上的共享锁，依次释放 C、B。申请与释放交替，因而不满足两段锁协议。

事务遵守两段锁协议是可串行化调度的充分条件，而不是必要条件。若并发事务都遵守两段锁协议，则对这些事务的任何并发调度策略都是可串行化的。若并发事务的一个调度是可串行化的，不一定所有事务都符合两段锁协议。图 10-8 的调度是遵守两段锁协议的，因此一定是一个可串行化调度。

两段锁协议与防止死锁的一次封锁法有所不同。一次封锁法要求每个事务必须一次将所有要使用的数据全部加锁，否则就不能继续执行，因此一次封锁法遵守两段锁协议；但是两段锁协议并不要求事务必须一次将所有要使用的数据全部加锁，因此遵守两段锁协议的

事务 T_1	事务 T_2
Slock C R(C)=50	
	Slock B R(B)=25
Xlock C W(C)=100	
	Xlock B W(B)=30 Slock C
Slock A	等待
R(A)=500	等待
Xlock A	等待
W(A)=600	等待
Unlock C	等待
	R(C)=100
	Xlock C
Unlock A	
	W(C)=200 Unlock C

图 10-8　符合两段锁协议的调度

事务可能发生死锁。如图 10-9 所示,事务 T_1 和事务 T_2 遵守两段锁协议,但是,由于事务 T_2 先申请 B 上的共享锁,接着 T_1 申请 B 上的排他锁,请求不能满足,所以 T_1 等待;然后 T_2 又申请 A 上的排他锁,也只能等待。两个不同事务申请同一数据上的排他锁,用两段锁协议极有可能引发死锁。

事务 T_1	事务 T_2
Slock A R(A)=12	
	Slock B R(B)=12
Xlock B	Xlock A
等待	等待
等待	

图 10-9　遵守两段锁协议的事务可能发生死锁

人文素养拓展

在社会科学中,一般来说,我们通常把从大的方面、整体方面去研究把握的科学称为宏观科学,这种研究方法称为宏观方法。通常把从小的方面、局部方面去研究把握的科学称为微观科学,这种研究方法称为微观方法。[13]

对事务交替并发执行也可以从宏观及微观的角度去理解:一个事务可以由若干语句组成,两个或两个以上的事务并发执行。宏观上看,在一个时间段内,这些事务是同时执行的;微观上来看,在任意一个时间点上,只有一个事务在执行。

10.3　本章小结

本章深入探讨了数据库的并发控制,着重介绍了以下关键概念和技术。

数据库的并发控制是确保多个用户可以同时访问和操作数据库,同时保持数据的一致性和隔离性的关键特性。为了实现这一目标,数据库管理系统提供了多种并发控制机制。

封锁技术是最常用的并发控制方法之一。它通过为事务分配锁,控制对数据的访问,确保事务之间不会相互干扰。基本的封锁类型包括排他锁(X 锁)和共享锁(S 锁),它们定义了事务对数据对象的访问权限。

并发控制引入了新的问题,如死锁和活锁。死锁是多个事务相互等待,导致它们无法继续执行的情况,而活锁是多个事务不断重试,但仍无法进展。为了解决这些问题,数据库系统采用了先来先服务、死锁诊断和解除等策略,以确保并发操作的有效性。

可串行化调度是确保多个事务正确执行的标准,要求并发执行的结果与某个串行执行一致。冲突可串行化是可串行化的一种严格形式,通常在数据库系统中采用。两段锁协议是实现可串行化调度的关键协议,通过将事务分为封锁阶段和解锁阶段,确保了调度的正确性。

总之,本章详细介绍了数据库的并发控制机制,包括封锁技术、死锁和活锁处理、可串行化调度以及两段锁协议等内容。了解这些概念和方法对于设计和管理数据库系统至关重要,可以确保多用户数据库系统的高效性和一致性。

10.4　思考与练习

一、单选题

1. 商用的 DBMS 一般都采用( )技术进行并发控制。

    A. 封锁　　　　　　B. 时间戳　　　　　　C. 乐观控制法　　　　D. 事务图法

2. 预防活锁的方法是( )。

    A. 先来先服务　　　B. 一次封锁法　　　　C. 顺序封锁法　　　　D. 事务等待图法

3. 事务 1 中的 A 先生读取自己的工资为 1000 的操作还没完成,事务 2 中的 B 先生就修改了 A 的工资为 2000,导致 A 再读自己的工资时工资变为 2000,这就是( )。

    A. 不可重复读　　　B. 丢失更改　　　　　C. 幻影现象　　　　　D. "脏"读

4. 假设某工资单表中工资大于 3000 的有 4 人,事务 1 读取了所有工资大于 3000 的人,共查到 4 条记录,这时事务 2 又插入了一条工资大于 3000 的记录,事务 1 再次读取时查到的记录就变为了 5 条,这样就导致了( )。

    A. 不可重复读　　　B. 丢失更改　　　　　C. 幻读现象　　　　　D. "脏"读

5. 若事务 T 对数据 R 已加了 S 锁,则其他事务对数据 R( )。

    A. 可以加 S 锁不能加 X 锁　　　　　　　　B. 不能加 S 锁可以加 X 锁

    C. 可以加 S 锁也可以加 X 锁　　　　　　　D. 不能加任何锁

6. 在事务依赖图中,如果两个事务的依赖关系形成一个循环,那么就会( )。

    A. 出现活锁现象　　B. 出现死锁现象　　　C. 事务执行成功　　　D. 事务执行失败

二、多选题

1. 事务并发操作可能带来的问题包括( )。

    A. 不可重复读　　　B. 丢失更改　　　　　C. 幻影现象　　　　　D. "脏"读

2. 预防和检测死锁的方法是( )。

    A. 先来先服务　　　B. 一次封锁法　　　　C. 顺序封锁法　　　　D. 事务等待图法

三、判断题

1. 事务并发执行会产生多个事务同时存取同一数据的情况。　　　　　　　　　( )

2. 冲突可串行化是可串行化的子集。 （　　）

3. 可串行化是冲突可串行化的子集。 （　　）

4. 事务并发操作可能带来的问题包括不可重复读。 （　　）

5. 事务并发操作可能带来的问题包括丢失更改。 （　　）

6. 事务并发操作可能带来的问题包括幻影现象。 （　　）

7. 事务并发操作可能带来的问题包括"脏"读。 （　　）

8. 可以采用先来先服务的策略来预防和检测死锁。 （　　）

9. 可以采用一次封锁法的策略来预防和检测死锁。 （　　）

10. 可以采用顺序封锁法的策略来预防和检测死锁。 （　　）

11. 可以采用事务待图法的策略来预防和检测死锁。 （　　）

12. 可串行化的调度一定遵守两段锁协议。 （　　）

四、简答题

1. 并发操作会带来哪些数据不一致问题？

2. 并发控制的主要技术有哪些？

3. 列举日常生活中见到的并发操作控制。

第 11 章

MySQL 数据库编程

MySQL 数据库除了可以增、删、改、查,还可以自定义函数、存储过程与变量,利用游标进行数据检索。

11.1 函数

函数指的是一段用于完成特定功能的代码,只需要给函数提供特定的参数,接收返回值,就可以完成一个特定的功能。MySQL 提供了大量的内置函数,并提供了自定义函数功能,可以灵活地满足不同用户的需求。

11.1.1 内置函数

MySQL 提供的内置函数也可以称为系统函数,这些函数无须定义,开发者根据实际需要传递参数直接调用即可。这些内置函数从功能方面划分,大致可分为字符串函数、数学函数、日期函数、加密解密函数、系统函数等。

1. 字符串函数

MySQL 提供了很多字符串函数,可以获取字符串的长度、连接字符串、获取子串及位置、字符串插入及替换、字符串大小写转换、字符串比较、删除字符串左右的空格等,常见的字符串函数见表 11-1。

表 11-1 常见的字符串函数

函　数	描　述	实　例
ASCII(s)	返回字符串 s 的第一个字符的 ASCII 码	SELECT ASCII（cNo） AS NumCode-OfFirstChar FROM tbCourse ; -- 67（字符 C 的 ASCII 码）
CHAR_LENGTH(s)	返回字符串 s 的字符数	SELECT CHAR_LENGTH("数据模型 abc ") AS LengthOfString;--7
LENGTH(s)	返回字符串 s 的字节数	SELECT LENGTH("数据模型 abc") AS LengthOfString;--15
CONCAT(s1,s2...sn)	字符串 s1,s2 等多个字符串合并为一个字符串	SELECT CONCAT（"SQL "，"Zjhu "，" Gooogle "，" Facebook") AS ConcatenatedString; -- SQL Zjhu Gooogle Facebook

函　　数	描　　述	实　　例
CONCAT_WS(x, s1, s2...sn)	同 CONCAT(s1,s2,...) 函数,但是每个字符串之间要加上 x,x 可以是分隔符	SELECT CONCAT_WS("-", "SQL", "Tutorial", "is", "fun!") AS ConcatenatedString; -- SQL-Tutorial-is-fun!
FIELD(s,s1,s2...)	返回第一个字符串 s 在字符串列表(s1,s2...)中的位置	SELECT FIELD("c", "a", "b", "c", "d", "e");　-- 3
FIND_IN_SET(s1,s2)	返回在字符串 s2 中与 s1 匹配的字符串的位置	SELECT FIND_IN_SET("c", "a,b, c,d,e"); -- 3
FORMAT(x,n)	将数字 x 进行格式化 "#,###.##",将 x 保留到小数点后 n 位,最后一位四舍五入	SELECT FORMAT(250500.5634,2); -- 250,500.56
INSERT(s1,x,len,s2)	字符串 s2 替换 s1 的 x 位置开始长度为 len 的字符串	SELECT INSERT("google.com", 1, 6, "zjhu");　-- zjhu.com
LOCATE(s1,s)	从字符串 s 中获取 s1 的开始位置	SELECT LOCATE('st','myteststring'); -- 5 SELECT LOCATE('b', 'abc'); -- 2
LCASE(s)	将字符串 s 的所有字母变成小写字母	SELECT LCASE('ZJHU'); -- zjhu
LEFT(s,n)	返回字符串 s 的前 n 个字符	SELECT LEFT('zjhu',2);　- zj
LOWER(s)	将字符串 s 的所有字母变成小写字母	字符串 ZJHU 转换为小写: SELECT LOWER('ZJHU'); -- zjhu
LPAD(s1,len,s2)	在字符串 s1 的开始处填充字符串 s2,使字符串长度达到 len	将字符串 xx 填充到 abc 字符串的开始处: SELECT LPAD('abc', 5, 'xx'); -- xxabc
LTRIM(s)	去掉字符串 s 开始处的空格	去掉字符串 ZJHU 开始处的空格: SELECT LTRIM("　　ZJHU") AS LeftTrimmedString; -- ZJHU
MID(s,n,len)	从字符串 s 的 n 位置截取长度为 len 的子字符串,同 SUBSTRING(s,n, len)	从字符串 ZJHU 中的第 2 个位置截取 3 个字符: SELECT MID("ZJHU", 2, 3) AS ExtractString; -- JHU
POSITION(s1 IN s)	从字符串 s 中获取 s1 的开始位置	返回字符串 abc 中 b 的位置: SELECT POSITION('b' in 'abc'); -- 2
REPEAT(s,n)	将字符串 s 重复 n 次	将字符串 zjhu 重复三次: SELECT REPEAT('zjhu',3); -- zjhuzjhuzjhu
REPLACE(s,s1,s2)	将字符串 s 中的字符 s1 替换为字符 s2	将字符串 abc 中的字符 a 替换为字符 x: SELECT REPLACE('abc','a','x'); --xbc
REVERSE(s)	将字符串 s 的顺序反过来	将字符串 abc 的顺序反过来: SELECT REVERSE('abc'); -- cba

续表

函　　数	描　　述	实　　例
RIGHT(s,n)	返回字符串 s 的后 n 个字符	SELECT RIGHT('zjhu',2)；- hu
RPAD(s1,len,s2)	在字符串 s1 的结尾处添加字符串 s2,使字符串的长度达到 len	SELECT RPAD (' abc ', 5, ' xx ')；-- abcxx
RTRIM(s)	去掉字符串 s 结尾处的空格	SELECT RTRIM("ZJHU　　　") AS RightTrimmedString；-- ZJHU
SPACE(n)	返回 n 个空格	返回 10 个空格： SELECT SPACE(10)；
STRCMP(s1,s2)	比较字符串 s1 和 s2：s1＝s2,返回 0；s1＞s2,返回 1,如果 s1＜s2 返回－1	SELECT STRCMP (' A ', ' C '), STRCMP('M','D'), STRCMP("zjhu", "zjhu")； -- -1,1,0
SUBSTR (s, start, length)	从字符串 s 的 start 位置截取长度为 length 的子字符串	SELECT SUBSTR (" ZJHU ", 2, 3) AS ExtractString；-- JHU
SUBSTRING(s, start, length)	从字符串 s 的 start 位置截取长度为 length 的子字符串,等同于 SUBSTR (s, start, length)	SELECT SUBSTRING ("ZJHU", 2, 3) AS ExtractString；-- JHU
TRIM(s)	去掉字符串 s 开始和结尾处的空格	SELECT TRIM(' 　ZJHU　 ') AS TrimmedString；-- ZJHU
UCASE(s)	将字符串转换为大写	将字符串 zjhu 转换为大写： SELECT UCASE("zjhu")；-- ZJHU
UPPER(s)	将字符串转换为大写	SELECT UPPER("zjhu")；-- ZJHU

2. 数学函数

MySQL 的数学函数特别丰富,能够满足日常的数据库操作与管理。根据其使用的范围不同,大致可分为三角函数、指数函数、对数函数、求近似函数、进制转换函数、求最大值、求最小值等,常用的数学函数见表 11-2,表中省略了三角函数。

表 11-2　常用的数学函数

函　数　名	描　　述	实　　例
ABS(x)	返回 x 的绝对值	SELECT ABS(-1)；-- 1
CEILING(x)	返回大于或等于 x 的最小整数	SELECT CEILING(1.5)；-- 2
DEGREES(x)	将弧度转换为角度	SELECT DEGREES(3.1415926535898)；-- 180
n DIV m	整除,n 为被除数,m 为除数	SELECT 10 DIV 5；-- 2
EXP(x)	返回 e 的 x 次方	SELECT EXP(3)；-- 20.085536923188
FLOOR(x)	返回小于或等于 x 的最大整数	SELECT FLOOR(1.5)；-- 1
GREATEST (expr1, expr2, expr3, ...)	返回列表中的最大值	SELECT GREATEST(3, 12, 34, 8, 25)；-- 34 SELECT GREATEST("Google", "Zjhu", "Apple")；　-- Zjhu

函 数 名	描 述	实 例
LEAST(expr1,expr2, expr3, …)	返回列表中的最小值	SELECT LEAST(3, 12, 34, 8, 25); -- 3 SELECT LEAST("Google", "Zjhu", "Apple"); -- Apple
LN	返回数字的自然对数,以 e 为底	SELECT LN(2); -- 0.6931471805599453
LOG(x)或 LOG(base, x)	返回自然对数(以 e 为底的对数),如果带有 base 参数,则 base 为指定带底数	SELECT LOG(20.085536923188); - 3 SELECT LOG(2, 4); -- 2
LOG10(x)	返回以 10 为底的对数	SELECT LOG10(100); -- 2
LOG2(x)	返回以 2 为底的对数	SELECT LOG2(6); -- 2.584962500721156
MOD(x,y)	返回 x 除以 y 以后的余数	SELECT MOD(5,2); -- 1
PI()	返回圆周率(3.141593)	SELECT PI(); --3.141593
POW(x,y)	返回 x 的 y 次方	SELECT POW(2,3); -- 8
POWER(x,y)	返回 x 的 y 次方	SELECT POWER(2,3); -- 8
RAND()	返回 0 到 1 的随机数	SELECT RAND(); --0.93099315644334(答案不固定)
ROUND(x [,y])	返回离 x 最近的整数,可选参数 y 表示要四舍五入的小数位数,如果省略,则返回整数。	SELECT ROUND(1.23456); --1 SELECT ROUND(345.156, 2); -- 345.16
SIGN(x)	返回 x 的符号,x 是负数、0、正数分别返回 −1,0 和 1	SELECT SIGN(-10); -- (−1)
SQRT(x)	返回 x 的平方根	SELECT SQRT(25); -- 5
TRUNCATE(x,y)	返回数值 x 保留到小数点后 y 位的值(不进行四舍五入)	SELECT TRUNCATE(1.23456,3); -- 1.234

3. 日期函数

MySQL 中为了实现日期和时间的处理与转换,提供了丰富的内置函数。其中,常用的日期函数见表 11-3。

表 11-3 常用的日期函数

函 数 名	描 述	实 例
CURDATE()	返回当前日期	SELECT CURDATE(); -- 2024-01-12
CURTIME()	返回当前时间	SELECT CURTIME(); -- 19:59:02
DATE()	从日期或日期时间表达式中提取日期值	SELECT DATE("2023-06-15"); -- 2023-06-15
DATEDIFF(d1,d2)	计算日期 d1->d2 之间相隔的天数	SELECT DATEDIFF('2001-01-01','2001-02-02'); -- -32

续表

函 数 名	描 述	实 例
DATE _ ADD (d, INTERVAL expr type)	计算起始日期 d 加上一个时间段后的日期	SELECT DATE _ ADD (" 2023-06-15 ", INTERVAL 10 DAY); -- 2023-06-25 SELECT DATE _ ADD (" 2023-06-15 09：34:21", INTERVAL 15 MINUTE); -- 2023-06-15 09:49:21 SELECT DATE _ ADD (" 2023-06-15 09：34:21", INTERVAL -3 HOUR); --2023-06-15 06:34:21 SELECT DATE _ ADD (" 2023-06-15 09：34:21", INTERVAL -3 MONTH); --2023-03-15
DATE_FORMAT(d,f)	按表达式 f 的要求显示日期 d	SELECT DATE _ FORMAT ('2023-11-11 11:11:11','%Y-%m-%d %r'); -- 2023-11-11 11:11:11 AM
DAY(d)	返回日期值 d 的日期部分	SELECT DAY("2023-06-15"); -- 15
DAYNAME(d)	返回日期 d 是星期几,返回结果如 Monday,Tuesday	SELECT DAYNAME('2023-11-11 11:11:11'); -- Saturday
DAYOFMONTH(d)	计算日期 d 是本月的第几天	SELECT DAYOFMONTH (' 2023-11-11 11:11:11'); --11
DAYOFWEEK(d)	日期 d 代表今天是星期几,1 为星期日,2 为星期一,以此类推	SELECT DAYOFWEEK('2023-11-11 11:11:11'); --7
DAYOFYEAR(d)	计算日期 d 是本年的第几天	SELECT DAYOFYEAR('2023-11-11 11:11:11'); --315
EXTRACT (type FROM d)	从日期 d 中获取指定的值,type 指定返回的值,其取值见备注	SELECT EXTRACT (MINUTE FROM ' 2024-01-12 11:11:11'); -- 11
HOUR(t)	返回 t 中的小时值	SELECT HOUR('1:2:3'); -- 1
LOCALTIME()	返回当前日期和时间	SELECT LOCALTIME(); --'2024-01-12 20:57:43
LOCALTIMESTAMP ()	返回当前日期和时间	SELECT LOCALTIMESTAMP();--'2024-01-12' 20:57:43
MICROSECOND (date)	返回日期参数所对应的微秒数	SELECT MICROSECOND (" 2023-06-20 09:34:00.000023"); -- 23
MINUTE(t)	返回 t 中的分钟值	SELECT MINUTE('1:2:3'); -- 2
MONTHNAME(d)	返回日期当中的月份名称,如 November	SELECT MONTHNAME('2023-11-11 11:11:11'); -- November
MONTH(d)	返回日期 d 中的月份值,1~12	SELECT MONTH('2023-11-11 11:11:11'); --11
NOW()	返回当前日期和时间	SELECT NOW(); -- 2024-03-10 16:53:20

函 数 名	描 述	实 例
PERIOD_ADD(period, number)	为 年-月 组合日期添加一个时段	SELECT PERIOD_ADD(202303, 5); -- 202308
PERIOD _ DIFF (period1, period2)	返回两个时段之间的月份差值	SELECT PERIOD _ DIFF (202310, 202303); -- 7
SECOND(t)	返回 t 中的秒值	SELECT SECOND('1:2:3'); -- 3
STR _ TO _ DATE (string, format_mask)	将字符串转变为日期	SELECT STR_TO_DATE("August 10 2023", "%M %d %Y"); -- 2023-08-10
SYSDATE()	返回当前日期和时间	SELECT SYSDATE(); -- 2024-03-10 16:56:02
TIMESTAMPDIFF (type, begin, end)	返回 begin-end 的结果,其中 begin 和 end 是 DATE 或 DATETIME 表达式	SELECT TIMESTAMPDIFF(MONTH, '2023-01-01', '2023-06-01') result; -- 5
TIME(expression)	提取表达式的时间部分	SELECT TIME("19:30:10"); -- 19:30:10
TIME_FORMAT(t,f)	按表达式 f 的要求显示时间 t	SELECT TIME_FORMAT('11:11:11','%r'); --11:11:11 AM
WEEK(d)	计算日期 d 是本年的第几个星期,范围是 0~53	SELECT WEEK('2011-11-11 11:11:11'); -- 45
YEAR(d)	返回年份	SELECT YEAR("2023-06-15"); -- 2023

备注：表中的 type 值可以为时间单位 MICROSECOND、SECOND、MINUTE、HOUR、DAY、WEEK、MONTH、QUARTER、YEAR。

【例 11-1】 获取更精确的服务器时间。

```
mysql>SELECT NOW();
+---------------------+
| NOW()               |
+---------------------+
| 2024-01-04 11:36:06 |
+---------------------+
1 row in set (0.00 sec)

mysql>SELECT NOW(4);
+------------------------+
| NOW(4)                 |
+------------------------+
| 2024-01-04 11:36:06.5383 |
+------------------------+
1 row in set (0.00 sec)
```

从运行结果来看，NOW(4)获得的时间更为精确。

【例 11-2】　♯ NOW()与 SYSDATE()使用对比。

```
mysql>SELECT NOW(), SYSDATE(), SLEEP(2), NOW(), SYSDATE() \G
*************************** 1. row ***************************
    NOW(): 2024-01-04 11:27:34
SYSDATE(): 2024-01-04 11:27:34
 SLEEP(2): 0
    NOW(): 2024-01-04 11:27:34
SYSDATE(): 2024-01-04 11:27:36
1 row in set (2.01 sec)
```

在例 11-2 中，利用 SLEEP 延迟 2 秒，然后在延迟前后分别使用 NOW()和 SYSDATE()获取日期时间。通过执行结果对比可知，SYSDATE 获取的时间前后正好差 2 秒，而 NOW()获取的前后值相同，即 SELECT 语句开始执行的时间。

【例 11-3】　求学生表 tbStuInfo 中应胜男的年龄。

在 tbStuInfo 中存储了学生的出生日期，要求其年龄，只需要求出生日期与当前日期的差，然后按年为单位(type＝YEAR)取值即可。

```
mysql>SELECT sName, TIMESTAMPDIFF(YEAR, sBirthDate, NOW()) sAge
    ->FROM tbStuInfo WHERE sName ='应胜男';
+--------+------+
| sName  | sAge |
+--------+------+
| 应胜男 | 21   |
+--------+------+
1 row in set (0.01 sec)
```

4. 加密和解密函数

加密与解密函数主要用于对数据库中的数据进行加密和解密处理，以防止数据被他人窃取。这些函数在保证数据库安全时非常有用，见表 11-4。

表 11-4　MySQL 加密解密函数

函数名	描　　　　述	实　　　例
MD5(str)	返回字符串 str 的 MD5 加密后的值，也是一种加密方式。若参数为 NULL，则会返回 NULL	SELECT md5('123') -- 202cb962ac59075b964b07152d234b70
SHA(str)	从原明文密码 str 计算并返回加密后的密码字符串，当参数为 NULL 时，返回 NULL。SHA 加密算法比 MD5 更加安全	SELECT SHA('Tom123') -- c7c506980abc31cc390a2438c90861d0f1216d50

5. 系统函数

系统函数主要提供数据库系统的相关信息，例如数据库的版本、连接数、当前数据库、用户、字符集和排序集等，见表 11-5。

表 11-5 系统函数

函 数 名	描 述	实 例

VERSION()	返回数据库的版本号	`SELECT VERSION(),CONNECTION_ID();`
		`+-----------+-----------------+`
		`| VERSION() | CONNECTION_ID() |`

CONNECTION_ID()	返回服务器的连接数	`| 8.0.33 | 16 |`
		`+-----------+-----------------+`
		`1 row in set (0.00 sec)`

DATABASE()	返回当前数据库名	`SELECT DATABASE(),SCHEMA();`
		`+-----------------+-----------------+`
		`| DATABASE() | SCHEMA() |`
		`+-----------------+-----------------+`

SCHEMA()	返回当前数据库名	`| check_instances | check_instances |`
		`+-----------------+-----------------+`
		`1 row in set (0.00 sec)`

USER()	返回当前用户名称	`SELECT USER(),SYSTEM_USER(),SESSION_USER();`
		`+-------------+-------------+-------------+`
		`| USER() | SYSTEM_USER() | SESSION_USER() |`

SYSTEM_USER()	返回当前用户名称	`+-------------+-------------+-------------+` `| root@localhost| root@localhost| root@localhost|`
SESSION_USER()	返回当前用户名称	`+-------------+-------------+-------------+` `1 row in set (0.00 sec)`

CURRENT_USER	返回当前用户名称	`SELECT CURRENT_USER,CURRENT_USER();`
		`+-----------+-----------------+`
		`| CURRENT_USER | CURRENT_USER() |`
		`+-----------+-----------------+`

CURRENT_USER()	返回当前用户名称	`| root@% | root@% |`
		`+-----------+-----------------+`
		`1 row in set (0.00 sec)`

CHARSET(str)	返回字符串 str 的字符编码	`SELECT CHARSET('admin'),COLLATION('关系数据库');` WorkBench 客户端: | CHARSET('admin')	COLLATION('关系数据库')
---	---
utf8mb4	utf8mb4_0900_ai_ci	

COLLATION(str)	返回字符串 str 的字符排列方式	命令行客户端:
		`+-----------------+---------------------+`
		`| CHARSET('admin') | COLLATION('关系数据库') |`
		`+-----------------+---------------------+`
		`| gbk | gbk_chinese_ci |`
		`+-----------------+---------------------+`
		`1 row in set (0.00 sec)`

LAST_INSERT_ID()	返回最后生成的 auto_increment(自动增长)的值	`SELECT LAST_INSERT_ID();`
		`+-----------------+`
		`| LAST_INSERT_ID() |`
		`+-----------------+`
		`| 0 |`
		`+-----------------+`
		`| row in set (0.00sec) |`

6. MySQL 8.0 新增函数

表 11-6 是 MySQL 8.0 版本新增的一些常用函数。

表 11-6　MySQL 8.0 新增函数

函 数 名	描　述	实　　例

JSON_OBJECT()	将键值对转换为 JSON 对象	```SELECT JSON_OBJECT('key1', 'value1', 'key2', 'value2');```
		```+--+```
		```| JSON_OBJECT('key1', 'value1', 'key2', 'value2') |```
		```+--+```
		```| {"key1": "value1", "key2": "value2"} |```
		```+--+```
		```1 row in set (0.00 sec)```

JSON_ARRAY()	将值转换为 JSON 数组	```SELECT JSON_ARRAY(1, 2, 'three');```
		```+--------------------------+```
		```| JSON_ARRAY(1, 2, 'three') |```
		```+--------------------------+```
		```| [1, 2, "three"] |```
		```+--------------------------+```
		```1 row in set (0.00 sec)```

JSON_EXTRACT()	从 JSON 字符串中提取指定的值	```SELECT JSON_EXTRACT('{"name": "John", "age": 30}', '$.name');```
		```+--+```
		```| JSON_EXTRACT('{"name": "John", "age": 30}', '$.name') |```
		```+--+```
		```| "John" |```
		```+--+```
		```1 row in set (0.00 sec)```

JSON_CONTAINS()	检查一个 JSON 字符串是否包含指定的值	```SELECT JSON_CONTAINS('{"name": "John", "age": 30}', '"John"', '$.name');```
		```+--+```
		```|JSON_CONTAINS('{"name": "John", "age":30}','"John"', '$.name')|```
		```+--+```
		```| 1 |```
		```+--+```
		```1 row in set (0.00 sec)```

ROW_NUMBER()	为查询结果中的每一行分配一个唯一的数字	```SELECT ROW_NUMBER() OVER (ORDER BY tNo) row_num, tNo, tName FROM tbTeacherInfo ORDER BY tNo;``` ```+---------+-------+--------+``` ```| row_num	tNo	tName |``` ```+---------+-------+--------+``` ```| 1	00101	吕连良 |``` ```| 2	00686	蒋胜男 |``` ```| 3	00939	李胜 |``` ```| 4	01884	郭兰 |``` ```| 5	02002	郑三水 |``` ```+---------+-------+--------+``` ```5 rows in set (0.00 sec)```

函 数 名	描　述	实　　例
RANK()	为查询结果中的每一行分配一个排名	SELECT grade, RANK() OVER(ORDER BY grade DESC) AS 'rank' FROM tbSC LIMIT 5; +-------+------+ | grade | rank | +-------+------+ | 95.0 | 1 | | 91.0 | 2 | | 90.0 | 3 | | 87.0 | 4 | | 85.0 | 5 | +-------+------+ 5 rows in set (0.00 sec)

11.1.2　自定义函数

MySQL 中除了提供丰富的内置函数之外,还支持用户自定义函数,用于实现特定的功能。与第 5 章介绍的触发器类似,自定义函数也是由多条语句组成的语句块,所以也需要临时修改结束符,在函数定义完成后,再将结束符修改为分号";"。基本语法格式为:

```
DELIMITER 新结束符号
自定义函数
新结束符号
DELIMITER ;
```

在上述语法中,自定义的新结束符号推荐使用系统非内置符号,如 $ $ 。

1. 自定义函数

语法格式:

```
CREATE FUNCTION 函数名([参数名 数据类型,…]) RETURNS 返回值类型
[BEGIN]
  RETURN 返回值数据;                #数据必须与结构中定义的返回值类型一致
[END]
```

从上述自定义函数的语法可知,自定义函数包括 FUNCTION 关键字、函数名、参数、返回值类型以及函数体和返回值。

当函数体包括多行时,需要用 BEGIN…END 将其括起来。

在 MySQL 中有一个 log_bin_trust_function_creators 变量,初始是 OFF 状态。在创建自定义函数时,需要将其设置为 ON 的状态。

```
mysql>SHOW VARIABLES LIKE 'log_bin_trust_function_creators';
+---------------------------------+-------+
| Variable_name                   | Value |
+---------------------------------+-------+
| log_bin_trust_function_creators | OFF   |
+---------------------------------+-------+
1 row in set, 1 warning (0.01 sec)
```

【例 11-4】　创建一个通过 id 获取学生姓名的函数。

（1）首先设置全局变量 log_bin_trust_function_creators 为 1，即可以创建自定义函数。

```
mysql>SET GLOBAL log_bin_trust_function_creators =1;
Query OK, 0 rows affected (0.00 sec)
```

（2）自定义函数前先将同名函数删除（如果有的话）；然后修改结束符为"＄＄"；之后进行函数的创建；最后将结束符修改为系统默认的分号";"。

```
DROP FUNCTION IF EXISTS get_name_by_id;

DELIMITER $$
CREATE FUNCTION get_name_by_id(id INT)
RETURNS VARCHAR(300)
BEGIN
RETURN (SELECT CONCAT('name: ', sName, '--', 'sNo: ', sNo)
FROM tbStuInfo WHERE sNo =id);
END $$
DELIMITER ;
```

2. 查看函数

MySQL 中有两个函数可以用来查看函数。

【例 11-5】　使用 SHOW 查看函数的创建语句，具体 SQL 语句及执行结果如下。

```
mysql>SHOW CREATE FUNCTION get_name_by_id \G
****************************** 1. row ******************************
           Function: get_name_by_id
           sql_mode: STRICT_TRANS_TABLES,NO_ENGINE_SUBSTITUTION
    Create Function: CREATE DEFINER='root'@'%' FUNCTION
'get_name_by_id'(id INT) RETURNS varchar(300) CHARSET utf8mb4
BEGIN
RETURN (SELECT CONCAT('name: ',sName, '--', 'sNo: ', sNo)
FROM tbStuInfo WHERE sNo =id);
END
character_set_client: gbk
collation_connection: gbk_chinese_ci
  Database Collation: utf8mb4_0900_ai_ci
1 row in set (0.00 sec)
```

从执行结果可以看到函数的创建者、SQL 语句以及相关的 SQL 模式、字符集和校对集。

```
mysql>SHOW FUNCTION STATUS LIKE 'get_name_by_id' \G
****************************** 1. row ******************************
                Db: textbook_stu
              Name: get_name_by_id
              Type: FUNCTION
           Definer: root@%
          Modified: 2024-01-20 10:41:12
           Created: 2024-01-20 10:41:12
     Security_type: DEFINER
           Comment:
character_set_client: gbk
```

```
collation_connection: gbk_chinese_ci
 Database Collation: utf8mb4_0900_ai_ci
1 row in set (0.02 sec)
```

从执行结果可以看到函数所属的数据库、名称、创建者、创建和修改时间、字符集和校对集。

注意：从不同的客户端创建函数,默认的字符集与校对集可能不同。在 WorkBench 客户端创建的函数,其默认字符集是 utf8mb4、校对集是 utf8mb4_0900_ai_ci;而在命令行客户端创建的函数,其默认字符集是 gbk、校对集是 gbk_chinese_ci。

3. 调用函数

函数定义完成后,若想要它在程序中发挥作用,需要调用才能使其生效。它的使用与内置函数的调用相同。

【例 11-6】 使用 get_name_by_id 函数,取得学号为 2020082101 的学生的名字。

```
#调用 get_name_by_id 函数
mysql>SELECT get_name_by_id('2020082101');
+-----------------------------+
| get_name_by_id('2020082101')          |
+-----------------------------+
| name: 应胜男--sNo: 2020082101          |
+-----------------------------+
1 row in set (0.00 sec)
```

4. 删除函数

MySQL 提供删除函数的 SQL 语句。

语法格式：

```
DROP FUNCTION [IF EXISTS] 函数名
```

例如,删除刚刚创建的 get_name_by_id 函数,具体 SQL 语句及结果如下。

```
#删除 get_name_by_id 函数
mysql>DROP FUNCTION IF EXISTS get_name_by_id;
Query OK, 0 rows affected (0.01 sec)
```

11.2 存储过程

在数据库管理中,除了函数,还有存储过程(stored procedure)可以在数据库中进行一系列复杂的操作。在使用时只需将复杂的 SQL 语句集合封闭成一个代码块,就可以重复使用,减少数据库管理人员的工作量。

11.2.1 存储过程的概念

存储过程是一组为了完成特定功能的 SQL 语句集,存储在数据库中。经过第一次编译后,再次调用不需要再次编译。用户通过指定存储过程的名字并给出参数(如果该存储过程带有参数)来执行它。存储过程是数据库中的一个重要对象,任何一个设计良好的数据库应用程序都应该用到存储过程。

存储过程与函数的相同点如下。

（1）创建语法结构相似，都可以携带多个传入参数和传出参数。

（2）都是一次编译，多次执行。

存储过程与函数的不同点如下。

（1）存储过程定义关键字用 PROCEDURE，函数定义用 FUNCTION。

（2）存储过程中不能用 RETURN 返回值，但函数中可以，而且函数中必须有 RETURN 子句。

（3）执行方式略有不同，存储过程的执行方式有两种：EXCECUTE 存储过程名；CALL 存储过程名。函数除了存储过程的两种方式外，还可以当作表达式使用：SELECT 函数名。

11.2.2　存储过程的创建与执行

1. 创建存储过程

存储过程的创建与函数的创建类似。

语法格式：

```
CREATE PROCEDURE 过程名([[IN|OUT|INOUT] 参数名 数据类型,...])
[BEGIN]
过程体
[END]
```

从上述存储过程的语法可知，存储过程包括 PROCEDURE 关键字、过程名、参数，在参数名前还可以用 IN|OUT|INOUT 指定参数的来源及用途，如果不指定类型，默认是输入参数(IN)。IN|OUT|INOUT 的区别如下。

（1）IN 表示输入参数，在调用存储过程时传入存储过程中使用。

（2）OUT 表示输出参数，初始值为 NULL，在执行存储过程时，将存储过程中的某个值保存到 OUT 指定的变量中，返回给调用者。

（3）INOUT 表示输入输出参数，即参数在调用时传入存储过程，同时，在存储过程进行处理后又可以返回给调用者。

【例 11-7】　创建一个通过输入的年龄 age 获取比这个年龄大的学生姓名的存储过程。

创建存储过程前先将同名存储过程删除（如果有的话）；然后修改结束符为"＄＄"；之后进行存储过程的创建；最后将结束符修改为系统默认的分号"；"。

```
#删除已有的同名存储过程
DROP PROCEDURE IF EXISTS getNamebyAge;
#创建存储过程
DELIMITER $$
CREATE PROCEDURE getNamebyAge(IN age INT)
BEGIN
  SELECT sName, TIMESTAMPDIFF(YEAR, sBirthDate, NOW()) sAge
  FROM tbStuInfo WHERE TIMESTAMPDIFF(YEAR, sBirthDate, NOW()) >age;
END
$$
DELIMITER ;
```

2. 查看存储过程

MySQL 中有两个命令可以用来查看存储过程。

【例 11-8】 使用 SHOW 查看存储过程的创建语句。

语法格式一：

```
SHOW CREATE PROCEDURE 存储过程名;
mysql>SHOW CREATE PROCEDURE getNamebyAge \G
***************************** 1. row *****************************
            Procedure: getNamebyAge
             sql_mode: STRICT_TRANS_TABLES,NO_ENGINE_SUBSTITUTION
        Create Procedure: CREATE DEFINER='root'@'%' PROCEDURE
'getNamebyAge'(IN age INT )
BEGIN
  SELECT sName, TIMESTAMPDIFF(YEAR, sBirthDate, NOW()) sAge
  FROM tbStuInfo WHERE TIMESTAMPDIFF(YEAR, sBirthDate, NOW()) >age;
END
character_set_client: gbk
collation_connection: gbk_chinese_ci
  Database Collation: utf8mb4_0900_ai_ci
1 row in set (0.00 sec)
```

语法格式二：

```
SHOW PROCEDURE STATUS 存储过程名;
mysql>SHOW PROCEDURE STATUS LIKE 'getNamebyAge' \G
***************************** 1. row *****************************
                   Db: textbook_stu
                 Name: getNamebyAge
                 Type: PROCEDURE
              Definer: root@%
             Modified: 2024-01-20 10:47:44
              Created: 2024-01-20 10:47:44
        Security_type: DEFINER
              Comment:
character_set_client: gbk
collation_connection: gbk_chinese_ci
  Database Collation: utf8mb4_0900_ai_ci
1 row in set (0.00 sec)
```

从执行结果可以看到存储过程所属的数据库、名称、创建者、创建和修改时间、字符集和校对集。

3. 调用存储过程

存储过程定义完成后,若想要它在程序中发挥作用,需要调用才能使其生效,它的使用与内置存储过程的调用相同。

【例 11-9】 使用 getNamebyAge 存储过程,取得大于 21 岁的学生的名字。

```
#调用 getNamebyAge 存储过程
mysql>CALL getNamebyAge(21);
+--------+------+
```

```
| sName    | sAge   |
+---------+------+
| 郭兰      | 23     |
| 郭兰英     | 22     |
| 王皓      | 22     |
| 王建平     | 22     |
+---------+------+
4 rows in set (0.00 sec)
Query OK, 0 rows affected (0.01 sec)
```

4. 删除存储过程

MySQL 提供删除存储过程的 SQL 语句。

语法格式：

DROP PROCEDURE [IF EXISTS] 存储过程名

例如，删除刚刚创建的 getNamebyAge 存储过程，具体 SQL 语句及结果如下。

```
# 删除 getNamebyAge 存储过程
mysql> DROP PROCEDURE IF EXISTS getNamebyAge;
Query OK, 0 rows affected (0.01 sec)
```

11.3　变量

像编程语言一样，MySQL 提供了变量来保存数据。根据变量的作用范围，可以将其划分为系统变量、会话变量和局部变量。

11.3.1　系统变量

系统变量又称全局变量，指的就是 MySQL 系统内部定义的变量，对所有 MySQL 客户端都有效。默认情况下，在服务器启动时会使用命令行上的选项或配置文件完成系统变量的设置。

1. 查看系统所有变量

1）查看所有的系统变量

SHOW GLOBAL VARIABLES; --全局的,查询结果见图 11-1

2）查看满足条件的部分系统变量

```
mysql> SHOW GLOBAL VARIABLES LIKE '%char%';
+--------------------------+----------------------------------------+
| Variable_name            | Value                                  |
+--------------------------+----------------------------------------+
| character_set_client     | utf8mb4                                |
| character_set_connection | utf8mb4                                |
| character_set_database   | utf8mb4                                |
| character_set_filesystem | binary                                 |
| character_set_results    | utf8mb4                                |
| character_set_server     | utf8mb4                                |
```

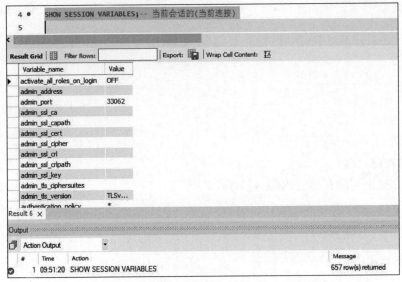

图 11-1　查询所有的系统变量结果——633 个

```
| character_set_system       | utf8mb3                                        |
| character_sets_dir         | C:\Program Files\MySQL\MySQL Server 8.0\share\ |
|                            | charsets\                                      |
+----------------------------+------------------------------------------------+
8 rows in set, 1 warning (0.01 sec)
```

3) 查看指定的某个系统变量的值

进行该查询时,需要在变量名前加前缀"@@"。

语法格式:

```
SELECT @@GLOBAL | SESSION.系统变量值;
```

【例 11-10】　查看自动提交变量及当前会话的隔离级别。

```
--查看全局变量 自动提交变量
mysql>SELECT @@GLOBAL.autocommit;
+--------------------+
| @@GLOBAL.autocommit |
+--------------------+
| 1                  |
+--------------------+
1 row in set (0.00 sec)


--查看当前会话的隔离级别
mysql>SELECT @@transaction_isolation;
+------------------------+
| @@transaction_isolation |
+------------------------+
| REPEATABLE-READ        |
+------------------------+
1 row in set (0.00 sec)
```

2. 修改系统变量的值

为某个系统变量赋值有以下两种方式。

语法格式一：

SET GLOBAL 系统变量名 =值;

语法格式二：

SET @@GLOBAL.系统变量名 =值;

【例 11-11】　设置自动提交变量开启或关闭。

```
--设置为开启自动提交
mysql> SET GLOBAL autocommit =1;
Query OK, 0 rows affected (0.00 sec)

--设置自动提交变量为 0(关闭自动提交)
mysql> SET @@GLOBAL.autocommit=0;
Query OK, 0 rows affected (0.00 sec)
```

服务器每次启动将为所有的全局变量赋初值,全局变量适用于所有的 SESSION。当服务重启之后,之前对全局变量做的修改都会恢复到默认。

11.3.2　会话变量

会话变量的作用域仅限于当前会话,不会影响其他会话。

1. 查看会话变量

1) 查看所有的会话变量

```
SHOW SESSION VARIABLES;        --当前会话的(当前连接),查询结果见图 11-2
SHOW VARIABLES;                --也可用来显示当前的会话变量
```

由图 11-1、图 11-2 可知,会话变量的个数要比系统变量的个数多。

2) 查看满足条件的部分会话变量

```
mysql> SHOW SESSION VARIABLES LIKE '%char%';
+--------------------------+--------------------------------------------+
| Variable_name            | Value                                      |
+--------------------------+--------------------------------------------+
| character_set_client     | gbk                                        |
| character_set_connection | gbk                                        |
| character_set_database   | utf8mb4                                    |
| character_set_filesystem | binary                                     |
| character_set_results    | gbk                                        |
| character_set_server     | utf8mb4                                    |
| character_set_system     | utf8mb3                                    |
| character_sets_dir       | C:\Program Files\MySQL\MySQL Server 8.0    |
|                          | \share\charsets\                           |
+--------------------------+--------------------------------------------+
8 rows in set, 1 warning (0.00 sec)
```

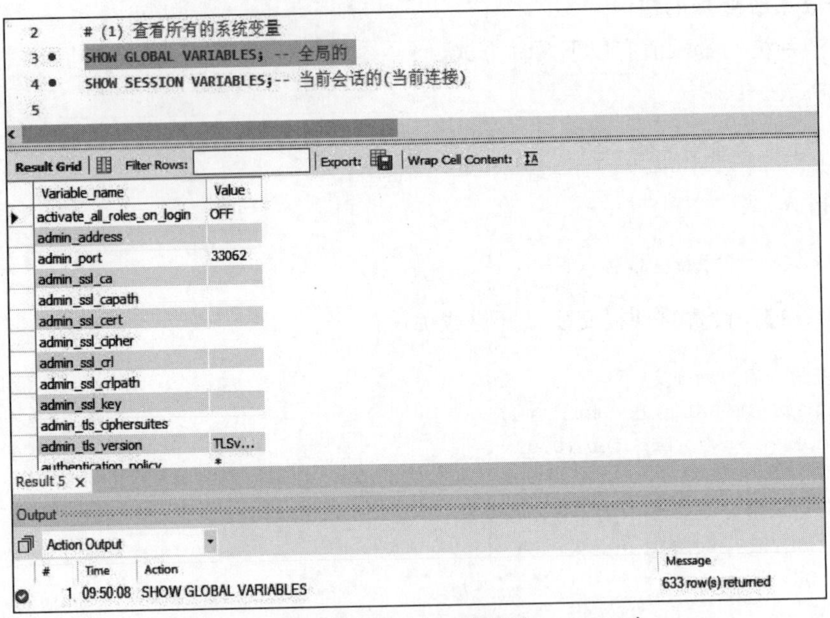

图 11-2　查询所有的会话变量结果——657 个

2. 修改会话变量的值

语法格式一：

SET [SESSION] 系统变量名 =值;

语法格式二：

SET @[SESSION].系统变量名 =值;

注意：默认情况下，不写 SESSION 或 GLOBAL，这时表示的是 SESSION。

【例 11-12】　设置 auto_increment_offset 的值并查看。

(1) 在客户端 1 中修改 auto_increment_offset 的值。

```
mysql> SET auto_increment_offset =5;
Query OK, 0 rows affected (0.00 sec)
```

(2) 在客户端 2 中查看 auto_increment_offset 的值。

```
mysql> SHOW VARIABLES LIKE 'auto_increment_offset';
+-----------------------+-------+
| Variable_name         | Value |
+-----------------------+-------+
| auto_increment_offset | 1     |
+-----------------------+-------+
1 row in set, 1 warning (0.01 sec)
```

以上结果表时，所设置的会话变量值仅在当前会话中起作用。客户端 1 设置 auto_increment_offset 变量的值，对客户端 2 的 auto_increment_offset 变量的值没有影响。

3. 自定义用户变量

自定义用户变量分为用户变量和局部变量。作用域针对当前会话(连接)有效，与会话变量的作用域相同。

使用步骤：声明、赋值、使用(查看、比较、运算)。

1) 声明并初始化

语法格式：

```
SET @用户变量名 =值;
SET @用户变量名 :=值;
SELECT @用户变量名 :=值;
```

2) 赋值(更新用户变量的值)

方式 1：同声明并初始化。

【例 11-13】　声明并初始化一些用户变量。

```
SET @name ='Mike';
SET @boat_name ='dragonboat';
SELECT @account:=2; --注意,在 SELECT 语句声明并赋值用":="
```

方式 2：

```
SELECT 字段 INTO @变量名 FROM 表;
```

【例 11-14】　声明并初始化用户变量选课人次 scpopulation。

```
mysql>SELECT COUNT( * ) INTO @scpopulation FROM tbSC;
Query OK, 1 row affected (0.01 sec)
```

3) 查看用户变量的值

语法格式：

```
SELECT @用户变量名;
```

【例 11-15】　验证@scpopulation 的值。

```
mysql>SELECT @scpopulation;
+---------------+
| @scpopulation |
+---------------+
| 19            |
+---------------+
1 row in set (0.00 sec)
```

【例 11-16】　变量保存 JSON 数组和对象。

```
SELECT JSON_ARRAY(sNo,sName), JSON_OBJECT(sNo,sName)
FROM tbStuInfo LIMIT 1 INTO @arrinfo, @objinfo;
mysql>SELECT @arrinfo, @objinfo;
+------------------------+---------------------------+
| @arrinfo               | @objinfo                  |
+------------------------+---------------------------+
| [2020072101, "贺世娜"]  | {"2020072101": "贺世娜"}   |
+------------------------+---------------------------+
1 row in set (0.00 sec)
```

11.3.3 局部变量

在 BEGIN…END 语句块中定义的变量为局部变量,仅在该语句块内有效,通常在语句块头部声明。局部变量的使用分为以下三步。

1) 声明

语法格式:

```
DECLARE 变量名 类型;
DECLARE 变量名 类型 DEFAULT 值;--设置变量并初始化
```

2) 赋值

语法格式:

方式 1:通过 SET 或 SELECT。

```
SET 局部变量名=值;
SET 局部变量名:=值;
SELECT @局部变量名:=值;
```

方式 2:通过 SELECT INTO。

```
SELECT 字段 INTO 局部变量名 FROM 表;
```

3) 使用

语法格式:

```
SELECT 局部变量名;
```

局部变量和用户变量的不同之处见表 11-7。

表 11-7　局部变量和用户变量对比

变　　量	作　用　域	定义和使用的地方	语　　法
用户变量	当前会话	会话中的任何地方	必须加@,不用刻意限定类型
局部变量	BEGIN… END 中	只能在 BEGIN… END 中,且需要在最前面定义	一般不必加@符号,需要限定类型

【例 11-17】 声明两个变量并赋值,求和,并打印。

```
--使用用户变量
mysql>SET @m =1;
Query OK, 0 rows affected (0.00 sec)

mysql>SET @n :=2;
Query OK, 0 rows affected (0.00 sec)

mysql>SET @sum =@m +@n;
Query OK, 0 rows affected (0.00 sec)

mysql>SELECT @sum;
```

```
+------+
| @sum |
+------+
| 3    |
+------+
1 row in set (0.00 sec)
```

--错误使用局部变量演示(局部变量必须在 begin 和 end 之间)

```
mysql>DECLARE m INT DEFAULT 1;
ERROR 1064 (42000): You have an error in your SQL syntax; check the
manual that corresponds to your MySQL server version for the right
syntax to use near 'DECLARE m INT DEFAULT 1' at line 1

mysql>DECLARE n INT DEFAULT 2;
ERROR 1064 (42000): You have an error in your SQL syntax; check the
manual that corresponds to your MySQL server version for the right
syntax to use near 'DECLARE n INT DEFAULT 2' at line 1

mysql>DECLARE SUM INT;
ERROR 1064 (42000): You have an error in your SQL syntax; check the
manual that corresponds to your MySQL server version for the right
syntax to use near 'DECLARE SUM INT' at line 1

mysql>SET SUM =m+n;
ERROR 1193 (HY000): Unknown system variable 'SUM'

mysql>SELECT SUM;
ERROR 1054 (42S22): Unknown column 'SUM' in 'field list'
```

【例 11-18】　局部变量的正确使用示例。

```
#删除已有同名函数
DROP FUNCTION IF EXISTS func;
#声明函数
DELIMITER $$
CREATE FUNCTION func() RETURNS INT
BEGIN
  DECLARE m INT DEFAULT 1;
  DECLARE n INT DEFAULT 2;
  DECLARE SUM INT;
  SET SUM =m+n;
  RETURN SUM;
END
$$
DELIMITER ;
#调用函数
mysql>SELECT func();
+--------+
| func() |
```

```
+---------+
| 3       |
+---------+
1 row in set (0.00 sec)

#在函数外查看局部变量
mysql>SELECT SUM;
ERROR 1054 (42S22): Unknown column 'SUM' in 'field list'
```

11.4 流程控制

MySQL 除了可以自定义函数、存储过程、变量外,还可以使用流程控制根据条件执行指定的 SQL 语句,或根据需要循环执行某些 SQL 语句。MySQL 提供了 IF、CASE、LOOP、REPEAT、WHILE 等来完成流程控制功能,这些控制语句可直接用于 SQL 语句或存储过程、函数中。

11.4.1 判断语句

判断语句用于根据一些条件作出判断,从而决定执行指定的 SQL 语句。MySQL 中常用的判断语句有 IF 和 CASE 两种。

1. IF 语句

1) 适用于 SQL 语句的 IF 语句

语法格式:

IF (条件表达式, 表达式 1, 表达式 2)

当条件表达式为 TRUE 时,返回表达式 1 的值,否则返回表达式 2 的值。

【例 11-19】 条件表达式在 SQL 语句使用示例。

```
mysql>SELECT s.sNo, sName FROM tbSC, tbStuInfo s
    ->WHERE IF(grade>=90, grade, 0) AND
    ->tbSC.sNo=s.sNo;
+------------+---------+
| sNo        | sName   |
+------------+---------+
| 2020082101 | 应胜男  |
| 2020082131 | 吕建鸥  |
| 2020082237 | 刘盛彬  |
+------------+---------+
3 rows in set (0.00 sec)
```

上面的语句将成绩为优(90 分及以上)的学生学号、姓名找出来。

2) 适用于存储过程的 IF 语句的语句

语法格式:

IF 表达式 1 THEN 操作 1
[ELSEIF 表达式 2 THEN 操作 2]......

［ELSE 操作 N］

END IF

根据表达式的结果为 TRUE 或 FALSE 执行相应的语句。这里"［］"中的内容是可选的。

【例 11-20】 声明存储过程"update_salary_by_tno",定义 IN 参数 emp_id,输入教师编号。判断该教师是否为正高级,如果是正高级且薪资低于 4500 元,就涨薪 500 元;否则就涨薪 100 元。

解题思路

在教师信息表 tbTeacherInfo 中,如果职称编号(jNo)的后两位是"01",那么其职称是正高级。通过对 jNo 除以 100 取余,如果为 1,那么职称即为正高级。

为了不影响在其他场合影响对 tbTeacherInfo 的正常使用,创建该表的一个副本 tbTeacherInfo_p,所有操作均在副本上进行。

```
DROP TABLE IF EXISTS tbTeacherInfo_p;
CREATE TABLE tbTeacherInfo_p SELECT * FROM tbTeacherInfo;

DROP PROCEDURE IF EXISTS update_salary_by_tno;

DELIMITER $$
CREATE PROCEDURE update_salary_by_tno(IN emp_id INT)
BEGIN
    DECLARE emp_salary DOUBLE;
    DECLARE emp_jNo SMALLINT UNSIGNED;

    SELECT tSalary INTO emp_salary FROM tbTeacherInfo_p WHERE tNo=emp_id;
    SELECT jNo INTO emp_jNo FROM tbTeacherInfo_p WHERE tNo =emp_id;

    IF (1 =emp_jNo mod 100) AND emp_salary <4500
        THEN UPDATE tbTeacherInfo_p SET tSalary =tSalary +
500 WHERE tNo =emp_id;
    ELSE
        UPDATE tbTeacherInfo_p SET tSalary =tSalary +100 WHERE tNo =emp_id;
    END IF;
END $$
DELIMITER ;
```

定义完成后,通过三位教师的工号调用该存储过程,发现可以正常实现所要求的功能。

```
mysql>SELECT tNo, jNo, tSalary FROM tbTeacherInfo_p WHERE tNo='00101';
+-------+------+---------+
| tNo   | jNo  | tSalary |
+-------+------+---------+
| 00101 | 101  | 4300.00 |
+-------+------+---------+
```

```
1 row in set (0.01 sec)

mysql>CALL update_salary_by_tno('00101'); --加 500
Query OK, 1 row affected (0.01 sec)

mysql>SELECT tNo, jNo, tSalary FROM tbTeacherInfo_p WHERE tNo='00101';
+-------+------+---------+
| tNo   | jNo  | tSalary |
+-------+------+---------+
| 00101 | 101  | 4800.00 |
+-------+------+---------+
1 row in set (0.00 sec)

mysql>SELECT tNo, jNo, tSalary FROM tbTeacherInfo_p WHERE tNo='00686';
+-------+------+---------+
| tNo   | jNo  | tSalary |
+-------+------+---------+
| 00686 | 101  | 4500.00 |
+-------+------+---------+
1 row in set (0.00 sec)

mysql>CALL update_salary_by_tno('00686'); --加 100
Query OK, 1 row affected (0.00 sec)

mysql>SELECT tNo, jNo, tSalary FROM tbTeacherInfo_p WHERE tNo='00686';
+-------+------+---------+
| tNo   | jNo  | tSalary |
+-------+------+---------+
| 00686 | 101  | 4600.00 |
+-------+------+---------+
1 row in set (0.00 sec)

mysql>SELECT tNo, jNo, tSalary FROM tbTeacherInfo_p WHERE tNo='00939';
+-------+------+---------+
| tNo   | jNo  | tSalary |
+-------+------+---------+
| 00939 | 103  | 3000.00 |
+-------+------+---------+
1 row in set (0.00 sec)

mysql>CALL update_salary_by_tno('00939'); --加 100
Query OK, 1 row affected (0.00 sec)

mysql>SELECT tNo, jNo, tSalary FROM tbTeacherInfo_p WHERE tNo='00939';
+-------+------+---------+
| tNo   | jNo  | tSalary |
+-------+------+---------+
| 00939 | 103  | 3100.00 |
```

```
+-------+------+---------+
```

1 row in set (0.00 sec)

2. CASE 语句

语法格式一：类似于 SWITCH。

```
CASE 表达式
    WHEN 值 1 THEN 结果 1 或语句 1(如果是语句,需要加分号)
    WHEN 值 2 THEN 结果 2 或语句 2(如果是语句,需要加分号)
     ⋮
    ELSE 结果 n 或语句 n(如果是语句,需要加分号)
END [CASE](如果是放在 BEGIN END 中需要加上 CASE,如果放在 SELECT 后面不需要)
```

语法格式二：类似于多重 IF。

```
CASE
    WHEN 条件 1 THEN 结果 1 或语句 1(如果是语句,需要加分号)
    WHEN 条件 2 THEN 结果 2 或语句 2(如果是语句,需要加分号)
     ⋮
    ELSE 结果 n 或语句 n(如果是语句,需要加分号)
END [CASE](如果是放在 BEGIN END 中需要加上 CASE,如果放在 SELECT 后面不需要)
```

【例 11-21】　CASE 语句使用示例——百分制成绩转等级制。

```
DROP PROCEDURE IF EXISTS proc_level;
DELIMITER $$
CREATE PROCEDURE proc_level(IN score DECIMAL(5, 2))
BEGIN
  CASE
    WHEN score >89 THEN SELECT '优秀';
    WHEN score >79 THEN SELECT '良好';
    WHEN score >69 THEN SELECT '中等';
    WHEN score >59 THEN SELECT '及格';
    ELSE SELECT '不及格';
  END CASE;
END
$$
DELIMITER ;
```

用以下调用可以对上述存储过程进行测试,测试后可见结果正确。

```
mysql>CALL proc_level(96);
+------+
|优秀   |
+------+
|优秀   |
+------+
1 row in set (0.00 sec)

mysql>CALL proc_level(46);
+--------+
```

```
| 不及格    |
+--------+
| 不及格    |
+--------+
1 row in set (0.00 sec)
```

11.4.2 循环语句

循环语句用于重复执行某些语句,直到循环条件不再满足。MySQL 中常用的循环语句有 LOOP、REPEAT、WHILE 三种,另有配合循环语句使用的跳转语句——LEAVE 和 ITERATE。

1. LOOP 语句

LOOP 循环语句用来重复执行某些语句。LOOP 内的语句一直重复执行直到循环被退出(使用 LEAVE 子句),跳出循环过程。

语法格式:

```
[loop_label:] LOOP
```

循环执行的语句

```
END LOOP [loop_label]
```

其中,loop_label 表示 LOOP 语句的标注名称,该参数可以省略。

【例 11-22】 声明存储过程"update_salary_loop()",声明 OUT 参数 num,输出循环次数。存储过程中实现循环给教师涨薪,薪资按原工资的 1.2 倍逐次上调,直到全校的平均薪资达到 10 000 结束,并统计循环次数。

```
DROP TABLE IF EXISTS tbTeacherInfo_p;
CREATE TABLE tbTeacherInfo_p SELECT * FROM tbTeacherInfo;

DROP PROCEDURE IF EXISTS update_salary_loop;
DELIMITER $$
CREATE PROCEDURE update_salary_loop(OUT num INT)
BEGIN
    DECLARE avg_salary DOUBLE;
    DECLARE loop_count INT DEFAULT 0;

    SELECT AVG(tSalary) INTO avg_salary FROM tbTeacherInfo_p;

    label_loop:LOOP
    #如果平均工资大于 10000 就跳出循环 label_loop
        IF avg_salary >=10000 THEN LEAVE label_loop;
        END IF;

        UPDATE tbTeacherInfo_p SET tSalary =tSalary * 1.2;
        SET loop_count =loop_count +1;
        SELECT AVG(tSalary) INTO avg_salary FROM tbTeacherInfo_p;
    END LOOP label_loop;
```

```
    SET num =loop_count;
END $ $
DELIMITER ;

SET @loopNUM=0;
CALL update_salary_loop(@loopNUM);
mysql>SELECT 'Add salary times: ', @loopNUM;
+--------------------+----------+
| Add salary times:         | @loopNUM   |
+--------------------+----------+
| Add salary times:         |         6   |
+--------------------+----------+
1 row in set (0.00 sec)
```

2. WHILE 语句

WHILE 语句创建一个带条件判断的循环过程。WHILE 在执行过程中,先对指定的表达式进行判断,如果为真,则执行循环体内的语句,否则退出循环。

语法格式:

```
[while_label:] WHILE 循环条件 DO
循环体
END WHILE [while_label];
```

while_label 为 WHILE 语句的标注名称;如果循环条件结果为真,WHILE 语句内的语句或语句块被执行,直至循环条件为假,退出循环。

【例 11-23】　声明存储过程"update_salary_while()",声明 OUT 参数 num,输出循环次数。存储过程中实现循环给大家降薪,薪资按原工资的 90% 依次下调,直到全校的平均薪资达到 3500 结束,并统计循环次数。

```
#WHILE 语句的使用
DROP TABLE IF EXISTS tbTeacherInfo_p;
CREATE TABLE tbTeacherInfo_p SELECT * FROM tbTeacherInfo;
DROP PROCEDURE IF EXISTS update_salary_while;
DELIMITER $ $
CREATE PROCEDURE update_salary_while(OUT num INT)
BEGIN
    DECLARE avg_sal DOUBLE ;
    DECLARE while_count INT DEFAULT 0;

    SELECT AVG(tSalary) INTO avg_sal FROM tbTeacherInfo_p;

    #如果平均工资还大于 3500 就继续降薪
    WHILE avg_sal >3500 DO
        UPDATE tbTeacherInfo_p SET tSalary =tSalary * 0.9;
        SET while_count =while_count +1;
        SELECT AVG(tSalary) INTO avg_sal FROM tbTeacherInfo_p;
    END WHILE;

    SET num =while_count;
```

```
END $$
DELIMITER ;

#降薪前的平均工资
mysql>SELECT AVG(tSalary) AS avg_sal FROM tbTeacherInfo_p;
+-------------+
| avg_sal     |
+-------------+
| 3900.000000 |
+-------------+
1 row in set (0.00 sec)

#调用降薪存储过程
SET @loopNUM=0;
CALL update_salary_while(@loopNUM);
mysql>SELECT 'Subtract salary times: ', @loopNUM;
+------------------------+----------+
| Subtract salary times:    | @loopNUM |
+------------------------+----------+
| Subtract salary times:    | 2        |
+------------------------+----------+
1 row in set (0.00 sec)

#降薪后的平均工资
mysql>SELECT AVG(tSalary) AS avg_sal FROM tbTeacherInfo_p;
+-------------+
| avg_sal     |
+-------------+
| 3159.000000 |
+-------------+
1 row in set (0.00 sec)
```

3. REPEAT 语句

REPEAT 语句创建一个带条件判断的循环过程。与 WHILE 循环不同的是,REPEAT 循环首先会执行一次循环,然后在 UNTIL 中进行表达式的判断,如果满足条件就退出,即 END REPEAT;如果条件不满足,则会继续执行循环,直到满足退出条件为止。

语法格式:

```
[repeat_label:] REPEAT
    循环体语句
UNTIL 结束循环的条件表达式
END REPEAT [repeat_label]
```

repeat_label 为 REPEAT 语句的标注名称,该参数可以省略;REPEAT 语句内的语句或语句块被重复,直至结束循环的条件表达式为真。

【例 11-24】 声明存储过程"update_salary_repeat()",声明 OUT 参数 num,输出循环次数。存储过程中实现循环给员工增加工资,薪资按原工资 1.15 倍依次递增,直到全校的平均薪资达到 11 000 结束,并统计循环次数。

```
#REPEAT 语句的使用
DROP TABLE IF EXISTS tbTeacherInfo_p;
CREATE TABLE tbTeacherInfo_p SELECT * FROM tbTeacherInfo;
DROP PROCEDURE IF EXISTS update_salary_repeat;
DELIMITER $$
CREATE PROCEDURE update_salary_repeat(OUT num INT)
BEGIN
    DECLARE avg_sal DOUBLE ;
    DECLARE repeat_count INT DEFAULT 0;

    SELECT AVG(tSalary) INTO avg_sal FROM tbTeacherInfo_p;

    REPEAT
        UPDATE tbTeacherInfo_p SET tSalary =tSalary * 1.15;
        SET repeat_count =repeat_count +1;
        SELECT AVG(tSalary) INTO avg_sal FROM tbTeacherInfo_p;
    UNTIL avg_sal >=11000
    END REPEAT;

    SET num =repeat_count;
END $$
DELIMITER ;
#增薪前的平均工资
mysql>SELECT AVG(tSalary) AS avg_sal FROM tbTeacherInfo_p;
+-------------+
| avg_sal     |
+-------------+
| 3900.000000 |
+-------------+
1 row in set (0.00 sec)


#调用增薪存储过程
SET @loopNUM=0;
CALL update_salary_repeat(@loopNUM);
mysql>SELECT 'Add salary times: ', @loopNUM;
+--------------------+----------+
| Add salary times:  | @loopNUM |
+--------------------+----------+
| Add salary times:  | 8        |
+--------------------+----------+
1 row in set (0.00 sec)


#增薪后的平均工资
mysql>SELECT AVG(tSalary) AS avg_sal FROM tbTeacherInfo_p;
+--------------+
| avg_sal      |
+--------------+
| 11930.190000 |
+--------------+
1 row in set (0.00 sec)
```

4. 跳转语句

跳转语句用于实现程序执行过程中的流程跳转。MySQL 中常用的跳转语句有 LEAVE 和 ITERATE。

1) LEAVE 语句

可以用在循环语句内,或者以 BEGIN…END 包裹起来的程序体内,表示跳出循环或者跳出程序体的操作。如果读者有编程语言的使用经验,可以把 LEAVE 理解为 BREAK。

语法格式:

```
LEAVE label
```

其中,label 参数表示循环的标志。LEAVE 和 BEGIN…END 或循环一起被使用。

2) ITERATE 语句

ITERATE 语句只能用在循环语句(LOOP、REPEAT 和 WHILE 语句)内,表示重新开始循环,将执行顺序转到语句段开头处。如果有编程语言的使用经验,可以把 ITERATE 理解为 CONTINUE,意思为"再次循环"。

语法格式:

```
ITERATE label
```

label 参数表示循环标志,ITERATE 语句必须写在循环标志前面。

【例 11-25】 LEAVE 和 ITERATE 使用示例。

```
DROP PROCEDURE IF EXISTS test_iterate;
DELIMITER $$
CREATE PROCEDURE test_iterate()
BEGIN
    DECLARE num INT DEFAULT 0;
    my_loop:LOOP
        SET num =num +1;
        IF num <5
            THEN ITERATE my_loop;
        ELSEIF num >6
            THEN LEAVE my_loop;
        END IF;
        SELECT 'loop ',num,' OK';
    END LOOP my_loop;
END $$
DELIMITER ;
```

上面的存储过程中,当 num 小于 5 时,直接跳到循环开始处;当 num 值为 5、6 时,显示当前的循环变量值;当 num 大于 6 时,跳出循环。

```
mysql>CALL test_iterate();
+-------+------+-----+
| loop  | num  | OK  |
+-------+------+-----+
| loop  | 5    | OK  |
+-------+------+-----+
```

```
1 row in set (0.00 sec)

+-------+------+-----+
| loop  | num  | OK  |
+-------+------+-----+
| loop  | 6    | OK  |
+-------+------+-----+
1 row in set (0.01 sec)

Query OK, 0 rows affected (0.01 sec)
```

11.5 游标

虽然可以通过筛选条件 WHERE 和 HAVING,或者使用限定返回记录的关键字 LIMIT 返回一条记录,但是在结果集中却无法像指针一样向前或向后定位记录,或随意定位到某一条记录并对其数据进行处理。

这时就可以用到游标。游标提供了一种灵活的操作方式,能够对结果集中的每一条记录进行定位,并对指向的记录中的数据进行操作。游标使得 SQL 这种面向集合的语言具备了面向过程的开发能力。

在 SQL 中,游标是一种临时的数据库对象,用于指向存储在数据库表中的数据行。游标充当了指针的角色,可以通过操作游标来对数据行进行操作。

MySQL 中的游标可以在存储过程和函数中使用。

11.5.1 使用游标的步骤

游标必须在声明处理程序之前被声明,同时相关的变量和条件还必须在声明游标或处理程序之前被声明。

使用游标一般需要经历四个步骤。不同的 DBMS 中,使用游标的语法略有不同。

1. 声明游标

在 MySQL 中,使用 DECLARE 关键字来声明游标。

语法格式:

```
DECLARE cursor_name CURSOR FOR select_statement;
```

要使用 SELECT 语句来获取数据结果集,而此时还没有开始遍历数据,这里 select_statement 代表的是 SELECT 语句,返回一个用于创建游标的结果集。

2. 打开游标

语法格式:

```
OPEN cursor_name
```

定义好游标之后,如果想要使用游标,必须先打开游标。打开游标时 SELECT 语句的查询结果集就会送到游标工作区,为后面游标的逐条读取结果集中的记录作准备。

3. 从游标中取得数据

语法格式:

```
FETCH cursor_name INTO var_name [, var_name] ...
```

使用 cursor_name 游标来读取当前行,并且将数据保存到 var_name 变量中,游标指针指到下一行。如果游标读取的数据行有多个列名,则在 INTO 关键字后面赋值给多个变量名即可。

注意:

(1) var_name 必须在使用游标之前就定义好。

(2) 游标的查询结果集中的字段数,必须跟 INTO 后面的变量数一致,否则,在存储过程执行时,MySQL 会提示错误。

4. 关闭游标

```
CLOSE cursor_name
```

当使用完游标后,需要关闭该游标,释放游标占用的系统资源。如果不及时关闭,游标会一直保持到存储过程结束,影响系统运行的效率。而关闭游标之后,就不能再检索查询结果中的数据行,如果需要检索只能再次打开游标。如果没有利用 CLOSE 关闭游标,它会在到达程序最后的 END 语句的地方自动关闭。

11.5.2 使用游标检索数据

【例 11-26】 创建存储过程"get_count_by_limit_total_score()",声明 IN 参数 limit_total_score,为 DOUBLE 类型;声明 OUT 参数 total_count,为 INT 类型。存储过程的功能可以实现累加成绩最高的几个学生的成绩值,直到成绩总和达到 limit_total_score 参数的值,返回累加的人数给 total_count。

代码如下:

```
DROP PROCEDURE IF EXISTS get_count_by_limit_total_score;
DELIMITER $$
CREATE PROCEDURE get_count_by_limit_total_score(IN limit_total_score DOUBLE,OUT
total_count INT)
BEGIN
    DECLARE sum_score DOUBLE DEFAULT 0;            #记录累加的总成绩
    DECLARE cursor_score DOUBLE DEFAULT 0;         #记录某一个成绩值
    DECLARE stu_count INT DEFAULT 0;               #记录循环个数

    #定义游标
    DECLARE stu_cursor CURSOR FOR SELECT grade FROM tbSC ORDER BY grade DESC;

    #打开游标
    OPEN stu_cursor;
    REPEAT
        #使用游标(从游标中获取数据)
        FETCH stu_cursor INTO cursor_score;
        SET sum_score = sum_score + cursor_score;
        SET stu_count = stu_count + 1;
    UNTIL sum_score >= limit_total_score
    END REPEAT;
    SET total_count = stu_count;
```

```
#关闭游标
    CLOSE stu_cursor;
END $$
DELIMITER ;
```

运行存储过程,验证其正确性。

```
mysql>SET @T_SCORE:=300, @S_COUNT:=0;
Query OK, 0 rows affected (0.00 sec)

mysql>CALL get_count_by_limit_total_score( @T_SCORE, @S_COUNT);
Query OK, 0 rows affected (0.00 sec)

mysql>SELECT @S_COUNT, " scores >=", @T_SCORE;
+-----------+-------------+----------+
| @S_COUNT  | scores >=   | @T_SCORE |
+-----------+-------------+----------+
| 4         | scores >=   | 300      |
+-----------+-------------+----------+
1 row in set (0.00 sec)
```

11.5.3　使用游标的优缺点

　　游标是 MySQL 中的一个重要功能,为逐条读取结果集中的数据提供了完美的解决方案。与在应用层面实现相同的功能相比,游标可以在存储程序中使用,效率高,程序也更加简洁。

　　但同时游标的使用也会带来一些性能问题,例如在使用游标的过程中会对数据行进行加锁,这样在业务并发量大的时候,不仅会影响业务之间的效率,还会消耗系统资源,造成内存不足,这是因为游标是在内存中进行的处理。所以强烈建议用完游标之后就将其关闭,这样才能提高系统的整体效率。

11.6　本章小结

　　本章主要讲解了 MySQL 内置函数的功能、使用方法及其注意事项;介绍了自定义函数与存储过程的作用与区别,变量的分类及作用域范围;以及如何使用游标对数据进行检索、遍历、判断等编程操作。通过本章的学习,读者应具备数据库基础编程的能力。

人文素养拓展

　　所谓工匠精神,简言之即工匠们对设计独具匠心、对质量精益求精、对技艺不断改进、为制作不竭余力的理想精神追求。在现代科技时代,"工匠"似乎远离我们而去,"工匠精神"更是淡出哲学思想视野。然而,中华民族的伟大复兴、强国梦的理想实现,不仅需要大批科学技术专家,也需要千千万万能工巧匠。契合时代发展需要,传承和弘扬工匠精神,具有重要的理论与现实意义。

　　工匠在古代可称为手艺人,如铁匠、木匠、皮匠、钟表匠等;在现代则可泛指家庭作坊、工

厂工地等生产一线动手操作、具体制造的工人、技师、工程师等。如果说"求知"(acquire)是科学精神的内在追求,那么"造物"(create)就是工匠精神的伟大使命。"造物"的精神追求就是工匠精神的集中体现。

工匠精神可概括为以下五种精神特质。

1. 尊师重教的师道精神

工匠间技艺的传承方式多是通过"口传心授"的方式完成。一方面,学徒能否掌握技术、学到本领,自身的才智、悟性以及刻苦练习程度成为能否学成技艺的决定性因素,正所谓"师傅领进门,修行靠个人",学徒必须尊重技艺,才有可能学会技艺;另一方面,学徒对待师傅的态度也成了能否学成技艺的关键性因素,学徒为了学到技艺,必须做到恭敬师傅、尊重同门。中国历来就有"师徒如父子""一日为师,终身为父"之说。

2. 一丝不苟的制造精神

工匠制造器物主要是凭借其技艺,按照近乎严苛的技术标准和近乎挑剔的审美标准,不计劳作成本地追求每件产品的至善至美,通过大繁若简的制作手法赋予每一件产品生命。要达到这种制造境界,除了工匠所掌握的熟练的技艺经验外,还要求工匠具备良好的心理素质和平和的制造心态。

3. 求富立德的创业精神

对于绝大部分工匠来说,养家糊口是其从事工匠行业最直接的现实目的。如何通过自己所掌握的技艺来谋求尽可能多的经济利益、稳定其社会地位、巩固其社会关系,是工匠凭借其技艺立足社会后所必须面对的问题,于是创业成为工匠凭借其技艺成就事业的最好途径。

4. 精益求精的创造精神

工匠根据自己长期的技术实践经验和对技术方法的思考,对前人的发明制品或技艺进行改良式的创造,以得到"青出于蓝而胜于蓝"的技术制品,推陈出新、革故鼎新就是工匠精益求精的创造精神表现。

5. 知行合一的实践精神

工匠需要尽可能多地"知",除了要向师傅学习各种工具的使用和操练技术环节中的关键窍门,还需要在平时自己操持技术时,对师傅所授的技艺"心得"不断加以揣摩和领悟,并长年累月地坚持;在"行"的方面,工匠不仅需要对自己所制器物进行反复比较、总结,以期加以改进,更需要大胆实践自己的设计理念,勇于突破前辈的发明创造。

11.7 思考与练习

一、单选题

1. ( )不能使用 USER()函数为自己修改密码。
   A. 密码过期的用户　　　　　　　　　　B. 匿名用户
   C. 有用户名但没有密码的用户　　　　　D. 以上答案全部正确

2. 在存储过程中,用于将执行顺序转到循环语句开头处的是( )。
   A. LEAVE　　　　　B. ITERATE　　　　　C. EXIT　　　　　D. QUIT

3. 下面选项中,用于实现字符串连接的函数是( )。

    A. JOIN()   B. CONCAT()   C. REPLACE()   D. SUBSTRING()

4. 创建自定义函数使用( )。

    A. CREATE FUNCTION   B. CREATE TRIGGER

    C. CREATE PROCEDURE   D. CREATE VIEW

二、多选题

1. 在存储过程中,ITERATE 可以出现在( )语句中。

    A. IF   B. CASE   C. LOOP   D. REPEAT

2. 调用自定义函数使用( )。

    A. CALL   B. LOAD   C. CREATE   D. SELECT

3. 下面关于 MD5()函数的说法正确的是( )。

    A. 用于加密字符串   B. 返回结果为 16 位的字符串

    C. 返回结果为 32 位的字符串   D. 用于计算信息摘要

三、判断题

1. 在一个存储过程或函数中只能存在一个游标。   ( )

2. 在创建存储过程前需要先选择数据库。   ( )

3. 定义在 BEGIN 和 END 中的局部变量不能在外部访问。   ( )

4. 局部变量的名称区分大小写。   ( )

5. 在创建自定义函数前,需要先选择数据库。   ( )

6. 判断语句用于根据一些条件作出判断,从而决定执行指定的 SQL 语句。 ( )

7. SELECT BIN(2);的执行结果为 11。   ( )

8. 使用 DELIMITER 修改结束符为 $ $ 后,下次登录仍然有效。 ( )

四、填空题

1. 函数_____可获取与当前通过 MySQL 服务器验证的用户与主机名。

2. 当自定义函数中的代码超过一行时,使用_____包裹函数体。

3. 查看存储过程的创建语句使用_____。

五、简答题

1. 简述游标在存储过程中的作用。

2. 简述什么是存储过程。

六、实训题

1. 编写存储过程,使用 IF…ELSE…判断给定的值是否为 NULL,输出判断结果。

2. 编写存储过程,输出 10 以内的奇数。

3. 编写存储过程,利用循环语句实现 1～10 间偶数的求和。

11.8 实验

1. 实验目的与要求

(1) 掌握创建存储过程的方法。

(2) 掌握带输入/输出参数的存储过程的调用方法。

(3) 完成简单的存储过程、带输入/输出参数的存储过程的创建、调用。

（4）存储过程的删除。

2. 实验内容

（1）定义一个存储过程 proc_stu,将学生表 Students 中刘华的年龄改为 24。

（2）定义一个存储过程 proc_reports,实现将 Reports 表中某人所选的某门课程(已知 cNo 与 sNo)的成绩 grade 归零。

（3）删除存储过程 proc_reports。

（4）定义一个存储过程 proc_reports,实现将 Reports 表中某人(已知 sNo)的成绩归零。

（5）编写存储过程,查询指定学号学生的最高成绩及最低成绩并打印在屏幕上。

3. 观察与思考

（1）存储过程中有几种不同的参数？各有什么作用？

（2）从上述实验中,举例说明不同类型参数的作用。

课后习题参考答案

第 1 章

一、单选题

1. A 2. B 3. C 4. C 5. B 6. B 7. C 8. D 9. C 10. B

11. C 12. D 13. C 14. B 15. A 16. D 17. D 18. C 19. D 20. C

21. A 22. C 23. C 24. D 25. B 26. C 27. C

二、多选题

1. AC 2. ABC

三、判断题

1. 对 2. 对 3. 对 4. 错

第 2 章

一、单选题

1. A 2. D 3. B 4. B 5. B 6. C 7. C 8. B 9. C 10. D

11. A 12. D 13. C 14. B 15. C 16. C

二、判断题

1. 对 2. 对 3. 对 4. 对 5. 对 6. 错 7. 对 8. 对 9. 对

第 3 章

一、单选题

1. D 2. A 3. A 4. A 5. A 6. A 7. C 8. C 9. A 10. B

11. B 12. D 13. A 14. D 15. C 16. B 17. C 18. D 19. C 20. D

21. C 22. B 23. B 24. D 25. D 26. D 27. A 28. D 29. A 30. A

31. B 32. D 33. A 34. C 35. B 36. B 37. D 38. C 39. B 40. D

二、多选题

1. ABD 2. ABCD 3. BC 4. AB 5. ABD 6. CD

三、判断题

1. 对 2. 错 3. 错 4. 对 5. 对 6. 错

第 4 章

一、单选题

1. C 2. B

二、多选题

ABCD

三、判断题

1. 对 2. 错 3. 对

第 5 章

一、单选题

1. C 2. A 3. C 4. D 5. A 6. C

二、多选题

AC

三、判断题

1. 错　2. 对　3. 错

第 6 章

一、单选题

1. A　2. D　3. B　4. A　5. D　6. A　7. A　8. B

二、多选题

1. BC　　　　2. ABCD

三、判断题

1. 对　2. 错　3. 对　4. 对　5. 错

第 7 章

一、单选题

1. C　2. C　3. B　4. D　5. B　6. D　7. B　8. B

二、多选题

1. ABCD　　2. ABCD　　3. AB　　　　4. AD　　　　5. CD

三、判断题

1. 错　2. 错　3. 对

第 8 章

一、单选题

1. C　2. D　3. C　4. A　5. B　6. D　7. B　8. A　9. D

二、多选题

1. ABCD　　2. ABD

三、判断题

错

第 9 章

一、单选题

1. C　2. C　3. B　4. C　5. A　6. C　7. C　8. C　9. D

二、多选题

1. ABCD　　2. AB　　　　3. ABD　　　4. ABC　　　5. BC

第 10 章

一、单选题

1. A　2. A　3. A　4. C　5. A　6. B

二、多选题

1. ABCD　　2. BCD

三、判断题

1. 对　2. 对　3. 错　4. 对　5. 对　6. 对　7. 对　8. 错　9. 对　10. 对

11. 对　12. 错

第 11 章

一、单选题

1. B　　2. B　　3. B　　4. A

二、多选题

1. CD　　　　2. AD　　　　3. CD

三、判断题

1. 错　2. 对　3. 对　4. 错　5. 对　6. 对　7. 错　8. 错

四、填空题

1. CURRENT_USER()

2. BEGIN…END

3. SHOW CREATE PROCEDURE

参 考 文 献

[1]   百度百科. 系统理论(研究系统的一般模式、结构和规律的学问)[DB/OL]. 2023-04-13 [2024-01-08].
      https://baike. baidu. com/item/系统理论/7110890.

[2]   张祖贵. 莱布尼茨及其科学观[J]. 科学研究, 1989(01): 80-88.

[3]   张传有. 论霍尔巴赫的自然主义哲学[J]. 法国研究, 1986(02): 30-36. .

[4]   岳红记. 浅论发散式思维对创造性思维的影响[J]. 陕西师范大学学报(哲学社会科学版), 2002
      (S1): 69-71.

[5]   习近平. 没有网络安全就没有国家安全[J]. 中国建设信息化, 2022, (17): 2-3.

[6]   赵琰. 霍耐特. "人的完整性"理论简析[J]. 哲学研究, 2011, (04): 37-42.

[7]   蒙健堃. 普里高津创立和发展耗散结构理论的方法探析——纪念伊利亚·普里高津诞辰 100 周年
      [J]. 系统科学学报, 2017, 25(01): 61-64.

[8]   顾德警. 从老虎伤人事件看敬畏规则的重要性[J]. 江苏警官学院学报, 2016, 31(05): 80-83.

[9]   罗琼. "绿水青山"转化为"金山银山"的实践探索、制约瓶颈与突破路径研究[J]. 理论学刊, 2021
      (02): 90-98.

[10] 丁叁叁, 陈大伟, 刘加利. 中国高速列车研发与展望[J]. 力学学报, 2021, 53(01): 35-50.

[11] 鞠俊俊. 马克思主义系统观的几个原则 [EB/OL]. http://theory. people. com. cn/n1/2021/0510/
      c40531-32098354. html, 2021-05-10[2023-12-27].

[12] 金森桠. 作为哲学范畴的宏观与微观[J]. 浙江师范大学学报, 1993(01): 51-54.

[13] 李宏伟, 别应龙. 工匠精神的历史传承与当代培育[J]. 自然辩证法研究, 2015, 31(08): 54-59.

[14] 王珊, 萨师煊. 数据库系统概论 [M]. 5 版. 北京: 高等教育出版社, 2014.

[15] 黑马程序员. MySQL 数据库原理、设计与应用[M]. 北京: 清华大学出版社, 2019.

[16] ULLMAN J D, WIDOM J. A First Course In Database Systems (影印版) [M]. 3 版. 北京: 机械工
      业出版社, 2008.

图书资源支持

感谢您一直以来对清华版图书的支持和爱护。为了配合本书的使用，本书提供配套的资源，有需求的读者请扫描下方的"书圈"微信公众号二维码，在图书专区下载，也可以拨打电话或发送电子邮件咨询。

如果您在使用本书的过程中遇到了什么问题，或者有相关图书出版计划，也请您发邮件告诉我们，以便我们更好地为您服务。

我们的联系方式：

清华大学出版社计算机与信息分社网站：https://www.shuimushuhui.com/

地　　址：北京市海淀区双清路学研大厦 A 座 714

邮　　编：100084

电　　话：010-83470236　010-83470237

客服邮箱：2301891038@qq.com

QQ：2301891038（请写明您的单位和姓名）

资源下载：关注公众号"书圈"下载配套资源。

资源下载、样书申请

书 圈

图书案例

清华计算机学堂

观看课程直播